U0157644

流体力学有限元法

钱若军　袁行飞　朱亚智　编著

中国建筑工业出版社

图书在版编目（CIP）数据

流体力学有限元法 / 钱若军，袁行飞，朱亚智编著. — 北京：中国建筑工业出版社，2023.6（2024.6重印）
ISBN 978-7-112-28858-8

Ⅰ. ①流… Ⅱ. ①钱… ②袁… ③朱… Ⅲ. ①流体力学—有限元法 Ⅳ. ①O35

中国国家版本馆 CIP 数据核字(2023)第 112467 号

本书共分为三部分。第一部分主要介绍流体力学分析理论基础及数学模型；第二部分主要介绍有限单元法的基础、算法，并讨论了产生误差的原因及消除误差的方法；第三部分详尽讨论了流体力学 SG 有限元法、补偿 SG 法、SUPG 法和 CBS 法，全面系统地介绍了当前主要采用的流体力学有限元法。

本书从基础理论着手，系统完整地给出了问题的求解方法。本书可作为大学本科生及研究生的教材和教学参考书，也可作为土木工程、航天航空、船舶工业和海洋工程、风工程及与此相关的房屋、桥梁、海工结构等领域的工程技术人员、设计人员和研究人员的参考用书。

责任编辑：刘瑞霞　梁瀛元　张伯熙
责任校对：姜小莲

流体力学有限元法
钱若军　袁行飞　朱亚智　编著
*
中国建筑工业出版社出版、发行（北京海淀三里河路 9 号）
各地新华书店、建筑书店经销
北京红光制版公司制版
建工社（河北）印刷有限公司印刷
*
开本：787 毫米×1092 毫米　1/16　印张：15　字数：371 千字
2023 年 6 月第一版　2024 年 6 月第二次印刷
定价：**69.00** 元
ISBN 978-7-112-28858-8
(41157)

序

本书作者长期从事固体和结构分析的有限元法研究和应用，近期主要指导计算流体力学的研究生。作者参加过多项关于结构计算的科研项目，获得了国家和部委的奖励，并出版多部专著。

作者撰写的流体力学有限元法是一部应用基础的专著，该书可直接用于流体和流固耦合问题的计算中。该书不仅介绍了美国和英国主要采用的计算模型，还提出了具有自主知识产权的流体有限元模型。该书的成果可应用于国防和民用的相关项目中，也可作为教材和教学参考书。

中国工程院院士　董石麟

前　言

由于至今仍未获得 N-S 方程的解析解，大量研究集中在流体基本方程的数值解，流体输运方程的数值方法主要是差分法和有限体积法。自从 1960 年克拉夫（Clough）提出有限单元法以后，它在固体力学和结构分析中已经得到全面的应用。由于有限单元法有坚实的数学和物理基础，它的收敛性也得到了证明。所以有限单元法不仅在固体力学中，在 20 世纪 70 年代以后，在流体力学中也得到广泛的研究和应用。

英国 Swansea 大学 O. C. Zienkiewicz 教授在 1975 年首先将 Petrov-Galerkin 有限元法用于流体力学分析中，之后又提出了基于特征线的分离算法 CBS（the characteristic-based-split scheme），利用 CBS 算法可以求解从层流到湍流，可压到不可压等一系列流体问题。J. R. Hughes 在 20 世纪 80 年代初也引用 Petrov-Galerkin 方法，并且针对高值对流问题开发了流线迎风 SUPG（Streamline Upwinding Petrov-Galerkin）有限元公式和 Galerkin 最小平方法 GLS（Galerkin Least Squares）。目前 SUPG 和 GLS 仍然是流体动力学有限元求解中广泛使用的稳定方法。K. J. Bathe 领导的研究小组，长期致力于计算流体动力学（CFD）、计算结构动力学（CSD）以及流固耦合（FSI）的数值模拟研究，特别是近二十年对流体有限元数值模拟取得了很大的成功，提出了不同于以往的新的有限元解法，即基于流动条件插值的有限元法 FCBI（flow-condition-based interpolation）。此外，还有一些有限元方法出现，如 Taylor-Galerkin method（泰勒伽辽金法）、the characteristic Galerkin method（特征 Galerkin 法）、the pressure gradient operator method 和 the subgrid scale（SS）等。P. Nithiarasu 在 2006 年将 ALE 法和 CBS 方法相结合，用于处理具有自由面流动问题。西班牙 Eugenio Onate 最早在 1996 年提出了有限增量微分法 FIC（Finite Increment Calculus）。FIC 方法从数学和物理意义上重新解释了数值分析中所用到的许多稳定算法和稳定概念，提供了用于稳定参数计算的一个表达式，可有效地求解具有局部大梯度的对流扩散问题，可压或不可压流体。此外，FIC 法也可应用于具有自由表面波运动问题，以及具有自由表面的流固耦合问题。

以上可见，流体力学有限单元法发展和完善的过程始终伴随着解的稳定性研究，随之也带来了广泛的应用，因此要了解和掌握流体力学有限元法必须了解流体力学的基本理论、有限元法的数学基础，以及流体力学有限元解的稳定性。以上简单介绍并在书中讨论的几个有限元法是成功的经典之作，可以理解为理论和方法的“耦合”。

本书共分为三个部分，第一部分主要讨论了流体力学理论基础和有限元法的数学基础；第二部分主要讨论了数值分析基础和流体有限元法的研究；第三部分讨论了流体力学标准和补偿标准 Galerkin 有限元法，以及 SUPG 和 CBS 有限元法。书中给出了具体的积分公式以及算法和计算流程，而关于矩阵的集成及大型代数方程的求解，如 FFE，则可参考固体有限元法或数值方法等专著。

本书的特点是在简洁但又深入地讨论研究理论的基础上，给出了具体的有限元格式及求解的逻辑过程，因此整个系统十分清晰，读者可从本书给出的演绎和推理过程中回溯基本理论，也可规划出计算模块乃至数据传递及嵌套关系。

本书在撰写过程中得到了同仁和同学的很多帮助，在此表示衷心的感谢。由于作者的水平有限，谬误之处在所难免，敬请读者批评指正。

本书承同济大学建筑工程系资助出版，谨表谢忱。

钱若军　袁行飞　朱亚智

2022年春于上海　枝经堂

目　录

第 1 章　流体力学理论基础

国内外学者详尽且系统地研究了流体力学和连续介质力学的基本理论并推导了流体力学基本方程[5,9,13,26,29,31,39,46,84]。为了研究解流体力学基本方程的有限元法，以下将系统且简要地介绍流体力学的理论基础。

1.1　流体的基本概念

1.1.1　物体、质量、流体及质点

物体是在某一确定的瞬时具有确定的几何形状和质量以及电磁、热容、可承受载荷和变形等特征的实体。固体和流体是具有不同特性的物体，而质量是物体的重要特性，是物体运动惯性的度量。

流体是液体和气体的总称，可宏观地看作是连续介质，遵循连续介质力学的规律。流体微元可看作连续介质中的一个质点，从而可从质点开始对流体运动规律加以研究。

流体的宏观运动被看作是流体质点的运动。流体质点和流体分子不同，流体质点是空间连续的，构成一个空间连续体，其运动可用物理学中常用的“场”的概念来表达，这就是连续介质概念的重要意义。流体质点运动所构成的场统称为流场。

1.1.2　流体的物理性质

流体的物理性质主要有温度、密度、压强和黏性。

对于大气，其温度随海拔高度变化

$$T = T_0 - Ratio\_Tmpt \cdot H \tag{1.1.1}$$

式中，T_0 为海拔高度为零处的大气温度；$Ratio\_Tmpt$ 为温度变化率，$Ratio\_Tmpt = 6℃/1000\ \text{m}$；$H$ 为参考点的海拔高度。

对于海水，其温度随深度变化

$$T = 0.167404 \times 10^{-4} H^7 - 0.117471 \times 10^{-2} H^6 + 0.309730 \times 10^{-1} H^5 - 0.388967 H^4 + 2.40949 H^3 - 6.78428 H^2 + 5.51977 H + T_0 \tag{1.1.2}$$

式中，T_0 为海平面处海水的温度；H 为参考点的深度。

流体质点 P 的平均密度 ρ 定义为单位体积中的质量，ρ 是 P 点的位置和时间的函数，即 $\rho = \rho(x, y, z, t)$ 。

大气密度 ρ 随海拔高度变化，海拔高度每升高 1000m，大气密度降低约 10%：

$$\rho = \rho_0 \cdot 0.9^{\left(\frac{H}{1000}\right)} \tag{1.1.3}$$

式中，ρ_0 为海拔高度为零处大气的密度；H 为参考点的海拔高度。

常温下的水，当压强增大一个大气压，密度 ρ 增加大约万分之零点五[39]：

$$\rho=(1+5\times10^{-6}H)\rho_0 \tag{1.1.4}$$

式中，ρ_0 为海平面处水的密度；H 为参考点的深度。

压强 p 为流体所受压力的大小与受力面积之比。

黏性表示流体各部分之间动量传递的难易程度，反映了流体抵抗剪切变形的能力。黏性流体模型更接近真实流体模型。流体的黏性可用流体的黏性系数表示。无黏性流体忽略了分子运动的动量输运性质，也不考虑质量和能量输运性质——扩散和热传导。建立在无黏性流体模型基础上的有伯努利方程、环量理论和表面波理论等。

1.1.3 流体的机械特性

流体有易流动性、压缩性与热膨胀性等基本特性。

流体在静止时，不能承受任何切向力，只能承受压力或平均压强，只有法应力而没有切应力。只要持续地施加切向力，都能使流体流动并变形。流体的这个宏观性质称为易流动性。流体的流动性用流体的流动速度来表示。

流体在外力作用下其体积或密度可改变的性质称为流体的可压缩性。流体压缩时其运动很复杂。(1) 方程未知量多了一个，为求解而引进了能量方程和状态方程；(2) 连续性方程为非线性，使求解困难；(3) 出现未知量的间断情况，通常称为激波。真实流体都是可以压缩的，压缩程度依赖于流体的性质及外界条件。

研究可压缩流体流动问题的一个重要参数是流动马赫数，记为 M，马赫数的定义是

$$M=\frac{v}{c} \tag{1.1.5}$$

这里，v 为流体的流动速度；c 为当地声速。对于一般流体，声速将随流体所处状态的不同而变化，所指的声速往往是指在某一状态 (p, v, T) 下的声速值。

当流体的马赫数非常小，$M\ll1$ 时，流体的性质接近不可压缩，因而高速可压缩流体的方法并不适用于这一类流体。因此即使考虑可压缩性，不可压缩流体的一些假定仍可适用。

流体的热膨胀性是指在温度改变时其体积或密度可以改变的性质，可用热膨胀系数表示。热膨胀系数表示在一定压强下，温度增加 1K 时流体密度的相对减小率。

流体特性的改变将影响流体的密度。不可压缩流体的密度近似不变，相对密度变化 $\Delta\rho/\rho$ 很小。如液体在很大的压强变化下，密度变化很小。当计算采用不可压缩流体时，取密度为常数，方程组将减少一个未知量。对单一组分的流体如水或空气，其密度随压强与温度而改变，密度的改变量为

$$\mathrm{d}\rho=\frac{\partial\rho}{\partial p}\mathrm{d}p+\frac{\partial\rho}{\partial T}\mathrm{d}T=\rho\gamma_T\mathrm{d}p-\rho\beta\mathrm{d}T \tag{1.1.6}$$

这里，热膨胀系数

$$\beta=-\frac{1}{\rho}\left(\frac{\partial\rho}{\partial T}\right)_p \tag{1.1.7}$$

等温压缩系数

$$\gamma_T = \frac{1}{\rho}\left(\frac{\partial\rho}{\partial p}\right)_T \tag{1.1.8}$$

等温压缩系数 γ_T 是衡量流体可压缩性的物理量，即在一定温度下压强增加一个单位时，流体密度的相对增加率。其倒数为体积弹性模量 K，表示流体体积的相对变化所需的压强增量：

$$K = 1/\gamma_T \tag{1.1.9}$$

对于流体的可压缩性，也可用体积率或密度的变化来表示。

1.1.4　流体的平动、转动和变形

流体在趋动后会发生平动和转动并伴随变形。流体质点有旋转的流动为有旋流动。若在整个流场中 $\mathrm{rot}\boldsymbol{V}=0$ 则称此运动为无旋运动。在文献[26]中分析了流体的纯剪切流动，如图 1.1.1 所示，由直线表示流线的流体的简单运动是平动和转动的合成，运动后产生剪切变形。

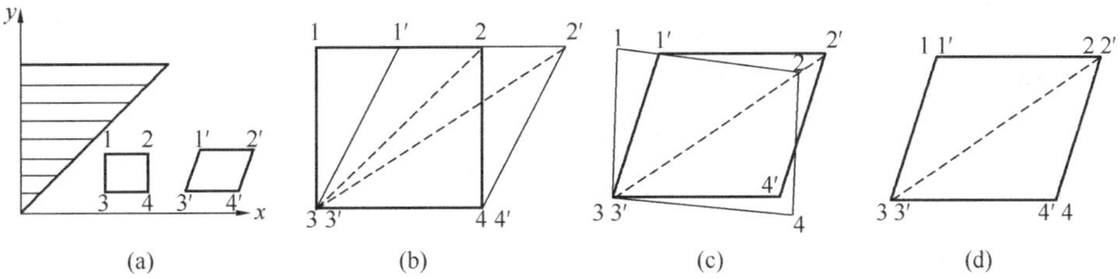

图 1.1.1　流体的运动分解

如果流体的速度函数及所有有关物理量皆不依赖于时间 t，则称此运动为定常流动，反之称为非定常流动。若所有有关物理量只依赖于一个或两个或三个曲线坐标，则称此运动分别为一维或二维或三维运动。

1.1.5　流体的输运性质

（1）动量输运-黏滞现象

流体在运动时，相邻两层流体间的相对运动是有抵抗的，这种抵抗力称为黏性力，流体抵抗层间相对滑动或变形的性质称为黏性[26]。黏滞现象是由于相邻两层流体以各自的宏观速度运动时而产生动量交换的结果。

（2）热能输运-热传导现象

当静止流体中的温度分布不均匀时，流体的热能从较高温度区域传递到较低温度区域称为热传导。

（3）质量输运-扩散现象

当流体的密度分布不均匀时，流体的质量就会从高密度区迁移到低密度区，这种现象称为扩散。

流体具有动量、热能和质量输运性质，通常将绝对不可压缩且完全没有黏滞性的流体称为理想流体。

1.1.6 雷诺数

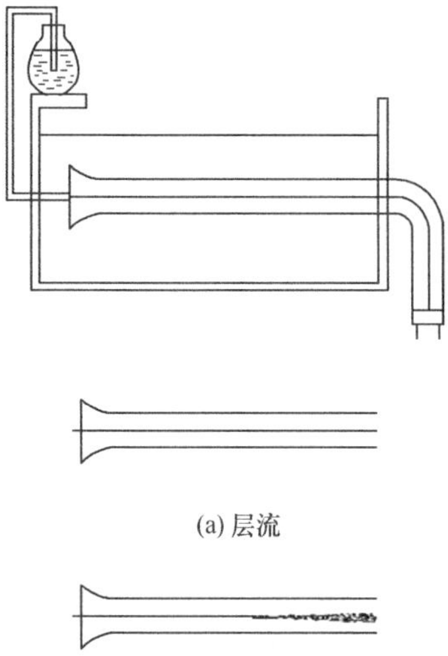

(a) 层流

(b) 湍流

图 1.1.2 流体在直圆管中的层流与湍流

英国物理学家雷诺（Reynolds）在 1883 年作了观察水在直圆管中流动的实验，如图 1.1.2 所示。实验是使清水从一个有恒定水位的水箱流入等截面直圆管，在钟罩形入口圆管的中心处，通过一细针孔注入有色液体以观察流动，圆管出口端有一节门调节流量，流量 Q 用容积法测量。现用 $V_{\mathrm{m}}=\dfrac{4Q}{\pi d^2}$ 定义圆管内的平均流速，用 $Re=\dfrac{V_{\mathrm{m}}d}{\nu}$ 定义雷诺数，这里 d 为圆管直径；ν 为水的运动黏性系数，$\nu=\dfrac{\mu}{\rho}$；μ 为黏性系数；ρ 为密度。

实验中逐渐开大节门，管内流速逐渐增大。当流速较小时，圆管中心的染色线保持直线状态；当流速增大到某一 Re 数时，染色线开始出现波形扰动；继续增大流量时，染色线由剧烈振荡到破碎，并很快和清水剧烈掺混以至不能分辨出染色液线。以上第一阶段的流动状态称为层流；最后阶段的流动状态称为湍流；中间阶段的流动状态极不稳定，称为过渡流动。

1.1.7 圆柱绕流

雷诺数是黏性流动中最主要的参数，不同雷诺数范围的流动图案常明显不同，如圆柱的均质不可压缩黏性绕流，如图 1.1.3 所示。图中特征雷诺数用来流速度 V_∞ 表示，则

$$Re=\frac{V_\infty d}{\nu} \tag{1.1.10}$$

当 $Re<1$ 时，为低雷诺数流。流场中的惯性力远小于黏性力，圆柱上游下游流线对称。

当 $Re>4$ 时，圆柱表面的流体质点在到达圆柱后缘之前就由物面脱落，称为“分离”，并在圆柱下游形成两个“附着涡”。涡内的流体自成封闭回路，并不向下游远处流，称为“死水区”，如图 1.1.3（b）所示。随着雷诺数增大，死水区逐渐拉长。

当 $Re>40$ 时，流场不再是定常的，圆柱下游流场两侧周期性地轮流有涡脱落，各自形成等间隔规则排列的涡列。同一列中涡的旋转方向相同，而两列涡的方向相反，每一个涡的纵向位置在另一列相邻涡的正中间。这样的涡列是冯·卡门（von Karmen）在 1912 年首先作出理论分析的，称为卡门涡街，如图 1.1.3（c）所示。

当 $Re\gg40$ 时，流场中的大部分区域惯性力远大于黏性力，可当作无黏性无旋流。但在贴近圆柱的一个薄

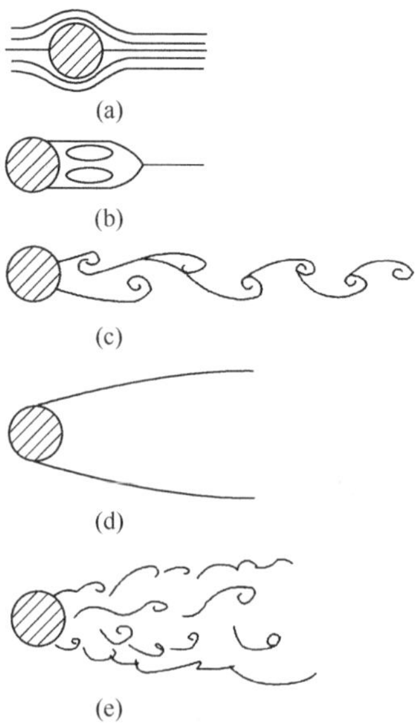

(a) (b) (c) (d) (e)

图 1.1.3 直圆管中的流动图案

层内流体速度梯度很大。圆柱上流速为零而在这一薄层外迅速变到 V_∞ 量级，于是此薄层内的黏性力与惯性力为同量级，不能当作无黏性流，这一薄层称为边界层。边界层中的流体流到圆柱下游构成尾流，如图 1.1.3（d）所示。边界层和尾流中都是有旋的黏性流动。但当 $Re<3\times10^5$ 时边界层中的流动为层流状态。当 $Re>3\times10^5$ 时边界层中的流动有可能变为湍流状态，如图 1.1.3（e）所示。层流边界层和湍流边界层中流线分离的位置是不同的，湍流边界层中流体带有较大的动能，能更有效地克服壁面摩擦阻力因而分离发生较晚。

1.1.8　层流和湍流

根据图 1.1.2 所示的雷诺实验，黏性流体有层流和湍流两种形态。层流的流线层次分明，互相平行，管道横截面的速度剖面成抛物面分布。层流的流体运动规则，各部分分层流动互不掺混，质点轨迹光滑且流场稳定。湍流中质点运动杂乱无章，其中还有大量无规则的三维漩涡，其平均速度的剖面中心部分平坦而边缘陡峭，造成壁面剪应力增大，从而使管流阻力增大。湍流的流体运动是极不规则的，各部分激烈掺混，且流场极不稳定。

继雷诺后，泰勒（G. I. Taylor）和冯·卡门认为“湍流是常在流体流过固体表面或者相同流体分层流动中出现的一种不规则的流动”。欣策（J. O. Hinze）则认为“湍流是流体运动的一种不规则的情形。在湍流中各种流动的物理量随时间和空间坐标而呈现出随机的变化，因而具有明确的统计平均值”。流过固体壁面的湍流称为“壁面湍流”，流动中没有固体壁面限制的湍流称为“自由湍流”[4]。但较普遍的认识是：湍流是由涡流生成的，各种大涡是不稳定的，在湍流中大涡从平均流动中获得能量并不断地破碎成小涡，从低频的大涡到高频的小涡是一个能量级联过程，这个过程一直进行到湍动能耗散。如果不能继续获得外部能量，湍流就将逐渐衰退消失[5]。

雷诺还进行了层流和湍流相互转换的实验，实验向相反方向进行时，即管内流速逐渐减小，由湍流转向层流，但平均流速 V_m 比层流转为湍流时要小。这里称从层流转向湍流时的雷诺数为上临界雷诺数 Re_c'；从湍流转向层流时的雷诺数为下临界雷诺数 Re_c。对不同的流动情况，可计算流动雷诺数 Re 并与临界雷诺数比较，由此判断流动状态。$Re\leqslant Re_c$，流动为层流；$Re_c<Re\leqslant Re_c'$，流动为不稳定的过渡状态；$Re>Re_c'$，流动为湍流。

雷诺通过大量实验测定得到：$Re_c=2320$，$Re_c'=13800$。在工程上，上临界雷诺数没有实用意义，而将下临界雷诺数作为判别流态的依据。

层流和湍流的区别在黏性流动中普遍存在。湍流的度量包括湍流强度、湍流尺度和湍流的能谱等。

1.1.9　研究流体运动的理论基础

研究流体运动的微观理论是分子动力学，而宏观理论是连续介质力学。连续介质模型假设物质连续地分布于整个空间，是建立宏观分析模型的前提，流体宏观物理量是空间点及时间的连续函数，在连续介质力学的描述系统中根据基本原理建立控制方程。

1.2 流体及流体运动的描述

1.2.1 时空系、构形及物体的运动

1. 时空系及物体的运动

时间、空间和运动物体是相互依赖的，空间表示物体的形状、大小和相互位置的关系，时间表示物体运动过程的顺序。为了定量地描述物体运动，必须在时间和空间中选出特定的标架系，作为描写物体运动的基准，这种标架系称为时空系。现在三维直角坐标系中定义空间，在一维坐标系中定义时间。位置的变动是可逆的，宏观物体的时间变化是不可逆的。时间的不可逆性和事件的因果律相关，原因在前，结果在后。在许多实际问题中，需要时空系的转换，在经典理论中要求这种转换保证同一事件的时间间隔和空间间隔都保持不变。

物体在空间中所占有的几何称为构形，物体的空间位置随时间的变化称为运动，运动时构形发生变化。初始时刻 t_0 时的构形称为初始构形，记为 Ω_0，运动瞬时的构形称为现时构形 Ω。为便于描述需选择一个参照构形，便于对运动中的构形对照。如将初始构形选作参照构形，则称为初始参照构形；将初始构形、现时构形选作参照构形，便称为流动参照构形。

Ted Belytschko 指出，为了研究 t 到 $t+\Delta t$ 时刻之间的 Δt 时段内物体的运动，可将 t 时刻的构形选作参照构形[84]。

物体的现时构形通常也称为变形构形，它占据整个 Ω 域，可以是一维、二维或三维的。相应地代表一条线、一个面或一个体积。

物体在运动中的状态是用广义位移来描写的。物体的运动必须服从质量、能量守恒定律和动量方程、动量矩方程等。

为了研究流体的变形或运动规律，从微观分析出发建立数学模型进而推广到整个定义域，于是研究从流体的质点开始，为此，在 $t=0$ 的初始时刻构造质点系的初始构形，而在 t 时刻对变形后的质点系构造现时构形。在初始构形上构造坐标系称为 Euler 坐标系，对位于同一 Euler 坐标上的质点在不同时刻的形态的描述称为 Euler 描述。在现时构形上构造坐标系称为 Lagrange 坐标系。Lagrange 坐标系随构形而动，故也称随体坐标系或物质坐标系，对同一质点在不同时刻位于不同坐标时的形态的描述称为 Lagrange 描述。流体中质点的运动可用 Lagrange 或 Euler 描述。

2. 描述流体的基本变量

描述流体运动的基本变量有速度 v、密度 ρ、温度 T、压强 p 和能量 E。通过这些基本变量，利用一定的关系便可求得流体内的应力、应变率等场量。

1.2.2 Lagrange 描述

1. Lagrange 坐标

如图 1.2.1 所示，引入 Lagrange 坐标系，简记为 L 坐标系，图中 t 表示时间变量，t_0 为初始时刻，Δt 为时间增量，ϕ 为运动矢量函数，Ω_0 和 Ω 分别为物质的初始构形和变形

构形，M 和 M' 分别为物质初始构形和变形构形中的一个质点。初始构形 Ω_0 中 M 点的位置由坐标（$x_{\text{Lag}}, y_{\text{Lag}}, z_{\text{Lag}}$）或矢量 $\boldsymbol{X}$ 确定。显然，质点在初始时刻 t_0 的位置可由（$x_{\text{Lag}}, y_{\text{Lag}}, z_{\text{Lag}}$）确定，反之坐标可用作识别物体中不同质点的标志，故又称其为物质坐标或材料坐标。对于一个给定的材料点，矢量 $\boldsymbol{X}$ 并不随时间而变化，它提供了材料点的标识。因此，如希望跟踪某一给定材料点上的函数 $f(\boldsymbol{X},t)$，就可以 $\boldsymbol{X}$ 为常数来跟踪这个函数。Lagrange 描述又称随体描述，着眼于流体质点，记录质点在运动过程中物理量随时间变化的规律。

Lagrange 坐标系附着于空间中的流体质点上，并与该质点一同在空间平移、旋转。

在 Lagrange 坐标系中，该质点的物理量便可写为（$x_{\text{Lag}}, y_{\text{Lag}}, z_{\text{Lag}}$）及时间 t 的函数

$$f = f(\boldsymbol{X},t) = f(x_{\text{Lag}}, y_{\text{Lag}}, z_{\text{Lag}}, t) \tag{1.2.1}$$

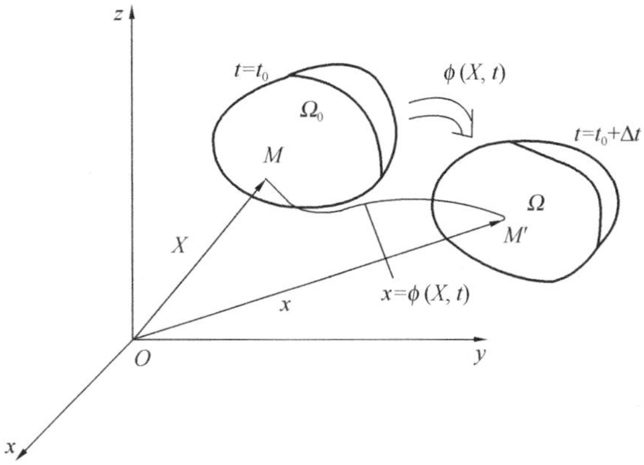

图 1.2.1　Lagrange 描述及矢径示意图

2. 流体位移、速度、加速度和压强的 Lagrange 定义

在 Lagrange 描述中，t 时刻流体质点的位置用矢径 $\boldsymbol{r}$ 表示

$$\boldsymbol{r} = \boldsymbol{r}(x_{\text{Lag}}, y_{\text{Lag}}, z_{\text{Lag}}, t) \text{ 或 } \boldsymbol{x} = \phi(\boldsymbol{X}, t) \tag{1.2.2}$$

上式表示 Lagrange 坐标为（$x_{\text{Lag}}, y_{\text{Lag}}, z_{\text{Lag}}$）的流体质点在 t 时刻处 $\boldsymbol{r}$，即空间点（x, y, z）的位置，代表任意流体质点的运动轨迹。

质点的速度

$$\boldsymbol{V} = \boldsymbol{V}(x_{\text{Lag}}, y_{\text{Lag}}, z_{\text{Lag}}, t) = \frac{\partial \boldsymbol{r}}{\partial t} \tag{1.2.3}$$

质点的加速度 Lagrange 描述为

$$\boldsymbol{a} = \boldsymbol{a}(x_{\text{Lag}}, y_{\text{Lag}}, z_{\text{Lag}}, t) \tag{1.2.4}$$

$$\boldsymbol{a}(x_{\text{Lag}}, y_{\text{Lag}}, z_{\text{Lag}}, t) = \frac{\partial \boldsymbol{V}(x_{\text{Lag}}, y_{\text{Lag}}, z_{\text{Lag}}, t)}{\partial t} = \frac{\partial^2 \boldsymbol{r}(x_{\text{Lag}}, y_{\text{Lag}}, z_{\text{Lag}}, t)}{\partial t^2} \tag{1.2.5}$$

类似地，压强 p 的 Lagrange 描述是

$$p = p(\boldsymbol{X}, t) = p(x_{\text{Lag}}, y_{\text{Lag}}, z_{\text{Lag}}, t) \tag{1.2.6}$$

3. 流体变形和应变的 Lagrange 定义

物体作一般运动时，位置和方向以及形状都将变化。形状的变化伴随质点之间的间距变化、微线元大小和方向的变化及微单元体的畸变，这些变化可用变形梯度、变形张量和应变张量等物理量描述，如图 1.2.2 所示。图中，（X_{I}，X_{II}，X_{III}）及（x_1，x_2，x_3）表示两个不同的 Lagrange 坐标系，（I_{I}，I_{II}，I_{III}）及（i_1，i_2，i_3）为分别与两个坐标系对应的坐标轴方向单位矢量。

（1）变形几何

设初始构形中的坐标原点 O，质点 $\boldsymbol{X}$ 和 $\boldsymbol{X}'$，线元 $\mathrm{d}\boldsymbol{X} = \boldsymbol{X} - \boldsymbol{X}'$，变形后分别变为现

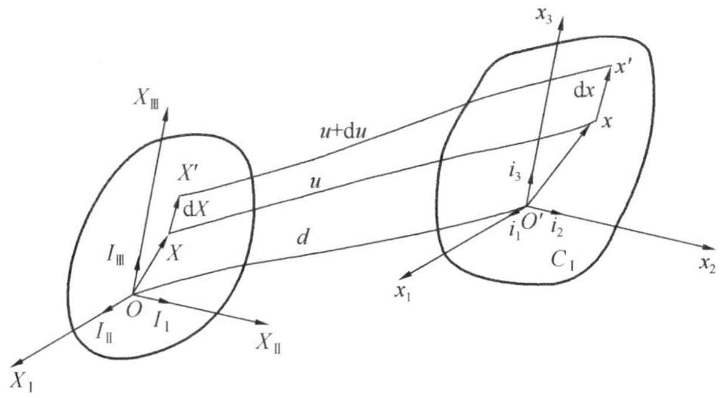

图 1.2.2 物体的变形

时构形中的坐标原点 O'，$\boldsymbol{x}$ 和 $\boldsymbol{x}'$ 以及微线元 $\mathrm{d}\boldsymbol{x}=\boldsymbol{x}-\boldsymbol{x}'$。由图 1.2.2 可知

$$\boldsymbol{x}=\boldsymbol{X}+\boldsymbol{u}-\boldsymbol{d} \qquad \mathrm{d}\boldsymbol{x}=\mathrm{d}\boldsymbol{X}+\mathrm{d}\boldsymbol{u} \tag{1.2.7}$$

式中，$\boldsymbol{u}$ 为位移；$\boldsymbol{d}$ 为两个坐标系原点之间的距离。

(2) 变形梯度

变形梯度 $\boldsymbol{F}$ 的定义为

$$\boldsymbol{F}=\frac{\partial\phi(\boldsymbol{X},t)}{\partial\boldsymbol{X}}\equiv\frac{\mathrm{d}\boldsymbol{x}}{\mathrm{d}\boldsymbol{X}} \tag{1.2.8a}$$

而

$$\boldsymbol{F}^{-1}=\frac{\mathrm{d}\boldsymbol{X}}{\mathrm{d}\boldsymbol{x}} \tag{1.2.8b}$$

由矩阵运算规则

$$\boldsymbol{F}\boldsymbol{F}^{-1}=\boldsymbol{I} \tag{1.2.9}$$

在三维空间，变形梯度

$$\boldsymbol{F}=\begin{bmatrix}\dfrac{\partial x_1}{\partial X_1} & \dfrac{\partial x_1}{\partial X_2} & \dfrac{\partial x_1}{\partial X_3}\\ \dfrac{\partial x_2}{\partial X_1} & \dfrac{\partial x_2}{\partial X_2} & \dfrac{\partial x_2}{\partial X_3}\\ \dfrac{\partial x_3}{\partial X_1} & \dfrac{\partial x_3}{\partial X_2} & \dfrac{\partial x_3}{\partial X_3}\end{bmatrix} \tag{1.2.10}$$

在数学术语中，变形梯度 $\boldsymbol{F}$ 是运动 $\phi(\boldsymbol{X},t)$ 的 Jacobian 矩阵。如果在参考构形中考虑一个无限小的线段 $\mathrm{d}\boldsymbol{X}$，那么由式 (1.2.8) 可知在当前构形中对应的线段 $\mathrm{d}\boldsymbol{x}$ 可表示为

$$\mathrm{d}\boldsymbol{x}=\boldsymbol{F}\cdot\mathrm{d}\boldsymbol{X} \tag{1.2.11}$$

$\boldsymbol{F}$ 的行列式用 J 表示，称作 Jacobian 行列式或变形梯度的行列式

$$J=\det(\boldsymbol{F}) \tag{1.2.12}$$

利用 Jacobian 行列式将当前构形和参考构形中的物理量联系起来

$$\int_{\Omega}f(\boldsymbol{x},t)\mathrm{d}\Omega=\int_{\Omega_0}f(\phi(\boldsymbol{X},t),t)J\,\mathrm{d}\Omega_0 \text{ 或 } \int_{\Omega}f\mathrm{d}\Omega=\int_{\Omega_0}fJ\,\mathrm{d}\Omega_0 \tag{1.2.13}$$

(3) 变形张量

变形梯度 $\boldsymbol{F}$ 既反映了微线元的伸长，又反映了它的转动。在变形和本构分析中，希望把两者单独表示。由同样质点组成的线元的伸长可作为纯变形的量度。有

$$dL^2 = d\boldsymbol{X} \cdot d\boldsymbol{X} = dX_K \cdot dX_K = \delta_{KL} dX_K \cdot dX_L = d\boldsymbol{X}^T \boldsymbol{I} d\boldsymbol{X}$$
$$dl^2 = d\boldsymbol{x} \cdot d\boldsymbol{x} = dx_K \cdot dx_K = C_{KL} dX_K \cdot dX_L = d\boldsymbol{X} \cdot \boldsymbol{C} \cdot d\boldsymbol{X} = d\boldsymbol{X}^T \boldsymbol{C} d\boldsymbol{X} \tag{1.2.14}$$

式中，dL 为线元原长；dl 为变形后的线元长度；C 为右 Cauchy-Green 变形张量；δ_{KL} 为 L 坐标系中的 Kronecker 记号，当 $K = L$ 时 $\delta_{KL} = 1$，$K \neq L$ 时 $\delta_{KL} = 0$。利用式（1.2.11）有

$$dl^2 = d\boldsymbol{x} \cdot d\boldsymbol{x} = (\boldsymbol{F} \cdot d\boldsymbol{X}) \cdot (\boldsymbol{F} \cdot d\boldsymbol{X}) = d\boldsymbol{X} \cdot (\boldsymbol{F}^T \cdot \boldsymbol{F}) \cdot d\boldsymbol{X} = d\boldsymbol{X} \cdot \boldsymbol{C} \cdot d\boldsymbol{X} \tag{1.2.15a}$$

这里
$$\boldsymbol{C} = \boldsymbol{F}^T \cdot \boldsymbol{F} \text{ 或 } \boldsymbol{C}^{-1} = \boldsymbol{F}^{-1} \cdot (\boldsymbol{F}^{-1})^T \tag{1.2.15b}$$

$\boldsymbol{C}^{-1}$ 和 $\boldsymbol{C}$ 是初始构形上一点的变形张量。由于线元的平方总取正值，所以 $\boldsymbol{C}$ 是对称正定张量。由上可知，$\boldsymbol{C}$ 只和物体的变形有关，而和刚体转动无关。

（4）应变张量

除变形张量外，还广泛使用应变张量来度量物体的变形。当无变形时，应变张量取零值。在 L 坐标系中为 Green 或 Lagrange 应变张量 $\boldsymbol{E}(E_{kl})$，自变量选用 X_K，可简称 L 应变张量。

Green 应变张量 $\boldsymbol{E}$ 定义为

$$dl^2 - dL^2 = 2d\boldsymbol{X} \cdot \boldsymbol{E} \cdot d\boldsymbol{X} \tag{1.2.16}$$

它给出了材料矢量 $d\boldsymbol{X}$ 长度平方的变化，度量了现时（变形）构形和参考（未变形）构形中的一个微小段长度的平方差。

利用式（1.2.14）可将式（1.2.16）写为

$$d\boldsymbol{X}^T \boldsymbol{C} d\boldsymbol{X} - d\boldsymbol{X}^T \boldsymbol{I} d\boldsymbol{X} = 2d\boldsymbol{X} \cdot \boldsymbol{E} \cdot d\boldsymbol{X} \tag{1.2.17}$$

移项得

$$d\boldsymbol{X}^T \boldsymbol{C} d\boldsymbol{X} - d\boldsymbol{X}^T \boldsymbol{I} d\boldsymbol{X} - 2d\boldsymbol{X} \cdot \boldsymbol{E} \cdot d\boldsymbol{X} = 0 \tag{1.2.18}$$

提出相同项有
$$d\boldsymbol{X} \cdot (\boldsymbol{C} - \boldsymbol{I} - 2\boldsymbol{E}) \cdot d\boldsymbol{X} = 0 \tag{1.2.19}$$

由于上式对于任何 $d\boldsymbol{X}$ 都必须成立，则有

$$\boldsymbol{E} = \frac{1}{2}(\boldsymbol{C} - \boldsymbol{I}) = \frac{1}{2}(\boldsymbol{F}^T \cdot \boldsymbol{F} - \boldsymbol{I}) \tag{1.2.20}$$

因为 $\boldsymbol{C}$ 是对称张量，所以 $\boldsymbol{E}$ 也是对称张量，但不是正定的。注意上述 E_{kl} 是应变张量，其定义的切应变分量是通常工程切应变分量的一半。

4. 应力的 Lagrange 定义

（1）Lagrange 应力

现讨论在外力作用下处于平衡的物体，如图 1.2.3 所示，设想沿某一截面把物体切开，截面上存在内力。从物理上讲，外力改变了物体内部原子和分子之间的距离或某种内部结构，使其偏离了原先的平衡位置，系统的势能不再处于极小值。这种变化产生了企图使原子和分子恢复到初始平衡位置或另一个平衡位置的

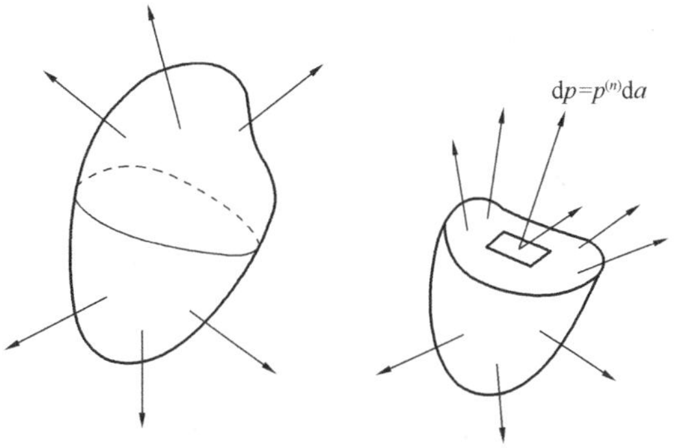

图 1.2.3　截面法

内力。

在初始假想截面上，取一微面元 d$\boldsymbol{A}$，其面积为 dA，外法线为 N，其上作用的内力为 d$\boldsymbol{P}$，应力矢量

$$\boldsymbol{T}^{(N)} = \lim_{\Delta A \to 0} \frac{\Delta \boldsymbol{P}}{\Delta A} = \frac{\mathrm{d}\boldsymbol{P}}{\mathrm{d}A} \tag{1.2.21}$$

（2）Lagrange 应力张量

设物体的初始状态为平衡状态，在外力作用下或是处于新的平衡状态，或是产生运动，但新的平衡或运动都是在物体产生变形后发生的，变形或运动同样会影响到外力作用和物体的响应特性。因此，研究物体在外力作用下的平衡或运动，原则上应在现时构形中讨论，但在固体的有限变形理论中，初始边界是已知的，而现时边界正是要求的；其本构方程在某些情况下也是用 Lagrange 描述给出的。

如图 1.2.3 和图 1.2.4 所示，设变形前的斜截面 $\boldsymbol{N}\mathrm{d}A$，变形后变为 $\boldsymbol{n}\mathrm{d}a$，作用在 $\boldsymbol{n}\mathrm{d}a$ 面上的力为 $\mathrm{d}\boldsymbol{P} = \boldsymbol{p}^{(n)}\mathrm{d}a$，其中 $\boldsymbol{p}^{(n)}$ 为 $\boldsymbol{n}\mathrm{d}a$ 面上的应力矢量。L 应力是在初始构形中定义的，而 d$\boldsymbol{p}$ 是在现时构形中定义的。因此定义 L 应力的关键是如何在初始构形的 $\boldsymbol{N}\mathrm{d}A$ 面上定义作用力和应力矢量。令 $\boldsymbol{T}^{(N)}$ 为 $\boldsymbol{N}\mathrm{d}A$ 面上的 L 应力矢量，规定

$$\mathrm{d}\boldsymbol{P} = \boldsymbol{T}^{(N)}\mathrm{d}A \tag{1.2.22}$$

式（1.2.22）表示规定 L 应力矢量 $\boldsymbol{T}^{(N)}$ 时，变形前后的面积上作用相向的力。

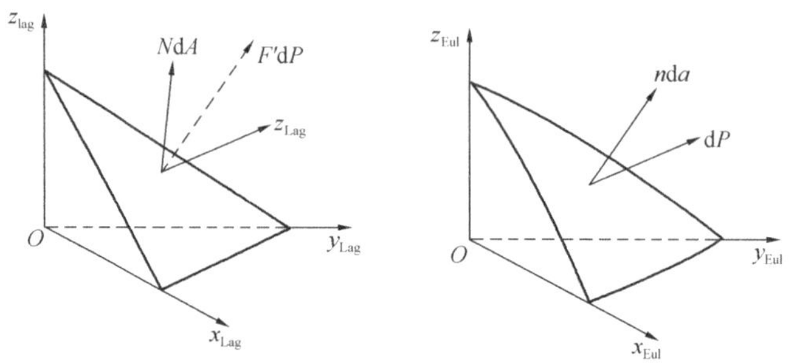

图 1.2.4 L 应力张量的定义

可知过 O 点的任意截面上的力为

$$\mathrm{d}\boldsymbol{P} = \boldsymbol{T}^{(N)}\mathrm{d}A = \boldsymbol{N} \cdot \boldsymbol{T}\mathrm{d}A \tag{1.2.23}$$

其中

$$\boldsymbol{T} = \boldsymbol{T}_{Kl}\,\boldsymbol{I}_K \otimes i_l,\ \boldsymbol{T}^{(N)} = \boldsymbol{N} \cdot \boldsymbol{T} \tag{1.2.24}$$

式中，$\boldsymbol{T}_{Kl}$ 为初始坐标面上的 L 应力矢量；$\boldsymbol{T}$ 为 L 应力张量。

由于 Lagrange 法导出的方程很复杂，因此，在流体力学中一般不采用这种方法。

1.2.3 Euler 描述

Euler 法是描述位于同一空间处质点的行为随时间变化的规律。

1. Euler 坐标

引入 Euler 或空间坐标系 $Ox_{\mathrm{Eul}}y_{\mathrm{Eul}}z_{\mathrm{Eul}}$，简记为 E 坐标系。Euler 坐标系着眼于空间点，和空间固结在一起。物质点 $\boldsymbol{X}$ 在 E 坐标系中的位置由（$x_{\mathrm{Eul}}, y_{\mathrm{Eul}}, z_{\mathrm{Eul}}$）确定，或由矢径确定。显然，不同时刻 $\boldsymbol{X}$ 运动到空间不同的点 $\boldsymbol{x}$，在现时构形中该材料点的运动描述为

$$\boldsymbol{x} = \phi(\boldsymbol{X}, t) \tag{1.2.25}$$

其中 $\boldsymbol{x}$ 是材料点 $\boldsymbol{X}$ 在时间 t 的位置。函数 $\phi(\boldsymbol{X}, t)$ 将初始构形映射到时刻 t 的现时构形，称作从初始构形到现时构形的映射，或简称为映射。式（1.2.25）存在逆变换，从而可以找出 t 时刻位于 $\boldsymbol{x}$ 的物质点 $\boldsymbol{X}$ 是

$$\boldsymbol{X} = \phi^{-1}(\boldsymbol{x}, t) \tag{1.2.26}$$

式（1.2.25）和式（1.2.26）是两种坐标系间的转换关系。Euler 坐标可用直角坐标 (x, y, z) 或柱坐标 (r, θ, z) 或球坐标 (R, θ, λ) 或曲线坐标表示。

设 Euler 坐标为 $(x_{\text{Eul}}, y_{\text{Eul}}, z_{\text{Eul}})$，则在任一时刻 t，流体的物理量 f 便可写为 $\boldsymbol{x}$ 及 t 的函数

$$f = f(\boldsymbol{x}, t) = f(x_{\text{Eul}}, y_{\text{Eul}}, z_{\text{Eul}}, t) \tag{1.2.27}$$

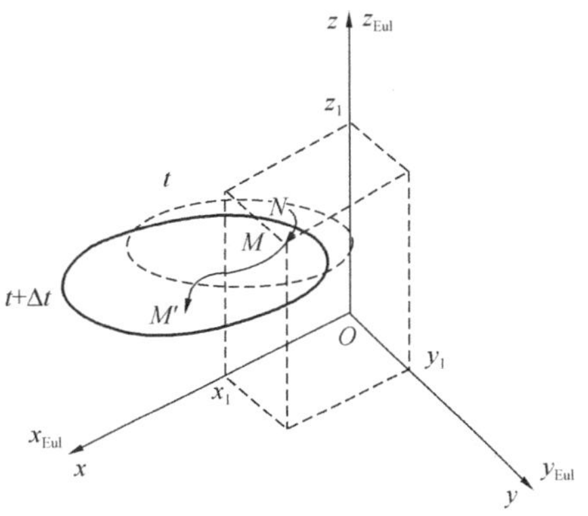

图 1.2.5　Euler 描述示意图

如图 1.2.5 所示，在空间直角坐标系 $Oxyz$ 中，取 Euler 坐标 $(x_{\text{Eul}}, y_{\text{Eul}}, z_{\text{Eul}})$ 以直角坐标 (x, y, z) 表示，M、N 为 t 时刻流体上任意两点，M 点的 Euler 坐标为 (x_1, y_1, z_1)，经过 Δt 时间后，M 点运动到 M'，而此时 N 点运动到空间坐标 (x_1, y_1, z_1)。在 Euler 描述中，观察了流体质点从某一固定点附近流过时的流动性质。正如图 1.2.5 中，固定点 (x_1, y_1, z_1) 在 t 时刻所描述的物理量是 M 点的物理量，而在 $t+\Delta t$ 时刻，描述的物理量则是此刻正好流到固定点 (x_1, y_1, z_1) 的流体质点 N 点的物理量，则固定点 (x_1, y_1, z_1) 的物理量的 Euler 描述表达式为 $f = f(x_1, y_1, z_1, t) = f(\boldsymbol{x}_1, t)$。类似地可将空间需要的所有点视为固定点，而对某一空间域上的各点在不同时刻进行物理量描述，即 $f = f(x_{\text{Eul}}, y_{\text{Eul}}, z_{\text{Eul}}, t) = f(\boldsymbol{x}, t)$。由此可见，Euler 描述是着眼于空间点，物理量描述代表了该物理量的空间分布，实际上描述了一个个物理量的场，例如速度场、压强场等，可运用数学上"场论"知识作为理论分析工具。Euler 描述适用于描述空间固定域上的流动，是流体力学中最常用的描述方法。

2. 流体速度、加速度和压强的 Euler 定义

在 Euler 法中，观察质点流过某一坐标为 $(x_{\text{Eul}}, y_{\text{Eul}}, z_{\text{Eul}})$ 的固定点时的性质。质点速度可表示为

$$\mathbf{V} = \mathbf{V}(x_{\text{Eul}}, y_{\text{Eul}}, z_{\text{Eul}}, t) \tag{1.2.28}$$

即在时刻 t 运动到 Euler 坐标中点 $(x_{\text{Eul}}, y_{\text{Eul}}, z_{\text{Eul}})$ 的那个流体质点有速度 $\mathbf{V} = \mathbf{V}(x_{\text{Eul}}, y_{\text{Eul}}, z_{\text{Eul}}, t)$。

在 x 方向上，某一点附近的速度变化为

$$\mathrm{d}V_x = \frac{\partial V_x}{\partial t}\mathrm{d}t + \frac{\partial V_x}{\partial x}\mathrm{d}x + \frac{\partial V_x}{\partial y}\mathrm{d}y + \frac{\partial V_x}{\partial z}\mathrm{d}z \tag{1.2.29}$$

这里，总的导数用各偏导数来表示。

在时间 Δt 内，质点运动的一个小距离可表示为

$$\mathrm{d}x = V_x\mathrm{d}t,\ \mathrm{d}y = V_y\mathrm{d}t,\ \mathrm{d}z = V_z\mathrm{d}t \tag{1.2.30}$$

式（1.2.29）两边除以 dt，并利用上式可导出速度 V_x 的 x 方向分量的加速度为

$$a_x=\frac{\mathrm{d}V_x}{\mathrm{d}t}=\frac{\partial V_x}{\partial t}+V_x\frac{\partial V_x}{\partial x}+V_y\frac{\partial V_x}{\partial y}+V_z\frac{\partial V_x}{\partial z}=\frac{\partial V_x}{\partial t}+(\boldsymbol{V}\cdot\nabla)V_x \tag{1.2.31a}$$

式中，∇为哈密顿算子，在直角坐标系中 $\nabla=\frac{\partial}{\partial x}\boldsymbol{i}+\frac{\partial}{\partial y}\boldsymbol{j}+\frac{\partial}{\partial z}\boldsymbol{k}$ 。

用类似方法得加速度的其他分量

$$a_y=\frac{\mathrm{d}V_y}{\mathrm{d}t}=\frac{\partial V_y}{\partial t}+(\boldsymbol{V}\cdot\nabla)V_y \tag{1.2.31b}$$

$$a_z=\frac{\mathrm{d}V_z}{\mathrm{d}t}=\frac{\partial V_z}{\partial t}+(\boldsymbol{V}\cdot\nabla)V_z \tag{1.2.31c}$$

则 Euler 坐标系下的加速度可写为

$$\boldsymbol{a}(x_{\mathrm{Eul}},y_{\mathrm{Eul}},z_{\mathrm{Eul}},t)=\frac{\partial\boldsymbol{V}(x_{\mathrm{Eul}},y_{\mathrm{Eul}},z_{\mathrm{Eul}},t)}{\partial t}+(\boldsymbol{V}\cdot\nabla)\boldsymbol{V}(x_{\mathrm{Eul}},y_{\mathrm{Eul}},z_{\mathrm{Eul}},t) \tag{1.2.32}$$

同样，压强的 Euler 描述为

$$p=p(x_{\mathrm{Eul}},y_{\mathrm{Eul}},z_{\mathrm{Eul}},t) \tag{1.2.33}$$

3. 流体变形和应变的 Euler 定义

（1）变形张量

现讨论用 Euler 坐标 x_k 作自变量，此时有

$$X_K=X_K(x_k,t)\quad \mathrm{d}X_K=X_{K,k}\mathrm{d}x_k \tag{1.2.34}$$

及

$$\mathrm{d}L^2=\mathrm{d}\boldsymbol{X}\cdot\mathrm{d}\boldsymbol{X}=B_{kl}^{-1}\mathrm{d}x_k x_l=\mathrm{d}\boldsymbol{x}^{\mathrm{T}}\boldsymbol{B}^{-1}\mathrm{d}\boldsymbol{x} \tag{1.2.35}$$

$$\mathrm{d}l^2=\mathrm{d}\boldsymbol{x}\cdot\mathrm{d}\boldsymbol{x}=\delta_{kl}\mathrm{d}x_k\mathrm{d}x_l=\mathrm{d}\boldsymbol{x}^{\mathrm{T}}\boldsymbol{I}\mathrm{d}\boldsymbol{x} \tag{1.2.36}$$

式中，$\boldsymbol{B}^{-1}$ 为左 Cauchy-Green 变形张量；δ_{kl} 为 E 坐标系中的 Kronecker 记号，当 $k=l$ 时 $\delta_{kl}=1$，$k\neq l$ 时 $\delta_{kl}=0$ 。利用式（1.2.35）

$$\mathrm{d}L^2=\mathrm{d}\boldsymbol{X}\cdot\mathrm{d}\boldsymbol{X}=(\boldsymbol{F}^{-1}\mathrm{d}\boldsymbol{x})\cdot(\boldsymbol{F}^{-1}\mathrm{d}\boldsymbol{x})=\mathrm{d}\boldsymbol{x}\cdot[(\boldsymbol{F}^{-1})^{\mathrm{T}}\cdot\boldsymbol{F}^{-1}]\cdot\mathrm{d}\boldsymbol{x}=\mathrm{d}\boldsymbol{X}\cdot\boldsymbol{B}^{-1}\cdot\mathrm{d}\boldsymbol{X} \tag{1.2.37a}$$

有

$$\boldsymbol{B}^{-1}=(\boldsymbol{F}^{-1})^{\mathrm{T}}\cdot\boldsymbol{F}^{-1}\ 或\ \boldsymbol{B}=\boldsymbol{F}\boldsymbol{F}^{\mathrm{T}} \tag{1.2.37b}$$

$\boldsymbol{B}^{-1}$ 表示 $\boldsymbol{B}$ 的逆，$\boldsymbol{B}^{-1}$ 和 $\boldsymbol{B}$ 是现时构形上一点的变形张量，显然是正定张量。

（2）应变张量

在 E 坐标系中为 Euler 或 Almansi 应变张量 $\boldsymbol{\varepsilon}(\varepsilon_{kl})$，自变量选用 $\boldsymbol{x}_k$，以后简称 E 应变张量。和 Green 应变张量类似，Euler 应变张量 $\boldsymbol{\varepsilon}$ 定义为

$$\mathrm{d}l^2-\mathrm{d}L^2=2\mathrm{d}\boldsymbol{x}\cdot\boldsymbol{\varepsilon}\cdot\mathrm{d}\boldsymbol{x} \tag{1.2.38}$$

利用式（1.2.35）和式（1.2.36）可以将式（1.2.38）写为

$$\mathrm{d}\boldsymbol{x}^{\mathrm{T}}\boldsymbol{I}\mathrm{d}\boldsymbol{x}-\mathrm{d}\boldsymbol{x}^{\mathrm{T}}\boldsymbol{B}^{-1}\mathrm{d}\boldsymbol{x}=2\mathrm{d}\boldsymbol{x}\cdot\boldsymbol{\varepsilon}\cdot\mathrm{d}\boldsymbol{x} \tag{1.2.39}$$

仿照 Green 应变张量可得

$$\boldsymbol{\varepsilon}=\frac{1}{2}(\boldsymbol{I}-\boldsymbol{B}^{-1})=\frac{1}{2}[\boldsymbol{I}-(\boldsymbol{F}^{-1})^{\mathrm{T}}\cdot\boldsymbol{F}^{-1}] \tag{1.2.40}$$

因为 $\boldsymbol{B}^{-1}$ 是对称张量，所以 $\boldsymbol{\varepsilon}$ 也是对称张量，但不是正定的。注意上述 ε_{kl} 是应变张量，其定义的切应变分量是通常工程切应变分量的一半。

4. 应力的 Euler 定义

在物体中取一 Euler 坐标系 $Ox_{\mathrm{Eul}}y_{\mathrm{Eul}}z_{\mathrm{Eul}}$，作平行于坐标面的微小平行六面体。将法线平行于 $\boldsymbol{i}_k$ 且沿其正向的微元面上的应力矢量记为 $\boldsymbol{p}_k$。定义 $\boldsymbol{p}_k$ 在 $\boldsymbol{i}_l$ 方向的投影为应力张量 $\boldsymbol{\sigma}$ 的分量 σ_{kl}，如图 1.2.6 所示，即

$$\sigma_{kl}=\boldsymbol{p}_k\cdot\boldsymbol{i}_l \text{ 或 } \boldsymbol{p}_k=\sigma_{kl}\boldsymbol{i}_l,\ \boldsymbol{\sigma}=\sigma_{kl}\boldsymbol{i}_k\otimes\boldsymbol{i}_l \tag{1.2.41a}$$

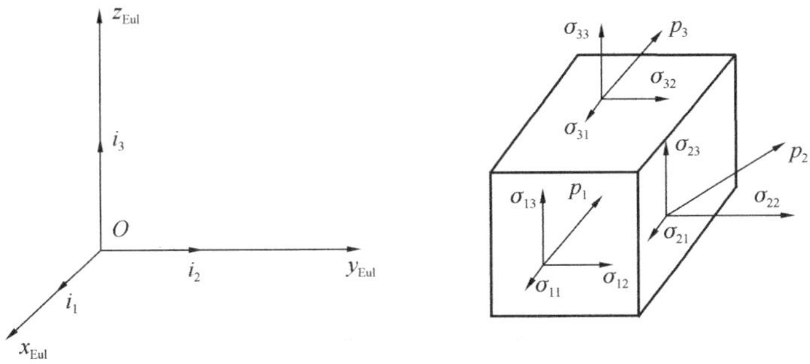

图 1.2.6　应力分量命名法

沿 $\boldsymbol{i}_k$ 负向的微元面上的应力矢量定义为 $-\boldsymbol{p}_k$，定义 σ_{kl} 为

$$\sigma_{kl}=(-\boldsymbol{p}_k)\cdot(-\boldsymbol{i}_l)=\boldsymbol{p}_k\cdot\boldsymbol{i}_l \tag{1.2.41b}$$

式中，$\boldsymbol{\sigma}$ 称为 Euler 或 Cauchy 应力张量，它包括当前表面的法线和当前表面的面力（每单位面积上的力），由于这个原因 Cauchy 应力常常被称为物理应力或真实应力。下标 $k=l$ 时的应力 σ_{kk} 为正应力，$k\neq l$ 时 σ_{kl} 为切应力。式（1.2.41）给出 σ_{kl} 的大小和符号。这一规定使得拉伸的应力分量为正，压缩时为负。

知道了一点 O 处的应力张量 $\boldsymbol{\sigma}$，即在三个坐标面上的应力分量 σ_{kl}，那么过 O 点任一法线 n 的斜截面上的应力矢量 $\boldsymbol{p}^{(n)}$ 便可求得。为此，过 O 点作一微四面体，如图 1.2.7 所示。设斜截面的面积为 $\mathrm{d}a$，作用其上的力为

$$\mathrm{d}\boldsymbol{p}=\boldsymbol{p}^{(n)}\mathrm{d}a \tag{1.2.42}$$

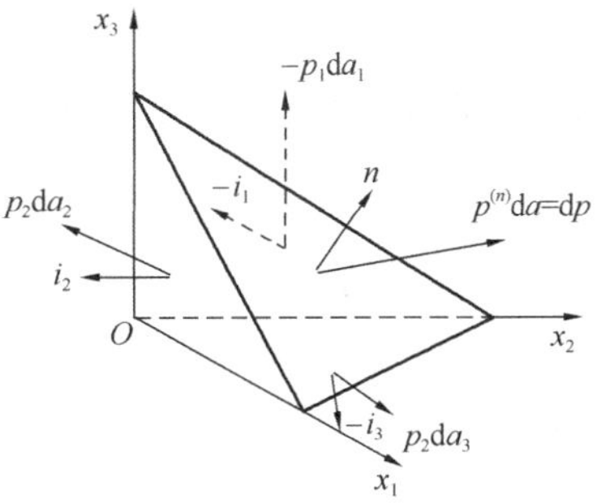

图 1.2.7　斜截面上的应力矢量

在法线为 $-\boldsymbol{i}_k$ 的坐标面上作用的力为 $-\boldsymbol{p}_k\mathrm{d}a_k$，$\mathrm{d}a_k$ 是 $\mathrm{d}a$ 在 $\boldsymbol{i}_k$ 坐标面上的投影，即 $\mathrm{d}a_k=n_k\mathrm{d}a$，这里 $n_k=\boldsymbol{n}\cdot\boldsymbol{i}_k$。

设单位质量的体积力为 $\boldsymbol{F}_{\mathrm{b}}$，加速度为 $\boldsymbol{a}$，利用达朗贝尔原理可得

$$\boldsymbol{p}^{(n)}\mathrm{d}a-\boldsymbol{p}_k\mathrm{d}a_k+\rho(\boldsymbol{F}_{\mathrm{b}}-\boldsymbol{a})\mathrm{d}v=0 \tag{1.2.43a}$$

式中，$\mathrm{d}v=\dfrac{1}{3}h\mathrm{d}a$，$h$ 为由 O 点到斜面的垂直距离，是一阶小量，所以 $\mathrm{d}v$ 是比 $\mathrm{d}a$ 高一阶的小量。令微元体无限缩向 O 点，取极限便有

$$\boldsymbol{p}^{(n)}=\boldsymbol{p}_k n_k=\sigma_{kl}n_k\boldsymbol{i}_k=\boldsymbol{n}\cdot\boldsymbol{\sigma} \tag{1.2.43b}$$

写成分量形式为

$$p_l=\sigma_{kl}n_k \tag{1.2.43c}$$

或

$$
\begin{aligned}
p_x &= \sigma_{xx} n_x + \sigma_{yx} n_y + \sigma_{zx} n_z = \sigma_x l + \tau_{yx} m + \tau_{zx} n \\
p_y &= \sigma_{xy} n_x + \sigma_{yy} n_y + \sigma_{zy} n_z = \tau_{xy} l + \sigma_y m + \tau_{zy} n \\
p_z &= \sigma_{xz} n_x + \sigma_{yz} n_y + \sigma_{zz} n_z = \tau_{xz} l + \tau_{yz} m + \sigma_z n
\end{aligned}
\tag{1.2.43d}
$$

式中，p_x 表示 $\boldsymbol{p}^{(n)}$ 的分量，不要和坐标面上的应力矢量 $\boldsymbol{p}_k$ 混淆；l、m、n 为 n 在 Euler 坐标系中的 3 个方向余弦，即 n_x、n_y、n_z；σ_x 表示正应力 σ_{xx}，τ_{yx} 表示切应力 σ_{yx}，其余类推。

正如前述，传统上有两种方法用来描述连续介质，一种是基于材料坐标系 Lagrange 描述，材料坐标系与材料介质一起运动；另一种描述是基于空间固定坐标系的 Euler 描述或称为空间描述，该参考坐标固定不变，不随材料介质运动。

1.2.4 ALE 描述

为更好地利用 Lagrange 描述和 Euler 描述各自的优点：Lagrange 描述可以准确地表述移动边界问题，Euler 描述则可以有效地应对网格的扭曲，因此综合这两种方法优点的 ALE（Arbitrary Lagrange Euler）方法被提出用于描述连续介质力学。ALE 描述引入了一个计算参考域，并以任意的速度进行移动。通过选取不同的计算参考域速度，可在边界处采用纯 Lagrange 描述，同时可保证在其他部分的网格不至于发生过大的扭曲。

在 ALE 坐标系中，同样可用一组坐标（$x_{\text{ALE}}, y_{\text{ALE}}, z_{\text{ALE}}$）或由该质点到坐标原点的矢量 $\boldsymbol{\chi}$ 确定质点位置，即不同的质点位置以不同的坐标（$x_{\text{ALE}}, y_{\text{ALE}}, z_{\text{ALE}}$）或 $\boldsymbol{\chi}$ 表示。不同于 Lagrange 坐标系的是 ALE 坐标系不随材料介质运动一同运动，而是以任意的速度进行移动，因此其质点坐标（$x_{\text{ALE}}, y_{\text{ALE}}, z_{\text{ALE}}$）是不断变化的，而 Lagrange 坐标则是不随时间变化的。也就是说 ALE 坐标相当于 Lagrange 坐标的一个映射，即 $\boldsymbol{\chi} = \boldsymbol{\Psi}(\boldsymbol{X}, t) = \boldsymbol{\Psi}(x_{\text{Lag}}, y_{\text{Lag}}, z_{\text{Lag}}, t)$，其意义为物体的 Lagrange 坐标由函数 $\boldsymbol{\Psi}(\boldsymbol{X}, t)$ 映射为 ALE 坐标。

1.2.5 随体导数公式及各种描述之间的关系

综上所述，Lagrange 描述着眼于流体质点，将物理量视为随体坐标与时间的函数；而 Euler 描述则着眼于空间点，将物理量视为空间坐标与时间的函数。因而两者所用的数学工具也不同，前者主要采用矢量代数和常微分方程或方程组，后者主要采用矢量场论和偏微分方程或方程组，而 ALE 描述是 Lagrange 描述与 Euler 描述的任意组合。三种方法仅是从不同角度，即着眼于流体质点或空间点或着眼任意的参考坐标系来讨论流体运动，其结果应该是一致的，或者说这三种方法应是可互换的。

1. 随体导数公式

随体导数可定义为：流体质点在 Euler 场内运动时所具有的物理量对时间的全导数，即随时间的变化率，也称为物质导数或质点导数。

对于同一物理量，Lagrange 描述为 $f = f(\boldsymbol{X}, t) = f(x_{\text{Lag}}, y_{\text{Lag}}, z_{\text{Lag}}, t)$；Euler 描述为 $f = f(\boldsymbol{x}, t) = f(x_{\text{Eul}}, y_{\text{Eul}}, z_{\text{Eul}}, t)$；ALE 描述为 $f = f(\boldsymbol{\chi}, t) = f(x_{\text{ALE}}, y_{\text{ALE}}, z_{\text{ALE}}, t)$。

Lagrange 描述本身着眼于流体质点，所以其随体导数就是对时间的导数，即

$$
\frac{\mathrm{D} f(\boldsymbol{X}, t)}{\mathrm{D} t} = \frac{\mathrm{d} f(\boldsymbol{X}, t)}{\mathrm{d} t} \tag{1.2.44}
$$

式中，$\frac{\mathrm{D}}{\mathrm{D}t}$ 表示随体导数。

Euler 描述下物理量 $f=f(\boldsymbol{x},t)$ 的随体导数是

$$\frac{\mathrm{D}f(\boldsymbol{x},t)}{\mathrm{D}t}=\frac{\partial f(\boldsymbol{x},t)}{\partial t}+\frac{\partial f(\boldsymbol{x},t)}{\partial x_{\mathrm{Eul}}}\frac{\partial x_{\mathrm{Eul}}(\boldsymbol{X},t)}{\partial t}+\frac{\partial f(\boldsymbol{x},t)}{\partial y_{\mathrm{Eul}}}\frac{\partial y_{\mathrm{Eul}}(\boldsymbol{X},t)}{\partial t}+\frac{\partial f(\boldsymbol{x},t)}{\partial z_{\mathrm{Eul}}}\frac{\partial z_{\mathrm{Eul}}(\boldsymbol{X},t)}{\partial t}$$

$$=\frac{\partial f(\boldsymbol{x},t)}{\partial t}+\frac{\partial f(\boldsymbol{x},t)}{\partial x_{\mathrm{Eul}}}V_x+\frac{\partial f(\boldsymbol{x},t)}{\partial y_{\mathrm{Eul}}}V_y+\frac{\partial f(\boldsymbol{x},t)}{\partial z_{\mathrm{Eul}}}V_z=\frac{\partial f(\boldsymbol{x},t)}{\partial t}+(\boldsymbol{V}^{\mathrm{T}}\,\nabla^{\mathrm{T}})f(\boldsymbol{x},t) \tag{1.2.45}$$

式中

$$\begin{aligned}x_{\mathrm{Eul}}(\boldsymbol{X},t)&=x_{\mathrm{Eul}}(x_{\mathrm{Lag}},y_{\mathrm{Lag}},z_{\mathrm{Lag}},t)\\ y_{\mathrm{Eul}}(\boldsymbol{X},t)&=y_{\mathrm{Eul}}(x_{\mathrm{Lag}},y_{\mathrm{Lag}},z_{\mathrm{Lag}},t)\\ z_{\mathrm{Eul}}(\boldsymbol{X},t)&=z_{\mathrm{Eul}}(x_{\mathrm{Lag}},y_{\mathrm{Lag}},z_{\mathrm{Lag}},t)\end{aligned} \tag{1.2.46}$$

由上式，对于流体质点物理量，不论标量还是矢量，在 Euler 坐标系下其随体导数公式为

$$\frac{\mathrm{D}f}{\mathrm{D}t}=\frac{\mathrm{d}f(\boldsymbol{x},t)}{\mathrm{d}t}+(\boldsymbol{V}^{\mathrm{T}}\cdot\nabla^{\mathrm{T}})f(\boldsymbol{x},t) \tag{1.2.47}$$

这是流体力学中重要的基本公式之一。只要流体质点的物理量采用 Euler 描述，其随体导数即流体质点物理量的时间变化率，就可以采用这一公式进行计算。

ALE 描述下物理量 $f=f(\boldsymbol{\chi},t)$ 的随体导数是

$$\frac{\mathrm{D}f(\boldsymbol{\chi},t)}{\mathrm{D}t}=\frac{\partial f(\boldsymbol{\chi},t)}{\partial t}+\frac{\partial f(\boldsymbol{\chi},t)}{\partial x_{\mathrm{ALE}}}\frac{\partial x_{\mathrm{ALE}}(\boldsymbol{X},t)}{\partial t}+\frac{\partial f(\boldsymbol{\chi},t)}{\partial y_{\mathrm{ALE}}}\frac{\partial y_{\mathrm{ALE}}(\boldsymbol{X},t)}{\partial t}$$

$$+\frac{\partial f(\boldsymbol{\chi},t)}{\partial z_{\mathrm{ALE}}}\frac{\partial z_{\mathrm{ALE}}(\boldsymbol{X},t)}{\partial t}$$

$$=\frac{\partial f(\boldsymbol{\chi},t)}{\partial t}+(\boldsymbol{w}^{\mathrm{T}}\cdot\hat{\nabla}^{\mathrm{T}})f(\boldsymbol{\chi},t)=\frac{\partial f(\boldsymbol{\chi},t)}{\partial t}+(\boldsymbol{c}^{\mathrm{T}}\cdot\nabla^{\mathrm{T}})f(\boldsymbol{\chi},t) \tag{1.2.48}$$

式中

$$\begin{aligned}x_{\mathrm{ALE}}(\boldsymbol{X},t)&=x_{\mathrm{ALE}}(x_{\mathrm{Lag}},y_{\mathrm{Lag}},z_{\mathrm{Lag}},t)\\ y_{\mathrm{ALE}}(\boldsymbol{X},t)&=y_{\mathrm{ALE}}(x_{\mathrm{Lag}},y_{\mathrm{Lag}},z_{\mathrm{Lag}},t)\\ z_{\mathrm{ALE}}(\boldsymbol{X},t)&=z_{\mathrm{ALE}}(x_{\mathrm{Lag}},y_{\mathrm{Lag}},z_{\mathrm{Lag}},t)\end{aligned} \tag{1.2.49}$$

2. 各种描述之间的关系

正如前所提及，ALE 描述为 Lagrange 描述和 Euler 描述的任意组合，那么也就意味着 Lagrange 描述和 Euler 描述可理解为 ALE 描述的两个特例。

为此，首先令 $\boldsymbol{\chi}=\boldsymbol{X}$，即令 ALE 坐标与 Lagrange 坐标重合，则

$$\boldsymbol{\chi}=\boldsymbol{\Psi}(\boldsymbol{X},t)=\boldsymbol{X}=\boldsymbol{\Psi}(\boldsymbol{X},t)=\boldsymbol{I}(\boldsymbol{X}) \tag{1.2.50}$$

可以看出，$\boldsymbol{\Psi}$ 映射称为一致映射，即 ALE 坐标与 Lagrange 坐标是一致的。

当 $\boldsymbol{\chi}=\boldsymbol{x}$ 时，即令 ALE 坐标与 Euler 坐标重合，则

$$\boldsymbol{\chi}=\boldsymbol{\Psi}(\boldsymbol{X},t)=\boldsymbol{x}=\boldsymbol{\Psi}(\boldsymbol{X},t)=\phi(\boldsymbol{X},t) \tag{1.2.51}$$

所以，当 ALE 描述退化到 Euler 描述时，$\boldsymbol{\Psi}=\phi$。

Euler 和 Lagrange 形式的随体导数被嵌入在 ALE 形式中。回顾一下关于不同描述的材料时间导数表达式。对于 Lagrange 描述 $(\boldsymbol{X},t)$，时间导数为 $\frac{\mathrm{D}f}{\mathrm{D}t}=\frac{\mathrm{d}f(\boldsymbol{X},t)}{\mathrm{d}t}$；对于 Euler 描述 $(\boldsymbol{x},t)$，时间导数为 $\frac{\mathrm{D}f}{\mathrm{D}t}=\frac{\mathrm{d}f(\boldsymbol{x},t)}{\mathrm{d}t}+(\boldsymbol{V}^{\mathrm{T}}\cdot\nabla^{\mathrm{T}})f(\boldsymbol{x},t)$；对于 ALE 描述 $(\boldsymbol{\chi},t)$，

时间导数为 $\frac{Df}{Dt}=\left.\frac{\partial f}{\partial t}\right|_{\chi}+(\boldsymbol{c}^{\mathrm{T}}\cdot\nabla^{\mathrm{T}})f(\boldsymbol{\chi},t)$，其中 $\left.\frac{\partial f}{\partial t}\right|_{\chi}$ 表示以 ALE 固定坐标的函数对时间的偏导数。

当描述成为 Lagrange 形式，$\boldsymbol{\chi}=\boldsymbol{X}$ 时，传递速度 $\boldsymbol{c}=0$，ALE 形式（1.2.48）退化为 Lagrange 形式（1.2.44）；当描述成为 Euler 形式，$\boldsymbol{\chi}=\boldsymbol{x}$ 时，传递速度等于材料速度，$\boldsymbol{c}=\boldsymbol{V}$，ALE 形式（1.2.48）退化为 Euler 形式（1.2.47）。

设表达式 $f=f(x_{\mathrm{Lag}},y_{\mathrm{Lag}},z_{\mathrm{Lag}},t)$ 表示流体质点在 t 时刻的物理量；表达式 $f=f(x_{\mathrm{Eul}},y_{\mathrm{Eul}},z_{\mathrm{Eul}},t)$ 表示空间点上于时刻 t 的同一物理量。设想流体质点 $(x_{\mathrm{Lag}},y_{\mathrm{Lag}},z_{\mathrm{Lag}})$ 恰好在 t 时刻运动到空间点 $(x_{\mathrm{Eul}},y_{\mathrm{Eul}},z_{\mathrm{Eul}})$ 上，则应有

$$\begin{aligned}x&=x(x_{\mathrm{Lag}},y_{\mathrm{Lag}},z_{\mathrm{Lag}},t)\\y&=y(x_{\mathrm{Lag}},y_{\mathrm{Lag}},z_{\mathrm{Lag}},t)\\z&=z(x_{\mathrm{Lag}},y_{\mathrm{Lag}},z_{\mathrm{Lag}},t)\end{aligned}\tag{1.2.52a}$$

$$f(x_{\mathrm{Lag}},y_{\mathrm{Lag}},z_{\mathrm{Lag}},t)=f(x_{\mathrm{Eul}},y_{\mathrm{Eul}},z_{\mathrm{Eul}},t)\tag{1.2.52b}$$

事实上，将式（1.2.2）代入式（1.2.52b）右端有

$$\begin{aligned}f(x,y,z,t)&=f[x(x_{\mathrm{Lag}},y_{\mathrm{Lag}},z_{\mathrm{Lag}},t),y(x_{\mathrm{Lag}},y_{\mathrm{Lag}},z_{\mathrm{Lag}},t),z(x_{\mathrm{Lag}},y_{\mathrm{Lag}},z_{\mathrm{Lag}},t),t]\\&=f(x_{\mathrm{Lag}},y_{\mathrm{Lag}},z_{\mathrm{Lag}},t)\end{aligned}\tag{1.2.53}$$

或反解式（1.2.1）得

$$\begin{aligned}x_{\mathrm{Lag}}&=x_{\mathrm{Lag}}(x_{\mathrm{Eul}},y_{\mathrm{Eul}},z_{\mathrm{Eul}},t)\\y_{\mathrm{Lag}}&=y_{\mathrm{Lag}}(x_{\mathrm{Eul}},y_{\mathrm{Eul}},z_{\mathrm{Eul}},t)\\z_{\mathrm{Lag}}&=z_{\mathrm{Lag}}(x_{\mathrm{Eul}},y_{\mathrm{Eul}},z_{\mathrm{Eul}},t)\end{aligned}\tag{1.2.54a}$$

同样，将式（1.2.54）代入式（1.2.52b）左端有

$$\begin{aligned}f(x_{\mathrm{Lag}},y_{\mathrm{Lag}},z_{\mathrm{Lag}},t)&=f[x_{\mathrm{Lag}}(x_{\mathrm{Eul}},y_{\mathrm{Eul}},z_{\mathrm{Eul}},t),y_{\mathrm{Lag}}(x_{\mathrm{Eul}},y_{\mathrm{Eul}},z_{\mathrm{Eul}},t),z_{\mathrm{Lag}}(x_{\mathrm{Eul}},y_{\mathrm{Eul}},z_{\mathrm{Eul}},t),t]\\&=f(x_{\mathrm{Eul}},y_{\mathrm{Eul}},z_{\mathrm{Eul}},t)\end{aligned}\tag{1.2.54b}$$

故若已知 Lagrange 描述，设时刻 t 流体质点的矢径即 t 时刻质点的位置以 $\boldsymbol{r}$ 表示，则由 $\boldsymbol{r}=\boldsymbol{r}(x_{\mathrm{Lag}},y_{\mathrm{Lag}},z_{\mathrm{Lag}},t)$ 及 $f=f(x_{\mathrm{Lag}},y_{\mathrm{Lag}},z_{\mathrm{Lag}},t)$，可先反解 $\boldsymbol{r}$ 得式（1.2.54），然后将其代入 $f=f(x_{\mathrm{Lag}},y_{\mathrm{Lag}},z_{\mathrm{Lag}},t)$，即可得 Euler 描述。

3. 基于 Euler 描述的流体质点位移的计算

如已知 Euler 描述，$\boldsymbol{V}=\boldsymbol{V}(x_{\mathrm{Eul}},y_{\mathrm{Eul}},z_{\mathrm{Eul}},t)$ 及 $f=f(x_{\mathrm{Eul}},y_{\mathrm{Eul}},z_{\mathrm{Eul}},t)$，因式（1.2.2），则可先由

$$\boldsymbol{V}=\frac{\mathrm{d}\boldsymbol{r}}{\mathrm{d}t}\text{ 或}\begin{cases}V_x(x_{\mathrm{Eul}},y_{\mathrm{Eul}},z_{\mathrm{Eul}},t)=\dfrac{\mathrm{d}x}{\mathrm{d}t}\\V_y(x_{\mathrm{Eul}},y_{\mathrm{Eul}},z_{\mathrm{Eul}},t)=\dfrac{\mathrm{d}y}{\mathrm{d}t}\\V_z(x_{\mathrm{Eul}},y_{\mathrm{Eul}},z_{\mathrm{Eul}},t)=\dfrac{\mathrm{d}z}{\mathrm{d}t}\end{cases}\tag{1.2.55}$$

积分得

$$\boldsymbol{r}=\boldsymbol{r}(c_1,c_2,c_3,t)\text{ 或 }\begin{aligned}x_{\mathrm{Eul}}&=x_{\mathrm{Eul}}(c_1,c_2,c_3,t)\\y_{\mathrm{Eul}}&=y_{\mathrm{Eul}}(c_1,c_2,c_3,t)\\z_{\mathrm{Eul}}&=z_{\mathrm{Eul}}(c_1,c_2,c_3,t)\end{aligned}\tag{1.2.56a}$$

再由初始条件 $t=t_0$ 时，有 $\boldsymbol{r}=\boldsymbol{r}_0(x_{\text{Lag}},y_{\text{Lag}},z_{\text{Lag}},t)$，可解得 c_1、c_2、c_3 为

$$\begin{cases} c_1=c_1(x_{\text{Lag}},y_{\text{Lag}},z_{\text{Lag}},t_0) \\ c_2=c_2(x_{\text{Lag}},y_{\text{Lag}},z_{\text{Lag}},t_0) \\ c_3=c_3(x_{\text{Lag}},y_{\text{Lag}},z_{\text{Lag}},t_0) \end{cases} \tag{1.2.56b}$$

将其代入式（1.2.56a）便可得

$$\boldsymbol{r}=\boldsymbol{r}(x_{\text{Lag}},y_{\text{Lag}},z_{\text{Lag}},t) \quad 或 \quad \begin{matrix} x_{\text{Eul}}=x_{\text{Eul}}(x_{\text{Lag}},y_{\text{Lag}},z_{\text{Lag}},t) \\ y_{\text{Eul}}=y_{\text{Eul}}(x_{\text{Lag}},y_{\text{Lag}},z_{\text{Lag}},t) \\ z_{\text{Eul}}=z_{\text{Eul}}(x_{\text{Lag}},y_{\text{Lag}},z_{\text{Lag}},t) \end{matrix} \tag{1.2.56c}$$

然后，将其代入 $f=f(x_{\text{Eul}},y_{\text{Eul}},z_{\text{Eul}},t)$，即可得 Lagrange 描述。

由于 Lagrange 描述导出的方程很复杂，因此，在流体力学中一般不采用，而采用 Euler 描述方法。为简洁起见，约定以后章节中未特殊注明者均采用 Euler 坐标，且略去下标“Eul”，如在直角坐标系中 x_{Eul}、y_{Eul}、z_{Eul} 用 x、y、z 表示。

4. 应变之间和应力之间的转换

在 Lagrange 描述中，应变为

$$\boldsymbol{E}=\frac{1}{2}(\boldsymbol{C}-\boldsymbol{I})=\frac{1}{2}(\boldsymbol{F}^{\mathrm{T}}\cdot\boldsymbol{F}-\boldsymbol{I}) \tag{1.2.57}$$

在 Euler 描述中，应变为

$$\boldsymbol{\varepsilon}=\frac{1}{2}(\boldsymbol{I}-\boldsymbol{B}^{-1})=\frac{1}{2}[\boldsymbol{I}-(\boldsymbol{F}^{-1})^{\mathrm{T}}\cdot\boldsymbol{F}^{-1}] \tag{1.2.58}$$

现在作如下变换

$$\begin{aligned}\boldsymbol{F}^{\mathrm{T}}\boldsymbol{\varepsilon}\boldsymbol{F}&=\frac{1}{2}(\boldsymbol{F}^{\mathrm{T}}\cdot\boldsymbol{I}\cdot\boldsymbol{F}-\boldsymbol{F}^{\mathrm{T}}\cdot\boldsymbol{B}^{-1}\cdot\boldsymbol{F})=\frac{1}{2}\{\boldsymbol{F}^{\mathrm{T}}\cdot\boldsymbol{F}-[\boldsymbol{F}^{\mathrm{T}}\cdot(\boldsymbol{F}^{-1})^{\mathrm{T}}]\cdot(\boldsymbol{F}^{-1}\cdot\boldsymbol{F})\}\\&=\frac{1}{2}(\boldsymbol{C}-\boldsymbol{I})=\boldsymbol{E}\end{aligned} \tag{1.2.59}$$

则有

$$\boldsymbol{E}=\boldsymbol{F}^{\mathrm{T}}\boldsymbol{\varepsilon}\boldsymbol{F} \text{ 或 } \boldsymbol{\varepsilon}=(\boldsymbol{F}^{-1})^{\mathrm{T}}\boldsymbol{E}\boldsymbol{F}^{-1} \tag{1.2.60}$$

除了 Euler 应力张量和 Lagrange 应力张量外，常用的还有 Pioa-Kirchhoff（PK2）应力张量，并简记为 K 应力张量。

令 $\boldsymbol{S}^{(N)}$ 为 $\boldsymbol{N}\mathrm{d}A$ 面上的 K 应力矢量，规定

$$\boldsymbol{F}^{-1}\mathrm{d}\boldsymbol{P}=\boldsymbol{S}^{(N)}\mathrm{d}A \text{ 或 } \mathrm{d}\boldsymbol{P}=\boldsymbol{F}\boldsymbol{S}^{(N)}\mathrm{d}A=\boldsymbol{S}^{(N)}\boldsymbol{F}^{-1}\mathrm{d}A \tag{1.2.61}$$

式（1.2.61）表示规定 K 应力矢量 $\boldsymbol{S}^{(N)}$ 时，变形前后面积上的力遵循和线元相同的变化规律。和式（1.2.43）相仿，有

$$\mathrm{d}\boldsymbol{P}=\boldsymbol{F}\boldsymbol{S}^{(N)}\mathrm{d}A=\boldsymbol{F}\boldsymbol{S}_K N_K\mathrm{d}A=F_{kl}S_{kl}N_K\mathrm{d}A\boldsymbol{i}_k=\boldsymbol{F}\cdot(\boldsymbol{N}\cdot\boldsymbol{S})\mathrm{d}A \tag{1.2.62}$$

其中

$$\boldsymbol{S}=S_{KL}\boldsymbol{I}_K\otimes\boldsymbol{I}_l,\ \boldsymbol{S}^{(N)}=\boldsymbol{N}\cdot\boldsymbol{S} \tag{1.2.63}$$

式中，$\boldsymbol{S}_K$ 为初始坐标面上的 K 应力矢量；$\boldsymbol{S}$ 为 K 应力张量；由上可知 $\boldsymbol{S}$ 是 $\boldsymbol{S}_K$ 在 Lagrange 坐标系中的投影。它们都是初始构形中定义的量。

现在来讨论不同描述下的应力的关系，不同的应力张量通过变形的函数相互关联。其中当前构形中法线与参考构形中法线可通过下式联系起来，即 Nanson 关系[40]：

$$\boldsymbol{n}\mathrm{d}a=J\boldsymbol{N}\cdot\boldsymbol{F}^{-1}\mathrm{d}A \tag{1.2.64}$$

由上可知

$$\mathrm{d}\boldsymbol{P}=\boldsymbol{n}\cdot\boldsymbol{\sigma}\mathrm{d}a=\boldsymbol{N}\cdot\boldsymbol{T}\mathrm{d}A \tag{1.2.65}$$

其表示规定 L 应力时，变形前后的面积上作用相向的力，将式（1.2.64）代入式（1.2.65）得

$$J\boldsymbol{N}\cdot\boldsymbol{F}^{-1}\cdot\boldsymbol{\sigma}\mathrm{d}A=\boldsymbol{N}\cdot\boldsymbol{T}\mathrm{d}A \tag{1.2.66}$$

由于上式对于任意的 $\boldsymbol{N}$ 都成立，所以有

$$\boldsymbol{T}=J\boldsymbol{F}^{-1}\cdot\boldsymbol{\sigma} \tag{1.2.67}$$

用类似的方法可得 PK2 应力的转换关系，最终各个应力转换关系如表 1.2.1 所示。

应力转换 **表 1.2.1**

	Cauchy 应力 $\boldsymbol{\sigma}$	Langrange 应力 $\boldsymbol{T}$	PK2 应力 $\boldsymbol{S}$
Cauchy 应力 $\boldsymbol{\sigma}=$	—	$J^{-1}\boldsymbol{F}\cdot\boldsymbol{T}$	$J^{-1}\boldsymbol{F}\cdot\boldsymbol{S}\cdot\boldsymbol{F}^{\mathrm{T}}$
Lagrange 应力 $\boldsymbol{T}=$	$J\boldsymbol{F}^{-1}\cdot\boldsymbol{\sigma}$	—	$\boldsymbol{S}\cdot\boldsymbol{F}^{\mathrm{T}}$
PK2 应力 $\boldsymbol{S}=$	$J\boldsymbol{F}^{-1}\cdot\boldsymbol{\sigma}\cdot\boldsymbol{F}^{-\mathrm{T}}$	$\boldsymbol{T}\cdot\boldsymbol{F}^{-\mathrm{T}}$	—

1.3 流体的应力、应变和物理关系

1.3.1 应力状态

1. 作用于流体上的质量力和表面力[39]

图 1.3.1 显示了体积为 τ 、表面为 S 的流体，作用于流体上的外力有质量力 $\boldsymbol{F}$ 与表面力 $\boldsymbol{p}_n$。质量力是作用于每一质量微元或质点上的力，或称体力，如重力、惯性力等。表面力也称面力，如大气压强、摩擦力等。一般来说，它们的分布并非是均匀的，是空间和时间的函数。

考虑密度为 ρ 的体积元 $\Delta\tau$ ，其质量为 $\Delta m=\rho\Delta\tau$ 。设某时刻作用于其上的质量力为 $\Delta\boldsymbol{F}$ ，于是当体积元缩小到一点 M 时，$\boldsymbol{F}_{\mathrm{b}}(M,t)=\lim\limits_{\Delta m\to 0}\dfrac{\Delta\boldsymbol{F}_{\mathrm{b}}}{\Delta m}=\lim\limits_{\Delta\tau\to 0}\dfrac{\Delta\boldsymbol{F}_{\mathrm{b}}}{\rho\Delta\tau}$ 表示某时刻作用于 M 点上的质量力，是空间和时间的函数。作用于体积元 $\Delta\tau$ 上的质量力为 $\mathrm{d}\boldsymbol{F}_{\mathrm{b}}=\rho\mathrm{d}\tau\boldsymbol{F}_{\mathrm{b}}$ 。作用于整个流体体积 $\boldsymbol{\tau}$ 上的质量力为 $\int_{\tau}\rho\boldsymbol{F}_{\mathrm{b}}\mathrm{d}\tau$ 。

同样考虑此流体表面 S 上的面积元 ΔS ，取表面 S 的外法向单位矢量为 $\boldsymbol{n}$ 。设某时刻作用于 ΔS 上的表面力为 $\Delta\boldsymbol{\sigma}$ ，于是，当 ΔS 缩小到一点 M 时，$\boldsymbol{\sigma}_n=\lim\limits_{\Delta S\to 0}\dfrac{\Delta\boldsymbol{\sigma}}{\Delta S}$ ，表示以 $\boldsymbol{n}$ 为法向的单位面积上的表面力。作用于以 $\boldsymbol{n}$ 为法向的 $\mathrm{d}S$ 上的表面力为 $\boldsymbol{\sigma}_n\mathrm{d}S$ 。而作用于整个表面 S 上的表面力为 $\int_{S}\boldsymbol{\sigma}_n\mathrm{d}S$ 。$\boldsymbol{\sigma}_n$ 也是空间及时间的函数，但即使在同一时刻同一空间点，$\boldsymbol{\sigma}_n$ 还与面积的取向有关，如图 1.3.2 所示，$\boldsymbol{\sigma}_n$ 实际上是某一时刻在 M 点以 $\boldsymbol{n}$ 为其法向的 ΔS 面，在 $\boldsymbol{n}$ 所指一侧的流体对于 ΔS 的另一侧流体的作用力。显然，通过 M 点可作无数个不同法向的面，都有各自的表面力 $\boldsymbol{\sigma}_n$ 的作用，而这些 $\boldsymbol{\sigma}_n$ 各不相同。因此，应力 $\boldsymbol{\sigma}_n$ 还是其作用处的面元的法向 $\boldsymbol{n}$ 的函数，故 $\boldsymbol{\sigma}_n=\boldsymbol{\sigma}_n(M,t,\boldsymbol{n})$ 。

一般应力 $\boldsymbol{\sigma}_n$ 的方向并不与法向 $\boldsymbol{n}$ 一致。$\boldsymbol{\sigma}_n$ 除了有法向分量 $\boldsymbol{\sigma}_{nn}$ 外，还有面元上的切向分量 $\boldsymbol{\sigma}_{n\tau}$ ，只有当 $\boldsymbol{\sigma}_{n\tau}=0$ 时，$\boldsymbol{\sigma}_n$ 才与 $\boldsymbol{n}$ 向一致。如图 1.3.2 所示，在 M 点面积元 ΔS 有法

向 $\boldsymbol{n}$，ΔS 右侧流体通过 ΔS 有表面力 $\boldsymbol{\sigma}_n \Delta S$，同样，$\Delta S$ 左侧流体通过 ΔS 有表面力 $\boldsymbol{\sigma}_{-n} \Delta S$，有 $\boldsymbol{\sigma}_{-n} \Delta S = -\boldsymbol{\sigma}_n \Delta S$ 或 $\boldsymbol{\sigma}_{-n} = -\boldsymbol{\sigma}_n$。如果法向分力 $\boldsymbol{\sigma}_{nn}$ 与 $\boldsymbol{n}$ 方向相反则称为压应力，由于流体在热力学平衡状态下不能承受拉应力，只是压应力。流体的压应力一般称为压强。$\boldsymbol{\sigma}_n$ 的切向分力称为切应力或剪应力。

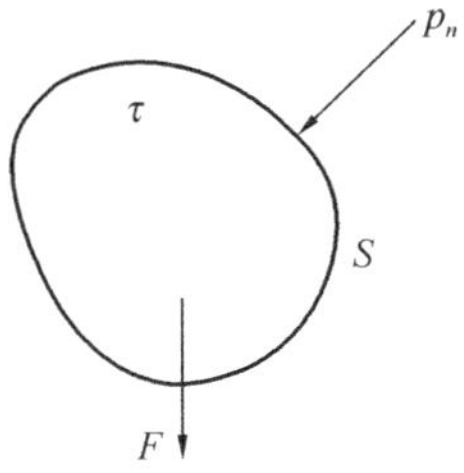

图 1.3.1　质量力与表面力

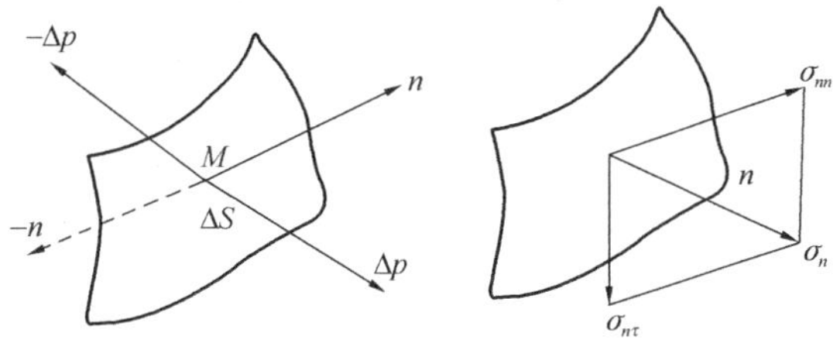

图 1.3.2　应力 $\boldsymbol{\sigma}_n$ 与 $\boldsymbol{n}$ 的关系

应力 $\boldsymbol{\sigma}$ 可用主应力平均值 p_{m} 和剪应力 τ_{ij} 来表示

$$\boldsymbol{\sigma} = \begin{bmatrix} -p_{\mathrm{m}} & 0 & 0 \\ 0 & -p_{\mathrm{m}} & 0 \\ 0 & 0 & -p_{\mathrm{m}} \end{bmatrix} + \begin{bmatrix} \tau_{xx} & \tau_{xy} & \tau_{xz} \\ \tau_{yx} & \tau_{yy} & \tau_{yz} \\ \tau_{zx} & \tau_{zy} & \tau_{zz} \end{bmatrix} \tag{1.3.1}$$

其中，$p_{\mathrm{m}} = \dfrac{1}{3}(\sigma_{11} + \sigma_{22} + \sigma_{33})$。

2. 流体中的应力状态

在运动的流体中，应力分量 $\sigma_{xx}, \sigma_{yy}, \sigma_{zz}, \sigma_{xy}, \sigma_{yz}$ 和 σ_{zx} 可能不是零。但如果流体处于静止状态，则剪应力分量 σ_{xy}, σ_{yz} 和 σ_{zx} 即为零，而全部法向应力分量都相同，并等于静水压力，p 取反号，即 $\sigma_{xx} = \sigma_{yy} = \sigma_{zz} = -p$。

3. 流体中任意一点的应力

现在流体中以 M 为顶点作一微四面体，如图 1.3.3 所示，设 $MA = \Delta x, MB = \Delta y, MC = \Delta z$，$\Delta ABC$ 的法向单位矢量 $\boldsymbol{n} = \cos(n,x)\boldsymbol{i} + \cos(n,y)\boldsymbol{j} + \cos(n,z)\boldsymbol{k} = n_x\boldsymbol{i} + n_y\boldsymbol{j} + n_z\boldsymbol{k}$。设 ΔABC 的面积为 ΔS，ΔMBC、ΔMCA、ΔMAB 的面积分别为

$$\Delta S_x = \Delta S n_x, \Delta S_y = \Delta S n_y, \Delta S_z = \Delta S n_z \tag{1.3.2}$$

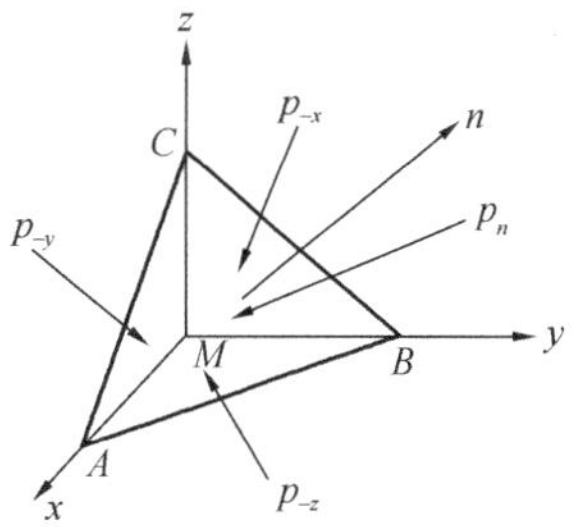

图 1.3.3　四面体的应力

四面体 $MABC$ 体积为 $\Delta\tau = \dfrac{1}{3}\Delta S h$，其中，$h$ 为 M 点到 ΔABC 的距离。如果四面体相似地缩小为一点，则 h 为一阶小量，ΔS 为二阶小量，$\Delta\tau$ 为三阶小量。

作用于此四面体的外力有质量力、表面力及惯性力。设作用于 ΔMBC、ΔMCA、ΔMAB 及 ΔABC 各面上的表面力分别为 $\boldsymbol{\sigma}_x \Delta S_x$、$\boldsymbol{\sigma}_y \Delta S_y$、$\boldsymbol{\sigma}_z \Delta S_z$ 及 $\boldsymbol{\sigma}_n \Delta S$，根据达朗贝尔原理并略去三阶小量，则有

$$\boldsymbol{\sigma}_x \Delta S_x + \boldsymbol{\sigma}_y \Delta S_y + \boldsymbol{\sigma}_z \Delta S_z = \boldsymbol{\sigma}_n \Delta S \tag{1.3.3}$$

其中

$$\boldsymbol{\sigma}_x = \boldsymbol{\sigma}_{xx}\boldsymbol{i} + \boldsymbol{\sigma}_{xy}\boldsymbol{j} + \boldsymbol{\sigma}_{xz}\boldsymbol{k}$$

$$\boldsymbol{\sigma}_y = \boldsymbol{\sigma}_{yx}\boldsymbol{i} + \boldsymbol{\sigma}_{yy}\boldsymbol{j} + \boldsymbol{\sigma}_{yz}\boldsymbol{k}$$
$$\boldsymbol{\sigma}_z = \boldsymbol{\sigma}_{zx}\boldsymbol{i} + \boldsymbol{\sigma}_{zy}\boldsymbol{j} + \boldsymbol{\sigma}_{zz}\boldsymbol{k} \tag{1.3.4}$$
$$\boldsymbol{\sigma}_n = \boldsymbol{\sigma}_{nx}\boldsymbol{i} + \boldsymbol{\sigma}_{ny}\boldsymbol{j} + \boldsymbol{\sigma}_{nz}\boldsymbol{k}$$

利用式（1.3.3）得

$$\boldsymbol{\sigma}_n = \boldsymbol{\sigma}_x n_x + \boldsymbol{\sigma}_y n_y + \boldsymbol{\sigma}_z n_z \tag{1.3.5}$$

上式在直角坐标系中的投影是

$$\begin{aligned}\sigma_{nx} &= n_x\sigma_{xx} + n_y\sigma_{yx} + n_z\sigma_{zx} \\ \sigma_{ny} &= n_x\sigma_{xy} + n_y\sigma_{yy} + n_z\sigma_{zy} \\ \sigma_{nz} &= n_x\sigma_{xz} + n_y\sigma_{yz} + n_z\sigma_{zz}\end{aligned} \tag{1.3.6}$$

或

$$\boldsymbol{\sigma}_n = [\sigma_{nx} \quad \sigma_{ny} \quad \sigma_{nz}] = \boldsymbol{n} \cdot \boldsymbol{\sigma} \tag{1.3.7a}$$

其中

$$\boldsymbol{n} = [n_x \quad n_y \quad n_z], \boldsymbol{\sigma} = \begin{bmatrix} \sigma_{xx} & \sigma_{xy} & \sigma_{xz} \\ \sigma_{yx} & \sigma_{yy} & \sigma_{yz} \\ \sigma_{zx} & \sigma_{zy} & \sigma_{zz} \end{bmatrix} \tag{1.3.7b}$$

由图 1.3.4 所示三个法向应力分量、六个切向应力分量组成的应力张量完全表达了给定点 M 及给定时刻的应力状态，其只与空间位置和时间有关，是空间及时间的函数。

应力张量是对称的，即应力张量的分量

$$\sigma_{ij} = \sigma_{ji} \tag{1.3.8}$$

应力张量的九个分量只有六个是独立的。

1.3.2 应变状态

如图 1.3.5 所示，时刻 t 流场 $M_0(\boldsymbol{r}) = M_0(x, y, z)$ 点相邻 $M(\boldsymbol{r} + \Delta\boldsymbol{r}) = M(x + \Delta x, y + \Delta y, z + \Delta z)$ 点，设 $\mathbf{V}(M)$ 和 $\mathbf{V}(M_0)$ 分别为 M 和 M_0 点的速度。M 点速度为

$$\mathbf{V}(M) = \mathbf{V}(M_0) + \Delta\mathbf{V} \tag{1.3.9}$$

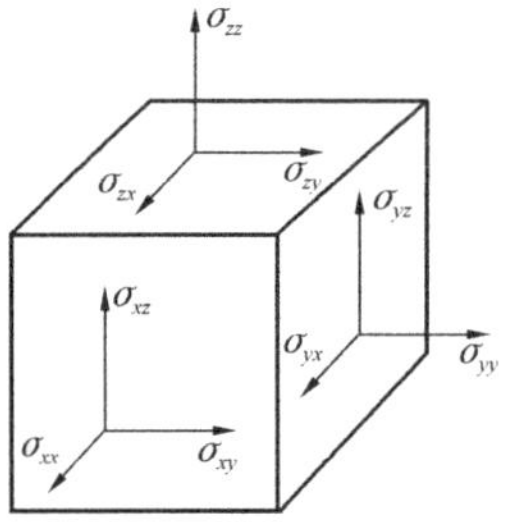

图 1.3.4　应力张量各分量

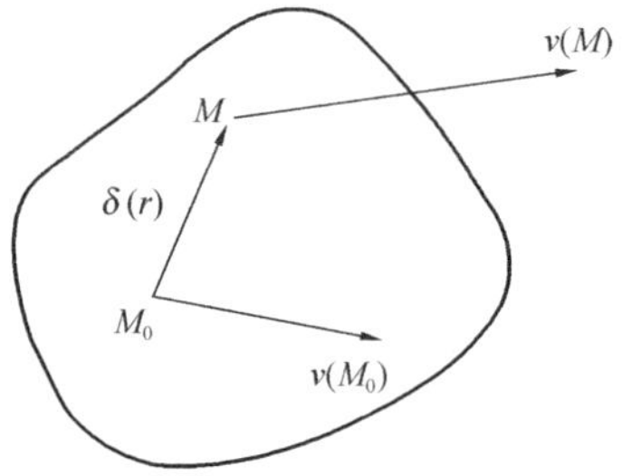

图 1.3.5　一点邻域的速度

这里

$$\Delta\mathbf{V} = \frac{\partial\mathbf{V}}{\partial x}\mathrm{d}x + \frac{\partial\mathbf{V}}{\partial y}\mathrm{d}y + \frac{\partial\mathbf{V}}{\partial z}\mathrm{d}z \tag{1.3.10}$$

即

$$\begin{bmatrix} \Delta V_x \\ \Delta V_y \\ \Delta V_z \end{bmatrix} = \begin{bmatrix} \dfrac{\partial V_x}{\partial x} & \dfrac{\partial V_x}{\partial y} & \dfrac{\partial V_x}{\partial z} \\ \dfrac{\partial V_y}{\partial x} & \dfrac{\partial V_y}{\partial y} & \dfrac{\partial V_y}{\partial z} \\ \dfrac{\partial V_z}{\partial x} & \dfrac{\partial V_z}{\partial y} & \dfrac{\partial V_z}{\partial z} \end{bmatrix} \begin{bmatrix} \Delta x \\ \Delta y \\ \Delta z \end{bmatrix} \tag{1.3.11}$$

其中

$$\begin{bmatrix} \frac{\partial V_x}{\partial x} & \frac{\partial V_x}{\partial y} & \frac{\partial V_x}{\partial z} \\ \frac{\partial V_y}{\partial x} & \frac{\partial V_y}{\partial y} & \frac{\partial V_y}{\partial z} \\ \frac{\partial V_z}{\partial x} & \frac{\partial V_z}{\partial y} & \frac{\partial V_z}{\partial z} \end{bmatrix} = \boldsymbol{S} + \boldsymbol{A} \tag{1.3.12}$$

进一步可写为

$$\Delta \mathbf{V} = (\boldsymbol{A} + \boldsymbol{S})\Delta \boldsymbol{r} \tag{1.3.13}$$

式中，$\boldsymbol{S}$ 为对称应变率张量

$$\boldsymbol{S} = \begin{bmatrix} \frac{\partial V_x}{\partial x} & \frac{1}{2}\left(\frac{\partial V_x}{\partial y} + \frac{\partial V_y}{\partial x}\right) & \frac{1}{2}\left(\frac{\partial V_x}{\partial z} + \frac{\partial V_z}{\partial x}\right) \\ \frac{1}{2}\left(\frac{\partial V_y}{\partial x} + \frac{\partial V_x}{\partial y}\right) & \frac{\partial V_y}{\partial y} & \frac{1}{2}\left(\frac{\partial V_y}{\partial z} + \frac{\partial V_z}{\partial y}\right) \\ \frac{1}{2}\left(\frac{\partial V_z}{\partial x} + \frac{\partial V_x}{\partial z}\right) & \frac{1}{2}\left(\frac{\partial V_z}{\partial y} + \frac{\partial V_y}{\partial z}\right) & \frac{\partial V_z}{\partial z} \end{bmatrix} \tag{1.3.14}$$

这里，对角线元素分别表示 x、y、z 方向的相对伸长率（相对伸长速度），非对角线元素表示角变形率（速度）。

$\boldsymbol{A}$ 为反对称旋转张量

$$\boldsymbol{A} = \begin{bmatrix} 0 & -w_3 & w_2 \\ w_3 & 0 & -w_1 \\ -w_2 & w_1 & 0 \end{bmatrix} \tag{1.3.15}$$

这里

$$w_1 = \frac{1}{2}\left(\frac{\partial V_z}{\partial y} - \frac{\partial V_y}{\partial z}\right), w_2 = \frac{1}{2}\left(\frac{\partial V_x}{\partial z} - \frac{\partial V_z}{\partial x}\right), w_3 = \frac{1}{2}\left(\frac{\partial V_y}{\partial x} - \frac{\partial V_x}{\partial y}\right) \tag{1.3.16}$$

这三个分量正好构成角速度矢量，代表流体的自转角速度，$\boldsymbol{A}$ 等于速度旋度的一半

$$\boldsymbol{A} = \frac{1}{2}\nabla \times \mathbf{V} = \frac{1}{2}\mathrm{rot}\mathbf{V} \tag{1.3.17}$$

$\boldsymbol{A} + \boldsymbol{S}$ 为速度梯度张量。

式（1.3.9）表示 M 点的速度，包括与 M_0 点的平动速度 $\mathbf{V}(M_0)$、绕 M_0 点的转动引起的速度 $\frac{1}{2}\mathrm{rot}V \times \Delta \boldsymbol{r}$ 以及流体变形在 M 点引起的速度 $\boldsymbol{S} \cdot \Delta \boldsymbol{r}$，即

$$\mathbf{V}(M) = \mathbf{V}(M_0) + \frac{1}{2}\mathrm{rot}\mathbf{V} \times \Delta \boldsymbol{r} + \boldsymbol{S} \cdot \Delta \boldsymbol{r} \tag{1.3.18a}$$

这里，速度旋度

$$\mathrm{rot}\mathbf{V} = \left(\frac{\partial v_z}{\partial y} - \frac{\partial v_y}{\partial z}\right)i + \left(\frac{\partial v_x}{\partial z} - \frac{\partial v_z}{\partial x}\right)j + \left(\frac{\partial v_y}{\partial x} - \frac{\partial v_x}{\partial y}\right)k \tag{1.3.18b}$$

旋度是一个向量算子，可表明三维向量场对某一点附近的微元造成的旋转程度。速度旋度，即涡量是表征有旋运动的物理量，其大小为流体质点旋转角速度的两倍。涡量高度集中的区域就是涡。

流体除了平动和转动外还要变形。流体运动的速度分解不同于自由运动的刚体速度分

解。流体中的速度分解定理只在一点邻近的流体微团中成立，流体微团除了平动和转动外，还有复杂的线变形和剪切变形运动。

定义剪切变形

$$\gamma_{xx} = 2\frac{\partial V_x}{\partial x},\quad \gamma_{yy} = 2\frac{\partial V_y}{\partial y},\quad \gamma_{zz} = 2\frac{\partial V_z}{\partial z}$$
$$\gamma_{xy} = \frac{\partial V_x}{\partial y} + \frac{\partial V_y}{\partial x},\quad \gamma_{xz} = \frac{\partial V_x}{\partial z} + \frac{\partial V_z}{\partial x},\quad \gamma_{yz} = \frac{\partial V_y}{\partial z} + \frac{\partial V_z}{\partial y} \tag{1.3.19}$$

1.3.3 物理关系

在流体力学中本构方程是指应力张量与应变率张量之间的关系，相当于固体力学中应力张量与应变张量之间的关系。可按经典的传统方法，在牛顿黏性定律基础上引入斯托克斯假设，从而得出广义牛顿定律，即流体本构方程；或由固体的应力-应变关系出发，通过类比，结合试验，导出流体的应力-应变率关系。

1. 牛顿黏性定律

牛顿 1687 年在实验的基础上，认为流体内摩擦力与两层流体间的速度梯度成正比。

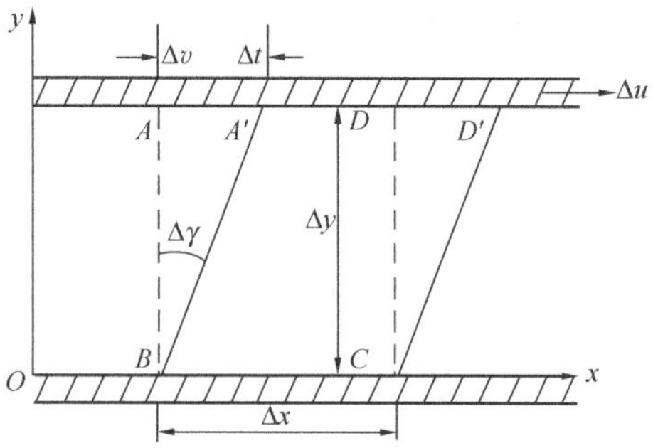

图 1.3.6 平行平板流动

以如图 1.3.6 所示的平行平板流动为例，矩形流体微元 $ABCD$ 长为 Δx，两层平板距离为 Δy。下板静止，上板速度为 Δv，按无滑移假设，在 Δt 时间后，上板移动距离 Δu，矩形流体微元 $ABCD$ 变形为平行四边形 $A'BCD'$。流体变形后与变形前的角度变化为 $\Delta\gamma$。试验指出，内摩擦力与两层流体间的相对速度成正比，与平板间距 Δy 成反比。设 x 方向单位面积上的流体内摩擦力为 τ，称为黏性切应力。按牛顿黏性假设

$$\tau = \mu\frac{\mathrm{d}V_x}{\mathrm{d}y} \tag{1.3.20}$$

式中，μ 为流体抗拒变形的内摩擦的度量，称为黏度系数，$\frac{\mathrm{d}V_x}{\mathrm{d}y}$ 称为速度梯度。上式是最简单的应力张量分量 τ_{xy} 与应变率张量分量 $\mathrm{d}v/\mathrm{d}y$ 之间的关系。一般形式的应力张量 $\boldsymbol{\sigma}$ 和应变率张量 $\boldsymbol{S}$ 之间的关系，则需理论推演得到。

由图 1.3.6 可以得出

$$\tau = \mu\frac{\mathrm{d}V_x}{\mathrm{d}y} = \mu\lim_{\Delta t\to 0}\frac{\Delta V_x\Delta t}{\Delta y}/\Delta t = \mu\lim_{\Delta t\to 0}\frac{\Delta\gamma}{\Delta t} = \mu\frac{\mathrm{d}\gamma}{\mathrm{d}t} = \mu\dot{\gamma} \tag{1.3.21}$$

式中，$\dot{\gamma}$ 称为角变形率或剪切应变率。上式表明流体中的应力与剪切应变率成正比。

这里应指出，由实验所得的牛顿黏性定律并非对所有流体都成立。通常将剪应力与剪切应变率之间满足线性关系的流体称为牛顿流体，而不满足这一关系的流体称为非牛顿流体。

2. 广义牛顿定律

1848 年斯托克斯在研究流体应力张量和应变率张量时，作出如下假设：(1) 应力张

量是应变率张量的线性函数；（2）流体是各向同性的，即流体的性质与方向无关；（3）流体静止时，应变率为零，流体中的应力就是流体的静压力。

根据假设（1），应力张量可写为

$$\boldsymbol{\sigma} = a\boldsymbol{S} + b\boldsymbol{I} \tag{1.3.22}$$

式中，$\boldsymbol{S}$ 为对称应变率张量，见式（1.3.14）；$\boldsymbol{I}$ 为二阶单位张量；a、b 为标量常量。

由牛顿黏性定律

$$\tau_{xy} = \mu \frac{\partial V_x}{\partial y} = \mu(2S_{12}) = 2\mu S_{12} \tag{1.3.23}$$

比较式（1.3.22）与式（1.3.23）后，则有 $a = 2\mu$ 。所以有

$$\boldsymbol{\sigma} = 2\mu\boldsymbol{S} + b\boldsymbol{I} \tag{1.3.24}$$

对于流体中的应力

$$\sigma_{11} = 2\mu \frac{\partial V_x}{\partial x} + b, \quad \sigma_{22} = 2\mu \frac{\partial V_y}{\partial y} + b, \quad \sigma_{33} = 2\mu \frac{\partial V_z}{\partial z} + b \tag{1.3.25}$$

$$\sigma_{11} + \sigma_{22} + \sigma_{33} = 2\mu\left(\frac{\partial V_x}{\partial x} + \frac{\partial V_y}{\partial y} + \frac{\partial V_z}{\partial z}\right) + 3b = 2\mu \mathrm{div}\boldsymbol{V} + 3b \tag{1.3.26}$$

则得到

$$b = \frac{1}{3}(\sigma_{11} + \sigma_{22} + \sigma_{33}) - \frac{2\mu}{3}\mathrm{div}\boldsymbol{V} \tag{1.3.27}$$

将 $a = 2\mu$ 和上式代入式（1.3.22），可得

$$\boldsymbol{\sigma} = a\boldsymbol{S} + b\boldsymbol{I} = 2\mu\boldsymbol{S} + \left[\frac{1}{3}(\sigma_{11} + \sigma_{22} + \sigma_{33}) - \frac{2\mu}{3}\mathrm{div}\boldsymbol{V}\right]\boldsymbol{I} \tag{1.3.28}$$

考虑假设（3），有

$$\boldsymbol{\sigma} = -p\boldsymbol{I} \tag{1.3.29}$$

所以，$\frac{1}{3}(\sigma_{11} + \sigma_{22} + \sigma_{33})$ 应包括 $-p$ ，又因 $\sigma_{11} + \sigma_{22} + \sigma_{33}$ 为应力不变量，故有

$$\frac{1}{3}(\sigma_{11} + \sigma_{22} + \sigma_{33}) = p_{\mathrm{m}} = -p + \mu' \mathrm{div}\boldsymbol{V} \tag{1.3.30}$$

式中，μ' 为一系数；p_{m} 为定义的力学压强。

因此，应力进一步改写为

$$\begin{aligned}\boldsymbol{\sigma} &= a\boldsymbol{S} + b\boldsymbol{I} = 2\mu\boldsymbol{S} + \left[\frac{1}{3}(\sigma_{11} + \sigma_{22} + \sigma_{33}) - \frac{2\mu}{3}\mathrm{div}\boldsymbol{V}\right]\boldsymbol{I} \\ &= 2\mu\boldsymbol{S} + \left(-p + \mu' \mathrm{div}\boldsymbol{V} - \frac{2\mu}{3}\mathrm{div}\boldsymbol{V}\right)\boldsymbol{I} \\ &= 2\mu\boldsymbol{S} + \left[-p + \left(\mu' - \frac{2\mu}{3}\right)\mathrm{div}\boldsymbol{V}\right)\boldsymbol{I} \\ &= 2\mu\boldsymbol{S} + (-p + \lambda \mathrm{div}\boldsymbol{V})\boldsymbol{I}\end{aligned} \tag{1.3.31a}$$

即

$$\boldsymbol{\sigma} = 2\mu\boldsymbol{S} + (-p + \lambda \mathrm{div}\boldsymbol{V})\boldsymbol{I} \tag{1.3.31b}$$

式中，p 为热力学压强，可认为是静水压强；λ 称为体膨胀黏性系数，有时也称为第二黏度系数，

$$\lambda = \mu' - \frac{2}{3}\mu \tag{1.3.32}$$

式（1.3.31b）称为流体本构关系的一般式，即广义牛顿定律。它表示流体中的应力与应变率、静水压强和体应变率之间的关系，也可以写为

$$\boldsymbol{\sigma}=\boldsymbol{\tau}+(-p+\lambda \operatorname{div}\boldsymbol{V})\boldsymbol{I} \tag{1.3.33}$$

这表明流体中的应力包括因黏性导致流体运动中产生的剪应力、静水压力和体积率的变化而产生的压力的改变。这里

$$\boldsymbol{\tau}=\begin{bmatrix}\tau_{xx} & \tau_{xy} & \tau_{xz}\\ \tau_{yx} & \tau_{yy} & \tau_{yz}\\ \tau_{zx} & \tau_{zy} & \tau_{zz}\end{bmatrix} \tag{1.3.34}$$

其中

$$\tau_{xx}=2\mu\frac{\partial V_x}{\partial x},\tau_{yy}=2\mu\frac{\partial V_y}{\partial y},\tau_{zz}=2\mu\frac{\partial V_z}{\partial z}$$

$$\tau_{xy}=\mu\left(\frac{\partial V_x}{\partial y}+\frac{\partial V_y}{\partial x}\right),\tau_{yz}=\mu\left(\frac{\partial V_y}{\partial z}+\frac{\partial V_z}{\partial y}\right),\tau_{zx}=\mu\left(\frac{\partial V_x}{\partial z}+\frac{\partial V_z}{\partial x}\right) \tag{1.3.35}$$

写成矩阵的形式为

$$\boldsymbol{\sigma}=2\mu S+(-p+\lambda \operatorname{div}\boldsymbol{V})\begin{bmatrix}1 & 0 & 0\\ 0 & 1 & 0\\ 0 & 0 & 1\end{bmatrix} \tag{1.3.36}$$

$$\begin{aligned}\boldsymbol{\sigma}=\begin{bmatrix}\boldsymbol{\sigma}_x\\ \boldsymbol{\sigma}_y\\ \boldsymbol{\sigma}_z\end{bmatrix}=&\mu\begin{bmatrix}2\dfrac{\partial V_x}{\partial x} & \dfrac{\partial V_x}{\partial y}+\dfrac{\partial V_y}{\partial x} & \dfrac{\partial V_x}{\partial z}+\dfrac{\partial V_z}{\partial x}\\ \dfrac{\partial V_y}{\partial x}+\dfrac{\partial V_x}{\partial y} & 2\dfrac{\partial V_y}{\partial y} & \dfrac{\partial V_y}{\partial z}+\dfrac{\partial V_z}{\partial y}\\ \dfrac{\partial V_z}{\partial x}+\dfrac{\partial V_x}{\partial z} & \dfrac{\partial V_z}{\partial y}+\dfrac{\partial V_y}{\partial z} & 2\dfrac{\partial V_z}{\partial z}\end{bmatrix}\\ &+\lambda\begin{bmatrix}\operatorname{div}\boldsymbol{V} & 0 & 0\\ 0 & \operatorname{div}\boldsymbol{V} & 0\\ 0 & 0 & \operatorname{div}\boldsymbol{V}\end{bmatrix}+\begin{bmatrix}-p & 0 & 0\\ 0 & -p & 0\\ 0 & 0 & -p\end{bmatrix}\end{aligned} \tag{1.3.37}$$

斯托克斯曾假定 $\mu'=0$ ，则式（1.3.30）变为

$$p_{\mathrm{m}}=p \tag{1.3.38}$$

从严格意义上来说，热力学压强与力学压强（运动黏性流体中的平均压强）是不同的概念。当热力学压强变化时，流体元的膨胀或收缩是可逆的；而力学压强变化时，由于黏性存在，产生能量耗散，因而流体元体积变化是不可逆的。在实际绝大多数流动中，由于流体的体积变化率比角变形率小得多，因而通常忽略不计体积变化对平均压强的影响，即假设运动流体中的力学压强与热力学压强相等，并把力学压强简称为压强。

故由式（1.3.32）可得

$$\lambda=-\frac{2\mu}{3},\ \boldsymbol{\sigma}=2\mu\boldsymbol{S}+\left(-p-\frac{2\mu}{3}\operatorname{div}\boldsymbol{V}\right)\boldsymbol{I} \tag{1.3.39}$$

写成矩阵的形式为

$$\begin{aligned}\boldsymbol{\sigma}&=\begin{bmatrix}\boldsymbol{\sigma}_x\\ \boldsymbol{\sigma}_y\\ \boldsymbol{\sigma}_z\end{bmatrix}\\ &=2\mu S+\left(-p-\frac{2\mu}{3}\operatorname{div}\boldsymbol{V}\right)\begin{bmatrix}1 & 0 & 0\\ 0 & 1 & 0\\ 0 & 0 & 1\end{bmatrix}\end{aligned}$$

$$
=\mu\begin{bmatrix} 2\dfrac{\partial V_x}{\partial x} & \dfrac{\partial V_x}{\partial y}+\dfrac{\partial V_y}{\partial x} & \dfrac{\partial V_x}{\partial z}+\dfrac{\partial V_z}{\partial x} \\ \dfrac{\partial V_y}{\partial x}+\dfrac{\partial V_x}{\partial y} & 2\dfrac{\partial V_y}{\partial y} & \dfrac{\partial V_y}{\partial z}+\dfrac{\partial V_z}{\partial y} \\ \dfrac{\partial V_z}{\partial x}+\dfrac{\partial V_x}{\partial z} & \dfrac{\partial V_z}{\partial y}+\dfrac{\partial V_y}{\partial z} & 2\dfrac{\partial V_z}{\partial z} \end{bmatrix} \tag{1.3.40}
$$

$$
-\frac{2\mu}{3}\begin{bmatrix} \mathrm{div}\mathbf{V} & 0 & 0 \\ 0 & \mathrm{div}\mathbf{V} & 0 \\ 0 & 0 & \mathrm{div}\mathbf{V} \end{bmatrix}+\begin{bmatrix} -p & 0 & 0 \\ 0 & -p & 0 \\ 0 & 0 & -p \end{bmatrix}
$$

式中，$\boldsymbol{\tau}$ 和 $\frac{2\mu}{3}\mathrm{div}\mathbf{V}$ 项为流体流动引起的应力。

3. 牛顿流体的应力-应变率关系

流体中的应力与应变的时间变化率有关。可以导出牛顿流体的应力-应变率关系

$$
\sigma_{xx}-\bar{\sigma}=2\left(\frac{F}{L^2}\right)\left(\varepsilon_{xx}-\frac{e}{3}\right) \tag{1.3.41}
$$

式中，F 为力；L 为长度。因为流体应力与应变的时间变化率有关，所以可用上式得

$$
\sigma_{xx}-\bar{\sigma}=2\left(\frac{FT}{L^2}\right)\frac{\partial}{\partial t}\left(\varepsilon_{xx}-\frac{e}{3}\right) \tag{1.3.42}
$$

在上式中，为了保留同一量纲，在比例常数上加上了时间（T）的量纲，上式中的比例常数取为动力黏性系数 μ，其量纲为 $\frac{FT}{L^2}$，故上式可表示为

$$
\sigma_{xx}-\bar{\sigma}=2\mu\frac{\partial\varepsilon_{xx}}{\partial t}-\frac{2}{3}\mu\frac{\partial e}{\partial t} \tag{1.3.43}
$$

与此类似，可得到

$$
\sigma_{yy}-\bar{\sigma}=2\mu\frac{\partial\varepsilon_{yy}}{\partial t}-\frac{2}{3}\mu\frac{\partial e}{\partial t} \tag{1.3.44}
$$

$$
\sigma_{zz}-\bar{\sigma}=2\mu\frac{\partial\varepsilon_{zz}}{\partial t}-\frac{2}{3}\mu\frac{\partial e}{\partial t} \tag{1.3.45}
$$

$$
\sigma_{xy}=\mu\varepsilon_{xy} \tag{1.3.46}
$$

$$
\sigma_{yz}=\mu\varepsilon_{yz} \tag{1.3.47}
$$

$$
\sigma_{zx}=\mu\varepsilon_{zx} \tag{1.3.48}
$$

某一点的坐标在变形前如用 x,y,z 表示而变形后用 $x+\xi,y+\eta,z+\zeta$ 表示，则应变为

$$
\begin{gathered}
\varepsilon_{xx}=\frac{\partial\xi}{\partial x},\quad \varepsilon_{yy}=\frac{\partial\eta}{\partial y},\quad \varepsilon_{zz}=\frac{\partial\zeta}{\partial z} \\
\varepsilon_{xy}=\frac{\partial\xi}{\partial y}+\frac{\partial\eta}{\partial x},\quad \varepsilon_{yz}=\frac{\partial\eta}{\partial z}+\frac{\partial\zeta}{\partial y},\quad \varepsilon_{zx}=\frac{\partial\zeta}{\partial x}+\frac{\partial\xi}{\partial z}
\end{gathered} \tag{1.3.49}
$$

方程（1.3.43）中的应变率可表示为

$$
\frac{\partial\varepsilon_{xx}}{\partial t}=\frac{\partial}{\partial t}\left(\frac{\partial\xi}{\partial x}\right)=\frac{\partial}{\partial x}\left(\frac{\partial\xi}{\partial t}\right)=\frac{\partial V_x}{\partial x} \tag{1.3.50}
$$

其中，V_x 是 x 方向的速度分量。

$$
\frac{\partial e}{\partial t}=\frac{\partial}{\partial t}(\varepsilon_{xx}+\varepsilon_{yy}+\varepsilon_{zz})=\frac{\partial V_x}{\partial x}+\frac{\partial V_y}{\partial y}+\frac{\partial V_z}{\partial z}=\nabla\cdot\mathbf{V} \tag{1.3.51}
$$

平均应力 $\bar{\sigma}$ 通常取为流体平均压力 $-p$ 。因此，式（1.3.43）～式（1.3.48）可表示为

$$\sigma_{xx}=-p+2\mu\frac{\partial V_x}{\partial x}-\frac{2}{3}\mu\nabla\cdot\mathbf{V} \tag{1.3.52a}$$

$$\sigma_{yy}=-p+2\mu\frac{\partial V_y}{\partial y}-\frac{2}{3}\mu\nabla\cdot\mathbf{V} \tag{1.3.53a}$$

$$\sigma_{zz}=-p+2\mu\frac{\partial V_z}{\partial z}-\frac{2}{3}\mu\nabla\cdot\mathbf{V} \tag{1.3.54a}$$

$$\sigma_{xy}=\mu\left(\frac{\partial V_y}{\partial x}+\frac{\partial V_x}{\partial y}\right) \tag{1.3.55a}$$

$$\sigma_{yz}=\mu\left(\frac{\partial V_z}{\partial y}+\frac{\partial V_y}{\partial z}\right) \tag{1.3.56a}$$

$$\sigma_{zx}=\mu\left(\frac{\partial V_x}{\partial z}+\frac{\partial V_z}{\partial x}\right) \tag{1.3.57a}$$

为了便于后述，上式可改写为

$$\tau_{xx}=-p+2\mu\frac{\partial V_x}{\partial x}-\frac{2}{3}\mu\nabla\cdot\mathbf{V} \tag{1.3.52b}$$

$$\tau_{yy}=-p+2\mu\frac{\partial V_y}{\partial y}-\frac{2}{3}\mu\nabla\cdot\mathbf{V} \tag{1.3.53b}$$

$$\tau_{zz}=-p+2\mu\frac{\partial V_z}{\partial z}-\frac{2}{3}\mu\nabla\cdot\mathbf{V} \tag{1.3.54b}$$

$$\tau_{xy}=\mu\left(\frac{\partial V_y}{\partial x}+\frac{\partial V_x}{\partial y}\right) \tag{1.3.55b}$$

$$\tau_{yz}=\mu\left(\frac{\partial V_z}{\partial y}+\frac{\partial V_y}{\partial z}\right) \tag{1.3.56b}$$

$$\tau_{zx}=\mu\left(\frac{\partial V_x}{\partial z}+\frac{\partial V_z}{\partial x}\right) \tag{1.3.57b}$$

若用应力张量 $\boldsymbol{P}$ 表示，写成分量形式

$$\begin{gathered}p_{11}=-p+2\mu\frac{\partial V_x}{\partial x}-\frac{2}{3}\mu\mathrm{div}\mathbf{V},p_{22}=-p+2\mu\frac{\partial V_y}{\partial y}-\frac{2}{3}\mu\mathrm{div}\mathbf{V}\\ p_{33}=-p+2\mu\frac{\partial V_z}{\partial z}-\frac{2}{3}\mu\mathrm{div}\mathbf{V},p_{12}=\mu\left(\frac{\partial V_y}{\partial x}+\frac{\partial V_x}{\partial y}\right)\\ p_{23}=\mu\left(\frac{\partial V_z}{\partial y}+\frac{\partial V_y}{\partial z}\right),p_{31}=\mu\left(\frac{\partial V_x}{\partial z}+\frac{\partial V_z}{\partial x}\right)\end{gathered} \tag{1.3.58}$$

上式也可以写成如式（1.3.40）的矩阵形式。

1.4 流体遵循的基本定律

1.4.1 雷诺输运定理

设在某时刻的流场中，单位体积流体的物理量分布函数为 $f(\boldsymbol{r},t)$ ，则 t 时刻在流体域 $\tau(t)$ 上的流体有总物理量

$$I=\int_{\tau(t)} f(\boldsymbol{r},t)\mathrm{d}\tau \tag{1.4.1}$$

当 f 为密度分布函数 $\rho(\boldsymbol{r},t)$ 时，则流体域 $\tau(t)$ 上的总物理量即为总流体质量

$$M=\int_{\tau(t)} \rho(\boldsymbol{r},t)\mathrm{d}\tau \tag{1.4.2}$$

当式（1.4.1）中的 $f(\boldsymbol{r},t)$ 为矢量 $\rho\boldsymbol{V}$，即为单位体积流体的动量，即动量密度[41]时，所取封闭体系中流体的总动量

$$\boldsymbol{K}=\int_{\tau(t)} \rho\boldsymbol{V}\mathrm{d}\tau \tag{1.4.3}$$

当 f 为动能分布函数 $\frac{1}{2}\rho V^2$ 时，则流体域 $\tau(t)$ 上的总动能

$$k=\int_{\tau(t)} \frac{1}{2}\rho V^2\mathrm{d}\tau \tag{1.4.4}$$

如图 1.4.1 所示，设 t 时刻在流体中取一体积为 $\tau(t)$，其表面为 $S(t)$ 的任意形状控制体，在 $t+\Delta t$ 时刻该控制体到达另一位置，体积为 $\tau(t+\Delta t)$。物理量的体积分是时间的函数，即

$$I(t)=\int_{\tau(t)} f(\boldsymbol{r},t)\mathrm{d}\tau \tag{1.4.5}$$

在流体力学中常常用到体积分随时间的变化率，这就要计算

$$\frac{\mathrm{D}I(t)}{\mathrm{D}t}=\frac{\mathrm{D}}{\mathrm{D}t}\int_{\tau(t)} f(\boldsymbol{r},t)\mathrm{d}\tau \tag{1.4.6a}$$

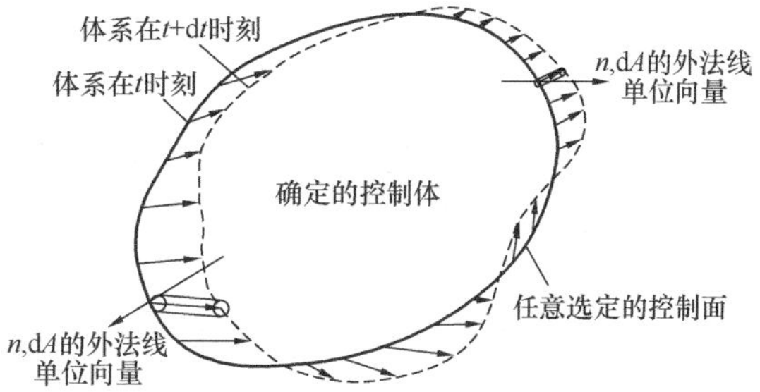

图 1.4.1　任意形状的控制体图

经过一系列复杂的推导可得雷诺输运定理[26,39,41]

$$\frac{\mathrm{D}I(t)}{\mathrm{D}t}=\frac{\mathrm{D}}{\mathrm{D}t}\int_{\tau(t)} f(\boldsymbol{r},t)\mathrm{d}\tau=\frac{\partial}{\partial t}\int_{\tau} f(\boldsymbol{r},t)\mathrm{d}\tau+\oint_{\Gamma} f(\boldsymbol{r},t)\boldsymbol{v}\cdot\boldsymbol{n}\mathrm{d}S \tag{1.4.6b}$$

式中，$\boldsymbol{n}$ 为 $\tau(t)$ 边界上的外法向单位矢量。

雷诺输运定理表明，某时刻一可变体积上系统总物理量的时间变化率，等于该时刻所在空间域（控制体）中物理量的时间变化率与单位时间通过该空间域边界净输运的流体物理量之和。这就是雷诺输运定理。注意，在应用雷诺输运公式来建立流体运动基本方程组时，雷诺输运公式得到的只是方程的左边，即系统物理量如质量、动量或能量的变化。

1.4.2　连续介质力学中的守恒定律

1. 质量守恒律

质量守恒定律是指无论经过什么形式的运动，只要物体的运动速度小于光速，物质的总质量是不变的[26]。分布质量用质量密度 ρ 来描写。具有体积 v 的物质在任何瞬时其质量保持不变，有

$$\frac{\mathrm{D}}{\mathrm{D}t}\int_{v}\rho\mathrm{d}v=0 \text{ 或 } \frac{\mathrm{D}\rho}{\mathrm{D}t}+\rho\frac{\partial V_i}{\partial x_i}=0 \tag{1.4.7}$$

式中，V_i 为流体的速度（m/s），ρ 为流体密度（kg/m^3），均为时间 t 和坐标 x, y, z 的函数；t 为时间（s）；x_i 为直角坐标系中的坐标。上式左端第一项代表单位时间内，单位体积的质量增加；第二项代表单位时间内，单位体积表面流出的流体质量。

当采用 Lagrange 描述时，设流体域 Ω 内流体质量为 $m(\Omega) = \int_{\Omega} \rho(\boldsymbol{X}, t) \mathrm{d}\Omega$，其中 $\rho(\boldsymbol{X}, t)$ 为流体密度。根据质量守恒定律，要求任意流体域的质量为常数，即

$$\int_{\Omega} \rho \mathrm{d}\Omega = \int_{\Omega_0} \rho_0 \mathrm{d}\Omega_0 = C(\text{常数}) \tag{1.4.8a}$$

将上式左边的积分进行转换

$$\int_{\Omega_0} (\rho J - \rho_0) \mathrm{d}\Omega_0 = 0 \tag{1.4.8b}$$

最终有质量守恒方程

$$\rho(\boldsymbol{X}, t) J(\boldsymbol{X}, t) = \rho_0(\boldsymbol{X}) \text{ 或 } \rho J = \rho_0 \tag{1.4.8c}$$

其中，$J = \det \boldsymbol{F}$，$\boldsymbol{F}$ 为变形梯度 $\boldsymbol{F} = \boldsymbol{x} \nabla_0 = \begin{bmatrix} \dfrac{\partial x}{\partial X} & \dfrac{\partial x}{\partial Y} & \dfrac{\partial x}{\partial Z} \\ \dfrac{\partial y}{\partial X} & \dfrac{\partial y}{\partial Y} & \dfrac{\partial y}{\partial Z} \\ \dfrac{\partial z}{\partial X} & \dfrac{\partial z}{\partial Y} & \dfrac{\partial z}{\partial Z} \end{bmatrix}$。

式中，$\boldsymbol{x}$ 为当前构形的坐标；$\boldsymbol{X}$ 为初始构形的坐标；∇_0 为定义在物质坐标系中的 Hamilton算子。

2. 动量平衡定律

任何物体的运动都可用动量平衡定律写出其运动方程。在惯性参考系中，物体动量的时间变化率等于作用在物体上的外力的总和。

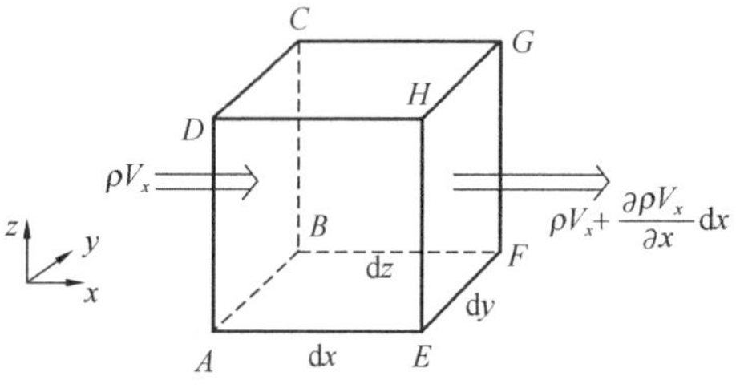

图 1.4.2 微分平行六面体

如图 1.4.2 所示的六面体，$\boldsymbol{v}$ 为流体运动速度向量，图中控制体的体积为 $\mathrm{d}x\mathrm{d}y\mathrm{d}z$，控制体的质量为 $\rho \mathrm{d}x\mathrm{d}y\mathrm{d}z$，于是得到 t 时刻流体沿 x 方向流入的动量为 $\rho v_x \mathrm{d}x\mathrm{d}y\mathrm{d}z$，在 $t + \Delta t$ 时刻沿 x 方向流出动量为 $\rho v_x \mathrm{d}x\mathrm{d}y\mathrm{d}z + \dfrac{\partial}{\partial t}(\rho v_x \mathrm{d}x\mathrm{d}y\mathrm{d}z)\mathrm{d}t + \dfrac{\partial}{\partial x}(\rho v_x \mathrm{d}x\mathrm{d}y\mathrm{d}z)\mathrm{d}x + \dfrac{\partial}{\partial x}(\rho v_y \mathrm{d}x\mathrm{d}y\mathrm{d}z)\mathrm{d}x + \dfrac{\partial}{\partial x}(\rho v_z \mathrm{d}x\mathrm{d}y\mathrm{d}z)\mathrm{d}x$；流体经流入并流出控制体的动量改变量为

$\left[\dfrac{\partial}{\partial t}(\rho v_x)\mathrm{d}t + \dfrac{\partial}{\partial x}(\rho v_x)\mathrm{d}x + \dfrac{\partial}{\partial x}(\rho v_y)\mathrm{d}x + \dfrac{\partial}{\partial x}(\rho v_z)\mathrm{d}x\right]\mathrm{d}x\mathrm{d}y\mathrm{d}z$。

注意到 $v_x = \dfrac{\mathrm{d}x}{\mathrm{d}t}$，所以有 x 方向动量改变量为 $\left[\dfrac{\partial}{\partial t}(\rho v_x)\mathrm{d}t + \dfrac{\partial}{\partial x}(\rho v_x v_x)\mathrm{d}t + \dfrac{\partial}{\partial x}(\rho v_y v_x)\mathrm{d}t + \dfrac{\partial}{\partial x}(\rho v_z v_x)\mathrm{d}t\right]\mathrm{d}x\mathrm{d}y\mathrm{d}z$。限于篇幅，图中仅写出部分动量改变量。

如果考虑 t 时刻在整个流体域内的动量改变量，有 $\left[\dfrac{\mathrm{D}(\rho \boldsymbol{v})}{\mathrm{D}t} + \rho \boldsymbol{v} \, \nabla \cdot \boldsymbol{v}\right]\mathrm{d}x\mathrm{d}y\mathrm{d}z$。这里，

密度 ρ 应该是时间和空间的函数，但上述表述中暂将 ρ 作为常数。

控制体上 x 方向的质量力为 $\rho f_x \mathrm{d}x\mathrm{d}y\mathrm{d}z$，黏性力为 $\left(\frac{\partial \tau_{xx}}{\partial x}+\frac{\partial \tau_{yx}}{\partial y}+\frac{\partial \tau_{zx}}{\partial z}\right)\mathrm{d}x\mathrm{d}y\mathrm{d}z$。同理，$y$、$z$ 方向有相似的表达。因此，整个控制体内流体的质量力为 $\rho \boldsymbol{f}\mathrm{d}x\mathrm{d}y\mathrm{d}z$，黏性力为 $\left(\frac{\partial \tau_{x}}{\partial x}+\frac{\partial \tau_{y}}{\partial y}+\frac{\partial \tau_{z}}{\partial z}\right)\mathrm{d}x\mathrm{d}y\mathrm{d}z$。

综上所述，消去 $\mathrm{d}x\mathrm{d}y\mathrm{d}z$ 后，流体总的动量平衡方程可表示为

$$\left[\frac{\mathrm{D}(\rho \boldsymbol{v})}{\mathrm{D}t}+\rho \boldsymbol{v}\,\nabla\cdot\boldsymbol{v}\right]=\rho \boldsymbol{f}+\frac{\partial \tau_{x}}{\partial x}+\frac{\partial \tau_{y}}{\partial y}+\frac{\partial \tau_{z}}{\partial z} \tag{1.4.9a}$$

或用张量形式表示为 $\frac{\mathrm{D}(\rho V_i)}{\mathrm{D}t}+\rho V_i\frac{\partial V_i}{\partial x_i}=\rho f_i+\frac{\partial \sigma_{ij}}{\partial x_j}$ (1.4.9b)

当采用 Lagrange 描述，考虑动量方程的 Euler 形式 $\rho\frac{\mathrm{D}\boldsymbol{V}}{\mathrm{D}t}=\rho \boldsymbol{F}_{\mathrm{b}}+\mathrm{div}\boldsymbol{P}$。在 Lagrange 描述中，变量为 Lagrange 坐标 $\boldsymbol{X}$ 和时间 t 的函数，因此只需将上述物理量改为 $\boldsymbol{X}$ 和 t 的函数，即 $\rho(\boldsymbol{X},t)\frac{\mathrm{D}\boldsymbol{V}(\boldsymbol{X},t)}{\mathrm{D}t}=\rho(\boldsymbol{X},t)\boldsymbol{F}_{\mathrm{b}}(\boldsymbol{X},t)+\mathrm{div}\boldsymbol{P}[\phi^{-1}(\boldsymbol{x},t),t]$，简化得到

$$\rho_0\frac{\mathrm{D}\boldsymbol{V}(\boldsymbol{X},t)}{\mathrm{D}t}=\rho_0\boldsymbol{F}_{\mathrm{b}}+\nabla_{\mathrm{Lag}}\cdot\boldsymbol{T} \tag{1.4.9c}$$

这里，假设 $\boldsymbol{F}_{\mathrm{b}}$ 已经以 Lagrange 描述给出，$\boldsymbol{T}$ 为 Lagrange 应力张量，∇_{Lag} 为 Lagrange 坐标系中 Hamilton 算子。与 Euler 形式相比，是相当类似的，以 Lagrange 应力代替了 Euler 应力，初始密度代替了密度。

3. 能量守恒定律（热力学第一定律）

流体能量是由内能与单位时间内系统表面力做的功和热量组成，而系统的内能通常是指全部分子的动能以及分子间相互作用的势能之和。由功的计算规则，流体能量守恒定律

$$\frac{\mathrm{D}E_m\rho}{\mathrm{D}t}=\frac{\mathrm{d}w}{\mathrm{d}t}+Q \tag{1.4.10}$$

式中，$\frac{\mathrm{d}w}{\mathrm{d}t}$ 表示单位时间内表面力做的功，即功率；Q 表示单位时间加给系统的热量；E_m 为单位质量流体储存的内能，为单位质量势能 e、单位质量流体动能 $\frac{1}{2}\boldsymbol{v}\cdot\boldsymbol{v}$ 和单位质量流体的重力势能 gz 之和，即 $E_m=e+\frac{1}{2}\boldsymbol{v}\cdot\boldsymbol{v}+gz$，而流体控制体的能量

$$E=\int E_\rho \mathrm{d}\tau=\int \rho E_m \mathrm{d}\tau=\int \rho\left(e+\frac{1}{2}\boldsymbol{v}\cdot\boldsymbol{v}+gz\right)\mathrm{d}\tau \tag{1.4.11}$$

式中，E_ρ 为单位体积流体的能量，即能量密度，$E_\rho=\rho E_m$。

热力学第一定律是在系统处于平衡态时成立的，而一般情况下，流体在不断运动，流体调整到平衡态的时间很短，大约为 10^{-10}s，可以假设流体处于局部平衡态，流体将很快趋于平衡。

热力学第一定律也表达为[26]

$$\delta Q=\mathrm{d}e+p\mathrm{d}V \tag{1.4.12a}$$

式中，δQ 为传给单位质量的总热量；$\mathrm{d}e$ 为单位质量内能的增量；$p\mathrm{d}V$ 是因膨胀对外界做的功。

通过对微元系统能量的时间变化率和内力功、外力功的分析，等式（1.4.10）的左边可进一步表示为 $\left[\frac{\mathrm{D}}{\mathrm{D}t}(\rho E_m)+\rho E_m \mathrm{div}\boldsymbol{V}\right]\mathrm{d}x\mathrm{d}y\mathrm{d}z$ 。等式（1.4.10）的右边可进一步表示为 $\left[\frac{\partial}{\partial x}(\boldsymbol{\sigma}_x \cdot \boldsymbol{V})+\frac{\partial}{\partial y}(\boldsymbol{\sigma}_y \cdot \boldsymbol{V})+\frac{\partial}{\partial z}(\boldsymbol{\sigma}_z \cdot \boldsymbol{V})\right]\mathrm{d}x\mathrm{d}y\mathrm{d}z+\rho\boldsymbol{f}\cdot\boldsymbol{V}\mathrm{d}x\mathrm{d}y\mathrm{d}z+[\rho q+\nabla\cdot(k\nabla T)]\mathrm{d}x\mathrm{d}y\mathrm{d}z$。经过整理，能量守恒的热力学第一定律，可表示为

$$\frac{\mathrm{D}}{\mathrm{D}t}(\rho E_m)+\rho E_m \mathrm{div}\boldsymbol{V}=\nabla\cdot(k\nabla T)+\frac{\partial}{\partial x}(\boldsymbol{\sigma}_x \cdot \boldsymbol{V})+\frac{\partial}{\partial y}(\boldsymbol{\sigma}_y \cdot \boldsymbol{V})+\frac{\partial}{\partial z}(\boldsymbol{\sigma}_z \cdot \boldsymbol{V})+\rho\boldsymbol{f}\cdot\boldsymbol{V}+\rho q \tag{1.4.12b}$$

写为直角坐标形式为

$$\begin{aligned}\frac{\mathrm{D}(\rho E_m)}{\mathrm{D}t}+\rho E_m\left(\frac{\partial V_x}{\partial x}+\frac{\partial V_y}{\partial y}+\frac{\partial V_z}{\partial z}\right)=&\left[\frac{\partial}{\partial x}\left(k\frac{\partial T}{\partial x}\right)+\frac{\partial}{\partial y}\left(k\frac{\partial T}{\partial y}\right)+\frac{\partial}{\partial z}\left(k\frac{\partial T}{\partial z}\right)\right]\\&+\left[\frac{\partial}{\partial x}(\sigma_{xx}V_x+\sigma_{xy}V_y+\sigma_{xz}V_z)+\frac{\partial}{\partial y}(\sigma_{yx}V_x+\sigma_{yy}V_y+\sigma_{yz}V_z)\right.\\&\left.+\frac{\partial}{\partial z}(\sigma_{zx}V_x+\sigma_{zy}V_y+\sigma_{zz}V_z)\right]\\&+\rho f_xV_x+\rho f_yV_y+\rho f_zV_z+\rho q\end{aligned} \tag{1.4.12c}$$

最终得 Lagrange 形式的能量方程

$$\rho_0\frac{\mathrm{D}e(\boldsymbol{X},t)}{\mathrm{D}t}=\frac{\partial\boldsymbol{F}^{\mathrm{T}}}{\partial t}:\boldsymbol{T}-\nabla_{\mathrm{Lag}}\cdot\tilde{\boldsymbol{q}}+\rho_0 s \tag{1.4.12d}$$

或

$$\rho_0\frac{\mathrm{D}e(\boldsymbol{X},t)}{\mathrm{D}t}=\boldsymbol{F}^{\mathrm{T}}:\boldsymbol{T}-\nabla_{\mathrm{Lag}}\cdot\tilde{\boldsymbol{q}}+\rho_0 s \tag{1.4.12e}$$

式中，$\boldsymbol{F}$ 为任意的 Lagrange 型的应力变量；$\boldsymbol{T}$ 是与 $\boldsymbol{E}$ 相共轭的应力；$\nabla_{\mathrm{Lag}}\cdot\tilde{\boldsymbol{q}}$ 是在初始构形中关于 $\tilde{\boldsymbol{q}}$ 的散度；$\tilde{\boldsymbol{q}}$ 表示在 Lagrange 描述中的热流，定义为每单位参考面积的热量，以区别于 $\boldsymbol{q}$ ，它们之间的关系为 $\tilde{\boldsymbol{q}}=J^{-1}\boldsymbol{F}^{\mathrm{T}}\cdot\boldsymbol{q}$ 。

4. 内能

对于理想气体和压缩性较小的液体，内能为 $e=C_VT$ ，其中 T 为温度，C_V 为定容比热。对于非理想气体，内能 $e=C_VT-\frac{a}{V}$ ，其中 V 为总体积，a 是与气体性质有关的常数。部分气体的 a 值见表 1.4.1。

1.4.3 热力学第二定律

热力学第二定律，又称“熵增定律”，表明了在自然过程中，一个孤立系统的总混乱度（即“熵”）不会减小。

对于可逆循环过程有

$$\oint \frac{Q}{T} = 0 \tag{1.4.13}$$

由此可知，$\frac{Q}{T}$ 是某状态函数 S 的全微分，即

$$\mathrm{d}S = \frac{\delta Q}{\delta T} \tag{1.4.14}$$

状态 S 称为熵，是一个判断过程方向的特性函数。

而由热力学第一定律

$$\delta Q = \mathrm{d}e + p\mathrm{d}V \tag{1.4.15}$$

代入式（1.4.14）得

$$\delta T\mathrm{d}S = \mathrm{d}e + p\mathrm{d}V \tag{1.4.16}$$

利用熵函数热力学第二定律可表示为

$$\mathrm{d}S \geqslant \frac{\delta Q}{\delta T} \tag{1.4.17}$$

即可以找出这样一个状态函数熵，它在可逆过程中的变化等于系统所吸收的热量与热源的绝对温度之比，在不可逆过程中，这个比值小于熵的变化。从热力学第二定律还可知：一个孤立系的熵永不减少。

1.4.4 状态方程

状态方程即为流体的物性方程，对于不同的流体具有不同的状态方程。

对于理想气体，状态方程即为克拉柏隆方程

$$p_{\mathrm{a}} = \rho RT \tag{1.4.18}$$

式中，p_{a} 为气体绝对压强；ρ 为气体密度；R 为普适气体常数，$R = C_{\mathrm{p}} - C_{\mathrm{V}}$；$T$ 为气体绝对温度。近似地可见，海拔高度每升高 1000m，相对大气压强大约降低 12%。

而对于均质液体而言，在正常条件下，密度几乎不随压强、温度改变，即 ρ 为常数。

对于非理想气体，又如对于高度压缩的气体，必须考虑分子间相互作用力及分子所占体积的影响，此时状态方程可采用范德瓦尔斯（Van der Waals）公式

$$\left(p_{\mathrm{a}} + a\frac{n^2}{V^2}\right)\left(1 - \frac{nb}{V}\right) = \rho RT \tag{1.4.19a}$$

化简可得

$$p_{\mathrm{a}} = \frac{\rho RT}{1 - \frac{b}{V_{\mathrm{n}}}} - \frac{a}{V_{\mathrm{n}}^2} \tag{1.4.19b}$$

式中，V 为总体积；a 为度量分子间引力的参数，$a = N_{\mathrm{A}}^2 a'$，a' 为度量分子间引力的唯象参数；b 为 1mol 分子本身包含的体积之和 $b = N_{\mathrm{A}} b'$，b' 为单个分子本身包含的体积；表 1.4.1列出了部分气体的 a、b 参数值；$R = R_0/M$，R_0 为普适气体常数，M 为气体的摩尔质量；N_{A} 为阿伏加德罗常数；V_{n} 为摩尔体积，对于理想气体 $V_{\mathrm{n}} = 22.4 \times 10^{-3}\mathrm{m}^3/\mathrm{mol}$。

部分气体的 a、b 值 **表 1.4.1**

气体种类	$a\times10^{-3}$ [$N/m^2\cdot(m^3/mol)^2$]	$b\times10^{-3}$ (m^3)
氦气 (He)	3.45	0.024
氢气 (H_2)	24.32	0.027
氮气 (N_2)	141.86	0.039
氧气 (O_2)	137.80	0.032
二氧化碳 (CO_2)	364.77	0.043
水蒸气 (H_2O)	557.29	0.031

微可压流体的状态方程

$$p_a=\left(1-\frac{\rho_0}{\rho}\right)K+p_0 \tag{1.4.20}$$

式中，ρ 为可压流体的密度；ρ_0 为一个标准大气压下流体的密度；K 为流体的体积模量；p_0 为一个大气压。

而在深水中或水下爆炸时，此时应当考虑密度随压强的微小变化，因此可采用如下的状态方程[26]

$$p_a=(1+B)\left(\frac{\rho}{\rho_0}\right)^n-B \tag{1.4.21}$$

式中，ρ_0 为一个大气压下水的密度；n 和 B 为参数，可分别取 7 及 3000 大气压。其他流体也有相应的状态方程。

1.4.5 关于密度的假定

$\rho(x,y,z,t)$ 是空间和时间的函数，在求解流体力学基本方程时，为了便于求解，很多研究笼统地做了密度 $\rho(x,y,z,t)$ 为常数的假定，但是密度的假定可分为：

(1) 假定流体的密度在微小时段 Δt 内不随时间变化，但随空间变化。

(2) 假定密度不随空间位置变化，但随时间变化。

(3) 假定密度不随空间和时间变化。

对流体密度做以上假定，是为了简化流体基本方程组的求解，但引入哪种假定需根据所研究的流体而异。

1.5 对流-扩散问题

1.5.1 对流和扩散过程

由于流体宏观的流动，域 v 中流体量 c 的总量因对流或随着时间增长或位置改变而引起变化。域 v 中流体量 c 的积分的随体导数

$$\frac{D}{Dt}\int_v c\,dv=\int_v\frac{\partial c}{\partial t}dv+\oint_S cV_n\,dS \tag{1.5.1}$$

式中，V_n 是流体速度在 S 面上的法向分量，$V_n = \boldsymbol{V} \cdot \boldsymbol{n}$ 。

利用 Green-Gauss 公式

$$\oint_S cV_n \mathrm{d}S = \int_v \mathrm{div}(cV)\mathrm{d}v \tag{1.5.2}$$

有

$$\frac{\mathrm{D}}{\mathrm{D}t}\int_v c\,\mathrm{d}v = \int_v \left[\frac{\partial c}{\partial t} + \mathrm{div}(cV)\right]\mathrm{d}v \tag{1.5.3a}$$

式中，$\mathrm{div}(cV)$ 为散度。

速度的散度

$$\mathrm{div}V = \nabla \cdot V = \frac{\partial V_x}{\partial x} + \frac{\partial V_y}{\partial y} + \frac{\partial V_z}{\partial z} \tag{1.5.3b}$$

表征在速度场中各点速度发散的强弱程度，这也相当于描述了流体的对流运动。速度的散度 $\mathrm{div}V$ 是 Euler 描述中流体对流的数学模型。

扩散过程包含有分子布朗运动形成的分子扩散以及流体湍流运动形成的湍流扩散。这种扩散使得物理量 c 在流场中由高值向低值方向移动。若扩散的速率用 $\boldsymbol{q}$ 表示，它是单位时间内通过单位面积的物理量，Fick 定律给出了物理量 c 在流场中的扩散速率

$$\boldsymbol{q} = -\boldsymbol{K}\mathrm{grad}c \tag{1.5.4}$$

式中，$\boldsymbol{K} = \boldsymbol{K}^{\mathrm{m}} + \boldsymbol{K}^{\mathrm{t}}$ ，$\boldsymbol{K}^{\mathrm{m}}$ 是分子扩散系数张量，$\boldsymbol{K}^{\mathrm{t}}$ 是湍流扩散系数张量。$\boldsymbol{K}$ 的各个分量值取决于含有物理量 c 的流体的状态与性质。一般在理论上确定 $\boldsymbol{K}$ 值是非常困难的，通常通过实验测定。

如果扩散是各向同性，则扩散速率

$$\boldsymbol{q} = -k\mathrm{grad}c \tag{1.5.5}$$

其中，k 是扩散系数，它可以是 c 或其他物理量的函数，也可以是常数。由于扩散作用，使域 v 中 c 的增加量为

$$-\oint_S \boldsymbol{n} \cdot \boldsymbol{q}\mathrm{d}S = \oint_S \boldsymbol{n} \cdot \boldsymbol{K}\mathrm{grad}c\mathrm{d}S = \int_v \mathrm{div}(\boldsymbol{K}\mathrm{grad}c)\mathrm{d}v \tag{1.5.6}$$

1.5.2　源与汇

流场中物理量 c 的自身增长与衰减，一般通过分布在流场中的源和汇来描述。这种源和汇是场的分布函数，记为 S 。$S > 0$ 表示源，它将使 c 增长；$S < 0$ 表示汇，它将使 c 减小。c 增长或减小的速率由源或汇的强度即 S 绝对值的大小来反映。在域 v 中，由于源或汇的作用使 c 的增加量为

$$\int_v S\mathrm{d}v \tag{1.5.7}$$

通常，将 S 分为源增长项和汇衰减项。线性衰减类型的表达式为

$$S = f - \beta c \tag{1.5.8}$$

其中，$f > 0$ 是源分布函数；$\beta \geqslant 0$ 是衰减函数。

另一种常用的衰减类型是时间的指数规律

$$S = f - c_0 \mathrm{e}^{-t/\gamma} \tag{1.5.9}$$

其中，c_0 是初始时刻物理量 c 的浓度；t 是时间变量；γ 是衰减常数。

根据守恒原理，单位时间内 v 中 c 的变化应满足

$$\int_v \left[\frac{\partial c}{\partial t} + \mathrm{div}(cV)\right]\mathrm{d}v = \int_v \mathrm{div}(\boldsymbol{K}\mathrm{grad}c)\mathrm{d}v + \int_v S\mathrm{d}v \tag{1.5.10}$$

式中，等号左边为对流 c 的增加量，等号右边为由于扩散进入 v 中的 c 的增加量和由于源和汇作用 c 的增加量。由于 v 是任意的，上面的守恒方程可写成

$$\frac{\partial c}{\partial t} + \mathrm{div}(cV) = \mathrm{div}(\boldsymbol{K}\mathrm{grad}c) + S \tag{1.5.11a}$$

或

$$\frac{\partial c}{\partial t} + c\mathrm{div}V = \mathrm{div}(\boldsymbol{K}\mathrm{grad}c) + S \tag{1.5.11b}$$

这个方程通常称为对流扩散方程。方程（1.5.11）的边界条件分成

（1）在边界 S_u 上给出本质边界条件

$$c = \bar{c} \tag{1.5.12}$$

（2）在边界 S_σ 上给出自然边界条件

$$q_n = -k_i \frac{\partial c}{\partial x_j} n_i = \bar{q}_n \tag{1.5.13}$$

总边界 $S = S_u \cup S_\sigma$。上述边界条件也可统一为在边界 S 上

$$\alpha_0 k_j \frac{\partial c}{\partial x_j} n_i + \alpha_1 c + \alpha_2 = 0 \tag{1.5.14}$$

式中，α_0、α_1、α_2 是已知函数。

初始条件为在 $t=0$ 时，给出 c 的分布

$$c(x,0) = \bar{c}(x_i) \tag{1.5.15}$$

方程式（1.5.11）中的速度 V 有两种情况：一种是 c 对于流场中的密度 ρ 或速度 V 没有直接影响，或者影响很小可以忽略，此时 V 可独立通过流体力学的连续性方程和运动方程求出。另一种是 c 和流场中的密度 ρ 或速度 V 有直接关系，必须联合求解。

对流扩散方程是流体力学中的典型方程，连续方程、动量方程、能量方程都可以写成对流扩散方程的形式。

1.5.3 对流扩散方程

上面对对流扩散问题作了一般性的讨论。对流扩散方程一般形式为

$$\frac{\partial \boldsymbol{\Phi}}{\partial t} + \frac{\partial \boldsymbol{F}_i}{\partial x_i} + \frac{\partial \boldsymbol{G}_i}{\partial x_i} + \boldsymbol{S} = 0 \tag{1.5.16}$$

式中，$\boldsymbol{\Phi}$ 为矢量变量；$\boldsymbol{S}$ 是一个源或反作用矢量；$\boldsymbol{F}$ 和 $\boldsymbol{G}$ 为通量。

$$\boldsymbol{F}_i = \boldsymbol{F}_i(\boldsymbol{\Phi}),\boldsymbol{G}_i = \boldsymbol{G}_i\left(\frac{\partial \boldsymbol{\Phi}}{\partial x_i}\right),\boldsymbol{S} = \boldsymbol{S}(x_i,\boldsymbol{\Phi}) \tag{1.5.17}$$

式中，i 和 x_i 为笛卡儿坐标的指标和与此相关的量。

式（1.5.16）和式（1.5.17）的最简单形式是 $\boldsymbol{\Phi}$ 为一个标量且通常是线性式。因此

$$\boldsymbol{\Phi}=\phi,\boldsymbol{S}=\boldsymbol{S}(x_i),\boldsymbol{F}_i=\boldsymbol{V}_i\phi,\boldsymbol{G}_i=-k\frac{\partial\phi}{\partial x_i} \tag{1.5.18}$$

此时，问题可简化为一个标量方程

$$\frac{\partial\phi}{\partial t}+V_i\frac{\partial\phi}{\partial x_i}+\phi\frac{\partial V_i}{\partial x_i}-\frac{\partial}{\partial x_i}\left(k\frac{\partial\phi}{\partial x_i}\right)+S=0 \tag{1.5.19}$$

式中，V_i 通常是一个已知的速度场；ϕ 是以对流方式且按 V_i 速度传播的一个量，或是以扩散形式传播的一个量；k 是扩散系数；S 项表示系统承认的量 ϕ 的所有外部源以及由 ϕ 决定的得失反应。

根据量 ϕ 对时间的依赖性，可将方程式（1.5.19）区分为定常（稳态）和非定常（瞬态），式（1.5.19）为非定常（瞬态）方程。当量 ϕ 不随时间变化时，上式的定常稳定状态为

$$V_i\frac{\partial\phi}{\partial x_i}+\phi\frac{\partial V_i}{\partial x_i}-\frac{\partial}{\partial x_i}\left(k\frac{\partial\phi}{\partial x_i}\right)+S=0 \tag{1.5.20a}$$

对流扩散问题的边界条件

$$\begin{aligned}\phi&=\bar{\phi}\quad \text{在 } S_\phi \text{ 上}\\ q&=\bar{q}\quad \text{在 } S_f \text{ 上}\end{aligned} \tag{1.5.20b}$$

这里，$S=S_\phi\cup S_f$；q 为通量。

1.5.4 定常对流输运问题

现考虑标量的对流和扩散的传输，$V_x=V_x(x)$，在域 Ω 中，$\Omega\subset R^{n_{sd}}$，$R^{n_{sd}}=2$ 或 3，光滑边界为 S。边界假定包括部分 S_D，在 S_D 上 V 的值被指定，包括补充的部分 S_N，在 S_N 上扩散的改变被指定。S_D 上的条件是必需的，S_N 上的条件是已知的自然条件。和稳定对流扩散传输相关是边界值问题

$$\boldsymbol{a}\cdot\nabla V_x-\nabla\cdot(\nu\nabla V_x)=S\quad \text{在 } \Omega \text{ 中} \tag{1.5.21}$$

$$V_x=V_{xD}\quad \text{在 } S_D \text{ 上} \tag{1.5.22}$$

$$\boldsymbol{n}\cdot\nu\nabla V_x=\nu\frac{\partial V_x}{\partial n}=h\quad \text{在 } S_N \text{ 上} \tag{1.5.23}$$

式中，V_x 为一未知标量；$\boldsymbol{a}$ 为对流速度；ν 为扩散系数；S 为源项；$\boldsymbol{n}$ 为外法线向量；V_{xD} 为边界 S_D 上指定值；h 为边界 S_N 上指定的法向扩散量。

1.5.5 非定常对流输运问题

空间和时间通过特点被联系起来，一个的离散对另一个的离散有影响，实际上，如果时间积分代数不能沿着对流描述的方向增加信息，当它被及时地传输时，精确部分表示可以被很快地侵蚀。

理论上，可以通过 Lagrange 公式回避沿着流线的对流信息。在这样一个动坐标系中，控制方程中的对流项消失了。不幸的是，在实际流体流动问题中，纯 Lagrange 描述一般是不适用的，因为计算网格的过量的曲解所致。然而，大量的基于沿着流线的对流信息的理念的数值方法被发展，并且被用于对流传输的有限元模型中。

1.6 流体力学基本方程

1.6.1 基于 Lagrange 描述流体的基本方程

1. 基于 Lagrange 描述流体的质量守恒方程

将式（1.2.44）所示的 Lagrange 描述下的随体导数关系代入式（1.4.8c）所示的质量守恒方程，可得 Lagrange 描述下的质量守恒方程

$$\rho J = \rho_0 \tag{1.6.1}$$

2. 基于 Lagrange 描述流体的动量守恒方程

将式（1.2.44）所示的 Lagrange 描述下的随体导数关系代入式（1.4.9c）所示的动量守恒方程，可得 Lagrange 描述下动量守恒方程

$$\rho_0 \frac{\mathrm{d}\boldsymbol{V}(\boldsymbol{X},t)}{\mathrm{d}t} = \rho_0 \boldsymbol{F}_{\mathrm{b}} + \nabla_{\mathrm{Lag}} \cdot \boldsymbol{T} \tag{1.6.2}$$

3. 基于 Lagrange 描述流体的能量守恒方程

将式（1.2.44）所示的 Lagrange 描述下的随体导数关系代入式（1.4.12d）所示的能量守恒方程，可得 Lagrange 描述下的能量守恒方程

$$\rho_0 \frac{\mathrm{d}e(\boldsymbol{X},t)}{\mathrm{d}t} = \boldsymbol{F}^{\mathrm{T}} : \boldsymbol{T} - \nabla_{\mathrm{Lag}} \cdot \tilde{\boldsymbol{q}} + \rho_0 s \tag{1.6.3}$$

1.6.2 基于 Euler 描述流体力学基本方程

1. 基于 Euler 描述流体的质量微分方程

将式（1.2.45）所示的 Euler 描述下随体导数的关系代入式（1.4.8b）所示的质量守恒方程，可得 Euler 描述下的守恒型质量方程

$$\frac{\partial \rho}{\partial t} + \frac{\partial(\rho v_x)}{\partial x} + \frac{\partial(\rho v_y)}{\partial y} + \frac{\partial(\rho v_z)}{\partial z} = 0 \tag{1.6.4a}$$

或非守恒型质量方程

$$\frac{\partial \rho}{\partial t} + \left(v_x \frac{\partial \rho}{\partial x} + v_y \frac{\partial \rho}{\partial y} + v_z \frac{\partial \rho}{\partial z}\right) + \rho\left(\frac{\partial v_x}{\partial x} + \frac{\partial v_y}{\partial y} + \frac{\partial v_z}{\partial z}\right) = 0 \tag{1.6.4b}$$

2. 基于 Euler 描述流体的动量微分方程

将式（1.4.9b）所示的动量方程进行变换，并引入式（1.2.45）所示的 Euler 描述下随体导数的关系，可得动量微分方程

$$v_i\left(\frac{\partial \rho}{\partial t} + v_i \frac{\partial \rho}{\partial x_i} + \rho \frac{\partial v_i}{\partial x_i}\right) + \rho \frac{\partial v_i}{\partial t} + \rho(\boldsymbol{v}^{\mathrm{T}} \cdot \nabla^{\mathrm{T}}) v_i = \frac{\partial \sigma_{ij}}{\partial x_j} + \rho f_i \tag{1.6.5a}$$

将式（1.6.4a）所示的质量守恒方程代入式（1.6.5a）所示的动量守恒方程，可得 Euler 描述下的守恒型动量方程

$$\frac{\partial[\rho v_x)}{\partial t} = -\left[\frac{\partial(\rho v_x v_x)}{\partial x} + \frac{\partial(\rho v_x v_y)}{\partial y} + \frac{\partial(\rho v_x v_z)}{\partial z}\right] + \left(\frac{\partial \tau_{xx}}{\partial x} + \frac{\partial \tau_{xy}}{\partial y} + \frac{\partial \tau_{xz}}{\partial z}\right) + \rho f_x$$

$$\frac{\partial(\rho v_y)}{\partial t} = -\left[\frac{\partial(\rho v_y v_x)}{\partial x} + \frac{\partial(\rho v_y v_y)}{\partial y} + \frac{\partial(\rho v_y v_z)}{\partial z}\right] + \left(\frac{\partial \tau_{yx}}{\partial x} + \frac{\partial \tau_{yy}}{\partial y} + \frac{\partial \tau_{yz}}{\partial z}\right) + \rho f_y$$

$$\frac{\partial(\rho v_z)}{\partial t}=-\left[\frac{\partial(\rho v_z v_x)}{\partial x}+\frac{\partial(\rho v_z v_y)}{\partial y}+\frac{\partial(\rho v_z v_z)}{\partial z}\right]+\left(\frac{\partial \tau_{zx}}{\partial x}+\frac{\partial \tau_{zy}}{\partial y}+\frac{\partial \tau_{zz}}{\partial z}\right)+\rho f_z \tag{1.6.5b}$$

类似地，可得非守恒型动量方程

$$\begin{aligned}
\rho\frac{\partial v_x}{\partial t}&=-\rho\left(v_x\nabla\cdot\boldsymbol{v}+v_x\frac{\partial v_x}{\partial x}+v_y\frac{\partial v_x}{\partial y}+v_z\frac{\partial v_x}{\partial z}\right)+\frac{\partial \tau_{xx}}{\partial x}+\frac{\partial \tau_{xy}}{\partial y}+\frac{\partial \tau_{xz}}{\partial z}+\rho f_x\\
\rho\frac{\partial v_y}{\partial t}&=-\rho\left(v_y\nabla\cdot\boldsymbol{v}+v_x\frac{\partial v_y}{\partial x}+v_y\frac{\partial v_y}{\partial y}+v_z\frac{\partial v_y}{\partial z}\right)+\frac{\partial \tau_{yx}}{\partial x}+\frac{\partial \tau_{yy}}{\partial y}+\frac{\partial \tau_{yz}}{\partial z}+\rho f_y\\
\rho\frac{\partial v_z}{\partial t}&=-\rho\left(v_z\nabla\cdot\boldsymbol{v}+v_x\frac{\partial v_z}{\partial x}+v_y\frac{\partial v_z}{\partial y}+v_z\frac{\partial v_z}{\partial z}\right)+\frac{\partial \tau_{zx}}{\partial x}+\frac{\partial \tau_{zy}}{\partial y}+\frac{\partial \tau_{zz}}{\partial z}+\rho f_z
\end{aligned} \tag{1.6.5c}$$

3. 基于 Euler 描述流体的能量微分方程

将式（1.2.45）所示的 Euler 描述下随体导数的关系代入式（1.4.12c）所示的能量方程，得

$$\begin{aligned}
&\rho\frac{\partial E_m}{\partial t}+\rho\left[v_x\frac{\partial E_m}{\partial x}+v_y\frac{\partial E_m}{\partial y}+v_z\frac{\partial E_m}{\partial z}\right]+E_m\left[\frac{\partial \rho}{\partial t}+\left(v_x\frac{\partial \rho}{\partial x}+v_y\frac{\partial \rho}{\partial y}+v_z\frac{\partial \rho}{\partial z}\right)\right.\\
&\left.+\rho\left(\frac{\partial v_x}{\partial x}+\frac{\partial v_y}{\partial y}+\frac{\partial v_z}{\partial z}\right)\right]=\left[\frac{\partial}{\partial x}\left(k\frac{\partial T}{\partial x}\right)+\frac{\partial}{\partial y}\left(k\frac{\partial T}{\partial y}\right)+\frac{\partial}{\partial z}\left(k\frac{\partial T}{\partial z}\right)\right]\\
&+\left[\frac{\partial}{\partial x}(\tau_{xx}v_x+\tau_{xy}v_y+\tau_{xz}v_z)+\frac{\partial}{\partial y}(\tau_{yx}v_x+\tau_{yy}v_y+\tau_{yz}v_z)+\frac{\partial}{\partial z}(\tau_{zx}v_x+\tau_{zy}v_y+\tau_{zz}v_z)\right]\\
&+\rho f_x v_x+\rho f_y v_y+\rho f_z v_z+\rho q
\end{aligned} \tag{1.6.6a}$$

将式（1.6.4a）所示的质量守恒方程代入式（1.6.6a）所示的能量守恒方程，可得 Euler 描述下的守恒型能量方程

$$\begin{aligned}
\frac{\partial(\rho E_m)}{\partial t}=&-\left[\frac{\partial(\rho E_m v_x)}{\partial x}+\frac{\partial(\rho E_m v_y)}{\partial y}+\frac{\partial(\rho E_m v_z)}{\partial z}\right]\\
&+\left[\frac{\partial}{\partial x}\left(k\frac{\partial T}{\partial x}\right)+\frac{\partial}{\partial y}\left(k\frac{\partial T}{\partial y}\right)+\frac{\partial}{\partial z}\left(k\frac{\partial T}{\partial z}\right)\right]\\
&+\left[\frac{\partial}{\partial x}(\tau_{xx}v_x+\tau_{xy}v_y+\tau_{xz}v_z)+\frac{\partial}{\partial y}(\tau_{yx}v_x+\tau_{yy}v_y+\tau_{yz}v_z)\right.\\
&\left.+\frac{\partial}{\partial z}(\tau_{zx}v_x+\tau_{zy}v_y+\tau_{zz}v_z)\right]\\
&+\rho f_x v_x+\rho f_y v_y+\rho f_z v_z+\rho q
\end{aligned} \tag{1.6.6b}$$

类似地，可得非守恒型能量方程

$$\begin{aligned}
\rho\frac{\partial E_m}{\partial t}=&-\rho\left[v_x\frac{\partial E_m}{\partial x}+v_y\frac{\partial E_m}{\partial y}+v_z\frac{\partial E_m}{\partial z}\right]+\frac{\partial}{\partial x}\left(k\frac{\partial T}{\partial x}\right)+\frac{\partial}{\partial y}\left(k\frac{\partial T}{\partial y}\right)+\frac{\partial}{\partial z}\left(k\frac{\partial T}{\partial z}\right)\\
&+\left[\frac{\partial}{\partial x}(\tau_{xx}v_x+\tau_{xy}v_y+\tau_{xz}v_z)+\frac{\partial}{\partial y}(\tau_{yx}v_x+\tau_{yy}v_y+\tau_{yz}v_z)\right.\\
&\left.+\frac{\partial}{\partial z}(\tau_{zx}v_x+\tau_{zy}v_y+\tau_{zz}v_z)\right]+\rho f_x v_x+\rho f_y v_y+\rho f_z v_z+\rho q
\end{aligned} \tag{1.6.6c}$$

能量方程还有动能方程和内能方程形式[39,26]。当采用动能形式的能量方程时

$$\rho\frac{\partial e_k}{\partial t}=C_{Ek}+F_E+P_{Ek} \tag{1.6.6d}$$

当采用内能形式的能量方程时

$$\rho\frac{\partial e_i}{\partial t}=C_{Ee}+T_E+D_{Ee}+Q_E \tag{1.6.6e}$$

对于完全气体有 $e_i=C_VT$，C_V 为定容比热［J/(kg·K)］，则内能方程可以写为热传导方程的形式[48]

$$\rho C_V\frac{\partial T}{\partial t}=C_{Ee}+T_E+D_{Ee}+Q_E \tag{1.6.7}$$

1.6.3 基于 ALE 描述流体力学基本方程

1. 基于 ALE 描述流体的质量微分方程

将式（1.2.48）所示的 ALE 描述下随体导数的关系代入式（1.4.8b）所示的质量守恒方程，可得 ALE 描述下的质量守恒方程

$$\frac{\partial\rho}{\partial t}+\left(v_{cx}\frac{\partial\rho}{\partial x}+v_{cy}\frac{\partial\rho}{\partial y}+v_{cz}\frac{\partial\rho}{\partial z}\right)+\rho\left(\frac{\partial v_x}{\partial x}+\frac{\partial v_y}{\partial y}+\frac{\partial v_z}{\partial z}\right)=0 \tag{1.6.8}$$

2. 基于 ALE 描述流体的动量微分方程

将式（1.2.48）所示的 ALE 描述下随体导数的关系代入式（1.6.5a）所示的动量守恒方程，可得

$$v_i\left(\frac{\partial\rho}{\partial t}+v_i\frac{\partial\rho}{\partial x_i}+\rho\frac{\partial v_i}{\partial x_i}\right)+\rho\frac{\partial v_i}{\partial t}+\rho(\boldsymbol{v}^{\mathrm{T}}\cdot\nabla^{\mathrm{T}})v_i=\frac{\partial\sigma_{ij}}{\partial x_j}+\rho f_i \tag{1.6.9a}$$

将式（1.6.8）所示的质量守恒方程代入式（1.6.9a）所示的动量守恒方程，可得 ALE 描述下的动量守恒方程

$$\begin{cases}\rho\dfrac{\partial v_x}{\partial t}=\rho\left(v_{cx}\dfrac{\partial v_x}{\partial x}+v_{cy}\dfrac{\partial v_x}{\partial y}+v_{cz}\dfrac{\partial v_x}{\partial z}\right)+\dfrac{\partial\tau_{xx}}{\partial x}+\dfrac{\partial\tau_{yx}}{\partial y}+\dfrac{\partial\tau_{zx}}{\partial z}+\rho f_x\\ \rho\dfrac{\partial v_y}{\partial t}=\rho\left(v_{cx}\dfrac{\partial v_y}{\partial x}+v_{cy}\dfrac{\partial v_y}{\partial y}+v_{cz}\dfrac{\partial v_y}{\partial z}\right)+\dfrac{\partial\tau_{yx}}{\partial x}+\dfrac{\partial\tau_{yy}}{\partial y}+\dfrac{\partial\tau_{yz}}{\partial z}+\rho f_y\\ \rho\dfrac{\partial v_z}{\partial t}=\rho\left(v_{cx}\dfrac{\partial v_z}{\partial x}+v_{cy}\dfrac{\partial v_z}{\partial y}+v_{cz}\dfrac{\partial v_z}{\partial z}\right)+\dfrac{\partial\tau_{zx}}{\partial x}+\dfrac{\partial\tau_{zy}}{\partial y}+\dfrac{\partial\tau_{zz}}{\partial z}+\rho f_z\end{cases} \tag{1.6.9b}$$

3. 基于 ALE 描述流体的能量微分方程

将式（1.2.48）所示的 ALE 描述下随体导数的关系代入式（1.6.6a）所示的能量方程，得

$$\begin{aligned}&\rho\frac{\partial E_m}{\partial t}+\rho\left(v_{cx}\frac{\partial E_m}{\partial x}+v_{cy}\frac{\partial E_m}{\partial y}+v_{cz}\frac{\partial E_m}{\partial z}\right)\\&+E_m\left[\frac{\partial\rho}{\partial t}+\left(v_{cx}\frac{\partial\rho}{\partial x}+v_{cy}\frac{\partial\rho}{\partial y}+v_{cz}\frac{\partial\rho}{\partial z}\right)+\rho\left(\frac{\partial v_x}{\partial x}+\frac{\partial v_y}{\partial y}+\frac{\partial v_z}{\partial z}\right)\right]\\=&\left[\frac{\partial}{\partial x}\left(k\frac{\partial T}{\partial x}\right)+\frac{\partial}{\partial y}\left(k\frac{\partial T}{\partial y}\right)+\frac{\partial}{\partial z}\left(k\frac{\partial T}{\partial z}\right)\right]\\&+\left[\frac{\partial}{\partial x}(\tau_{xx}v_x+\tau_{xy}v_y+\tau_{xz}v_z)+\frac{\partial}{\partial y}(\tau_{yx}v_x+\tau_{yy}v_y+\tau_{yz}v_z)+\frac{\partial}{\partial z}(\tau_{zx}v_x+\tau_{zy}v_y+\tau_{zz}v_z)\right]\\&+\rho f_xv_x+\rho f_yv_y+\rho f_zv_z+\rho q\end{aligned} \tag{1.6.10}$$

将式（1.6.8）所示的质量守恒方程代入式（1.6.10）所示的能量守恒方程，可得 ALE 描述下的能量守恒方程

$$
\begin{aligned}
&\rho \frac{\partial E_m}{\partial t}+\rho\left(v_{cx} \frac{\partial E_m}{\partial x}+v_{cy} \frac{\partial E_m}{\partial y}+v_{cz} \frac{\partial E_m}{\partial z}\right) \\
=&\left[\frac{\partial}{\partial x}\left(k \frac{\partial T}{\partial x}\right)+\frac{\partial}{\partial y}\left(k \frac{\partial T}{\partial y}\right)+\frac{\partial}{\partial z}\left(k \frac{\partial T}{\partial z}\right)\right] \\
&+\left[\frac{\partial}{\partial x}(\tau_{xx} v_x+\tau_{xy} v_y+\tau_{xz} v_z)+\frac{\partial}{\partial y}(\tau_{yx} v_x+\tau_{yy} v_y+\tau_{yz} v_z)+\frac{\partial}{\partial z}(\tau_{zx} v_x+\tau_{zy} v_y+\tau_{zz} v_z)\right] \\
&+\rho f_x v_x+\rho f_y v_y+\rho f_z v_z+\rho q
\end{aligned}
\tag{1.6.11}
$$

1.6.4　流体的 Navier-Stokes（N-S）方程组

如前，由空间固定的有限控制体得到的方程，不管是积分型的还是偏微分型的，都是守恒型控制方程；由随流体运动的有限控制体得到的方程，不管是积分型的还是偏微分型的，都被称为非守恒型控制方程。在一般的空气动力学理论中，方程是守恒型的还是非守恒的并无很大区别，事实上通过简单的处理，一种形式可从另一种形式中得到。但是，在计算流体动力学（CFD）中使用什么形式的方程却是非常重要的。守恒型控制方程提供了数值计算的便捷性，守恒型的连续、动量和能量方程均可以表示成统一的形式，这有助于简化和组织给定计算程序的逻辑结构。并且激波捕捉方法中使用守恒型控场方程也是很重要的，因为守恒型方程采用通量变量作为因变量，而激波的这些通量的变化为零或者非常小；而非守恒型方程采用原始变量作为因变量，所以激波捕捉方法中应用守恒型方程得到的数值品质优于非守恒型方程。

Zienkiewicz 认为[89]，一些作者用非守恒型的方程来研究可压缩流动问题，但是这些非守恒型方程在某种情况下可能会带来多重解或者错误的解。特别是在求解有激波的高速可压缩流动问题时，会遇到上面说的问题。应注意到这样的非守恒型方程对可压缩流动问题并不合适。Bathe 认为[48]，微压和不可压流体可用非守恒型问题进行求解，对于高速可压流体宜采用守恒型方程进行求解。

下面讨论守恒型和非守恒型方程。

1. 非定常流体的 N-S 方程组

如果将牛顿流体的本构方程或式（1.3.52）～式（1.3.57）代入式（1.6.5）所示的动量方程中，即可获得守恒型的 N-S 动量方程

$$\frac{\partial(\rho \boldsymbol{v})}{\partial t}=C+D+P+F \tag{1.6.12a}$$

及非守恒型的 N-S 动量方程

$$\rho \frac{\partial \boldsymbol{v}}{\partial t}=C+D+P+F \tag{1.6.12b}$$

式（1.6.12a）中，$\frac{\partial(\rho \boldsymbol{v})}{\partial t}$ 为质量流量

$$\frac{\partial(\rho\boldsymbol{v})}{\partial t}=\begin{bmatrix}\dfrac{\partial(\rho v_x)}{\partial t}\\[2mm]\dfrac{\partial(\rho v_y)}{\partial t}\\[2mm]\dfrac{\partial(\rho v_z)}{\partial t}\end{bmatrix} \tag{1.6.13a}$$

式（1.6.12b）中，$\rho\dfrac{\partial\boldsymbol{v}}{\partial t}$ 为质量流量

$$\rho\frac{\partial\boldsymbol{v}}{\partial t}=\rho\begin{bmatrix}\dfrac{\partial v_x}{\partial t}\\[2mm]\dfrac{\partial v_y}{\partial t}\\[2mm]\dfrac{\partial v_z}{\partial t}\end{bmatrix} \tag{1.6.13b}$$

C 为反映流体对流运动的项，对于守恒型的 N-S 动量方程

$$C=-\begin{bmatrix}\dfrac{\partial(\rho v_x v_x)}{\partial x}+\dfrac{\partial(\rho v_x v_y)}{\partial y}+\dfrac{\partial(\rho v_x v_z)}{\partial z}\\[2mm]\dfrac{\partial(\rho v_y v_x)}{\partial x}+\dfrac{\partial(\rho v_y v_y)}{\partial y}+\dfrac{\partial(\rho v_y v_z)}{\partial z}\\[2mm]\dfrac{\partial(\rho v_z v_x)}{\partial x}+\dfrac{\partial(\rho v_z v_y)}{\partial y}+\dfrac{\partial(\rho v_z v_z)}{\partial z}\end{bmatrix} \tag{1.6.14a}$$

对于非守恒型的 N-S 动量方程

$$C=-\rho\begin{bmatrix}v_x\,\nabla\cdot\boldsymbol{v}+v_x\dfrac{\partial v_x}{\partial x}+v_y\dfrac{\partial v_x}{\partial y}+v_z\dfrac{\partial v_x}{\partial z}\\[2mm]v_y\,\nabla\cdot\boldsymbol{v}+v_x\dfrac{\partial v_y}{\partial x}+v_y\dfrac{\partial v_y}{\partial y}+v_z\dfrac{\partial v_y}{\partial z}\\[2mm]v_z\,\nabla\cdot\boldsymbol{v}+v_x\dfrac{\partial v_z}{\partial x}+v_y\dfrac{\partial v_z}{\partial y}+v_z\dfrac{\partial v_z}{\partial z}\end{bmatrix} \tag{1.6.14b}$$

可以看出，动量方程中的对流项含有速度的平方项，此项为非线性项；D 为反映流体扩散运动的项

$$D=\begin{bmatrix}d_1\\d_2\\d_3\end{bmatrix} \tag{1.6.15}$$

其中

$$\begin{aligned}
d_1&=\mu\left\{\frac{\partial}{\partial x}\left[\frac{\partial v_x}{\partial x}+\frac{\partial v_x}{\partial x}-\frac{2}{3}\left(\frac{\partial v_x}{\partial x}+\frac{\partial v_y}{\partial y}+\frac{\partial v_z}{\partial z}\right)\right]+\frac{\partial}{\partial y}\left(\frac{\partial v_x}{\partial y}+\frac{\partial v_y}{\partial x}\right)+\frac{\partial}{\partial z}\left(\frac{\partial v_x}{\partial z}+\frac{\partial v_z}{\partial x}\right)\right\}\\
d_2&=\mu\left\{\frac{\partial}{\partial x}\left(\frac{\partial v_y}{\partial x}+\frac{\partial v_x}{\partial y}\right)+\frac{\partial}{\partial y}\left[\frac{\partial v_y}{\partial y}+\frac{\partial v_y}{\partial y}-\frac{2}{3}\left(\frac{\partial v_x}{\partial x}+\frac{\partial v_y}{\partial y}+\frac{\partial v_z}{\partial z}\right)\right]+\frac{\partial}{\partial z}\left(\frac{\partial v_y}{\partial z}+\frac{\partial v_z}{\partial y}\right)\right\}\\
d_3&=\mu\left\{\frac{\partial}{\partial x}\left(\frac{\partial v_z}{\partial x}+\frac{\partial v_x}{\partial z}\right)+\frac{\partial}{\partial y}\left(\frac{\partial v_z}{\partial y}+\frac{\partial v_y}{\partial z}\right)+\frac{\partial}{\partial z}\left[\frac{\partial v_z}{\partial z}+\frac{\partial v_z}{\partial z}-\frac{2}{3}\left(\frac{\partial v_x}{\partial x}+\frac{\partial v_y}{\partial y}+\frac{\partial v_z}{\partial z}\right)\right]\right\}
\end{aligned} \tag{1.6.16}$$

P 为流体的压强梯度项

$$P = -\begin{bmatrix} \dfrac{\partial p}{\partial x} \\ \dfrac{\partial p}{\partial y} \\ \dfrac{\partial p}{\partial z} \end{bmatrix} \tag{1.6.17}$$

F 为流体的体力项

$$F = \begin{bmatrix} \rho f_x \\ \rho f_y \\ \rho f_z \end{bmatrix} \tag{1.6.18}$$

将牛顿流体的本构方程或式（1.3.52b）～式（1.3.57b）代入式（1.6.6b）所示的能量方程中，即可获得牛顿流体的守恒型的能量方程

$$\frac{\partial(\rho e_m)}{\partial t} = C_E + T_E + D_E + F_E + Q_E \tag{1.6.19a}$$

将牛顿流体的本构方程或式（1.3.52b）～式（1.3.57b）代入式（1.6.6c）所示的能量方程中，即可获得牛顿流体的非守恒型的能量方程

$$\rho \frac{\partial e_m}{\partial t} = C_E + T_E + D_E + F_E + Q_E \tag{1.6.19b}$$

式（1.6.19a）和式（1.6.19b）中，内能

$$e_m = e + \frac{v_i v_i}{2} + gz \tag{1.6.20a}$$

C_E 为流体的对流项，对于守恒型的能量方程

$$C_E = -\left[\frac{\partial(\rho e_m v_x)}{\partial x} + \frac{\partial(\rho e_m v_y)}{\partial y} + \frac{\partial(\rho e_m v_z)}{\partial z}\right] \tag{1.6.20b}$$

对于非守恒型的能量方程

$$C_E = -\rho\left[e_m \nabla\cdot \boldsymbol{v} + v_x \frac{\partial}{\partial x}e_m + v_y \frac{\partial}{\partial y}e_m + v_z \frac{\partial}{\partial z}e_m\right] \tag{1.6.20c}$$

T_E 为流体的温度扩散项

$$T_E = \frac{\partial}{\partial x}\left(k\frac{\partial T}{\partial x}\right) + \frac{\partial}{\partial y}\left(k\frac{\partial T}{\partial y}\right) + \frac{\partial}{\partial z}\left(k\frac{\partial T}{\partial z}\right) \tag{1.6.20d}$$

D_E 为流体的能量耗散项

$$\begin{aligned} D_E = & \frac{\partial}{\partial x}\left\{\mu\left[\frac{\partial v_x}{\partial x} + \frac{\partial v_x}{\partial x} - \frac{2}{3}\left(\frac{\partial v_x}{\partial x} + \frac{\partial v_y}{\partial y} + \frac{\partial v_z}{\partial z}\right)\right]v_x + \mu\left(\frac{\partial v_x}{\partial y} + \frac{\partial v_y}{\partial x}\right)v_y + \mu\left(\frac{\partial v_x}{\partial z} + \frac{\partial v_z}{\partial x}\right)v_z\right\} \\ & + \frac{\partial}{\partial y}\left\{\mu\left(\frac{\partial v_y}{\partial x} + \frac{\partial v_x}{\partial y}\right)v_x + \mu\left[\frac{\partial v_y}{\partial y} + \frac{\partial v_y}{\partial y} - \frac{2}{3}\left(\frac{\partial v_x}{\partial x} + \frac{\partial v_y}{\partial y} + \frac{\partial v_z}{\partial z}\right)\right]v_y + \mu\left(\frac{\partial v_y}{\partial z} + \frac{\partial v_z}{\partial y}\right)v_z\right\} \\ & + \frac{\partial}{\partial z}\left\{\mu\left(\frac{\partial v_z}{\partial x} + \frac{\partial v_x}{\partial z}\right)v_x + \mu\left(\frac{\partial v_z}{\partial y} + \frac{\partial v_y}{\partial z}\right)v_y + \mu\left[\frac{\partial v_z}{\partial z} + \frac{\partial v_z}{\partial z} - \frac{2}{3}\left(\frac{\partial v_x}{\partial x} + \frac{\partial v_y}{\partial y} + \frac{\partial v_z}{\partial z}\right)\right]v_z\right\} \\ & - \left[\frac{\partial}{\partial x}(v_x p) + \frac{\partial}{\partial y}(v_y p) + \frac{\partial}{\partial z}(v_z p)\right] \end{aligned} \tag{1.6.20e}$$

F_E 为流体的能量体力项

$$F_E = \rho f_{bx} v_x + \rho f_{by} v_y + \rho f_{bz} v_z \tag{1.6.20f}$$

Q_E 为流体的热辐射项

$$Q_E = \rho q \tag{1.6.20g}$$

式中，$q(x,y,z,t)$ 是坐标和时间的函数，为由于辐射或其他原因在单位时间内传入流体单位质量的热量分布函数，单位为 W/kg。

能量方程还有动能方程的形式，如式（1.6.6d），即

$$\rho \frac{\partial e_k}{\partial t} = C_{Ek} + F_E + P_{Ek} \tag{1.6.21}$$

式中

$$\begin{aligned} e_k &= \frac{1}{2}(v_x^2 + v_y^2 + v_z^2), \quad C_{Ek} = -\rho\left(v_x \frac{\partial e_k}{\partial x} + v_y \frac{\partial e_k}{\partial y} + v_z \frac{\partial e_k}{\partial z}\right), \\ F_E &= \rho f_x v_x + \rho f_y v_y + \rho f_z v_z, \quad P_{Ek} = -\left(v_x \frac{\partial p}{\partial x} + v_y \frac{\partial p}{\partial y} + v_z \frac{\partial p}{\partial z}\right) \end{aligned} \tag{1.6.22}$$

能量方程还有内能方程的形式，如式（1.6.6e），即

$$\rho \frac{\partial e_i}{\partial t} = C_{Ee} + T_E + D_{Ee} + Q_E \tag{1.6.23}$$

式中

$$\begin{aligned} C_{Ee} &= -\rho\left(v_x \frac{\partial e_i}{\partial x} + v_y \frac{\partial e_i}{\partial y} + v_z \frac{\partial e_i}{\partial z}\right), T_E = \frac{\partial}{\partial x}\left(k \frac{\partial T}{\partial x}\right) + \frac{\partial}{\partial y}\left(k \frac{\partial T}{\partial y}\right) + \frac{\partial}{\partial z}\left(k \frac{\partial T}{\partial z}\right) \\ D_{Ee} &= 2\mu\left[\left(\frac{\partial v_x}{\partial x}\right)^2 + \left(\frac{\partial v_y}{\partial y}\right)^2 + \left(\frac{\partial v_z}{\partial z}\right)^2 + \frac{1}{2}\left(\frac{\partial v_x}{\partial y} + \frac{\partial v_y}{\partial x}\right)^2 + \frac{1}{2}\left(\frac{\partial v_x}{\partial z} + \frac{\partial v_z}{\partial x}\right)^2 \right. \\ &\quad \left. + \frac{1}{2}\left(\frac{\partial v_z}{\partial y} + \frac{\partial v_y}{\partial z}\right)^2\right] - \frac{2\mu}{3}\left(\frac{\partial v_x}{\partial x} + \frac{\partial v_y}{\partial y} + \frac{\partial v_z}{\partial z}\right)^2 \\ Q_E &= \rho q \end{aligned} \tag{1.6.24}$$

对于完全气体有 $e_i = C_V T$，C_V 为定容比热 [J/(kg·K)]，则内能方程可以写为热传导方程的形式[48]，如式（1.6.7）所示，即

$$\rho C_V \frac{\partial T}{\partial t} = C_{Ee} + T_E + D_{Ee} + Q_E \tag{1.6.25a}$$

以温度为变量的能量方程为

$$\begin{aligned} &\frac{\partial(\rho T)}{\partial t} + \frac{\partial(\rho v_x T)}{\partial x} + \frac{\partial(\rho v_y T)}{\partial y} + \frac{\partial(\rho v_z T)}{\partial z} \\ &= \frac{\partial}{\partial x}\left(\frac{k}{C_V}\frac{\partial T}{\partial x}\right) + \frac{\partial}{\partial y}\left(\frac{k}{C_V}\frac{\partial T}{\partial y}\right) + \frac{\partial}{\partial z}\left(\frac{k}{C_V}\frac{\partial T}{\partial z}\right) + S_T \end{aligned} \tag{1.6.25b}$$

式中，S_T 为源项。

2. 定常流体的 N-S 方程组

对于定常流动，由于所有变量均与时间无关，所以只需要令时间偏导数项为零即可。即将式（1.6.4）、式（1.6.12）和式（1.6.19）中的关于时间的导数项删去。

令式（1.6.4b）所示的非定常流体的连续性方程中时间偏导数项为零可得

$$\left(v_x \frac{\partial \rho}{\partial x} + v_y \frac{\partial \rho}{\partial y} + v_z \frac{\partial \rho}{\partial z}\right) + \rho\left(\frac{\partial v_x}{\partial x} + \frac{\partial v_y}{\partial y} + \frac{\partial v_z}{\partial z}\right) = 0 \tag{1.6.26}$$

令式（1.6.12b）所示的非定常动量方程中时间偏导数项为零可得

$$0 = C + D + P + F \tag{1.6.27}$$

令式（1.6.19b）所示的非定常能量方程中时间偏导数项为零可得

$$0 = C_E + T_E + D_E + F_E + Q_E \tag{1.6.28}$$

1.6.5　不可压讨论

流体运动基本方程的建立是基于流体的可压缩性和可流动性等基本特性，如果出于便于求解方程的要求，而引入不可压和密度为常数的假定，那么势必要改变流体遵循的基本定律。

目前，引进的不可压假定实际上有两类，一类是按照连续介质力学中速度的散度为零作为不可压假定，另一类是按照密度为常数作为不可压假定。根据这两类假定来修正 N-S 方程组，应该注意到 N-S 方程是在流体可压和易流动等特性基础上建立的。

1. 连续介质力学中的不可压假定

根据连续介质力学中体积不可压假定

$$\frac{\partial v_x}{\partial x} + \frac{\partial v_y}{\partial y} + \frac{\partial v_z}{\partial z} = 0 \tag{1.6.29}$$

将上式代入式（1.6.4b）所示的非定常质量方程和式（1.6.26）所示的定常质量守恒方程，则可得不可压流体非定常和定常流动的质量方程

$$\frac{\partial \rho}{\partial t} + v_x \frac{\partial \rho}{\partial x} + v_y \frac{\partial \rho}{\partial y} + v_z \frac{\partial \rho}{\partial z} = 0 \tag{1.6.30}$$

$$v_x \frac{\partial \rho}{\partial x} + v_y \frac{\partial \rho}{\partial y} + v_z \frac{\partial \rho}{\partial z} = 0 \tag{1.6.31}$$

将式（1.6.29）所示的不可压条件代入式（1.6.12b）所示的非定常动量守恒方程和式（1.6.27）所示的定常动量守恒方程，则可得不可压流体非定常和定常流动的动量方程

$$\frac{\partial (\rho \boldsymbol{v})}{\partial t} = C_1 + D_1 + P + F \tag{1.6.32}$$

$$0 = C_1 + D_1 + P + F \tag{1.6.33}$$

其中，对于守恒型动量方程

$$C_1 = -\begin{bmatrix} v_x \dfrac{\partial \rho v_x}{\partial x} + v_y \dfrac{\partial \rho v_x}{\partial y} + v_z \dfrac{\partial \rho v_x}{\partial z} \\ v_x \dfrac{\partial \rho v_y}{\partial x} + v_y \dfrac{\partial \rho v_y}{\partial y} + v_z \dfrac{\partial \rho v_y}{\partial z} \\ v_x \dfrac{\partial \rho v_z}{\partial x} + v_y \dfrac{\partial \rho v_z}{\partial y} + v_z \dfrac{\partial \rho v_z}{\partial z} \end{bmatrix} \tag{1.6.34a}$$

对于非守恒型动量方程

$$C_1 = -\rho \begin{bmatrix} v_x \dfrac{\partial v_x}{\partial x} + v_y \dfrac{\partial v_x}{\partial y} + v_z \dfrac{\partial v_x}{\partial z} \\ v_x \dfrac{\partial v_y}{\partial x} + v_y \dfrac{\partial v_y}{\partial y} + v_z \dfrac{\partial v_y}{\partial z} \\ v_x \dfrac{\partial v_z}{\partial x} + v_y \dfrac{\partial v_z}{\partial y} + v_z \dfrac{\partial v_z}{\partial z} \end{bmatrix} \tag{1.6.34b}$$

$$D_1 = \begin{bmatrix} d_1 \\ d_2 \\ d_3 \end{bmatrix} \tag{1.6.35a}$$

这里

$$\begin{aligned} d_1 &= \mu\left[\frac{\partial}{\partial x}\left(\frac{\partial v_x}{\partial x}+\frac{\partial v_x}{\partial x}\right)+\frac{\partial}{\partial y}\left(\frac{\partial v_x}{\partial y}+\frac{\partial v_y}{\partial x}\right)+\frac{\partial}{\partial z}\left(\frac{\partial v_x}{\partial z}+\frac{\partial v_z}{\partial x}\right)\right] \\ d_2 &= \mu\left[\frac{\partial}{\partial x}\left(\frac{\partial v_y}{\partial x}+\frac{\partial v_x}{\partial y}\right)+\frac{\partial}{\partial y}\left(\frac{\partial v_y}{\partial y}+\frac{\partial v_y}{\partial y}\right)+\frac{\partial}{\partial z}\left(\frac{\partial v_y}{\partial z}+\frac{\partial v_z}{\partial y}\right)\right] \\ d_3 &= \mu\left[\frac{\partial}{\partial x}\left(\frac{\partial v_z}{\partial x}+\frac{\partial v_x}{\partial z}\right)+\frac{\partial}{\partial y}\left(\frac{\partial v_z}{\partial y}+\frac{\partial v_y}{\partial z}\right)+\frac{\partial}{\partial z}\left(\frac{\partial v_z}{\partial z}+\frac{\partial v_z}{\partial z}\right)\right] \end{aligned} \tag{1.6.35b}$$

将式（1.6.29）所示的不可压条件代入式（1.6.19b）所示的非定常能量守恒方程和式（1.6.28）所示的定常能量守恒方程，则可得不可压流体非定常和定常流动的能量方程

$$\rho\frac{\partial e_m}{\partial t} = C_E + T_E + D_{E1} + F_E + Q_E \tag{1.6.36}$$

$$0 = C_E + T_E + D_{E1} + F_E + Q_E \tag{1.6.37}$$

上式中 D_{E1} 为

$$\begin{aligned} D_{E1} = &\frac{\partial}{\partial x}\left[2\mu\frac{\partial v_x}{\partial x}v_x+\mu\left(\frac{\partial v_x}{\partial y}+\frac{\partial v_y}{\partial x}\right)v_y+\mu\left(\frac{\partial v_x}{\partial z}+\frac{\partial v_z}{\partial x}\right)v_z\right] \\ &+\frac{\partial}{\partial y}\left[\mu\left(\frac{\partial v_x}{\partial y}+\frac{\partial v_y}{\partial x}\right)v_x+2\mu\frac{\partial v_y}{\partial y}v_y+\mu\left(\frac{\partial v_y}{\partial z}+\frac{\partial v_z}{\partial y}\right)v_z\right] \\ &+\frac{\partial}{\partial z}\left[\mu\left(\frac{\partial v_x}{\partial z}+\frac{\partial v_z}{\partial x}\right)v_x+\mu\left(\frac{\partial v_z}{\partial y}+\frac{\partial v_y}{\partial z}\right)v_y+2\mu\frac{\partial v_z}{\partial z}v_z\right] \\ &-\left[\frac{\partial}{\partial x}(v_x p)+\frac{\partial}{\partial y}(v_y p)+\frac{\partial}{\partial z}(v_z p)\right] \end{aligned} \tag{1.6.38}$$

2. 密度为常数的假定

按照密度为常数的假定，则流体体积必然不可压。

不可压流体非定常和定常流动的质量方程为

$$\frac{\partial v_x}{\partial x}+\frac{\partial v_y}{\partial y}+\frac{\partial v_z}{\partial z} = 0 \tag{1.6.39}$$

$$\frac{\partial v_x}{\partial x}+\frac{\partial v_y}{\partial y}+\frac{\partial v_z}{\partial z} = 0 \tag{1.6.40}$$

将密度常数和式（1.6.39）给出的质量守恒方程代入式（1.6.12b）所示的非定常动量守恒方程和式（1.6.26）所示的定常动量守恒方程，则可得不可压流体非定常和定常流动的动量方程

$$\rho\frac{\partial \boldsymbol{v}}{\partial t} = C + D_1 + P + F \tag{1.6.41}$$

$$0 = C + D_1 + P + F \tag{1.6.42}$$

将密度常数和式（1.6.39）给出的质量守恒方程代入式（1.6.19b）所示的非定常能量守恒方程和式（1.6.28）所示的定常能量守恒方程，则可得不可压流体非定常和定常流动的能量方程

$$\rho\frac{\partial e_m}{\partial t} = C_E + T_E + D_{E1} + F_E + Q_E \tag{1.6.43}$$

$$0 = C_E + T_E + D_{E1} + F_E + Q_E \tag{1.6.44}$$

将密度为常数代入式（1.6.7a）所示的状态方程则有

$$p_a = \rho RT \tag{1.6.45}$$

其中，密度 ρ 为常数，可以看出，此时压强只与温度有关。

由以上分析过程可以看出，两种不可压假定导出了两组不同的 N-S 方程。其中，动量方程、能量方程在形式上一致，质量守恒方程则变化较大。如果采用连续介质力学中的不可压假定，则对状态方程没有影响；如果采用密度为常数的假定，则对状态方程有影响。

1.7　边界层

1.7.1　Prandtl 边界层理论

边界层，又称流动边界层或附面层，是流体和固体交接面处的流层，边界层是由黏滞力产生的，和雷诺数 Re 有关。黏性流体流动时，在固体表面上形成具有很大速度梯度的薄层。一般提到的边界层是指速度的边界层，如图 1.7.1 所示，图中 δ 表示外边界至壁面的距离，即边界层的厚度。文献[9]详细地讨论了边界层理论。这里仅简单地介绍一些与边界层数值计算相关的概念。

边界层概念是德国学者 L. Prandtl 于 1904 年提出的。他指出："沿固体壁面的流动，可分成两个区域，在表面附近的薄层部分，流体中的内摩擦即黏性起重要作用；在该层以外的其余部分，黏性可以忽略。"也就是说，在边界层以内的流体是黏性流体，可用 N-S 方程描述；在边界层以外的流体可视为理想流体，用欧拉方程描述。边界层理论是研究边界层中黏性流体运动规律的理论，既适用于处理流体沿固体壁面的流动，也用于研究无壁面的自由湍流，如射流。

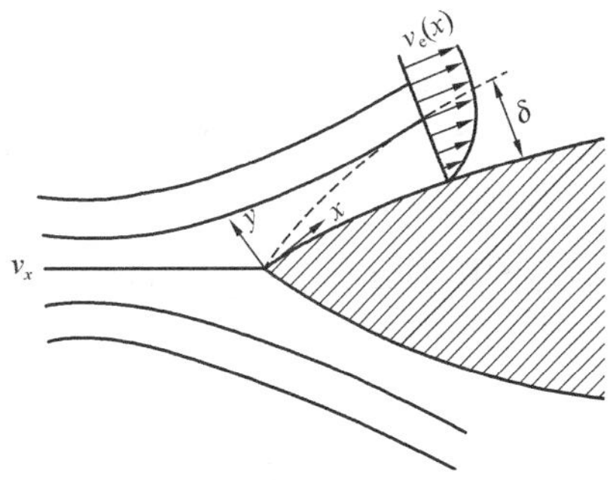

图 1.7.1　沿壁面的边界层流动

1.7.2　边界层的厚度

当流体以匀速绕固体表面流动时，与壁面直接接触的流体质点受到阻滞，速度降为零。由于有内摩擦作用，相邻流体层的速度减慢，这种影响由壁面逐层达到流体内部，并沿流动方向不断发展，形成了边界层，如图 1.7.2 所示。通常将距离壁面的流速 v_x 降为外流速度 v 的 99%处定为边界层的外边界。

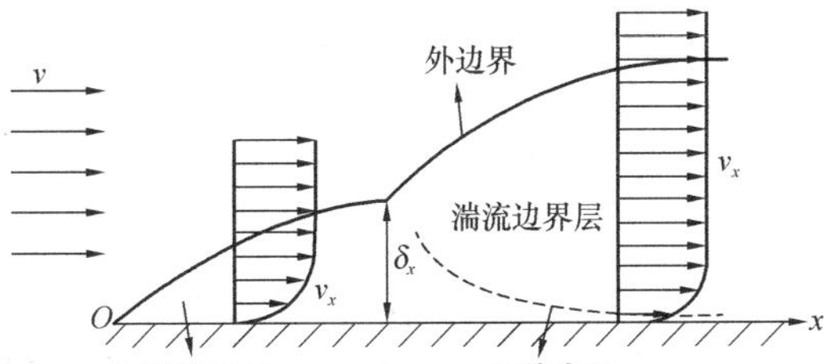

图 1.7.2　边界层的发展

边界层厚度沿流体流动方向不断增加。对于有限长的物体，边界层厚度约为 0.1～10mm。边界层中的流体速度，在很短距离内从零急剧增长到相当于外流速度，速度梯度很大。因此，在边界层内，黏性作用不能忽略。

1.7.3 边界层中的流动状态

边界层中的流动状态分为层流和湍流。边界层刚形成时，厚度很小，一般是层流；经过一段距离，就可能发展为湍流。流动状态的转变取决于雷诺数 Re 的大小，一般上游为层流边界层，下游从某处以后转变为湍流，且边界层急剧增厚。层流和湍流之间有一过渡区。对于绕平板的流动，雷诺数 $Re = xv\rho/\mu$，式中，x 为离平板前缘的距离；v 为外流速度；ρ 为流体的密度；μ 为流体的动力黏度。此时临界雷诺数的范围为 $10^5 \sim 3\times10^6$。在一定 x 处，边界层的厚度 δ 随雷诺数的增加而减小。

1.7.4 边界层分离

边界层分离即边界层脱离物面并在物面附近出现回流的现象。现以图 1.7.3 所示的圆柱体截面 $ABCD$ 为例，考察流体绕圆柱体的流动。边界层由 A 点（称驻点）开始形成，沿流动方向不断增厚；在圆柱体的前半部，通道逐渐缩小，根据伯努利方程流体速度 v 增大而压力 p 减小，边界层中的流体在顺压作用下向前流动；在柱体后半部，从 B 点开始，通道逐渐扩大，流体速度降低，压力增加，沿流动方向产生了负压，阻碍流体前进；边界层流体在黏性摩擦和负压的双重作用下，动能不断下降，到 C 点消耗殆尽，壁面附近的流体速度降为零。离壁面稍远的流体质点受外流带动，具有较大的动能，流过较长的距离直至 C' 点速度才降为零。CC' 以下的流体在负压作用下发生了倒流，并将相邻流体外挤，形成脱离圆柱体的边界层，这一现象称为边界层分离，C 点称为分离点。倒流的流体与 CC' 以外继续前进的流体之间产生大量旋涡，构成尾涡区。尾涡区压力低，使圆柱体前部和后部的压力分布不对称，这就形成了压差阻力。不同雷诺数下的压力分布由实验测出，如图 1.7.4 所示。

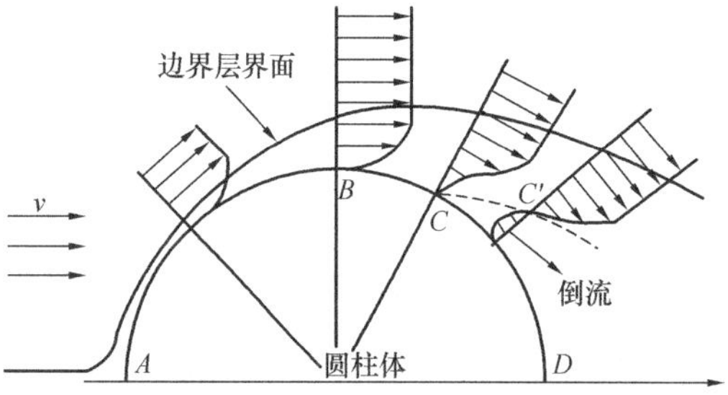

图 1.7.3　边界层分离

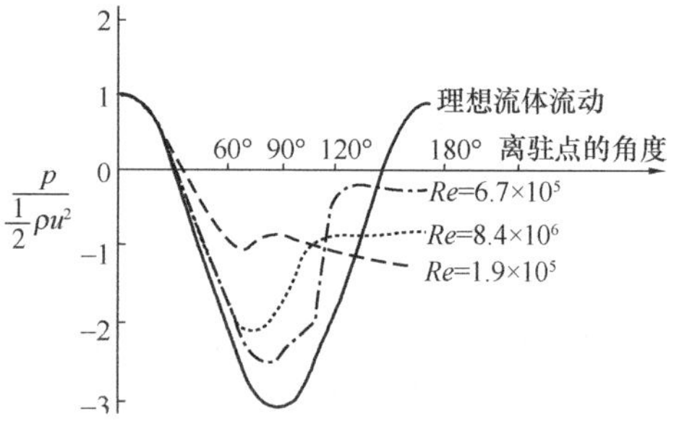

图 1.7.4　绕圆柱流动的压力分布

1.7.5 固壁对流体的粘附作用

为了了解固壁对流体的粘附作用，至今做了不少实验。直接通过实验来检验流体和固体接触面之间的分子动量交换与流体内部动量交换是否相同是困难的，这是因为在流动缓慢的固壁表面测量流体速度对仪器有干扰。近代很精细的热丝技术能测到不小于离表面

0.01cm 处的速度，从测出的 0.01cm 以外的速度分布曲线的趋势来看，流体在固壁表面不滑动的假设是可以接受的。粘附条件正确性的重要根据是建立在连续介质假设的基础上。

一直以来，流体相对于与之接触的固体表面没有速度差是人们形成的共识，即所谓的非滑移边界条件。但逐步通过一些实验，人们发现滑移现象在微观上实际存在，开始探索微观条件下的边界滑移现象。

由于流体分子的弛豫时间较长，朗之万分子动力学能有效描述流体分子的运动特性。人们对边界层的滑移进行了很多研究，其中文献[17]在研究基础上提出了可供参考的结论。随着固体边界表面钉扎强度的提高，脱钉点附近，流体分子会发生由弹性滑移到近晶滑移以及到塑性滑移的转变。

1.7.6　分析方法

对于大雷诺数的绕流流场可分为两个区，即很薄的边界层内区和边界层外的无黏性流动区。因此处理黏性流体的方法是：略去黏性和热传导，把流场计算出来，然后用这样的初次近似求得的物体表面上的压力、速度和温度分布作为边界层外边界条件去求解这一物体的边界层问题。算出边界层就可算出物面上的阻力和传热量。如此的迭代程序使问题求解大为简化，这就是经典的 Prandtl 边界层理论的基本方法。

1.7.7　边界层理论的应用

边界层理论从 Prandtl 首创以来，从二维定态层流流动研究开始，发展成完整的黏性流体力学。该理论主要内容包括二维、三维层流边界层，自由剪切湍流，如射流，壁面剪切湍流，可压缩流体边界层，分离流等。

边界层理论应用的突出成就是阐明了流动阻力的机理，为计算流动阻力及设法减小流动阻力提供了理论依据，进一步与传热、传质和化学反应研究结合起来，在流动边界层概念的基础上，还提出了温度边界层、浓度边界层和反应边界层等理论。应用边界层理论可以计算黏性流体运动时的速度分布，这为阐明传热和传质机理，计算温度分布、浓度分布、传热分系数、传质分系数及反应速率奠定了基础，同时也为传热、传质等过程的强化指明了方向。

1.8　初始条件和边界条件

1.8.1　初始条件

描述流体运动行为的基本变量速度 $V(x,y,z,t)$ 、密度 $\rho(x,y,z,t)$ 、相对压强 $p(x,y,z,t)$ 、绝对温度 $T(x,y,z,t)$ 和能量 $E(x,y,z,t)$ ，皆为空间和时间的函数。因此，在求解非定常问题即初值问题时，均需给出初始时刻 $t=0$ 时的值。

但是，无论对于定常或非定常问题，都需要给出 $t=0$ 时的初密度 $\rho(x,y,z,0)$ 和初温度 $T(x,y,z,0)$ 。然后，根据状态方程计算确定流体的初始绝对压强 $P(x,y,z,0)$ ，并变换为相对压强。

对于定常问题，流体的初速度为 $V(x,y,z,0)=0$ ；仅对于非定常问题，需给出流体的初速度 $V(x,y,z,0)$ 。

最后，根据能量的形式分别计算确定初始能量 $E(x,y,z,0)$ 。

在初始条件中，绝对温度和绝对压强不得为零。

1.8.2 边界条件

1. 边界条件的一般表示

所谓边界条件指的是流体运动边界上方程组的解应该满足的条件。求解基本方程需要引入边界条件，边界条件可分为强制边界条件即本质边界条件和自然边界条件。在解动量方程时，应满足的强制边界条件是速度边界条件，应满足的自然边界条件是应力边界条件；在解能量方程时，应满足的强制边界条件是能量边界条件，应满足的自然边界条件是热流量边界条件。但通常是根据温度的边界条件并根据内能的定义来计算能量的强制边界条件。

对于任意流场 Ω 有边界 S ，解动量方程时应在速度边界 S_V 上满足速度边界条件及在应力边界 S_σ 上满足应力边界条件，或表面力边界条件，且满足 $S_V \cup S_\sigma = S$ 和 $S_V \cap S_\sigma = \varnothing$ 。这里 S_V、S_σ 分别为速度边界和应力边界，应力边界亦为表面力边界条件，表面力包括流体表面的摩擦应力和法向应力，如压强等。所以当存在法向应力时，应在状态方程的求解中作为压强边界加以考虑。

速度边界的另一种表示为 $V_i|_{S_V}=\overline{V}_i$ ，并且 $P_j|_{S_\sigma}=\overline{P}_j$ 。其中，$\overline{V}_i$ 为 S_V 边界上给定的已知速度边界值或速度的约束量；$\overline{P}_j$ 为 S_σ 边界上给定的已知表面力。

解能量方程时，考虑到能量方程可能存在的形式，所以通常需要在温度边界 S_T 上满足温度边界条件及在热流量边界 S_Q 上满足热流量边界条件，且 $S_T \cup S_Q = S$ 和 $S_T \cap S_Q = \varnothing$ 。根据可能存在的能量形式，由 S_V 和 S_T 来确定 S_E ，并由 S_σ 和 S_Q 来确定 S_{pQ} 。

这里 S_E、S_T、S_Q、S_{pQ} 分别为能量边界、温度边界、热流量边界和能量方程中的表面力边界。

温度边界的另一种表示为 $T_i|_{S_T}=\overline{T}_i$ ，并且 $Q_j|_{S_Q}=\overline{Q}_j$ 。而通过计算得到 $E_i|_{S_E}=\overline{E}_i(\overline{T}_i,\overline{V}_i)$ 。其中，$\overline{T}_i$ 为 S_T 边界上给定的已知温度；$\overline{Q}_j$ 为 S_Q 边界上给定的已知热流量值；$\overline{E}_i(\overline{T}_i,\overline{V}_i)$ 为 S_E 边界上计算所得的已知能量。

2. 无穷远处流场的边界条件

通常分析流体的计算流场是从无穷远的真实流场中所截取的，因此，计算流场的边界应体现真实的无穷远处的边界。即 $\overline{V}_i=V_\infty$ 并且 $\overline{p}_j=p_\infty$ ，$\overline{E}_i=E_\infty$ 并且 $\overline{Q}_j=Q_\infty$ 。在确定计算流场的边界时应注意消除边界效应。

3. 两介质界面处的边界

两介质界面处的边界可以是两种不同的气体或两种不同的液体之间的界面，可以是气体和液体之间的界面，以及气体和固体，或液体和固体之间的界面。现将气体和固体，或液体和固体界面归结为流固边界，另行讨论。

界面边界处的两介质在运动过程中互不渗透，界面保持不变，即满足不发生分离的连续条件，则在界面处速度的法向分量应连续，表示为 $\boldsymbol{V}_n|_1=\boldsymbol{V}_n|_2$ ，其中脚标 1 与 2 分别

表示介质 1 与介质 2。因为

（1）如果 $\boldsymbol{V}_n|_1 < \boldsymbol{V}_n|_2$，则介质 1 将侵入介质 2，与不可渗透条件矛盾。

（2）如果 $\boldsymbol{V}_n|_1 > \boldsymbol{V}_n|_2$，则介质 1 将与介质 2 分离，与连续条件矛盾。

两介质界面处切向速度分量 $\boldsymbol{V}_t$ 和温度 T 是连续的，即 $\boldsymbol{V}_{1t} = \boldsymbol{V}_{2t}$ 及 $T_1 = T_2$。但在个别特殊情况下，$\boldsymbol{V}$ 与 $\boldsymbol{T}$ 是间断的。例如考虑理想流体即忽略分子的输运过程，那么在通常条件下，$\boldsymbol{V}_t$ 和 T 可以是间断的。

不同于速度及温度，密度在两介质界面上一般是间断的。介质 1 和介质 2 互不相混。如果密度 $\rho_1 \neq \rho_2$，那么在两介质界面处，密度必然是间断的。

4. 自由面

液气界面处的边界条件，如水面。由于自由面本身是运动和变形的，且它的形状也是一个需要求解的未知函数。若设自由面方程为 $F(\boldsymbol{x},t)=0$，并假设在自由面上的流体质点始终保持在自由面上，则流体质点在自由面上一点的法向速度，应等于自由面本身在这一点的法向速度。

现求自由面上一点 $\boldsymbol{P}$ 在该点的法向速度分量 V_n^p。设该点为 $\boldsymbol{x}_0$，自由面在该点的法向单位矢量为 $\boldsymbol{n}$，则经 Δt 时间后，该点的位置变为 $\boldsymbol{x}_0 + V_n^p \Delta t \boldsymbol{n}$，且 $F(\boldsymbol{x}_0 + V_n^p \Delta t \boldsymbol{n}, t+\Delta t)=0$。泰勒展开，并取一阶项，得到 $F(\boldsymbol{x}_0,t) + \dfrac{\partial F(\boldsymbol{x}_0,t)}{\partial t}\Delta t + V_n^p \Delta t \boldsymbol{n} \cdot \nabla F(\boldsymbol{x}_0,t) = 0$。因 $F(\boldsymbol{x}_0,t)=0$，故有 $\dfrac{\partial F(\boldsymbol{x}_0,t)}{\partial t}\Delta t + V_n^p \Delta t \boldsymbol{n} \cdot \nabla F(\boldsymbol{x}_0,t)=0$。又有 $\boldsymbol{n} = \dfrac{\nabla F(\boldsymbol{x}_0,t)}{|\nabla F(\boldsymbol{x}_0,t)|}$，故 $V_n^p = -\dfrac{\dfrac{\partial F(\boldsymbol{x}_0,t)}{\partial t}}{\boldsymbol{n} \cdot \nabla F(\boldsymbol{x}_0,t)} = -\dfrac{\dfrac{\partial F(\boldsymbol{x}_0,t)}{\partial t}}{|\nabla F(\boldsymbol{x}_0,t)|}$。现在再假设 P 点流体的速度为 $\boldsymbol{V}$，则 $\boldsymbol{V}$ 在 $\boldsymbol{n}$ 上的分量应为 $V_n^p = \boldsymbol{V} \cdot \boldsymbol{n} = \boldsymbol{V} \cdot \dfrac{\nabla F(\boldsymbol{x}_0,t)}{|\nabla F(\boldsymbol{x}_0,t)|}$，进而得到 $-\dfrac{\partial F(\boldsymbol{x}_0,t)}{\partial t} = \boldsymbol{V} \cdot \nabla F(\boldsymbol{x}_0,t)$。整理得到 $\dfrac{\partial F}{\partial t} + \boldsymbol{V} \cdot \nabla F = 0$ 或 $\dfrac{\mathrm{D}F}{\mathrm{D}t}=0$，这就是自由面的运动学条件。

如果在液气边界上考虑表面张力，则在边界两侧，两种介质的压强差与表面张力存在关系 $p_2 - p_1 = \gamma\left(\dfrac{1}{R_1} + \dfrac{1}{R_2}\right)$，即为自由面上的动力学条件。在理想流体特殊情况下，可以忽略表面张力，$p = p_{\mathrm{a}}$ 为大气压强。

1.8.3 流固边界

1. 流固边界条件

在流固分界面处的两介质中，有一个是固体，另一个是流体。固壁处的条件为 $\overline{V}_i = V_{固}$ 及 $\overline{E}_i = E_{固}$，或者 $\overline{T}_i = T_{固}$ 及 $\overline{Q}_j = Q_{固}$。特别地，当固壁是静止时，有 $V_{固}=0$。$\boldsymbol{V}=0$ 及 $\boldsymbol{V}_{流} = \boldsymbol{V}_{固}$ 称为粘附条件或称无滑移条件。这是黏性流体的重要假设之一。这里，如果流体是理想的，此时公式变为 $(\boldsymbol{V}_n)_{流} = (\boldsymbol{V}_n)_{固}$ 以及 $(\boldsymbol{V}_n)_{流}=0$。

2. 壁面函数（Wall Function）

Prandtl 提出的边界层理论阐述了边界层附近的流体运动规律，边界层中的流体速度，在很短距离内从无滑移急剧增长到自由流体，速度梯度很大。采用传统的边界条件的处理方法所得的解在边界的局部区域内无法同时满足流体的基本方程，并且误差的传递会影响解的收敛和精度，显而易见，雷诺数越大，这个问题会愈演愈烈。对此，边界层处应采用微观分析，如计算分子动力学的理论和方法，并引入多尺度法，或者在边界层处细分网格。但网格细分会使计算量急剧增加，并且边界效应的影响必然存在。为了既减少计算量，又尽可能保证精度，可采用壁面函数法[63,139]。

壁面函数法不对黏性影响明显的区域进行求解，而采用一组半经验的壁面函数公式将壁面上的物理量与湍流核心区内相应的物理量联系起来。将近壁面区的流体分为黏性层、过渡层、惯性层三个区域，并设当量

$$r_e^+ = sV_\tau/\nu \tag{1.8.1}$$

式中，s 为平行于壁面的流线到壁面的垂直距离；ν 为流体的黏性系数；V_τ 为摩擦速度

$$V_\tau = \sqrt{|\tau_w|/\rho} \tag{1.8.2}$$

式中，ρ 为流体密度；τ_w 为壁面摩擦剪应力

$$\tau_w = \tau_{xy} \approx 0.3\rho k \tag{1.8.3}$$

式中，τ_{xy} 为流体剪应力；k 为冯·卡门系数，$k=0.4\sim0.42$。

对于黏性层，$0 < r_e^+ \leqslant 5$；对于过渡层，$5 < r_e^+ \leqslant 30$；对于惯性层，$30 < r_e^+ \leqslant 200$。

由上式可知，当确定了壁面摩擦剪应力后，根据流体的密度和当量即可确定壁面附近各流层的厚度。

在黏性层内湍流作用可以忽略不计。对于黏性层，黏性力在动量、热量及质量交换中起主导作用，湍流切应力可以忽略，速度与温度服从线性分布规律

$$V_s = V_\tau r_e^+ \tag{1.8.4}$$

$$T_s = T_\tau P_r r_e^+ \tag{1.8.5}$$

式中，T_τ 为摩擦温度

$$T_\tau = \frac{(T_w - T)\rho C_p v_\tau}{q_w} \tag{1.8.6}$$

式中，T_w 为壁面温度；T 为流体温度；q_w 为壁面热流量；C_p 为流体的定压比热；v_τ 为流体的壁面速度；P_r 为 Prandtl 常量；对于空气为 0.7～0.8，对于水约为 7。

由上式可见，黏性层内与壁面垂直相距为 s 处的速度 V_s 和温度 T_s 与 r_e^+ 均成线性关系。

对于过渡层，黏性作用和湍流作用都起了重要的作用，不可忽略。由于相互作用较为复杂，至今仍未找出一个较好的模拟函数来对这一层的流体变量进行模拟。

在惯性层中黏性作用也可以忽略不计，而湍流切应力起主导作用，如图 1.8.1 所示，速度与温度均服从对数分布规律

$$V_s = V_\tau\left(\frac{1}{k}\ln r_e^+ + B\right) \tag{1.8.7}$$

$$T_s = T_\tau\left(\frac{1}{k_T}\ln r_e^+ + B_T\right) \tag{1.8.8}$$

式中，k 为冯·卡门系数；$B=5.0\sim5.5$；$k_T=0.48$；$B_T=3.9$。

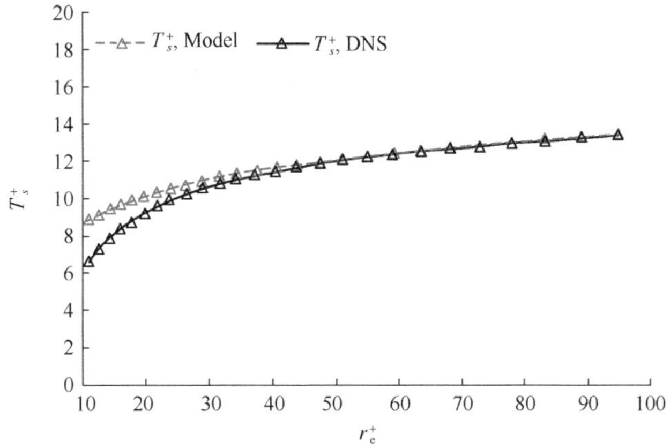

图 1.8.1　惯性层的模型（$T_s^+=T_s/T_\tau$）

采用壁面函数后，可对流体边界节点的几何进行微调，与此同时，根据壁面函数对速度边界值和温度边界值加以指定，这样的边界处理接近 Prandtl 理论，反映了距边界 s 距离内速度急剧变化的规律，同时在数值计算上改善了方程的病态，避免边界处可能出现的数值挠动，保证解的精度。

以上的分析，是一种边界上的数值处理，方法的准确性取决于边界层厚度的计算和速度及温度的变化梯度。在边界层范围内，对流体的运动规律应该进行更为微观的分析，如采用分子动力学分析。

第2章 湍流理论基础

2.1 湍流基础

2.1.1 湍流

对流体中存在的湍动现象以及湍流的运动规律已进行了大量研究和总结[44,45]。

1. 层流向湍流的过渡

在雷诺数达到一定程度时，流体中的惯性力远远超过黏性力，于是扰动得到发展。当雷诺数小于下临界值时，不管外部扰动多大，流动始终保持稳定的层流状态。而当雷诺数到达下临界值时层流转化为湍流。

如图2.1.1和图2.1.2所示，图中U表示流场方向，在流场中布满了大小不等的涡体，有的大涡体套小涡体，整个湍流形成一个从大尺度涡体直至最小一级涡体同时并存又互相叠加的涡体运动。湍流中各种尺度的涡体有不同的脉动周期，具有不同的动能。大涡体混杂运动的脉动周期长，振幅大，频率低，所含的有效能量大，当分裂为小一级的涡体时，将能量传递给小涡体。而小涡体脉动周期短，振幅小，频率高，与周围流体之间形成的相对速度大，黏性切力作用也大。所以能量损失主要是通过小涡体的黏性作用而产生的。

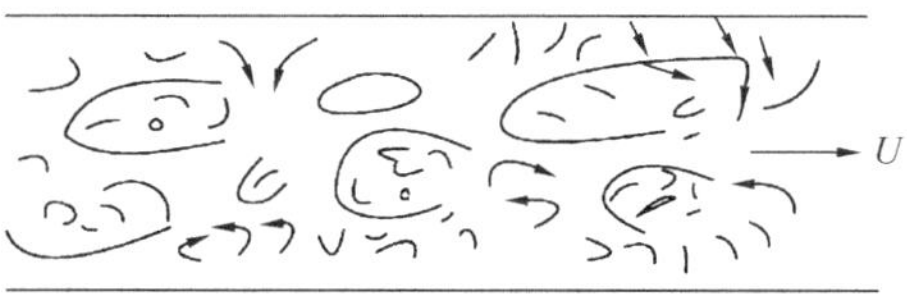

图2.1.1 管流湍流瞬时流动图

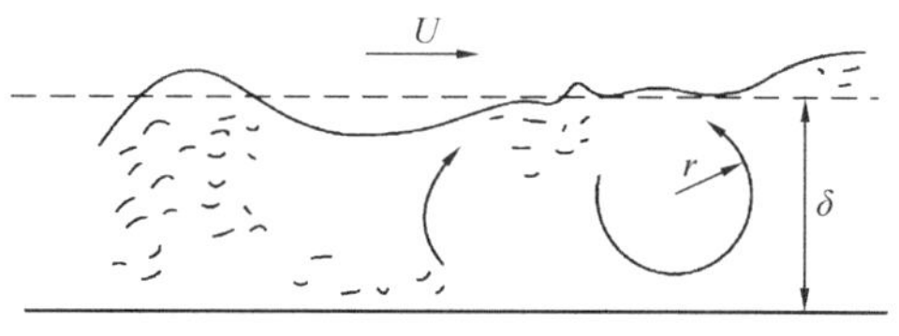

图2.1.2 湍流边界层的瞬时流动图

由实验所显示的层流向湍流过渡的现象反映在N-S方程解的性质的变化，解的性质的变化是由于初始条件和边界条件的变化所引起的，而初始条件和边界条件决定了流体的雷诺数，如在实验中的外部干扰、管入口处的形状及管壁的粗糙度等。从数学上可以认为，层流是小雷诺数下N-S方程初边值问题的唯一解；随着雷诺数的增加，出现过渡流动，它是N-S方程的分岔解；高雷诺数的湍流则是N-S方程的渐进不规则解[41]。

2. 湍流的计算特征参数

实验表明，在一个0.1m×0.1m大小的区域内，在高雷诺数的湍流中包含尺度为$10\times10^{-6}\sim100\times10^{-6}$m的涡。要描述所有尺度的涡，则计算的网格节点数将高达$10^9\sim10^{12}$。同时，湍流脉动的频率为10kHz，因此，必须将时间的离散步长取为100×10^{-6}s以下。这样强烈的无规则非定常变化不仅无法解析，也无法数值模拟。但在湍流中，每一微团的速度、压强、温度等物理量都不断地急剧变化，变化频率在 $1\sim10^5$ Hz 之间。

上述简单的实验结果对构造流体初始场变量是极具参考价值的，有些应用问题的初始场变量是可以通过实验来获得的，但更多情况初始场变量是需要构造的。

2.1.2　湍流的脉动频率和涡的尺度

如果湍流的脉动可以用广义 Fourier 级数来表示，那么湍流脉动的时间尺度为周期，湍流脉动的空间尺度为波长。

湍流周期脉动的圆频率 $\omega=2\pi f$，这里 f 为频率；定义涡旋的波长为 $w=\dfrac{V}{f}$，V 为平均速度，这个波长就是涡旋大小的量度；涡旋的波数 $k=\dfrac{2\pi}{w}$。

湍流积分尺度是湍流涡旋平均尺寸的度量。对应于和纵向、横向及垂直方向脉动的速度分量 v_x、v_y、v_z 有关的涡旋三个方向，一共有 9 个湍流积分尺度，例如和纵向脉动速度 v_x 有关的涡旋纵向 x 方向的平均尺寸，即纵向积分尺度为 $L_{v_x}^x=\dfrac{1}{\overline{v_x^2}}\displaystyle\int_0^\infty R_{v_{x1}v_{x2}}(x)\mathrm{d}x$，其中 $R_{v_{x1}v_{x2}}(x)$ 是两个纵向速度分量 $v_{x1}\equiv v(x_1,y_1,z_1,t)$ 和 $v_{x2}\equiv v(x_1+x,y_1,z_1,t)$ 的互协方差函数[1]，$\overline{v_x^2}$ 是 v_{x1} 和 v_{x2} 的均方值。

由于对于湍流的形成机理至今并不明确，对湍流分析时所认定的一个关键是流体的尺度，这个尺度可以是流体的速度，也可以是涡体的大小，也可以是能谱对应的脉动波数的倒数，因此尺度是一种广义的度量。

2.1.3　湍流脉动的频谱、波谱和能谱

在定常湍流中，湍流时间相关函数的 Fourier 变换称为对应相关变量的频谱，均匀湍流场中，空间相关函数的 Fourier 变换称为对应相关变量的波谱。

对很长时间序列的湍流脉动速度作 Fourier 变换，有连续的频谱

$$\widehat{V}_i(\boldsymbol{x},\omega)=\frac{1}{2\pi}\int_{-\infty}^{\infty}v_i(\boldsymbol{x},t)\exp(-\mathrm{i}\omega t)\mathrm{d}t \tag{2.1.1}$$

对空间均匀的湍流脉动速度作 Fourier 变换，有波谱

$$\widehat{V}_i(\boldsymbol{k},t)=\frac{1}{8\pi^3}\int_{-\infty}^{\infty}v_i(\boldsymbol{x},t)\exp(-\mathrm{i}\boldsymbol{k}\cdot\boldsymbol{x})\mathrm{d}\boldsymbol{x} \tag{2.1.2}$$

式中，ω 为圆频率；$\boldsymbol{k}=k_1\boldsymbol{e}_1+k_2\boldsymbol{e}_2+k_3\boldsymbol{e}_3$ 为周期内波数向量，$\boldsymbol{e}_i$ 为单位向量。

在定常湍流中，2 阶脉动速度的时间相关函数 $R_{\alpha\alpha}(\tau)=\overline{v_\alpha(t)v_\alpha(t+\tau)}$ 可变换到频率空间得到 2 阶脉动速度的频谱

$$\widehat{S}_{\alpha\alpha}(\omega)=\frac{1}{2\pi}\int_{-\infty}^{\infty}R_{\alpha\alpha}(\tau)\exp(-\mathrm{i}\omega\tau)\mathrm{d}\tau \tag{2.1.3}$$

2 阶脉动速度的频谱的逆变换为

$$R_{\alpha\alpha}(\tau)=\int_{-\infty}^{\infty}\widehat{S}_{\alpha\alpha}(\omega)\exp(\mathrm{i}\omega\tau)\mathrm{d}\omega \tag{2.1.4}$$

令 $\tau=0$，则 $R_{ii}(0)=\overline{v_iv_i}$，它是空间任意一点脉动动能平均值的 2 倍；

又由式（2.1.4）得

$$R_{ii}(0)=\int_{-\infty}^{\infty}\widehat{S}_{ii}(\omega)\mathrm{d}\omega$$

于是得 2 倍的脉动能

$$\overline{v_i v_i}=\int_{-\infty}^{\infty}\widehat{S}_{ii}(\omega)\mathrm{d}\omega \tag{2.1.5}$$

其中，$\widehat{S}_{ii}(\omega)$ 表示 2 倍的脉动能在频带中的分布。

在均匀湍流场中，2 阶脉动速度的空间相关函数

$$R_{\alpha\alpha}(\xi)=\overline{v_\alpha(\boldsymbol{x})v_\alpha(\boldsymbol{x}+\boldsymbol{\xi})} \tag{2.1.6}$$

可作 Fourier 变换得波谱

$$\widehat{S}_{\alpha\alpha}(\boldsymbol{k})=\frac{1}{(2\pi)^3}\int_{-\infty}^{\infty}\int_{-\infty}^{\infty}\int_{-\infty}^{\infty}R_{\alpha\alpha}(\boldsymbol{\xi})\exp(-\mathrm{i}\boldsymbol{k}\cdot\boldsymbol{\xi})\mathrm{d}\xi_1\mathrm{d}\xi_2\mathrm{d}\xi_3 \tag{2.1.7}$$

2 阶脉动速度的波谱的逆变换为

$$R_{\alpha\alpha}(\boldsymbol{\xi})=\int_{-\infty}^{\infty}\int_{-\infty}^{\infty}\int_{-\infty}^{\infty}\widehat{S}_{\alpha\alpha}(\boldsymbol{k})\exp(\mathrm{i}\boldsymbol{k}\cdot\boldsymbol{\xi})\mathrm{d}k_1\mathrm{d}k_2\mathrm{d}k_3 \tag{2.1.8}$$

逆变换得到的空间相关函数和波谱在物理空间和波数空间之间转换。

令 $\boldsymbol{\xi}=0$，则有

$$\overline{v_i v_i}=\int_{-\infty}^{\infty}\int_{-\infty}^{\infty}\int_{-\infty}^{\infty}\widehat{S}_{ii}(\boldsymbol{k})\mathrm{d}k_1\mathrm{d}k_2\mathrm{d}k_3 \tag{2.1.9}$$

式中，波谱 $\widehat{S}_{ii}(\boldsymbol{k})$ 表示 2 倍的脉动能在波数段 $(\boldsymbol{k},\boldsymbol{k}+\mathrm{d}\boldsymbol{k})$ 内的分布。

所以，湍流脉动的谱可以表示脉动能在时间尺度和空间尺度上的分布。

对湍流如果用湍动能能谱和湍动能耗散谱表示，那么湍流的含能尺度定义为含能波数的倒数[45]。

对于空间均匀湍流或统计平行湍流等简单湍流，可采用上述谱方法求解。但是，对于没有空间均匀性质的复杂湍流，则不能采用谱方法求解。

2.1.4 湍流运动的统计平均

由上可见，真实的湍流脉动在时间和空间上都处于极不规则的随机状态，因此在湍流研究中至今仍引入概率平均的概念，其中常用的方法为时均法。

定义任一物理量 $f(x,y,z,t)$ 的时均值为

$$\bar{f}(x,y,z,t)=\frac{1}{T}\int_{t-\frac{T}{2}}^{t+\frac{T}{2}}f(x,y,z,\tau)\mathrm{d}\tau \tag{2.1.10}$$

式中，T 为平均周期。T 极大于湍流的脉动周期，且极小于流体作不定常运动时的特征周期。

引进平均物理量 $\bar{f}$ 后，f 可表示为

$$f=\bar{f}+f' \tag{2.1.11}$$

式中，f' 为物理量相对平均值的脉动或称涨落。

时均法具有如下性质，即

$$\overline{f'}=0,\ \bar{\bar{f}}=\bar{f},\ \overline{\bar{f}g}=\bar{f}\bar{g},$$

$$\overline{f+g}=\bar{f}+\bar{g},\ \overline{fg}=\bar{f}\bar{g}+\overline{f'g'},\ \frac{\overline{\partial f}}{\partial x}=\frac{\partial \bar{f}}{\partial x},\ \frac{\overline{\partial f}}{\partial t}=\frac{\partial \bar{f}}{\partial t} \tag{2.1.12}$$

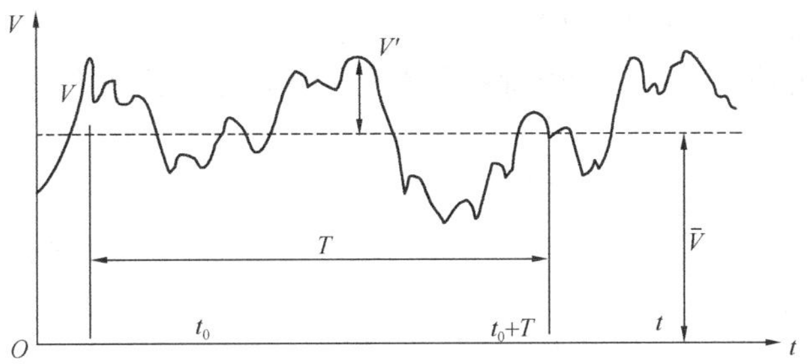

图 2.1.3　质点流速随时间的变化

在湍流中任一质点的速度随时间变化，如图 2.1.3 所示，湍流中任一质点的瞬时流速 V 分为时均流速 $\overline{V}$ 和脉动流速 V'，即

$$V(x,y,z)=\overline{V}(x,y,z)+V'(x,y,z) \tag{2.1.13}$$

其中，时均流速 $\overline{V}(x,y,z)$ 为

$$\overline{V}(x,y,z)=\lim_{T\to\infty}\frac{1}{T}\int_{t_0}^{t_0+T}v(x,y,z,t)\mathrm{d}t \tag{2.1.14}$$

实验表明脉动的幅值一般小于时均流速的 10%。脉动流速关于时间的平均值等于零，即

$$\lim_{T\to\infty}\frac{1}{T}\int_{t_0}^{t_0+T}v'(x,y,z,t)\mathrm{d}t=0 \tag{2.1.15}$$

同理，对于压力 p，也可分为时均压力和脉动压力，则有

$$p=\bar{p}+p' \tag{2.1.16}$$

式（2.1.13）和式（2.1.16）就是雷诺假定的基本表达式，可认为湍流场是平均运动场和脉动运动场的叠加。

从随机函数的性质可知 t_0 是任意取值的，应不影响时均值的大小，但 T 必须足够大，通常要求 $T\gg\tau$，τ 为湍流的脉动周期。

如果流速不仅是因湍流的随机性质而时有变化，而且流动本身也在变化，上述时均法就不适用了。

从对湍流的频率分析可知，虽然脉动能量不大，却对流动起决定性作用。在湍流运动中，宏观的流体质点团之间通过脉动相互剧烈地交换着质量、动量和能量，从而产生了湍流扩散、湍流摩阻和湍流热传导，它们的强度比起分子运动所引起的扩散、摩阻和热传导要大得多。由于上述特性，湍流的运动性质和层流大不相同。

2.1.5　雷诺方程

现以质量方程式（1.6.39）、动量方程式（1.6.41）和能量方程式（1.6.43）组成的不可压流体运动方程为例，用时均法推导雷诺方程。

由直角坐标系下的应力形式的 N-S 方程出发，首先对式（1.6.39）逐项时均，即将时均速度代替瞬时速度。

$$\frac{\partial \overline{V_x}}{\partial x}+\frac{\partial \overline{V_y}}{\partial y}+\frac{\partial \overline{V_z}}{\partial z}=0 \tag{2.1.17}$$

将式（1.6.39）乘以 ρV_x，且加上动量方程组中关于未知量为 V_x 的方程，经运算后，逐项时均。注意到时均性质（5）：时均物理量与瞬时物理量之积的平均值等于两个时均物理量之积，即 $\overline{fg}=\bar{f}\bar{g}+\overline{f'g'}$，则有 $\frac{\partial \overline{V_x V_y}}{\partial y}=\frac{\partial}{\partial y}(\overline{V_x V_y})=\frac{\partial \overline{V_x}\,\overline{V_y}}{\partial y}+\frac{\partial \overline{V'_x V'_y}}{\partial y}$，将时均后所得的方程分解。将分解后的时均方程减去式（2.1.17）与 $\rho \overline{V}_x$ 的乘积，得时均后的关于变量 V_x 的动量方程。重复以上类似过程，则可得时均后的 N-S 方程。

这里，以时均速度为变量的质量方程

$$\frac{\partial \bar{\rho}}{\partial t}=-\overline{\boldsymbol{C}}_\rho \tag{2.1.18}$$

式中

$$\overline{\boldsymbol{C}}_\rho=\overline{V}_x\frac{\partial \bar{\rho}}{\partial x}+\overline{V}_y\frac{\partial \bar{\rho}}{\partial y}+\overline{V}_z\frac{\partial \bar{\rho}}{\partial z}+\bar{\rho}\left(\frac{\partial \overline{V}_x}{\partial x}+\frac{\partial \overline{V}_y}{\partial y}+\frac{\partial \overline{V}_z}{\partial z}\right) \tag{2.1.19}$$

以时均速度 $\overline{\boldsymbol{V}}$、$\bar{\boldsymbol{p}}$ 和脉动速度 $\boldsymbol{V}'$ 为变量的动量方程

$$\bar{\rho}\frac{\partial \overline{\boldsymbol{V}}}{\partial t}=\overline{\boldsymbol{C}}+\overline{\boldsymbol{D}}+\overline{\boldsymbol{P}}+\overline{\boldsymbol{F}}+\boldsymbol{\tau}'\cdot\boldsymbol{n} \tag{2.1.20}$$

式中，$\overline{\boldsymbol{C}}$ 为反映流体对流运动的项，

$$\overline{\boldsymbol{C}}=-\bar{\rho}\begin{bmatrix}\overline{V}_x\frac{\partial \overline{V}_x}{\partial x}+\overline{V}_y\frac{\partial \overline{V}_x}{\partial y}+\overline{V}_z\frac{\partial \overline{V}_x}{\partial z}\\ \overline{V}_x\frac{\partial \overline{V}_y}{\partial x}+\overline{V}_y\frac{\partial \overline{V}_y}{\partial y}+\overline{V}_z\frac{\partial \overline{V}_y}{\partial z}\\ \overline{V}_x\frac{\partial \overline{V}_z}{\partial x}+\overline{V}_y\frac{\partial \overline{V}_z}{\partial y}+\overline{V}_z\frac{\partial \overline{V}_z}{\partial z}\end{bmatrix} \tag{2.1.21}$$

$\overline{\boldsymbol{D}}$ 为反映流体扩散运动的项，

$$\overline{\boldsymbol{D}}=\begin{bmatrix}\bar{d}_1\\ \bar{d}_2\\ \bar{d}_3\end{bmatrix} \tag{2.1.22}$$

$$\begin{aligned}\bar{d}_1&=\mu\left\{\frac{\partial}{\partial x}\left[\frac{\partial \overline{V}_x}{\partial x}+\frac{\partial \overline{V}_x}{\partial x}-\frac{2}{3}\left(\frac{\partial \overline{V}_x}{\partial x}+\frac{\partial \overline{V}_y}{\partial y}+\frac{\partial \overline{V}_z}{\partial z}\right)\right]+\frac{\partial}{\partial y}\left(\frac{\partial \overline{V}_x}{\partial y}+\frac{\partial \overline{V}_y}{\partial x}\right)+\frac{\partial}{\partial z}\left(\frac{\partial \overline{V}_x}{\partial z}+\frac{\partial \overline{V}_z}{\partial x}\right)\right\}\\ \bar{d}_2&=\mu\left\{\frac{\partial}{\partial x}\left(\frac{\partial \overline{V}_y}{\partial x}+\frac{\partial \overline{V}_x}{\partial y}\right)+\frac{\partial}{\partial y}\left[\frac{\partial \overline{V}_y}{\partial y}+\frac{\partial \overline{V}_y}{\partial y}-\frac{2}{3}\left(\frac{\partial \overline{V}_x}{\partial x}+\frac{\partial \overline{V}_y}{\partial y}+\frac{\partial \overline{V}_z}{\partial z}\right)\right]+\frac{\partial}{\partial z}\left(\frac{\partial \overline{V}_y}{\partial z}+\frac{\partial \overline{V}_z}{\partial y}\right)\right\}\\ \bar{d}_3&=\mu\left\{\frac{\partial}{\partial x}\left(\frac{\partial \overline{V}_z}{\partial x}+\frac{\partial \overline{V}_x}{\partial z}\right)+\frac{\partial}{\partial y}\left(\frac{\partial \overline{V}_z}{\partial y}+\frac{\partial \overline{V}_y}{\partial z}\right)+\frac{\partial}{\partial z}\left[\frac{\partial \overline{V}_z}{\partial z}+\frac{\partial \overline{V}_z}{\partial z}-\frac{2}{3}\left(\frac{\partial \overline{V}_x}{\partial x}+\frac{\partial \overline{V}_y}{\partial y}+\frac{\partial \overline{V}_z}{\partial z}\right)\right]\right\}\end{aligned} \tag{2.1.23}$$

$\overline{\boldsymbol{P}}$ 为流体的压强梯度项

$$\overline{\boldsymbol{P}}=-\begin{bmatrix}\dfrac{\partial\overline{p}}{\partial x}\\[2ex]\dfrac{\partial\overline{p}}{\partial y}\\[2ex]\dfrac{\partial\overline{p}}{\partial z}\end{bmatrix}\tag{2.1.24}$$

$\overline{\boldsymbol{F}}$ 为流体的体力项

$$\overline{\boldsymbol{F}}=\begin{bmatrix}\overline{\rho}\overline{f}_x\\ \overline{\rho}\overline{f}_y\\ \overline{\rho}\overline{f}_z\end{bmatrix}\tag{2.1.25}$$

$\boldsymbol{\tau}'$ 为湍流脉动在动量方程中引起的时均效应，即用脉动速度表示的雷诺应力，

$$\boldsymbol{\tau}'=-\begin{bmatrix}\rho\overline{V'^2_x} & \rho\overline{V'_xV'_y} & \rho\overline{V'_xV'_z}\\ \rho\overline{V'_xV'_y} & \rho\overline{V'^2_y} & \rho\overline{V'_yV'_z}\\ \rho\overline{V'_xV'_z} & \rho\overline{V'_yV'_z} & \rho\overline{V'^2_z}\end{bmatrix}\tag{2.1.26}$$

$$\boldsymbol{n}=\begin{bmatrix}\dfrac{\partial}{\partial x} & \dfrac{\partial}{\partial y} & \dfrac{\partial}{\partial z}\end{bmatrix}^{\mathrm{T}}\tag{2.1.27}$$

以时均速度 $\overline{\boldsymbol{V}}$、$\overline{\boldsymbol{p}}$ 和脉动速度 $\boldsymbol{V}'$ 为变量的能量方程

$$\overline{\rho}\,\frac{\partial\overline{\boldsymbol{E}}_m}{\partial t}=\overline{\boldsymbol{C}}_E+\overline{\boldsymbol{T}}_E+\overline{\boldsymbol{D}}_E+\overline{\boldsymbol{F}}_E+\overline{\boldsymbol{Q}}_E+\overline{\boldsymbol{V}}^{\mathrm{T}}\boldsymbol{\tau}'\cdot\boldsymbol{n}\tag{2.1.28}$$

式中，$\overline{\boldsymbol{C}}_E$ 为流体的对流项

$$\overline{\boldsymbol{C}}_E=-\overline{\rho}\left(\overline{V}_x\,\frac{\partial\overline{E}_m}{\partial x}+\overline{V}_y\,\frac{\partial\overline{E}_m}{\partial y}+\overline{V}_z\,\frac{\partial\overline{E}_m}{\partial z}\right)\tag{2.1.29}$$

$\overline{\boldsymbol{T}}_E$ 为流体的温度扩散项

$$\overline{\boldsymbol{T}}_E=\frac{\partial}{\partial x}\left(k\,\frac{\partial\overline{T}}{\partial x}\right)+\frac{\partial}{\partial y}\left(k\,\frac{\partial\overline{T}}{\partial y}\right)+\frac{\partial}{\partial z}\left(k\,\frac{\partial\overline{T}}{\partial z}\right)\tag{2.1.30}$$

$\overline{\boldsymbol{D}}_E$ 为流体的能量耗散项

$$\begin{aligned}\overline{\boldsymbol{D}}_E=&\frac{\partial}{\partial x}\left\{\mu\left[\frac{\partial\overline{V}_x}{\partial x}+\frac{\partial\overline{V}_x}{\partial x}-\frac{2}{3}\left(\frac{\partial\overline{V}_x}{\partial x}+\frac{\partial\overline{V}_y}{\partial y}+\frac{\partial\overline{V}_z}{\partial z}\right)\right]\overline{V}_x+\mu\left(\frac{\partial\overline{V}_x}{\partial y}+\frac{\partial\overline{V}_y}{\partial x}\right)\overline{V}_y\right.\\&\left.+\mu\left(\frac{\partial\overline{V}_x}{\partial z}+\frac{\partial\overline{V}_z}{\partial x}\right)\overline{V}_z\right\}+\frac{\partial}{\partial y}\left\{\mu\left(\frac{\partial\overline{V}_y}{\partial x}+\frac{\partial\overline{V}_x}{\partial y}\right)\overline{V}_x\right.\\&\left.+\mu\left[\frac{\partial\overline{V}_y}{\partial y}+\frac{\partial\overline{V}_y}{\partial y}-\frac{2}{3}\left(\frac{\partial\overline{V}_x}{\partial x}+\frac{\partial\overline{V}_y}{\partial y}+\frac{\partial\overline{V}_z}{\partial z}\right)\right]\overline{V}_y+\mu\left(\frac{\partial\overline{V}_y}{\partial z}+\frac{\partial\overline{V}_z}{\partial y}\right)\overline{V}_z\right\}\end{aligned}$$

$$+\frac{\partial}{\partial z}\left\{\mu\left(\frac{\partial\overline{V}_z}{\partial x}+\frac{\partial\overline{V}_x}{\partial z}\right)\overline{V}_x+\mu\left(\frac{\partial\overline{V}_z}{\partial y}+\frac{\partial\overline{V}_y}{\partial z}\right)\overline{V}_y\right.$$

$$\left.+\mu\left[\frac{\partial\overline{V}_z}{\partial z}+\frac{\partial\overline{V}_z}{\partial z}-\frac{2}{3}\left(\frac{\partial\overline{V}_x}{\partial x}+\frac{\partial\overline{V}_y}{\partial y}+\frac{\partial\overline{V}_z}{\partial z}\right)\right]\overline{V}_z\right\}$$

$$-\left[\frac{\partial}{\partial x}(\overline{V}_x\overline{p})+\frac{\partial}{\partial y}(\overline{V}_y\overline{p})+\frac{\partial}{\partial z}(\overline{V}_z\overline{p})\right] \tag{2.1.31}$$

$\overline{\boldsymbol{F}}_E$ 为流体的能量体力项

$$\overline{\boldsymbol{F}}_E=\overline{\rho}\overline{f}_{bx}\overline{V}_x+\overline{\rho}\overline{f}_{by}\overline{V}_y+\overline{\rho}\overline{f}_{bz}\overline{V}_z \tag{2.1.32}$$

$\overline{\boldsymbol{Q}}_E$ 为流体的热辐射项

$$\overline{\boldsymbol{Q}}_E=\overline{\rho}s \tag{2.1.33}$$

以上式（2.1.20）、式（2.1.28）被称为雷诺时均 N-S 方程（Reynolds-Averaged Navier-Stokes），简称 RANS。湍流时均量所满足的方程组，称为雷诺运动方程。

雷诺运动方程得当地用时均和脉动的概念表达了湍流运动。但却将一个用瞬时量表示的封闭方程组变为一个用时均量表示的多了 6 个未知的雷诺应力的不封闭方程组。

2.1.6 湍流分析的模式理论

至今湍流的分析理论主要有采用统计方法研究湍流机理的统计理论和半经验的模式理论，虽然一般认为，无论湍流运动多么复杂，非定常的连续方程和 N-S 方程对于湍流的瞬时运动仍是适用的，但直接求解 N-S 方程来分析湍流运动至今仍因计算量过大而无法有效实现，因此目前仍主要采用基于时均概念的模式理论和方法。

湍流模式理论主要有：以 Boussinesq 假设为基础的零方程、一方程和二方程模式、雷诺应力方程模式（RSM）。

为了在雷诺方程组中将雷诺应力分量用时均量表示，Boussinesq 建议引入湍流黏性系数 μ_t，于是可用类似牛顿流体中的黏性应力的形式且以时均速度来表示雷诺应力，如

$$-\rho\overline{V_x'V_y'}=\mu_t\frac{\mathrm{d}\overline{V}_x}{\mathrm{d}y} \tag{2.1.34}$$

根据所建立的 μ_t 与速度时均量的关系而补充的偏微分方程的数量称为零方程、一方程和二方程模式。

零方程模式只需要补充代数方程。如按普朗特混合长度理论，有湍流黏性系数

$$\mu_t=\rho l^2\left|\frac{\mathrm{d}\overline{V}_x}{\mathrm{d}y}\right| \tag{2.1.35}$$

式中，l 为混合长度，是具有长度量纲的可调整参数，它不是一个真实的物理概念。

冯·卡门假设各空间点邻域内涨落场的结构相似，对于时均单向剪切流 $\overline{V_x}=\overline{V_x}(y)$ 导出

$$\mu_t=\rho\kappa^2\frac{\left|\dfrac{\mathrm{d}\overline{V}_x}{\mathrm{d}y}\right|^3}{\left(\left|\dfrac{\mathrm{d}\overline{V}_x}{\mathrm{d}y}\right|\right)^2} \tag{2.1.36}$$

式中，κ 为无量纲的卡门常数，需实验确定。按照这一公式，只要了解平均速度的空间分布即一阶或二阶导数，就可得到 μ_t，进而可确定雷诺应力。

零方程模式只适用于一些简单流动。

一方程模式或二方程模式，是引入附加的偏微分方程在全流场中联立求解得到一两个参数，并且假定 μ_t 正比于这一两个参数的某次幂。由此可见，该模式并不仅依赖于流场的局部性质，可弥补零方程模式的局限性。

2.2　k-ε 模型

k-ε 模型是采用 Boussinesq 假设的两方程模式，用湍能 k 反映特征速度，用耗散率 ε 反映特征长度尺度，将雷诺应力项变成速度对位移的协变导数项，从而使得方程封闭。

2.2.1　k-ε 模型基本概念

在 k-ε 模型中，引入了湍流脉动或涨落动能

$$k=\frac{1}{2}(\overline{V_x'^2}+\overline{V_y'^2}+\overline{V_z'^2}) \tag{2.2.1a}$$

和湍能耗散率

$$\varepsilon=\nu\overline{\left[\left(\frac{\partial V_x'}{\partial x}\right)^2+\left(\frac{\partial V_x'}{\partial y}\right)^2+\left(\frac{\partial V_x'}{\partial z}\right)^2+\left(\frac{\partial V_y'}{\partial x}\right)^2+\left(\frac{\partial V_y'}{\partial y}\right)^2+\left(\frac{\partial V_y'}{\partial z}\right)^2+\left(\frac{\partial V_z'}{\partial x}\right)^2+\left(\frac{\partial V_z'}{\partial y}\right)^2+\left(\frac{\partial V_z'}{\partial z}\right)^2\right]} \tag{2.2.1b}$$

式中，ν 为运动黏性系数。湍能耗散率 ε 是脉动应变能即脉动应力在脉动应变上做的功关于时间的变化率。

如前所述，构造湍流黏性系数 μ_t 极为重要，式（2.1.35）和式（2.1.36）分别为基于普朗特混合长度理论和冯·卡门理论的 μ_t 表达式。而更为一般地对于大雷诺数的湍流，可考虑用动能 k 表示的湍流脉动的速度尺度和湍动能耗散率 ε 表示，即

$$\mu_t=C_\mu\rho\frac{k^2}{\varepsilon} \tag{2.2.2a}$$

式中，k 和 ε 可解 k-ε 输运方程求得；C_μ 是一个待定的无量纲参数，对于高平均切变率的流动，

$$C_\mu=\frac{1}{A_0+A_sU^*\dfrac{k}{\varepsilon}} \tag{2.2.3}$$

这里，$A_0=4.0$，$A_s=\sqrt{6}\cos\varphi$，$\varphi=\frac{1}{3}\cos^{-1}(\sqrt{6}W)$，$W=\frac{S_{ij}S_{jk}S_{ki}}{(S_{ij}S_{ij})^{1/2}}$，$U^*=\sqrt{S_{ij}S_{ij}+\Omega_{ij}^*\Omega_{ij}^*}$，$\Omega_{ij}^*=\Omega_{ij}-2\varepsilon_{ijk}\omega_k$，$\Omega_{ij}=\overline{\Omega}_{ij}-\varepsilon_{ijk}\omega_k$，$\overline{\Omega}_{ij}$ 是在以角速度 ω_k 旋转的旋转坐标系中得到的平均旋转速率。

对于小雷诺数湍流，尤其在近壁区，黏性作用大于脉动作用，故设

$$\mu_t=C_\mu|f_\mu|\rho\frac{k^2}{\varepsilon} \tag{2.2.2b}$$

式中，$f_\mu=\exp[-2.5/(1+Re_i/50)]$；$Re_i=\rho k^2/(\mu\varepsilon)$。

湍流运动黏性系数为

$$\nu_t = \frac{\mu_t}{\rho} \tag{2.2.4}$$

2.2.2 *k*-ε 模型中的雷诺应力

在以上基础上，可将雷诺应力直接用湍流黏性模型来表示，即

$$\bar{\boldsymbol{\tau}} = -p\boldsymbol{I} + 2\mu\boldsymbol{S} \tag{2.2.5}$$

$$\boldsymbol{\tau}' = 2\mu_t\boldsymbol{S} - \frac{2}{3}\rho k\boldsymbol{I} \tag{2.2.6}$$

式中，μ_t 如式（2.2.2）所示，于是

$$\boldsymbol{P}' = \bar{\boldsymbol{\tau}} + \boldsymbol{\tau}' = \begin{vmatrix} \bar{\tau}_{xx} & \bar{\tau}_{xy} & \bar{\tau}_{xz} \\ \bar{\tau}_{xy} & \bar{\tau}_{yy} & \bar{\tau}_{yz} \\ \bar{\tau}_{xz} & \bar{\tau}_{yz} & \bar{\tau}_{zz} \end{vmatrix} + \begin{vmatrix} -\rho\overline{V_x'^2} & -\rho\overline{V_x'V_y'} & -\rho\overline{V_x'V_z'} \\ -\rho\overline{V_x'V_y'} & -\rho\overline{V_y'^2} & -\rho\overline{V_y'V_z'} \\ -\rho\overline{V_x'V_z'} & -\rho\overline{V_y'V_z'} & -\rho\overline{V_z'^2} \end{vmatrix} \tag{2.2.7}$$

则上式又可表示为

$$\boldsymbol{P}' = -p\boldsymbol{I} + 2\mu_{\text{eff}}\boldsymbol{S} - \frac{2}{3}\rho k\boldsymbol{I} \tag{2.2.8}$$

式中，μ_{eff} 为有效黏性系数

$$\mu_{\text{eff}} = \mu + \mu_t \tag{2.2.9}$$

式（2.2.8）中用时均速度 $\bar{\mathbf{V}}$ 和湍动能 k 表示的雷诺应力

$$\boldsymbol{\tau}' = \mu_t \begin{bmatrix} 2\dfrac{\partial\bar{V}_x}{\partial x} - \dfrac{2}{3}\nabla\cdot\bar{V} & \dfrac{\partial\bar{V}_x}{\partial y} + \dfrac{\partial\bar{V}_y}{\partial x} & \dfrac{\partial\bar{V}_x}{\partial z} + \dfrac{\partial\bar{V}_z}{\partial x} \\ \dfrac{\partial\bar{V}_y}{\partial x} + \dfrac{\partial\bar{V}_x}{\partial y} & 2\dfrac{\partial\bar{V}_y}{\partial y} - \dfrac{2}{3}\nabla\cdot\bar{V} & \dfrac{\partial\bar{V}_y}{\partial z} + \dfrac{\partial\bar{V}_z}{\partial y} \\ \dfrac{\partial\bar{V}_z}{\partial x} + \dfrac{\partial\bar{V}_x}{\partial z} & \dfrac{\partial\bar{V}_z}{\partial y} + \dfrac{\partial\bar{V}_y}{\partial z} & 2\dfrac{\partial\bar{V}_z}{\partial z} - \dfrac{2}{3}\nabla\cdot\bar{V} \end{bmatrix} - \frac{2}{3}\rho\begin{bmatrix} k & 0 & 0 \\ 0 & k & 0 \\ 0 & 0 & k \end{bmatrix} \tag{2.2.10}$$

由此，由于引入了 μ_t，于是可将原来用脉动速度 V' 表示的雷诺应力改为用时均速度 $\bar{V}$ 来表示。

2.2.3 *k*-ε 模型基本方程

通过对湍流变量的时均化，将湍流变量分离为时均变量和脉动变量，注意到时均化的性质，经对 N-S 方程时均化后可得雷诺运动方程及其雷诺应力。

以时均变量为未知量的质量方程

$$\frac{\partial\bar{\rho}}{\partial t} = -C_{K\varepsilon\rho} \tag{2.2.11}$$

式中，$C_{K\varepsilon\rho}$ 如式（2.1.18）所示。

在 k-ε 模型中以时均变量为未知量的动量方程

$$\rho\frac{\partial\overline{\mathbf{V}}}{\partial t}=C_{K\varepsilon}+D_{K\varepsilon}+P_{K\varepsilon}+F_{K\varepsilon}+\boldsymbol{\tau}'\cdot\boldsymbol{n}\qquad(2.2.12)$$

式中，$C_{K\varepsilon}$ 由式（2.1.21）给出；$D_{K\varepsilon}$ 由式（2.1.22）、式（2.1.23）给出；$P_{K\varepsilon}$ 由式（2.1.24）给出；$F_{K\varepsilon}$ 由式（2.1.24）给出；$\boldsymbol{\tau}'$ 为用时均速度和湍动能表示的雷诺应力，由式（2.2.10）给出；$\boldsymbol{n}=\left[\frac{\partial}{\partial x}\quad\frac{\partial}{\partial y}\quad\frac{\partial}{\partial z}\right]^{\mathrm{T}}$。

在 k-ε 模型中以时均变量为未知量的能量方程

$$\bar{\rho}\frac{\partial\overline{\boldsymbol{E}}_m}{\partial t}=C_{K\varepsilon}+T_{K\varepsilon}+D_{K\varepsilon}+F_{K\varepsilon}+Q_{K\varepsilon}+\overline{\mathbf{V}}^{\mathrm{T}}\boldsymbol{\tau}'\cdot\boldsymbol{n}\qquad(2.2.13)$$

式中，$C_{K\varepsilon}$ 如式（2.1.29）所示；$T_{K\varepsilon}$ 如式（2.1.30）所示；$D_{K\varepsilon}$ 如式（2.1.31）所示；$F_{K\varepsilon}$ 如式（2.1.32）所示；$Q_{K\varepsilon}$ 如式（2.1.33）所示。

2.2.4 k-ε 输运方程

在标准 k-ε 模型中 k、ε 是两个基本未知量。文献[29，44] 总结了 k-ε 模型化的原理和过程。对于 ε 方程，是由动量方程减去以 $\overline{V}_i$ 为未知数的雷诺运动方程得到关于脉动速度 V'_i 的方程，然后将其对 x_j 一次偏导后，乘以 $2\nu\frac{\partial V'_i}{\partial x_j}$，最后取平均就得到湍能耗散率 ε 方程，再进一步变换得到与之相对应的输运方程。对于进行类似的推导可得 k 方程。适用于大雷诺数湍流分析的标准 k-ε 模型湍动能输运方程为

$$\frac{\partial(\rho k)}{\partial t}=-\frac{\partial(\rho k\overline{V}_j)}{\partial x_j}+\frac{\partial}{\partial x_j}\left[\left(\mu+\frac{\mu_t}{\sigma_k}\right)\frac{\partial k}{\partial x_j}\right]+G_k+G_b-\rho\varepsilon-G_M+S_k\qquad(2.2.14)$$

简写为

$$\frac{\partial(\rho k)}{\partial t}=C_k+D_k+G_k+G_b-\rho\varepsilon-G_M+S_k\qquad(2.2.15)$$

式中

$$\begin{aligned}C_k&=-\frac{\partial(\rho k\overline{V}_j)}{\partial x_j}=-\left(\frac{\partial\rho k\overline{V}_x}{\partial x}+\frac{\partial\rho k\overline{V}_y}{\partial y}+\frac{\partial\rho k\overline{V}_z}{\partial z}\right)\\&=-\left(\overline{V}_x\frac{\partial\rho k}{\partial x}+\overline{V}_y\frac{\partial\rho k}{\partial y}+\overline{V}_z\frac{\partial\rho k}{\partial z}\right)-\rho k\left(\frac{\partial\overline{V}_x}{\partial x}+\frac{\partial\overline{V}_y}{\partial y}+\frac{\partial\overline{V}_z}{\partial z}\right)\end{aligned}\qquad(2.2.16)$$

D_k 是由分子黏性扩散和湍流扩散引起的扩散项

$$D_k=\frac{\partial}{\partial x_j}\left[\left(\mu+\frac{\mu_t}{\sigma_k}\right)\frac{\partial k}{\partial x_j}\right]=\left(\mu+\frac{\mu_t}{\sigma_k}\right)\left[\frac{\partial}{\partial x}\left(\frac{\partial k}{\partial x}\right)+\frac{\partial}{\partial y}\left(\frac{\partial k}{\partial y}\right)+\frac{\partial}{\partial z}\left(\frac{\partial k}{\partial z}\right)\right]$$
(2.2.17)

式中，σ_k 是与湍动能 k 对应的 Prandtl 数，通过实验结果确定取值，一般取 $\sigma_k=1.0$；G_k 是由平均速度梯度引起的湍动能 k 的产生项

$$G_k=\mu_t\left(\frac{\partial \overline{V}_i}{\partial x_j}+\frac{\partial \overline{V}_j}{\partial x_i}\right)\frac{\partial \overline{V}_i}{\partial x_j}$$

$$\begin{aligned}&=\mu_t\Big[\left(\frac{\partial \overline{V}_x}{\partial x}+\frac{\partial \overline{V}_x}{\partial x}\right)\frac{\partial \overline{V}_x}{\partial x}+\left(\frac{\partial \overline{V}_x}{\partial y}+\frac{\partial \overline{V}_y}{\partial x}\right)\frac{\partial \overline{V}_x}{\partial y}+\left(\frac{\partial \overline{V}_x}{\partial z}+\frac{\partial \overline{V}_z}{\partial x}\right)\frac{\partial \overline{V}_x}{\partial z}\\&+\left(\frac{\partial \overline{V}_y}{\partial x}+\frac{\partial \overline{V}_x}{\partial y}\right)\frac{\partial \overline{V}_y}{\partial x}+\left(\frac{\partial \overline{V}_y}{\partial y}+\frac{\partial \overline{V}_y}{\partial y}\right)\frac{\partial \overline{V}_y}{\partial y}+\left(\frac{\partial \overline{V}_y}{\partial z}+\frac{\partial \overline{V}_z}{\partial y}\right)\frac{\partial \overline{V}_y}{\partial z}\\&+\left(\frac{\partial \overline{V}_z}{\partial x}+\frac{\partial \overline{V}_x}{\partial z}\right)\frac{\partial \overline{V}_z}{\partial x}+\left(\frac{\partial \overline{V}_z}{\partial y}+\frac{\partial \overline{V}_y}{\partial z}\right)\frac{\partial \overline{V}_z}{\partial y}+\left(\frac{\partial \overline{V}_z}{\partial z}+\frac{\partial \overline{V}_z}{\partial z}\right)\frac{\partial \overline{V}_z}{\partial z}\Big]\end{aligned} \tag{2.2.18}$$

G_b 是由浮力引起的湍动能 k 的产生项，对于不可压流体 $G_b=0$，对于可压流体有

$$G_b=\beta g_i\frac{\mu_t}{Pr_t}\frac{\partial T}{\partial x_i} \tag{2.2.19}$$

式中，β 是热膨胀系数，可由可压流体的状态方程求出，定义为 $\beta=-\frac{1}{\rho}\frac{\partial \rho}{\partial T}$，$Pr_t$ 是湍动 Prandtl 数，在该模型中可取 $Pr_t=0.85$，g_i 是重力加速度在第 i 方向的分量；G_M 代表可压湍流中脉动扩张的贡献，对于不可压流体 $G_M=0$，对于可压流体有

$$G_M=2\rho\varepsilon M_i^2 \tag{2.2.20}$$

式中，M_i 是湍动 Mach 数，$M_i=\sqrt{k/c^2}$，这里，c 是声速，对于完全气体的等熵过程，$c=\sqrt{\gamma RT}$，式中 T 为热力学温度，R 为普适气体常数，γ 为比热比；S_k 是用户定义的源项。

适用于大雷诺数湍流分析的标准 k-ε 模型耗散率 ε 输运方程为

$$\frac{\partial(\rho\varepsilon)}{\partial t}=-\frac{\partial(\rho\varepsilon\overline{V}_j)}{\partial x_j}+\frac{\partial}{\partial x_j}\left[\left(\mu+\frac{\mu_t}{\sigma_\varepsilon}\right)\frac{\partial\varepsilon}{\partial x_j}\right]+C_{1\varepsilon}\frac{\varepsilon}{k}(G_k+G_{3\varepsilon}G_b)-C_{2\varepsilon}\rho\frac{\varepsilon^2}{k}+S_\varepsilon \tag{2.2.21}$$

简写为

$$\frac{\partial(\rho\varepsilon)}{\partial t}=C_\varepsilon+D_\varepsilon+C_3+C_4+S_\varepsilon \tag{2.2.22}$$

式中

$$\begin{aligned}C_\varepsilon&=-\frac{\partial(\rho\varepsilon\overline{V}_j)}{\partial x_j}=-\left(\frac{\partial E\overline{V}_x}{\partial x}+\frac{\partial E\overline{V}_y}{\partial y}+\frac{\partial E\overline{V}_z}{\partial z}\right)\\&=-\left(\overline{V}_x\frac{\partial E}{\partial x}+\overline{V}_y\frac{\partial E}{\partial y}+\overline{V}_z\frac{\partial E}{\partial z}\right)-E\left(\frac{\partial \overline{V}_x}{\partial x}+\frac{\partial \overline{V}_y}{\partial y}+\frac{\partial \overline{V}_z}{\partial z}\right)\end{aligned} \tag{2.2.23}$$

D_ε 是由分子黏性扩散和湍流扩散引起的扩散项

$$D_\varepsilon=\frac{\partial}{\partial x_j}\left[\left(\mu+\frac{\mu_t}{\sigma_\varepsilon}\right)\frac{\partial\varepsilon}{\partial x_j}\right]=\left(\mu+\frac{\mu_t}{\sigma_\varepsilon}\right)\left(\frac{\partial}{\partial x}\left(\frac{\partial\varepsilon}{\partial x}\right)+\frac{\partial}{\partial y}\left(\frac{\partial\varepsilon}{\partial y}\right)+\frac{\partial}{\partial z}\left(\frac{\partial\varepsilon}{\partial z}\right)\right) \tag{2.2.24a}$$

式中，σ_ε 是与耗散率 ε 对应的普朗特数，通过实验结果确定取值，一般取 $\sigma_\varepsilon=1.3$；

$$C_3=C_{1\varepsilon}\frac{\varepsilon}{k}(G_k+G_{3\varepsilon}G_b) \tag{2.2.24b}$$

$$C_4 = -C_{2\varepsilon}\rho\frac{\varepsilon^2}{k} \tag{2.2.24c}$$

式中，$C_{1\varepsilon}$、$C_{2\varepsilon}$ 为经验常数，通过实验结果确定取值，一般取 $C_{1\varepsilon}=1.44$，$C_{2\varepsilon}=1.92$；$G_{3\varepsilon}$ 是可压缩流体的流动计算中与浮力相关的系数，当主流方向与重力方向平行时，$G_{3\varepsilon}=1$，当主流方向与重力方向垂直时，$G_{3\varepsilon}=0$；G_k、G_b 按式（2.2.18）和式（2.2.19）计算。C_μ 通过实验结果确定取值，一般取 $C_\mu=0.09$；S_ε 是用户定义的源项。

当引入不可压假定时，且不考虑用户自定义源项时，即标准的 k-ε 方程式（2.2.14）及式（2.2.21）中 $G_b=0$，$G_M=0$，$S_k=0$，$S_\varepsilon=0$。

采用标准的 k-ε 模型求解流动及热交换问题时，控制方程包括式（2.2.11）、式（2.2.12）和式（2.2.13）所示的质量方程、动量方程、能量方程、k 方程、ε 方程和式（2.2.6）。

解时均化后的质量方程、动量方程和能量方程得 $\overline{\boldsymbol{V}}$、$\overline{p}$，解式（2.2.14）、式（2.2.21）得 k、ε，然后按式（2.2.2a）求得 μ_t，再按式（2.2.10）求得雷诺应力 $\boldsymbol{\tau}'$，这样就可继续求解封闭的雷诺运动方程。

在标准的 k-ε 模型中，许多系数主要是根据一些特殊条件下的实验结果而确定的。标准的 k-ε 模型不适应雷诺数较低时的湍流。且在强旋流、弯曲壁面流动或弯曲流线流动时标准 k-ε 模型会产生一定的误差。

对于高平均切变率的流动，C_μ 按式（2.2.3）计算；此外，式（2.2.21）ε 方程中不再包含 C_k。

对于小雷诺数湍流，尤其是近壁区内的流动，湍流发展并不充分，湍流脉动影响不如分子黏性的影响大，因此需对小雷诺数湍流进行分析研究。

适用于小雷诺数湍流分析的 k-ε 模型湍动能及耗散率 ε 输运方程为

$$\frac{\partial(\rho k)}{\partial t} = -\frac{\partial(\rho k\overline{V}_j)}{\partial x_j} + \frac{\partial}{\partial x_j}\left[\left(\mu+\frac{\mu_t}{\sigma_k}\right)\frac{\partial k}{\partial x_j}\right] + G_k - \rho\varepsilon - \left|2\mu\left(\frac{\partial k^{1/2}}{\partial n}\right)^2\right| \tag{2.2.25}$$

$$\frac{\partial(\rho\varepsilon)}{\partial t} = -\frac{\partial(\rho\varepsilon\overline{V}_j)}{\partial x_j} + \frac{\partial}{\partial x_j}\left[\left(\mu+\frac{\mu_t}{\sigma_\varepsilon}\right)\frac{\partial\varepsilon}{\partial x_j}\right] + \frac{C_{1\varepsilon}\varepsilon}{k}G_k|f_1| - C_{2\varepsilon}\rho\frac{\varepsilon^2}{k}|f_2| + \left|2\frac{\mu\mu_t}{\rho}\left(\frac{\partial V}{\partial n^2}\right)^2\right| \tag{2.2.26}$$

式中，μ_t 按式（2.2.2b）计算；n 代表壁面法向坐标；V 为与壁面平行的流速。在实际计算时，方向 n 可近似取为 x、y 和 z 中最满足条件的一个，速度 V 也作类似处理。

各系数同标准 k-ε 模型；符号“| |”所围部分即为低雷诺数模型区别于高雷诺数模型的部分，系数 f_1、f_2 为对标准 k-ε 模型中系数 $C_{1\varepsilon}$、$C_{2\varepsilon}$ 的修正。各系数计算式如下：

$$\begin{aligned} f_1 &\approx 1.0 \\ f_2 &= 1.0 - 0.3\exp(-Re_i^2) \\ Re_i &= \rho k^2/(\mu\varepsilon) \end{aligned} \tag{2.2.27}$$

在使用小雷诺数 k-ε 模型时，充分发展的湍流核心区及黏性底层均可用同一套公式计算，但由于黏性底层的速度梯度大，因此，在黏性底层采用数值计算，如有限元方法时，网格要密。丁祖荣建议[5]，当局部湍流的雷诺数小于 150 时，就应采用小雷诺数 k-ε 模型，而不能再采用大雷诺数 k-ε 模型。

2.2.5 k-ε 模型的边界条件

$$k|_{s=s^*}=0$$

式中，s^* 为与壁面的垂直距离。

2.3 雷诺应力模型（RSM）

前面讨论了在 k-ε 模型中为了避免用脉动速度表示雷诺应力，而构造了用时均速度和湍流黏性系数 μ_t 等表示的雷诺应力，但是问题简化了误差也产生了，于是又回到通过雷诺应力输运方程来求得以脉动量表示的雷诺应力。这样，虽然计算量增加了但适应性也大了。

下面讨论雷诺应力方程模型。

2.3.1 雷诺应力输运方程

雷诺应力模型（RSM）是建立以雷诺应力 $\rho\overline{V'_iV'_j}$ 为未知数的控制方程，即雷诺应力输运方程。

根据时均化法则性质 $\overline{fg}=\bar{f}\bar{g}+\overline{f'g'}$，得到 $\overline{V'_iV'_j}=\overline{V_iV_j}-\overline{V_i}\,\overline{V_j}$，于是只要分别得到 $\overline{V_iV_j}$ 和 $\overline{V_i}\,\overline{V_j}$ 的输运方程，就可以得到关于 $\overline{V'_iV'_j}$ 的输运方程。在文献[30]中经总结各国学者的研究后引述了雷诺应力输运方程

$$\begin{aligned}\frac{\partial(\rho\overline{V'_iV'_j})}{\partial t}=&-\frac{\partial(\rho\overline{V_k}\,\overline{V'_iV'_j})}{\partial x_k}-\frac{\partial}{\partial x_k}(\rho\overline{V'_iV'_jV'_k}+\overline{p'V'_i}\delta_{kj}+\overline{p'V'_j}\delta_{ik})\\&+\frac{\partial}{\partial x_k}\left[\mu\frac{\partial}{\partial x_k}(\overline{V'_iV'_j})\right]-\rho\left(\overline{V'_iV'_k}\frac{\partial\overline{V_j}}{\partial x_k}+\overline{V'_jV'_k}\frac{\partial\overline{V_i}}{\partial x_k}\right)\\&-\rho\beta(g_i\overline{V'_j\theta}+g_j\overline{V'_i\theta})+\overline{p'\left(\frac{\partial V'_i}{\partial x_j}+\frac{\partial V'_j}{\partial x_i}\right)}\\&-2\mu\overline{\frac{\partial V'_i}{\partial x_k}\frac{\partial V'_j}{\partial x_k}}-2\rho\Omega_k(\overline{V'_jV'_m}e_{ikm}+\overline{V'_iV'_m}e_{jkm})\end{aligned}\tag{2.3.1a}$$

上述方程左端为瞬态项，上式可简单表示为

$$\frac{\partial(\rho\overline{V'_iV'_j})}{\partial t}=C_{ij}+D_{\mathrm{T},ij}+D_{\mathrm{L},ij}+P_{ij}+G_{ij}+\Phi_{ij}+\varepsilon_{ij}+F_{ij}\tag{2.3.1b}$$

式中，C_{ij} 为对流项

$$C_{ij}=-\frac{\partial(\rho\overline{V_k}\,\overline{V'_iV'_j})}{\partial x_k}\tag{2.3.2}$$

$D_{\mathrm{T},ij}$ 为湍动扩散项

$$D_{\mathrm{T},ij}=-\frac{\partial}{\partial x_k}(\rho\overline{V'_iV'_jV'_k}+\overline{p'V'_i}\delta_{kj}+\overline{p'V'_j}\delta_{ik})\tag{2.3.3}$$

$D_{L,ij}$ 为分子黏性扩散项

$$D_{L,ij}=\frac{\partial}{\partial x_k}\left[\mu\frac{\partial}{\partial x_k}(\overline{V'_iV'_j})\right] \tag{2.3.4}$$

P_{ij} 为剪应力产生项

$$P_{ij}=-\rho\left(\overline{V'_iV'_k}\frac{\partial\overline{V_j}}{\partial x_k}+\overline{V'_jV'_k}\frac{\partial\overline{V_i}}{\partial x_k}\right) \tag{2.3.5}$$

G_{ij} 为浮力产生项

$$G_{ij}=-\rho\beta(g_i\overline{V'_j\theta}+g_j\overline{V'_i\theta}) \tag{2.3.6}$$

Φ_{ij} 为压力应变项

$$\Phi_{ij}=\overline{p'\left(\frac{\partial V'_i}{\partial x_j}+\frac{\partial V'_j}{\partial x_i}\right)} \tag{2.3.7}$$

ε_{ij} 为黏性耗散项

$$\varepsilon_{ij}=-2\mu\overline{\frac{\partial V'_i}{\partial x_k}\frac{\partial V'_j}{\partial x_k}} \tag{2.3.8}$$

F_{ij} 为系统旋转项

$$F_{ij}=-2\rho\Omega_k(\overline{V'_jV'_m}e_{ikm}+\overline{V'_iV'_m}e_{jkm}) \tag{2.3.9}$$

式中，C_{ij}、$D_{L,ij}$、P_{ij} 和 F_{ij} 均只包含二阶关联项，不必进行处理。但 $D_{T,ij}$、G_{ij}、Φ_{ij} 和 ε_{ij} 包含有未知的关联项，必须进一步给出各项的模型，才能得到实用的雷诺应力方程。

文献[30]中给出了 $D_{T,ij}$、G_{ij}、Φ_{ij} 和 ε_{ij} 的计算公式，其中一些参数应根据具体的问题进行试验确定。在求得这些计算公式后便可得到实用的广义的雷诺应力输运方程

$$\begin{aligned}\frac{\partial(\rho\overline{V'_iV'_j})}{\partial t}=&-\frac{\partial(\rho\overline{V_k}\,\overline{V'_iV'_j})}{\partial x_k}+\frac{\partial}{\partial x_k}\left(\frac{\mu_t}{\sigma_k}\frac{\partial\overline{V'_iV'_j}}{\partial x_k}+\mu\frac{\partial\overline{V'_iV'_j}}{\partial x_k}\right)\\&-\rho\left(\overline{V'_iV'_k}\frac{\partial\overline{V_j}}{\partial x_k}+\overline{V'_jV'_k}\frac{\partial\overline{V_i}}{\partial x_k}\right)-\frac{\mu_t}{\rho Pr_t}\left(g_i\frac{\partial\rho}{\partial x_j}+g_j\frac{\partial\rho}{\partial x_i}\right)\\&-C_1\rho\frac{\varepsilon}{k}\left(\overline{u'_iu'_j}-\frac{2}{3}k\delta_{ij}\right)-C_2\left(P_{ij}-\frac{1}{3}P_{kk}\delta_{ij}\right)\\&+C'_1\rho\frac{\varepsilon}{k}\left(\overline{V'_kV'_m}n_kn_m\delta_{ij}-\frac{3}{2}\overline{V'_iV'_k}n_jn_k-\frac{3}{2}\overline{V'_jV'_k}n_in_k\right)\frac{k^{3/2}}{C_l\varepsilon d}\\&+C'_2\left(\Phi_{km,2}n_kn_m\delta_{ij}-\frac{3}{2}\Phi_{ik,2}n_jn_k-\frac{3}{2}\Phi_{jk,2}n_in_k\right)\frac{k^{3/2}}{C_l\varepsilon d}\\&-\frac{2}{3}\rho\varepsilon\delta_{ij}-2\rho\Omega_k(\overline{V'_jV'_m}e_{ikm}+\overline{V'_iV'_m}e_{jkm})\end{aligned} \tag{2.3.10}$$

2.3.2 RSM 的适应性

雷诺应力模型（RSM）包括时均质量方程、雷诺运动方程（RANS）、雷诺应力输运方程、K 方程和 ε 方程。无论 k-ε 模型和雷诺应力模型（RSM）及其所引入的参数都与问题有关。

在上述的雷诺应力输运方程中，包含有湍动能 k 和耗散率 ε，因此需要补充 k 和 ε 的方程。根据脉动量的概念，将大雷诺数 k-ε 模型式（2.2.14）、式（2.2.21）分别修改为[30]

$$\frac{\partial(\rho k)}{\partial t}+\frac{\partial(\rho k v_j)}{\partial x_j}=\frac{\partial}{\partial x_j}\left[\left(\mu+\frac{\mu_t}{\sigma_k}\right)\frac{\partial k}{\partial x_j}\right]+\frac{1}{2}(P_{ij}+G_{ij})-\rho\varepsilon \tag{2.3.11}$$

$$\frac{\partial(\rho\varepsilon)}{\partial t}+\frac{\partial(\rho\varepsilon v_j)}{\partial x_j}=\frac{\partial}{\partial x_j}\left[\left(\mu+\frac{\mu_t}{\sigma_\varepsilon}\right)\frac{\partial\varepsilon}{\partial x_j}\right]+C_{1\varepsilon}\frac{1}{2}(P_{ij}+C_{3\varepsilon}G_{ij})-C_{2\varepsilon}\rho\frac{\varepsilon^2}{K} \tag{2.3.12}$$

式中，P_{ij} 是剪应力产生项；G_{ij} 为浮力产生项，对不可压缩流体取 $G_{ij}=0$；μ_t 按式（2.2.2a）计算。式中的常数参照文献[30]。

这样，由时均质量方程、雷诺运动方程（RANS）、雷诺应力输运方程、K 方程和 ε 方程构成了三维湍流流动问题的基本控制方程组。

与标准的 k-ε 模型相似，在近壁处的流动必须采用低雷诺数的 RSM 来处理。

2.4 大涡模拟（LES）

2.4.1 大涡模拟的基本概念

由实验观测到湍流中存在有某种规律性的大尺度涡和随机性很强的小尺度涡，不同尺度的涡有不同的特性。大涡模拟是基于涡的运动引起湍流运动涨落的认识。大涡模拟，首先是建立滤波函数，从湍流中将尺度比滤波函数小的涡滤掉，从而分解出描述大涡流动场的运动方程。而这时被滤掉的小涡对大涡运动的影响则通过在大涡流场的运动方程中引入类似雷诺应力的附加应力项来体现，这个附加应力被称为亚格子尺度应力，简称 SGS 模型（SubGrid-Scale model），于是湍流运动就用引入亚格子尺度应力的大涡运动方程来描述。

2.4.2 湍流脉动的过滤

在 LES（大涡模拟）方法中，首先通过滤波将一切流动变量划分成大尺度与小尺度量。大尺度量在国外的文献中也称为可解尺度量，而小尺度量也称为不可解尺度量。

设位于物理空间的坐标向量 $\boldsymbol{\xi}$ 在时刻 t 的任意瞬时流动变量 $\phi(\boldsymbol{\xi},t)$，则其中大尺度量

$$\bar{\phi}(\boldsymbol{x},t)=\int_{-\infty}^{+\infty}G(\boldsymbol{x}-\boldsymbol{\xi},\Delta)\phi(\boldsymbol{\xi},t)\,\mathrm{d}\xi \tag{2.4.1a}$$

这里，$G(\boldsymbol{x}-\boldsymbol{\xi},\Delta)$ 即滤波函数；$\boldsymbol{x}$ 为滤波后任意瞬时大尺度流动变量的坐标；Δ 表示过滤尺度；$\mathrm{d}\xi$ 表示体积元。

对式（2.4.1）两边进行傅里叶变换，则在谱空间为

$$\hat{\bar{\phi}}(\boldsymbol{k})=\hat{\phi}(\boldsymbol{k})\hat{G}(\boldsymbol{k},\Delta) \tag{2.4.1b}$$

这里，上标“ ^ ”表示对应函数的傅里叶变换；$\boldsymbol{k}$ 为波数向量。

通过以上过滤运算，可以将上述变量中尺度小于 Δ 的小尺度变量过滤掉，只剩下大尺度变量。

不同的学者采用不同的滤波函数[45,53,62]，虽然高斯型滤波器被认为是最好的，但是 Deardorff 的盒式过滤器因简单有效而被广泛采用。可在 LES 中采用的过滤器有：

1. 均匀过滤器

均匀过滤器是适用于各向同性简单物理空间的盒式过滤器，又称为平顶帽过滤器。

一维盒式过滤函数

$$G(x-\xi,\Delta)=\frac{1}{\Delta}\theta(\eta) \tag{2.4.2}$$

式中，$\theta(\eta)$ 是台阶函数，$\eta=\frac{\Delta}{2}-|x-\xi|$。

$$\begin{cases}当\ \eta>0\ 时, \theta(\eta)=1\\ 当\ \eta<0\ 时, \theta(\eta)=0\end{cases} \tag{2.4.3}$$

物理空间中，一维盒式过滤器 $G(x-\xi,\Delta)$ 为一封闭的图形，在横坐标 $x-\xi$、纵坐标 $G(x-\xi,\Delta)$ 的坐标系中的图形为从 (−0.5,0.0) 到 (−0.5,1.0) 到 (0.5,1.0) 再到 (0.5,0.0) 所完成的曲线。在谱空间中，一维盒式过滤器的傅里叶变换式为 $\widehat{G}(k,\Delta)=\frac{\sin(k\Delta/2)}{k\Delta/2}$，其中 k 为波数。

在空间过滤器将尺度小于 Δ 的脉动剔除掉，相当于将波数大于 π/Δ 的脉动剔除掉。

此外，还有三维盒式均匀各向同性过滤器

$$G(\boldsymbol{x}-\boldsymbol{\xi},\Delta)=\frac{1}{\Delta^3}\theta\left(\frac{1}{\Delta}-|x-\xi|\right)\theta\left(\frac{1}{\Delta}-|y-\eta|\right)\theta\left(\frac{1}{\Delta}-|z-\zeta|\right) \tag{2.4.4}$$

三维盒式均匀非各向同性过滤器

$$G(x-\xi,y-\eta,z-\zeta,\Delta)=\frac{1}{\Delta_x\Delta_y\Delta_z}\theta\left(\frac{\Delta_x}{2}-|x-\xi|\right)\theta\left(\frac{\Delta_y}{2}-|y-\eta|\right)\theta\left(\frac{\Delta_z}{2}-|z-\zeta|\right) \tag{2.4.5}$$

式中，Δ_x、Δ_y、Δ_z 分别为相应于 x、y、z 方向的过滤尺度。

其他均匀过滤器还有如高斯过滤器、谱空间低通过滤器等。

2. 非均匀过滤器

(1) 一维非均匀卷积过滤器

一维非均匀卷积过滤器的定义为

$$\bar{\phi}(\boldsymbol{x},t)=\frac{1}{\Delta}\int_{-\infty}^{+\infty}G\left(\frac{x-\xi}{\Delta},\Delta\right)\phi(\xi)\mathrm{d}\xi \tag{2.4.6}$$

非均匀盒式过滤器可写作

$$\begin{cases}G(\eta)=1/\Delta, & |\eta|\leqslant\frac{\Delta}{2}\\ G(\eta)=0, & |\eta|>\frac{\Delta}{2}\end{cases} \tag{2.4.7}$$

这时可解尺度（过滤尺度）量为

$$\bar{\phi}(\boldsymbol{x},t)=\frac{1}{\Delta(x)}\int_{-\Delta/2}^{\Delta/2}\phi(\xi,t)\mathrm{d}\xi \tag{2.4.8}$$

对于非均匀过滤器，在 x 点的右侧过滤尺度为 $\Delta_+(x)$，左侧为 $\Delta_-(x)$，一般 $\Delta_+(x)$ 和 $\Delta_-(x)$ 不相等。其近似公式为

$$\bar{\phi}(\boldsymbol{x},t)=\frac{1}{\Delta_+(x)+\Delta_-(x)}\int_{x-\Delta_-(x)}^{x+\Delta_+(x)}\phi(\eta,t)\mathrm{d}\eta \tag{2.4.9}$$

（2）2 阶精度可交换盒式过滤器

设在物理空间 $[a,b]$ 中定义的坐标 x，变换为参考空间 $(-\infty,\infty)$ 中的坐标 $\bar{x}$，根据变换关系有 $\bar{x}=f(x)$，于是有 $\phi(x,t)=\phi[f^{-1}(\bar{x}),t]$，这里 $\phi[f^{-1}(\bar{x}),t]$ 是在参考空间中定义的。

在参考空间中的过滤尺度是常数 Δ，物理空间的过滤尺度则定义为

$$\delta(x)=\frac{\Delta}{f'(x)} \tag{2.4.10}$$

先在参考空间作均匀过滤

$$\bar{\phi}(x,t)=\bar{\varphi}(\bar{x},t)=\frac{1}{\Delta}\int_{-\infty}^{+\infty}G\left(\frac{\bar{x}-\xi}{\Delta},\Delta\right)\phi(\xi,t)\mathrm{d}\xi \tag{2.4.11}$$

最后将参考空间变量 $\bar{x}$ 变换回物理空间变量 x，则有

$$\bar{\phi}(x,t)=\frac{1}{\Delta}\int_{-\infty}^{+\infty}G\left[\frac{f(x)-f(\bar{\xi})}{\Delta},\Delta\right]\phi(\bar{\xi},t)f'(\bar{\xi})\mathrm{d}\bar{\xi} \tag{2.4.12}$$

这里 $\xi=f(\bar{\xi})$。

（3）非均匀三维过滤器

非均匀三维过滤器的构造如下

$$G(x-\xi,y-\eta,z-\zeta,\Delta)=G\left(\frac{x-\xi}{\Delta_x},\Delta_x\right)G\left(\frac{y-\eta}{\Delta_y},\Delta_y\right)G\left(\frac{z-\zeta}{\Delta_z},\Delta_z\right) \tag{2.4.13}$$

在 LES（大涡模拟）方法中常采用非均匀过滤器。

3. 高斯滤波

高斯过滤器是将过滤函数 $G(x-\xi,\Delta)$ 取作高斯函数。一维高斯过滤器的滤波函数

$$G(x-\xi,\Delta)=\left(\frac{6}{\pi\Delta^2}\right)^{1/2}\exp\left(-\frac{6\,|x-\xi|^2}{\Delta^2}\right) \tag{2.4.14}$$

在谱空间的表达式为

$$\widehat{G}(k,\Delta)=\exp\left(-\frac{\Delta^2k^2}{24}\right)$$

而三维高斯型滤波器的滤波函数

$$G(|x-\xi|,|y-\eta|,|z-\zeta|,\Delta)=\left[\left(\frac{6}{\pi\Delta_x{}^2}\right)^{1/2}\mathrm{e}^{-\frac{6(x-\xi)^2}{\Delta_x^2}}\right]\left[\left(\frac{6}{\pi\Delta_y{}^2}\right)^{1/2}\mathrm{e}^{-\frac{6(y-\eta)^2}{\Delta_y^2}}\right]\left[\left(\frac{6}{\pi\Delta_z{}^2}\right)^{1/2}\mathrm{e}^{-\frac{6(z-\zeta)^2}{\Delta_z^2}}\right] \tag{2.4.15}$$

采用以上滤波器将物理空间中一切流动变量进行过滤，过滤后的速度、密度、压强、温度和能量的大尺度量分别为 $\bar{V}$、$\bar{\rho}$、$\bar{p}$、$\bar{T}$、$\bar{E}$，对速度和能量尚需作密度加权过滤，过滤后的大尺度量为 $\overline{\rho V}$、$\overline{\rho E}$ 。

2.4.3 常用的亚格子应力模型

在大涡模拟中，首先是将湍流的大尺度脉动和小尺度脉动分离，然后解大尺度脉动的运动方程，而小尺度脉动则以亚格子应力的形式在运动方程中加以补偿。用大尺度脉动表

示的亚格子应力主要有：

1. Smagorinsky 亚格子应力

Smagorinsky 亚格子应力表示为

$$\tau_{SGS,ij} = -2\mu_t\bar{S}_{ij} + \frac{1}{3}\bar{\tau}_{kk}\delta_{ij} \tag{2.4.16}$$

式中，$\bar{S}_{ij}$ 是可解尺度的应变率张量，

$$\bar{S}_{ij} = \frac{1}{2}\left(\frac{\partial\bar{V}_i}{\partial x_j}+\frac{\partial\bar{V}_j}{\partial x_i}\right) = \begin{bmatrix} \frac{\partial\bar{V}_x}{\partial x} & \frac{1}{2}\left(\frac{\partial\bar{V}_x}{\partial y}+\frac{\partial\bar{V}_y}{\partial x}\right) & \frac{1}{2}\left(\frac{\partial\bar{V}_x}{\partial z}+\frac{\partial\bar{V}_z}{\partial x}\right) \\ \frac{1}{2}\left(\frac{\partial\bar{V}_x}{\partial y}+\frac{\partial\bar{V}_y}{\partial x}\right) & \frac{\partial\bar{V}_y}{\partial y} & \frac{1}{2}\left(\frac{\partial\bar{V}_y}{\partial z}+\frac{\partial\bar{V}_z}{\partial y}\right) \\ \frac{1}{2}\left(\frac{\partial\bar{V}_x}{\partial z}+\frac{\partial\bar{V}_z}{\partial x}\right) & \frac{1}{2}\left(\frac{\partial\bar{V}_y}{\partial z}+\frac{\partial\bar{V}_z}{\partial y}\right) & \frac{\partial\bar{V}_z}{\partial z} \end{bmatrix} \tag{2.4.17}$$

式中，μ_t 是亚格子尺度的湍流黏性系数，

$$\mu_t = (C_S\Delta_l)^2|\bar{S}| \tag{2.4.18}$$

这里，Δ_l 为滤波尺度，$\Delta_l=(\Delta_x\Delta_y\Delta_z)^{1/3}$，$\Delta_x$、$\Delta_y$、$\Delta_z$ 分别表示沿 x、y、z 轴方向的网格尺寸，可取网格空间的几何平均；C_S 称为 Smagorinsky 常数，文献[44]中

$$C_S = \frac{1}{\pi}\left(\frac{2}{3C_K}\right)^{3/4} \tag{2.4.19}$$

其中，C_K 为 Kolmogorov 常数，如取 $C_K=1.5$ 时，$C_S=0.17$；在近壁处建议

$$C_S = C_{v0}(1-e^{y^*/A^*}) \tag{2.4.20}$$

式中，y^* 是到壁面的最近距离；A^* 是半经验常数，取 25.0；C_{v0} 是 Van Driest 常数，取 0.1；$|\bar{S}|=\sqrt{2\bar{S}_{ij}\bar{S}_{ij}}$；

$$\bar{\tau}_{kk}\delta_{ij} = \mu_t\begin{bmatrix} \nabla\cdot\bar{V} & 0 & 0 \\ 0 & \nabla\cdot\bar{V} & 0 \\ 0 & 0 & \nabla\cdot\bar{V} \end{bmatrix} \tag{2.4.21}$$

当采用不可压假定时 $\bar{\tau}_{kk}=0$。

Smagorinsky 亚格子应力具有与黏性牛顿流体本构关系相似的表达形式，其中构造了反映湍流状态的亚格子湍流黏性系数 μ_t，这种亚格子应力模型称为黏涡模型。

2. Bardina 亚格子应力

Bardina 亚格子应力是尺度相似模型，假定亚格子脉动和可解尺度中最小尺度脉动具有相似性，因此可用可解尺度中的最小尺度脉动取代亚格子脉动。Bardina 尺度相似亚格子应力

$$\tau_{SGS,ij} = \bar{\bar{V}}_i\bar{\bar{V}}_j - \overline{\bar{V}_i\bar{V}_j} \tag{2.4.22}$$

尺度相似模型需要做两次过滤，在计算亚格子应力时，可解尺度速度 $\bar{V}_i$、$\bar{V}_j$ 要再做一次过滤，可解尺度的湍流动量通量 $\bar{V}_i\bar{V}_j$ 也要再做一次过滤。

3. Clark 亚格子应力

Clark 亚格子应力是梯度模型，是尺度相似模型的简化，其值和可解尺度速度的导数有关，因此不需要再做过滤。Clark[61] 等将脉动速度做泰勒展开

$$\overline{\overline{V}_i\,\overline{V}_j} = \overline{V}_i\,\overline{V}_j + \frac{1}{24}\Delta^2\,\frac{\partial^2 \overline{V}_i\,\overline{V}_j}{\partial x_k\,\partial x_k} + O(\Delta^4) \tag{2.4.23}$$

$$\overline{\overline{V}}_i = \overline{V}_i + \frac{1}{24}\Delta^2\,\frac{\partial^2 \overline{V}_i}{\partial x_k\,\partial x_k} + O(\Delta^4) \tag{2.4.24}$$

将以上两式代入尺度相似模型可得

$$\tau_{\mathrm{SGS},ij} = \frac{\Delta^2}{12}\,\frac{\partial \overline{V}_i}{\partial x_k}\,\frac{\partial \overline{V}_j}{\partial x_k} \tag{2.4.25}$$

4. 动态 Smagorinsky 亚格子应力

对于复杂湍流状态，式（2.4.16）所示的 Smagorinsky 亚格子应力湍流黏性系数 μ_t 应作适当修正，动态 Smagorinsky 亚格子应力是用动态方法确定 μ_t 中的系数，该法需对湍流场进行多次过滤。现以两次过滤为例，并假定粗网格上最小脉动产生的应力等于粗细网格分别过滤产生的亚格子应力之差。μ_t 的修正有很多方法，现采用平均系数法[44-45] 构造亚格子应力湍流黏性系数，动态 Smagorinsky 亚格子应力

$$\tau_{\mathrm{SGS},ij} = -2\mu_t\,\overline{\tilde{S}}_{ij} + \frac{1}{3}\bar{\tau}_{kk}\delta_{ij} \tag{2.4.26}$$

式中，$\mu_t = (C_D\Delta)^2(\alpha^2-1)|\overline{\tilde{S}}|$，这里，$C_D = \dfrac{\overline{M_{ij}L_{ij}}}{\overline{M_{ij}M_{ij}}}$；$\Delta$、$\alpha\Delta$ 分别为连续两次过滤的尺度，$\alpha > 1$；以 Δ 过滤的可解速度用上标“～”表示，以 $\alpha\Delta$ 过滤的可解速度用上标“—”表示；$L_{ij} = (\tau_{\mathrm{SGS},ij})_{\mathrm{fg}} - [(\tau_{\mathrm{SGS},ij})_{\mathrm{f}}]_{\mathrm{g}}$，详细推导见文献[45]，下标 f、g 分别表示用尺度 Δ、$\alpha\Delta$ 的过滤，下标 fg 表示两次过滤；假定过滤是线性，两次过滤的结果有 $(\tau_{\mathrm{SGS},ij})_{\mathrm{fg}} = (\tau_{\mathrm{SGS},ij})_{\mathrm{g}}$；$M_{ij} = 2\Delta^2(\alpha^2-1)|\overline{\tilde{S}}|\,\overline{\tilde{S}}_{ij}$。

上述亚格子应力模型也称为动态黏涡模型。

5. 动态混合模型[65]

$$\tau_{\mathrm{SGS},ij} = C_{D1}(\overline{\overline{V}}_i\,\overline{\overline{V}}_j - \overline{\overline{V}_i\,\overline{V}_j}) + 2C_{D2}\Delta^2|\bar{S}|\bar{S}_{ij} \tag{2.4.27}$$

取 $C_{D1} = 1.0$，C_{D2} 用动态的方法确定。

6. 动态梯度模型

将梯度模型和动态黏涡模型结合，成为动态梯度模型，其亚格子应力

$$\tau_{\mathrm{SGS},ij} = \frac{\Delta^2}{12}\,\frac{\partial \overline{V}_i}{\partial x_k}\,\frac{\partial \overline{V}_j}{\partial x_k} + 2C_D\Delta^2|\bar{S}|\bar{S}_{ij} \tag{2.4.28}$$

式中，C_D 用动态的方法确定。

上面给出了六种常见的亚格子应力模式。此外，对于亚格子模型，不同的学者为了解决不同的问题也提出了很多其他种类的模型。

2.4.4 大涡模拟的控制方程

通过对湍流运动的过滤，将湍流分解为可解尺度即大尺度脉动和不可解尺度即小尺度脉动。可解尺度湍流运动用数值计算方法直接求解，小尺度湍流脉动的质量、动量和能量

输运对大尺度运动的贡献以亚格子应力的形式，在以大尺度变量为未知量的动量和能量方程中加以补偿，使方程封闭。在 LES 中，对湍流速度、压强、密度进行过滤，得大尺度速度 $\bar{V}$ 、压强 $\bar{p}$ 、密度 $\bar{\rho}$，并对速度、能量以 ρ 加权后过滤得大尺度变量 $\overline{\rho V}$ 和 $\overline{\rho E}$ 。

在 LES 中，以大尺度变量为未知量的守恒型质量方程

$$\frac{\partial\bar{\rho}}{\partial t}=-C_{\mathrm{LES}\rho} \tag{2.4.29}$$

式中

$$C_{\mathrm{LES}\rho}=\frac{\partial(\overline{\rho V_x})}{\partial x}+\frac{\partial(\overline{\rho V_y})}{\partial y}+\frac{\partial(\overline{\rho V_z})}{\partial z} \tag{2.4.30}$$

在 LES 中，以大尺度变量为未知量的非守恒型质量方程

$$\frac{\partial\bar{\rho}}{\partial t}=-C_{\mathrm{LES}\rho} \tag{2.4.31}$$

式中

$$C_{\mathrm{LES}\rho}=\bar{V}_x\frac{\partial\bar{\rho}}{\partial x}+\bar{V}_y\frac{\partial\bar{\rho}}{\partial y}+\bar{V}_z\frac{\partial\bar{\rho}}{\partial z}+\bar{\rho}\left(\frac{\partial\bar{V}_x}{\partial x}+\frac{\partial\bar{V}_y}{\partial y}+\frac{\partial\bar{V}_z}{\partial z}\right) \tag{2.4.32}$$

在 LES 中，以大尺度变量为未知量的守恒型动量方程

$$\frac{\partial(\overline{\rho\boldsymbol{V}})}{\partial t}=C_{\mathrm{LES}}+D_{\mathrm{LES}}+P_{\mathrm{LES}}+F_{\mathrm{LES}}+\boldsymbol{\tau}_{\mathrm{SGS},ij}\cdot\boldsymbol{n} \tag{2.4.33}$$

式中

$$C_{\mathrm{LES}}=-\begin{bmatrix}\dfrac{\partial(\overline{\rho V_x}\bar{V}_x)}{\partial x}+\dfrac{\partial(\overline{\rho V_x}\bar{V}_y)}{\partial y}+\dfrac{\partial(\overline{\rho V_x}\bar{V}_z)}{\partial z}\\ \dfrac{\partial(\overline{\rho V_y}\bar{V}_x)}{\partial x}+\dfrac{\partial(\overline{\rho V_y}\bar{V}_y)}{\partial y}+\dfrac{\partial(\overline{\rho V_y}\bar{V}_z)}{\partial z}\\ \dfrac{\partial(\overline{\rho V_z}\bar{V}_x)}{\partial x}+\dfrac{\partial(\overline{\rho V_z}\bar{V}_y)}{\partial y}+\dfrac{\partial(\overline{\rho V_z}\bar{V}_z)}{\partial z}\end{bmatrix} \tag{2.4.34}$$

$$D_{\mathrm{LES}}=\begin{bmatrix}d_1\\ d_2\\ d_3\end{bmatrix} \tag{2.4.35}$$

$$\begin{aligned}
d_1&=\mu\left\{\frac{\partial}{\partial x}\left[\frac{\partial\bar{V}_x}{\partial x}+\frac{\partial\bar{V}_x}{\partial x}-\frac{2}{3}\left(\frac{\partial\bar{V}_x}{\partial x}+\frac{\partial\bar{V}_y}{\partial y}+\frac{\partial\bar{V}_z}{\partial z}\right)\right]+\frac{\partial}{\partial y}\left(\frac{\partial\bar{V}_x}{\partial y}+\frac{\partial\bar{V}_y}{\partial x}\right)+\frac{\partial}{\partial z}\left(\frac{\partial\bar{V}_x}{\partial z}+\frac{\partial\bar{V}_z}{\partial x}\right)\right\}\\
d_2&=\mu\left\{\frac{\partial}{\partial x}\left(\frac{\partial\bar{V}_y}{\partial x}+\frac{\partial\bar{V}_x}{\partial y}\right)+\frac{\partial}{\partial y}\left[\frac{\partial\bar{V}_y}{\partial y}+\frac{\partial\bar{V}_y}{\partial y}-\frac{2}{3}\left(\frac{\partial\bar{V}_x}{\partial x}+\frac{\partial\bar{V}_y}{\partial y}+\frac{\partial\bar{V}_z}{\partial z}\right)\right]+\frac{\partial}{\partial z}\left(\frac{\partial\bar{V}_y}{\partial z}+\frac{\partial\bar{V}_z}{\partial y}\right)\right\}\\
d_3&=\mu\left\{\frac{\partial}{\partial x}\left(\frac{\partial\bar{V}_z}{\partial x}+\frac{\partial\bar{V}_x}{\partial z}\right)+\frac{\partial}{\partial y}\left(\frac{\partial\bar{V}_z}{\partial y}+\frac{\partial\bar{V}_y}{\partial z}\right)+\frac{\partial}{\partial z}\left[\frac{\partial\bar{V}_z}{\partial z}+\frac{\partial\bar{V}_z}{\partial z}-\frac{2}{3}\left(\frac{\partial\bar{V}_x}{\partial x}+\frac{\partial\bar{V}_y}{\partial y}+\frac{\partial\bar{V}_z}{\partial z}\right)\right]\right\}
\end{aligned} \tag{2.4.36}$$

$$P_{LES}=-\begin{bmatrix}\frac{\partial \bar{p}}{\partial x}\\ \frac{\partial \bar{p}}{\partial y}\\ \frac{\partial \bar{p}}{\partial z}\end{bmatrix} \tag{2.4.37}$$

$$F_{LES}=\begin{bmatrix}\bar{\rho}\bar{f}_x\\ \bar{\rho}\bar{f}_y\\ \bar{\rho}\bar{f}_z\end{bmatrix} \tag{2.4.38}$$

其中，$\boldsymbol{\tau}_{SGS,ij}$ 为亚格子尺度应力，在式（2.4.16）、式（2.4.22）、式（2.4.23）、式（2.4.26）、式（2.4.27）、式（2.4.28）中选取，如采用 Smagorinsky 亚格子应力，则按式（2.4.16）；

$$\boldsymbol{n}=\begin{bmatrix}\frac{\partial}{\partial x} & \frac{\partial}{\partial y} & \frac{\partial}{\partial z}\end{bmatrix}^{T} \tag{2.4.39}$$

在 LES 中，以大尺度变量为未知量的非守恒型动量方程

$$\bar{\rho}\frac{\partial \bar{\boldsymbol{V}}}{\partial t}=C_{LES}+D_{LES}+P_{LES}+F_{LES}+\boldsymbol{\tau}_{SGS,ij}\cdot\boldsymbol{n} \tag{2.4.40}$$

式中

$$C_{LES}=-\bar{\rho}\begin{bmatrix}\bar{V}_x\frac{\partial \bar{V}_x}{\partial x}+\bar{V}_y\frac{\partial \bar{V}_x}{\partial y}+\bar{V}_z\frac{\partial \bar{V}_x}{\partial z}\\ \bar{V}_x\frac{\partial \bar{V}_y}{\partial x}+\bar{V}_y\frac{\partial \bar{V}_y}{\partial y}+\bar{V}_z\frac{\partial \bar{V}_y}{\partial z}\\ \bar{V}_x\frac{\partial \bar{V}_z}{\partial x}+\bar{V}_y\frac{\partial \bar{V}_z}{\partial y}+\bar{V}_z\frac{\partial \bar{V}_z}{\partial z}\end{bmatrix} \tag{2.4.41}$$

在 LES 中，以大尺度变量为未知量的守恒型能量方程

$$\frac{\partial \overline{\rho E_m}}{\partial t}=C_{ELES}+T_{ELES}+D_{ELES}+F_{ELES}+Q_{ELES}+\bar{\boldsymbol{V}}^{T}\boldsymbol{\tau}_{SGS,ij}\cdot\boldsymbol{n} \tag{2.4.42}$$

式中

$$C_{ELES}=-\left[\frac{\partial(\overline{\rho E_m}\bar{V}_x)}{\partial x}+\frac{\partial(\overline{\rho E_m}\bar{V}_y)}{\partial y}+\frac{\partial(\overline{\rho E_m}\bar{V}_z)}{\partial z}\right] \tag{2.4.43}$$

$$T_{ELES}=\frac{\partial}{\partial x}\left(k\frac{\partial \bar{T}}{\partial x}\right)+\frac{\partial}{\partial y}\left(k\frac{\partial \bar{T}}{\partial y}\right)+\frac{\partial}{\partial z}\left(k\frac{\partial \bar{T}}{\partial z}\right) \tag{2.4.44}$$

$$D_{ELES}=\frac{\partial}{\partial x}\left\{\mu\left[\frac{\partial\bar{V}_x}{\partial x}+\frac{\partial\bar{V}_x}{\partial x}-\frac{2}{3}\left(\frac{\partial\bar{V}_x}{\partial x}+\frac{\partial\bar{V}_y}{\partial y}+\frac{\partial\bar{V}_z}{\partial z}\right)\right]\bar{V}_x+\mu\left(\frac{\partial\bar{V}_x}{\partial y}+\frac{\partial\bar{V}_y}{\partial x}\right)\bar{V}_y\right.$$

$$\left.+\mu\left(\frac{\partial\bar{V}_x}{\partial z}+\frac{\partial\bar{V}_z}{\partial x}\right)\bar{V}_z\right\}+\frac{\partial}{\partial y}\left\{\mu\left(\frac{\partial\bar{V}_y}{\partial x}+\frac{\partial\bar{V}_x}{\partial y}\right)\bar{V}_x\right.$$

$$\left.+\mu\left[\frac{\partial\bar{V}_y}{\partial y}+\frac{\partial\bar{V}_y}{\partial y}-\frac{2}{3}\left(\frac{\partial\bar{V}_x}{\partial x}+\frac{\partial\bar{V}_y}{\partial y}+\frac{\partial\bar{V}_z}{\partial z}\right)\right]\bar{V}_y+\mu\left[\frac{\partial\bar{V}_y}{\partial z}+\frac{\partial\bar{V}_z}{\partial y}\right)\bar{V}_z\right\}$$

$$+\frac{\partial}{\partial z}\left\{\mu\left(\frac{\partial\bar{V}_z}{\partial x}+\frac{\partial\bar{V}_x}{\partial z}\right)\bar{V}_x+\mu\left(\frac{\partial\bar{V}_z}{\partial y}+\frac{\partial\bar{V}_y}{\partial z}\right)\bar{V}_y\right.$$

$$\left.+\mu\left[\frac{\partial\bar{V}_z}{\partial z}+\frac{\partial\bar{V}_z}{\partial z}-\frac{2}{3}\left(\frac{\partial\bar{V}_x}{\partial x}+\frac{\partial\bar{V}_y}{\partial y}+\frac{\partial\bar{V}_z}{\partial z}\right)\right]\bar{V}_z\right\}$$

$$-\left[\frac{\partial}{\partial x}(\bar{V}_x\bar{p})+\frac{\partial}{\partial y}(\bar{V}_y\bar{p})+\frac{\partial}{\partial z}(\bar{V}_z\bar{p})\right] \tag{2.4.45}$$

$$F_{ELES}=\bar{\rho}\bar{f}_{bx}\bar{V}_x+\bar{\rho}\bar{f}_{by}\bar{V}_y+\bar{\rho}\bar{f}_{bz}\bar{V}_z \tag{2.4.46}$$

$$Q_{ELES}=\bar{\rho}s \tag{2.4.47}$$

在 LES 中，以大尺度变量为未知量的非守恒型能量方程

$$\bar{\rho}\frac{\partial\bar{E}_m}{\partial t}=C_{ELES}+T_{ELES}+D_{ELES}+F_{ELES}+Q_{ELES}+\bar{\boldsymbol{V}}^{\mathrm{T}}\boldsymbol{\tau}_{SGS,ij}\cdot\boldsymbol{n} \tag{2.4.48}$$

式中

$$C_{ELES}=-\bar{\rho}\left(\bar{V}_x\frac{\partial\bar{E}_m}{\partial x}+\bar{V}_y\frac{\partial\bar{E}_m}{\partial y}+\bar{V}_z\frac{\partial\bar{E}_m}{\partial z}\right) \tag{2.4.49}$$

2.5　湍流的初始条件和边界条件

文献[44-45]总结归纳了关于湍流的初始条件和边界条件的大量研究成果，对各种湍流问题给出了原则性的概述，并且最终归结为一些具体的方法。

2.5.1　湍流的初始条件

湍流作为非定常问题必须给出初始条件，如初始速度 V_0 、初始压强 p_0 等。虽然从理论上可以要求给出时均变量或大尺度变量即可解变量，但实际上是很难实现的。一般可扩大计算域，使湍流流场有一个相当长的上游或下游，根据各种具体问题或湍流类型进行计算，一般可能经上万次计算，并在计算中注意补偿被耗散的脉动，最后在计算域内构造出湍流变量，以此作为在计算域内进行湍流分析的初始值。

在以上确定湍流变量的初始值时，假定湍流有一个较长的时程，因此按统计平均的概念对湍流变量作 Fourier 分析。

2.5.2 湍流的边界条件

如果在足够长的流动距离上湍流速度可以用 Fourier 级数展开，在流动入口和出口可以采用周期边界条件。对于空间均匀的湍流，则在边界的三个方向都可采用周期边界条件。在固壁处，可采用与层流相似的边界条件。

第 3 章　流体力学数值分析基础

3.1　流体力学有限元法数学基础

对大多数二维二次边值问题，有函数 $F(x, y, u, u_x, u_y)$ 的二阶偏微分方程

$$A(u) = \mathrm{L}(u) - f = \frac{\partial}{\partial x}\left(\frac{\partial F}{\partial u_x}\right) + \frac{\partial}{\partial y}\left(\frac{\partial F}{\partial u_y}\right) - \frac{\partial F}{\partial u} = 0 \text{ 在 } \Omega \text{ 中} \tag{3.1.1a}$$

式中，u 是解函数；L 为微分算子；f 为常数项。

在自然边界 Γ_σ 和强制边界 Γ_{u} 上分别满足条件

$$\frac{\partial F}{\partial u_x} n_x + \frac{\partial F}{\partial u_y} n_y = \hat{q} \text{ 和 } u = \hat{u} \tag{3.1.1b}$$

或表示为 $B(u) = 0$，B 为边界条件。上式中，$n_x = \dfrac{\partial u}{\partial x}$，$n_y = \dfrac{\partial u}{\partial y}$，$n_x$ 和 n_y 是垂直于边界的单位矢量的方向余弦。

求解问题的微分方程是寻找一个函数，在微分方程的变分解中应首先使微分方程成为变分式，即等效的积分，通过交换试函数和自变量之间的导数而求微分方程的等效积分，然后用如 Ritz 法、Galerkin 法或其他变分法求近似解，文献 [12，15，16，19，23，24，34] 详尽地研究了求微分方程近似解的变分原理，以下仅简单地讨论其中的 Galerkin 法以及相应的加权余量法，由此得到标准 Galerkin 有限元格式（SG FEM）。

3.1.1　Galerkin 法

Galerkin 法是一种近似变分法[24]，与微分方程 $\mathrm{L}(u) - f = 0$ 及边界条件 $B(u) = 0$ 等效的 Galerkin 积分公式为

$$\int_\Omega \delta u^{\mathrm{T}}[\mathrm{L}(u) - f]\mathrm{d}\Omega - \int_S \delta u^{\mathrm{T}} B(u)\mathrm{d}S = 0 \tag{3.1.2}$$

式中，u 是解函数；L 为微分算子；f 为常数项；B 为边界条件。

考虑算子是线性、自伴随的性质，得 $\int_\Omega \delta u^{\mathrm{T}} \mathrm{L}(u)\mathrm{d}\Omega = \delta\int_\Omega \frac{1}{2} u^{\mathrm{T}} \mathrm{L}(u)\mathrm{d}\Omega + b.t.(\delta u, u)$，并代入式（3.1.1），按原问题的变分原理 $\delta\pi(u) = 0$（$\pi(u) = \int_\Omega \left[\frac{1}{2} u^{\mathrm{T}} \mathrm{L}(u) - u^{\mathrm{T}} f\right]\mathrm{d}\Omega + b.t.(u)$ 为原问题的泛函），得到 $b.t.(u) = b.t.(\delta u, u) - \int_S \delta u^{\mathrm{T}} B(u)\mathrm{d}S$。

如果场函数 u 及其变分 δu 满足一定的条件，则两部分合成后，能将变分号提到边界积分项之外，即形成一个全变分，从而得到泛函的变分。

原问题的微分方程和边界条件的等效积分的 Galerkin 法等价于其泛函的变分等于零，

亦即泛函取驻值。而泛函可通过原问题的等效积分的 Galerkin 法得到。如果线性自伴随算子 L 是偶数（$2m$）阶的，在利用 Galerkin 法构造问题的泛函时，假设近似函数 $\tilde{u}$ 事先满足强制边界条件，对应于自然边界条件的任意函数 W 按一定的方法选取，则可以得到泛函的变分。同时所构造的二次泛函不仅取驻值，而且是极值。

对于 $2m$ 阶微分方程，含 $0\sim m-1$ 阶导数的边界条件称为强制边界条件，近似函数应事先满足。含 $m\sim 2m-1$ 阶导数的边界条件称为自然边界条件，近似函数不必事先满足。在 Galerkin 法中，从含 $2m-1$ 阶导数的边界条件开始，任意函数 W 依次取 $-\delta\tilde{u}$，$\delta\dfrac{\partial\tilde{u}}{\partial n}$，$-\delta\dfrac{\partial^2\tilde{u}}{\partial n^2}$，…，在此情况下，按 Galerkin 法对原问题进行 m 次分部积分后，仍然可得 $\delta\pi(\tilde{u})=0$。如果，u 是问题的真正解，$\pi(u)$ 是解的泛函，δu 是解的变分，而 $\tilde{u}=u+\delta u$ 为近似函数，于是可得 $\pi(\tilde{u})=\pi(u)+\delta\pi(u)+\dfrac{1}{2}\delta^2\pi(u)$，其中，$\delta\pi(u)$ 是原问题微分方程和边界条件的等效积分 Galerkin 法的弱形式。

3.1.2 加权余量法

不管是线性还是非线性微分方程，总可以写出对应的积分，可是，当微分方程是非线性时，不是总能建立对称的变分式和有关的泛函。当微分方程不能构成弱形式时，可采用加权余量法近似表示方程的积分式。加权余量法是 Ritz 法的推广，其试函数可从一组独立的函数中选定。由于用加权余量法近似表示方程的积分式不包括问题的自然边界条件，所以应按问题的边界条件来选择近似函数。众所周知的加权余量法有 Galerkin 法、Petrov-Galerkin 法等[33,35]。

现考虑如式（3.1.1a）所示算子，式中的 L 是作用于未知量 u 的微分算子，f 是一个已知的位置函数。对于任何常量 α 和 β 以及变量 u 和 v，当且仅当 $\mathrm{L}(\alpha u+\beta v)=\alpha\mathrm{L}(u)+\beta\mathrm{L}(v)$ 时，L 称为线性算子，不然称为非线性算子。

加权余量法采用与 Ritz 法相似的近似解

$$\tilde{u}=\phi_0+\sum_{j=1}^{N}c_j\phi_j \tag{3.1.3}$$

式中，c_j 为常数，称为 Ritz 系数。所选择的 ϕ_0 要满足该问题所规定的基本边界条件。若规定的基本边界条件均为齐次的，则 $\phi_0=0$。$\phi_j(j=1,2,\cdots,N)$ 满足基本边界条件的齐次式，以便在规定的基本边界条件的点上，$\tilde{u}=\phi_0$。此外，还要求 ϕ_j 足够可微分；ϕ_j 及 $B(\phi_i,\phi_j)$ 的列和行同时是线性无关的；ϕ 是完备的。由于 ϕ_j 符合齐次基本边界条件，因此可选 $v=\phi_j$ 为试函数。

将式（3.1.3）代入算子方程式（3.1.1a），得到误差，即余量

$$R\equiv\mathrm{L}(\tilde{u})-f\neq 0 \tag{3.1.4}$$

式中，R 是自变量和参数 c_j 的函数。在加权余量法中，假设近似式（3.1.4）的加权余量的积分

$$\int_{\Omega}W_i(x,y)R(x,y,c_j)\mathrm{d}x\mathrm{d}y=0 \qquad i=1,\ 2,\ \cdots,\ N \tag{3.1.5}$$

式中，W_i 是权函数，W_i 应是一个线性独立的集，通常它与近似函数 ϕ_j 不同。

式（3.1.3）中的参数可由式（3.1.5）确定。实际上，式（3.1.5）和Ritz法试函数 v 是同等的，即 $v=W_i$ 。如果算子容许，可将解的微分式变换成权函数，从而取消近似函数的连续性要求。

当算子L是线性时，式（3.1.5）简化为

$$\sum_{j=1}^{N} A_{ij} c_j = f_i \tag{3.1.6}$$

其中

$$A_{ij} = \int_{\Omega} W_i \mathrm{L}(\phi_j) \mathrm{d}x \mathrm{d}y \text{ 及 } f_i = \int_{\Omega} W_i [f - \mathrm{L}(\phi_0)] \mathrm{d}x \mathrm{d}y \tag{3.1.7}$$

但是应该注意，系数矩阵 $\mathbf{A}$ 是不对称的，即 $A_{ij} \neq A_{ji}$ 。

加权余量法中，选择不同的 W_i 就有不同的具体方法。当 $W_i = \phi_i$ 时，即是Galerkin法。当算子是线性偶次可微分算子时，Galerkin法可归结为Ritz法，所得的系数矩阵是对称的。当 $W_i \neq \phi_i$ 时，加权余量法即是Petrov-Galerkin法。其他方法可参考加权余量法的专著。

如果没有数学分析，要推断出一个方法较另外的方法更精确是困难的。当已知的微分方程式存在对称的弱公式时，Ritz法、Galerkin法可以简化 ϕ_i 的选择。即使对于非线性问题，也可对自变量的可微分的要求变弱，即使二次泛函不存在，Ritz法、Galerkin法也是适宜的。

3.1.3　标准Galerkin（SG）法

Galerkin法是由俄国工程师Boris Galerkin提出并以他的名字命名的。在加权余量积分方程中如果选取的权函数和试函数的基函数相同，则为Galerkin法。

现考虑微分方程

$$A(u) = \mathrm{L}(u) - f = 0 \,(\text{在}\,\Omega\,\text{内}) \tag{3.1.8}$$

满足位移和应力边界条件

$$B_u(u) = 0,\ B_\sigma(u) = 0 \,(\text{在边界}\,S_u\text{、}S_\sigma\,\text{内}) \tag{3.1.9}$$

式中，u 为微分方程的解，$u = u(x, y, z)$。

关于原问题的Galerkin方程，即标准Galerkin（SG）方程为

$$\int_{\Omega} \varphi_j A(u) \mathrm{d}\Omega = \int_{\Omega} \varphi_j [\mathrm{L}(u) - f] \mathrm{d}\Omega = 0 \tag{3.1.10}$$

现取微分方程式（3.1.8）的近似解

$$\tilde{u} = \sum_{j=1}^{n} \varphi_j a_j \tag{3.1.11}$$

式中，a_j 为待定系数；φ_j 为取自完备函数系列的线性独立函数，称为基函数。

近似解式（3.1.11）应满足边界条件 $B(\tilde{u}) = 0$。但因产生余量 $R = \mathrm{L}(\tilde{u}) - f \neq 0$ 不一定满足式（3.1.8），因此将近似解代入微分方程式（3.1.8），原问题的Galerkin方程为

$$\int_{\Omega} \varphi_j A(\tilde{u}) \mathrm{d}\Omega = \int_{\Omega} \varphi_j [\mathrm{L}(\tilde{u}) - f] \mathrm{d}\Omega \neq 0 \tag{3.1.12}$$

如果上式中解 $\tilde{u}$ 为精确解，则余量 R 等于零。原问题的Galerkin方程为 $\int_{\Omega} \varphi_j R \mathrm{d}\Omega = 0$，其

中 φ_j 起了权的作用，即 $w_j=\varphi_j$。所以，有

$$\int_{\Omega} w_j R \mathrm{d}\Omega = 0 \tag{3.1.13}$$

式中，w_jR 为 w_j 和 R 的内积。在加权余量法中，当采用 Galerkin 法时，以基函数为权函数。选择 n 个权函数 w_j（$j=1$，2，…，n），可形成 $a_1, a_2, \cdots, a_n$ 为未知量的代数方程组。求解方程

$$\int_{\Omega} \varphi_j \left[\mathrm{L}\left(\sum_{j=1}^{n} \varphi_j a_j \right) - f \right] \mathrm{d}\Omega = 0 \tag{3.1.14a}$$

得系数 a_j（$j=1$，2，…，n），代回式（3.1.11）得到方程的近似解。与此同时，近似解式（3.1.11）应满足位移和应力边界条件，以及在单元之间的平衡或协调条件

$$\int_{S_u} \varphi_j B_u(\tilde{u}) \mathrm{d}S = 0,\ \int_{S_\sigma} \varphi_j B_\sigma(\tilde{u}) \mathrm{d}S = 0,\ \sum_{j=1}^{n} \int_{S} \varphi_j F(\tilde{u}) \mathrm{d}S = 0 \tag{3.1.14b}$$

式（3.1.14a）和式（3.1.14b）即为标准 Galerkin 法采用的公式，它是加权余量法的一种。

3.2 经典的空间离散

3.2.1 Galerkin 空间离散

经典的 Galerkin 空间离散是基于求解变分公式的 Galerkin 加权余量法而得到的积分型的方程。但与经典的变分法不同的是，该方法先将方程的定义域离散为有限的子域，或称为离散成有限的单元，单元之间由节点相连接，在每个子域或单元中按加权余量法建立方程，如式（3.2.2）。如果说，在整个定义域内要求得满足方程及边界条件的变量极其困难，那么，在一个子域或单元内构造变量函数来满足子域内的方程就极其简单。这时只需要在构造变量函数时满足单元之间节点处的协调关系，同时满足整个定义域的 Dirichlet 边界条件和 Neumann 边界条件及自然边界条件。在后面将具体地讨论标准 Galerkin（SG）有限元法的建模过程以及初始条件和边界条件的引入。

Galerkin 空间离散是一种经典的空间离散方法，在引入形函数的构造准则和方法后成为经典的标准 Galerkin（SG）有限元法。

以上讨论的是定常问题的空间离散方法。但对于非定常问题，由于引入了时间变量，所以构成了时空域，与空间离散相类似，时域也可以离散。但是在很多情况下，将时域和空间分离，在空间中构造的变量的形函数 $\boldsymbol{N}$ 和时间无关，于是只是在各个时间点上进行空间离散，构成了非定常问题的半离散 Galerkin 格式。

3.2.2 标准 Galerkin（SG）和 Petrov-Galerkin（PG）有限元格式

现将域 Ω 剖分为有限个子域，即单元 e，在单元 e 上构造近似解

$$\tilde{\boldsymbol{u}} = \boldsymbol{N} \tilde{\boldsymbol{u}}_e \tag{3.2.1}$$

式中，$\boldsymbol{N}$ 为形函数。

现在每个单元 $\boldsymbol{e}$ 上建立加权余量公式，并取权函数 $\tilde{w}=w=\boldsymbol{N}$，则在每个单元上式

(3.1.8) 所示的算子方程的加权积分为

$$\int_v \boldsymbol{N}^{\mathrm{T}}[\mathrm{L}(\boldsymbol{N}\tilde{\boldsymbol{u}}_e) - \boldsymbol{f}]\mathbf{d}\boldsymbol{v} = 0 \tag{3.2.2}$$

式中，v 为单元体积。上式即为在单元 e 中根据 Galerkin 加权余量法建立的标准 Galerkin (SG)有限元格式。

如果取权函数 $\tilde{w} = w + w^*(w) = \boldsymbol{N} + w^*(\boldsymbol{N})$，则由上式可得

$$\int_v [\boldsymbol{N} + w^*(\boldsymbol{N})]\mathrm{L}(\boldsymbol{N}\tilde{\boldsymbol{u}}_{\mathrm{e}})\mathrm{d}v = \int_v \boldsymbol{N}f\mathrm{d}v \tag{3.2.3}$$

这里 $w^*(\boldsymbol{N})$ 为 Petrov 项。上式即为在单元 e 中根据 Galerkin 加权余量法建立的 Petrov-Galerkin(PG)有限元格式。

3.3　经典的时间离散

先离散时域或先离散空间不是问题，以后将先离散时域。时间离散方程一定有截断误差。然而，如果忽略时间截断误差，时间离散方程可以用于速度 $\boldsymbol{v}$ 或增量 $\Delta\boldsymbol{v}$ 的微分算子，实际上这是一定要在每一个时间步内解决的强形式。

3.3.1　时间离散方法概述

得到一个稳定和精确的时间传输的表达是非定常问题任何数值方法的一个重要环节。目前，计算流体力学中广泛采用时间相关法，即时间推进法，数值求解 Euler/N-S 方程。时间相关法是一种渐进方法。

应用时间相关法数值求解 Euler/N-S 方程，其通量项经空间离散后得到一组半离散的常微分方程

$$\frac{\mathrm{d}w}{\mathrm{d}t} - \boldsymbol{R}(w) = 0 \tag{3.3.1}$$

式中，w 为变量；$\boldsymbol{R}(w)$ 为与变量和时间有关的项。

经过将上述常微分方程展开后就可得到离散后的时间差分方程，进而可演化为各种差分格式。

按时间相关法即时间推进法所得到的时间差分方程，按其解法可分为：半离散格式和全离散格式。所谓全离散是指同时近似所有偏导数项，包括时间和空间项。这是一般时间步进格式常采用的方法。半离散是指先仅差分离散空间微分项，而不离散时间微分项，此时方程中的空间变量已经离散转化为网络节点值，方程仅包含时间变量，这就使得原来的偏微分方程转化为关于时间的常微分方程，形式为 $\frac{\mathrm{d}\boldsymbol{v}}{\mathrm{d}t} = \boldsymbol{f}(\boldsymbol{v}, t)$。

按照求解精度可分为定常计算格式和非定常计算格式，按照求解方式可分为显式格式和隐式格式。

3.3.2　θ 族法

θ 族法广泛应用于积分一阶微分方程，它是一步法。在任意时刻 t 和历时 Δt 后的时刻 $t + \Delta t$ 时的变量 ${}^{t+\Delta t}v$ 与 t 时刻的变量 ${}^{t}v$ 相关，加权平均得到

$$\frac{{}^{t+\Delta t}v - {}^{t}v}{\Delta t} = \theta^{t+\Delta t}v + (1-\theta){}^{t}v + o[(1/2-\theta)\Delta t, \Delta t^2] \tag{3.3.2}$$

式中，设时间步 Δt 为常数，而 θ 为介于［0，1］之间的一个参数，变量 v 在时段 Δt 内是线性变化的。${}^{t}v$ 为时刻 t 时定常问题微分方程的解，如定常动量方程的解。

θ 的值与求解该差分方程的方法有关。当 $\theta=0$ 时为前欧拉法；当 $\theta=1$ 时为后欧拉法；当 $\theta=2/3$ 时为 Galerkin 法；而 $\theta=1/2$ 时为 Crank-Nicolson 法。当 $\theta<1/2$ 时该方法有条件稳定；而当 $\theta\geqslant 1/2$ 时该方法无条件稳定。经对截断误差的预估，可见 Crank-Nicolson 法可获得较高的二阶精度。

实际中，通常采用增量形式 $\Delta^{t+\Delta t}v={}^{t+\Delta t}v-{}^{t}v$，于是式（3.3.1）可略去高阶项近似改写为

$$\frac{\Delta^{t+\Delta t}v}{\Delta t} - \theta\Delta^{t+\Delta t}v = {}^{t}v \tag{3.3.3}$$

于是可进一步得到半离散方程。根据动量方程、质量方程和能量方程有半离散方程的具体形式。时间离散格式将在以后的 SG 有限元法中给出。

3.3.3 Lax-Wendroff 法

Lax-Wendroff 法是基于截断的泰勒展开式的一种流行方法。在任意 $t+\Delta t$ 时刻变量 ${}^{t+\Delta t}v$ 关于上一时刻的 ${}^{t}v$ 的泰勒展开，得到

$${}^{t+\Delta t}v = {}^{t}v + \Delta t\,\frac{\partial({}^{t}v)}{\partial t} + \frac{1}{2}\Delta t^2\,\frac{\partial^2({}^{t}v)}{\partial t^2} + o(\cdots) \tag{3.3.4}$$

如果略去高阶量，则有

$$\Delta^{t+\Delta t}v = \Delta t\,\frac{\partial({}^{t}v)}{\partial t} + \frac{1}{2}\Delta t^2\,\frac{\partial^2({}^{t}v)}{\partial t^2}\Delta ABC \tag{3.3.5}$$

注意到欧拉方程或 N-S 方程，可以得到变量 v 关于时间的二阶导数，从而可得如上式所示形式的二阶精确显式的时间离散格式。

Lax-Wendroff 法的一个显著特点是，二阶项不作为人工扩散项考虑。实际上，只要时间依赖的解考虑进去，二阶空间导数是二阶精确时间近似的结果。这表明二阶时间导数引起的修正只是在流线方向上起作用，和 SUPG 法相类似。

3.3.4 Leap-frog 法

另一种广泛应用的显式时间步法是三水平 Leap-frog 法

$${}^{t+\Delta t}v = {}^{t-\Delta t}v + 2\Delta t\,\frac{\partial({}^{t}v)}{\partial t} + o(\cdots) \tag{3.3.6}$$

在时间步 Δt 是二阶精确的，因为在时间 $t-\Delta t$ 与 $t+\Delta t$ 之间的终点处计算了 ${}^{t}v$ 关于时间 t 的一阶导数

$$\frac{{}^{t+\Delta t}v - {}^{t-\Delta t}v}{2\Delta t} = {}^{t}v \tag{3.3.7}$$

即当应用于欧拉方程或 N-S 方程时，可得如式（3.3.7）所示形式的 Leap-frog 法的二阶精确显式的时间离散格式。

3.3.5 显式格式和隐式格式

对式（3.3.1）的时间推进求解方法可以分为显式和隐式两类。如果一个差分方程中仅包含一个未知量，显式格式是将未知量单独显现在方程左端进行直接求解；如果在给定的时间层，必须通过同时求解所有时间点上的差分方程才能得到未知量，此运算格式为隐式格式。

显式方法的优点是每推进一个时间步，计算量和存储量都较少，程序简单，允许网格局部细化，易于实现向量运算和并行运算。缺点是时间推进步长受稳定性条件限制，计算CFL数过小，效率较低。时间一阶精度的Euler显示方法最为简单。目前使用较多的显式方法为Runge-Kutta法，时间精度离散可达二阶或二阶以上。

隐式方法的优点是在对模型方程进行线性稳定性分析时一般是无条件稳定的，在实际求解多维Euler/N-S方程时，计算步长也可较大而使得整体效率较高。缺点是在每一时间推进步都要求求解线性方程组，因而计算量和存储量都较大；此外，它还难以在非结构网格上应用并且不易实现向量运算和并行运算，程序编制复杂。著名的隐式方法有Beam-Warming隐式格式、MacCormack隐式方法、近似因子分解方法AF（Approximate Factorization Method）及其改进的对角化近似因子分解算法AF-ADI，另外还有Yoon和Jameson提出的应用谱半径分裂的LU-SGS方法和最近发展起来的GMRES方法。

这些隐式时间推进方法在无须考虑时间精度的定常流场计算中得到广泛应用并取得很大成功，但各种提高效率的近似处理，如因子分解、线化、黏性项显式处理、显式边界条件、隐式部分无矩阵操作等，都将使迭代过程丧失时间精度，或者只有一阶时间精度而不适用于非定常问题的时间精度计算。

从运算角度看，显式比隐式方便。但有时出于精度和稳定性的考虑，在线性情形下多采用隐式格式；而对于非线性情形，隐式的计算量十分巨大，因此往往采用显式格式。

3.4 偏微分方程分裂方法的基本概念

由于在流体的动量和能量微分方程中同时含有速度和力学压强两个基本变量，因此通常引入分裂方法将方程分解。在针对N-S方程的分裂法中，很多研究都结合了流体的特性并引入相应的假定，而另外一些分裂方法是针对一般的偏微分方程的求解[14]。这两类分裂方法各具针对性和一般性的特点。下面简单讨论分裂法的一般概念，而在具体的有限元法中所采用的分裂算法将另行专述。

分裂方法（splitting step methods）又称为分步法（fractional step methods）或者投影法（projection methods），是20世纪60年代后期由Alexandre Chorin[59]和Roger Temam[86]针对不可压流动问题分别独立提出的一种时间步进求解方法（time-marching techniques），分裂方法最具有吸引力的地方是在每一个时间步中，解耦标量场和无散度向量场，分别进行求解，只需要计算一系列解耦的方程即可，因而具有较高的计算效率。从20世纪60年代末开始，国内外学者对投影法做了大量的研究[89]，但是至今还存在截然不同的观点，为此作了一定的分析和研究[10]。

投影法的构造方法可分为两大类，一类是基于Helmholtz矢量分解原理的投影法。这类方法将不可压流体速度场的运动分解为无散度运动和无旋度运动两个过程，这两个过程互不影响，可以对 N-S 方程依次进行求解，具有明确的物理意义，因而可将其看作一种物理分裂方法（Physical Splitting Method，PSM)，这一类方法以 Chorin 和 Temam 等为代表。另一类方法则完全建立在矩阵论的纯数学推导上，通过将全离散后的不可压流体控制方程的系数矩阵进行分裂，进而得到速度和压力的分步求解方程，因此可看作一种代数分裂法（Algebraic Splitting Method，ASM)。

物理分裂方法的关键在于向量的 Helmholtz 分解，由 Helmholtz 正交分解定理可知[57]，对区域 Ω 上的任意向量场可分解为一个无散度向量场（solenoidal）和一个无旋向量场（irrotationa）之和。

国外学者通过对图 3.4.1 所示空腔流动进行数值对比，研究了 PSM 法和 ASM 法的稳定性，研究结果表明，两种算法速度过渡平稳，没有出现振荡，并随着网格加密而精度提高，说明两种算法对于对流项引起的数值振荡均具有良好的稳定性。PSM 法可直接避免了 LBB（Ladyzhenskaya，Babǔska，Brezzi）条件的限制，而 ASM 法并不满足 LBB 条件。

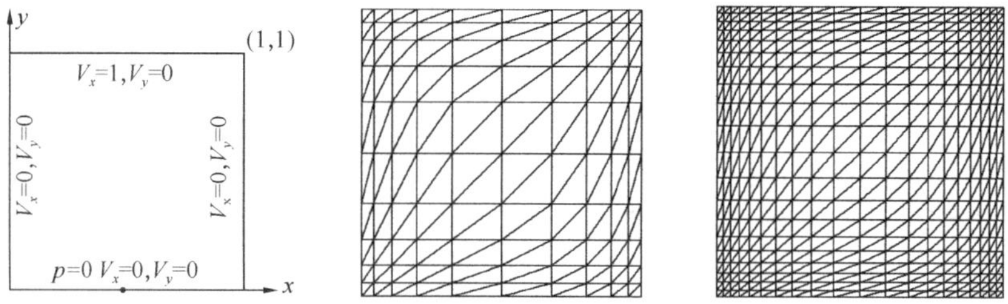

(a) 几何及边界条件　(b) 有限元网格Mesh1　(c) 有限元网格Mesh2

图 3.4.1　空腔流动示意图

第 4 章　流体力学有限元法及研究

4.1　流体力学有限元法

4.1.1　流体力学有限元法的基本过程

流体力学有限元法是解流体力学基本微分方程的数值方法，其解的收敛性和精度已经得到证明。

在有限元法中离散基本微分方程的定义域，将定义域离散为有限个子域或称单元，并在每个单元上建立以单元节点向量为未知数的有限元基本方程，然后集成为总体有限元方程组，解有限元方程组可得节点向量[24,89]。

在流体力学有限元法中，首先应对流体进行剖分，对于一维流场可将流场剖分为线单元；对于二维流场可将流场剖分为平面三角形单元或四边形单元等；对于三维流场可将流场剖分为四面体单元或六面体单元等。平面三角形单元和四面体单元可适用于复杂边界的流场，而四边形单元和六面体单元适用于规则流场。不同形状的单元可以组合。

有限元法中一个非常重要的问题是选取合适的单元模式，以便描述基本变量如速度、密度、力学压强、温度和能量的变化规律。这些变量在单元中的变化规律是用函数来描述的，当单元足够小时也就逼近了整个流场中的变化规律。同样，当单元足够小时也可用简单的函数来逼近流场中复杂的运动，但对于一些特殊的情况如激波、真空等，函数的构造就要特殊处理。

在有限元法中基本变量的函数通常采用多项式插入函数，也可采用特殊函数，根据逼近理论引入插入条件得到基函数的线性组合作为函数的近似，最后可在每个单元上得到用单元节点函数值表示的单元变量。

流体有限元法的实施基本与固体有限元法相同。在讨论流体有限元法的理论基础后，将在后面结合补偿标准 Galerkin 法给出具体的计算流程，这些流程足以说明流体有限元法的一般过程。

4.1.2　流体单元的形态分析

表示流体单元基本变量的形函数是经形态分析后确定的。流体单元的形态分析可参照固体单元分别采用 Lagrange 插值条件或 Hermit 插值条件得到 C^0 或 C^1 类连续的函数[24,49,89]。

现分别对一维、二维或三维问题，根据单元形状、单元节点数在满足右手法则的单元局部坐标系中取插入函数

$$u = c_1 + c_2 f + c_3 g + c_4 h + \cdots \tag{4.1.1}$$

式中，$c_1, c_2, \cdots$ 为待定常数。

如果式（4.1.1）中 $f=x$，$g=y$，$h=z, \cdots$，则式（a）为多项式插入函数。如果 f、g、h、…分别为特殊函数，如指数函数或贝塞尔函数等，则式（4.1.1）分别为指数插入函数或贝塞尔插入函数等。现对式（4.1.1）按 Lagrange 插值条件即可求得单元节点函数值表示的单元中任意一点的函数

$$\boldsymbol{u}=\boldsymbol{N}\boldsymbol{u}_e \tag{4.1.2}$$

式中，$\boldsymbol{N}$ 为基函数即形函数；$\boldsymbol{u}_e$ 为单元节点函数值向量。

式（4.1.2）表示流体单元中任意一点的函数值可用单元节点处函数值的线性组合来表示。如流体单元的速度 v、密度 ρ、力学压强 P、绝对温度 T、能量 E，以及以密度为权的速度、以密度为权的能量 ρE 和以密度为权的温度 ρT，和湍流问题中时均速度或可解速度 $\bar{\boldsymbol{v}}$ 及相应的力学压强 $\bar{P}$，均可表示为式（4.1.2）所示形式。

4.2 流体单元剖分和单元坐标系及变换

4.2.1 一维直线单元

在一维流场中可建立任意整体坐标系 $O\text{-}X$，坐标原点 O 可置于流场任意处。在坐标系 $O\text{-}X$ 中定义流场的几何。如图 4.2.1 所示，如果将流场剖分为两节点直线单元 e_{ij}，i 和 j 为单元的节点，则可在整体坐标系中定义单元节点的几何和速度向量及各标量。

图 4.2.1 中，直线单元 e_{ij} 的节点向量

$$\boldsymbol{\phi}_e=[\phi_i \quad \phi_j]^{\mathrm{T}} \tag{4.2.1}$$

由此，整体坐标系中直线单元 e_{ij} 的节点坐标向量

$$\boldsymbol{X}_e=[X_i \quad X_j]^{\mathrm{T}} \tag{4.2.2}$$

式中，X_i、X_j 分别为直线单元 e_{ij} 在整体坐标系中的节点坐标。

直线单元 e_{ij} 的节点速度向量

$$\boldsymbol{V}_e=[V_{xi} \quad V_{xj}]^{\mathrm{T}} \tag{4.2.3}$$

式中，V_{xi}、V_{xj} 分别为直线单元 e_{ij} 在整体坐标系中 X 方向的节点速度。

流场中的基本变量如密度 ρ_e、温度 T_e、力学压强 P_e 和能量 E_e 可按式（4.2.1）表示。

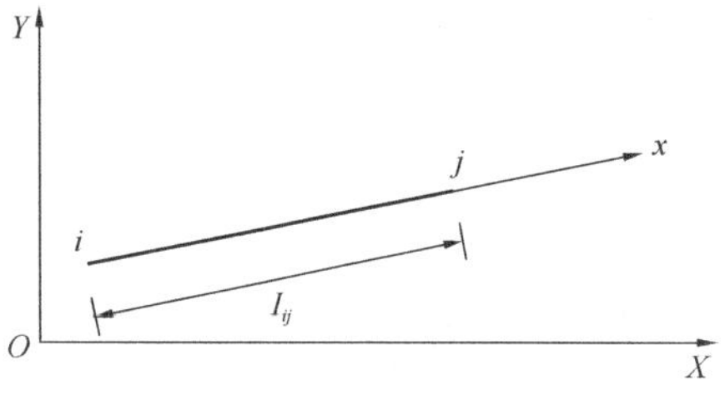

图 4.2.1 一维流场的整体坐标和线元的局部坐标

现在直线单元 ij 中建立局部坐标系 $i\text{-}x$。局部坐标系的原点设在节点 i，并且规定局部坐标系中的 x 轴的正向为从 i 到 j，见图 4.2.1。

在单元局部坐标系中直线单元 e_{ij} 的节点坐标向量

$$\boldsymbol{x}_e=[x_i \quad x_j]^{\mathrm{T}} \tag{4.2.4}$$

式中，x_i、x_j 分别为直线单元 e_{ij} 在局部坐标系中的节点坐标。

直线单元 e_{ij} 的节点速度向量

$$\boldsymbol{v}_e=[v_{xi} \quad v_{xj}]^{\mathrm{T}} \tag{4.2.5}$$

式中，v_{xi}、v_{xj} 分别为直线单元 e_{ij} 在局部坐标系中 x 方向的节点速度。

流场中的基本变量如密度 ρ_e、温度 T_e、力学压强 P_e 和能量 E_e 可按式（4.2.1）表示。

4.2.2 二维平面三角形及四边形单元

1．整体坐标系中平面三角形及四边形单元节点向量定义

在平面流场中可建立任意整体坐标系 O-XY 为直角坐标系，坐标原点 O 可置于流场任意处。在坐标系 O-XY 中定义流场的几何，如果将流场剖分为三角形或四边形单元，则可在整体坐标系中定义单元节点的几何和速度向量及各标量。

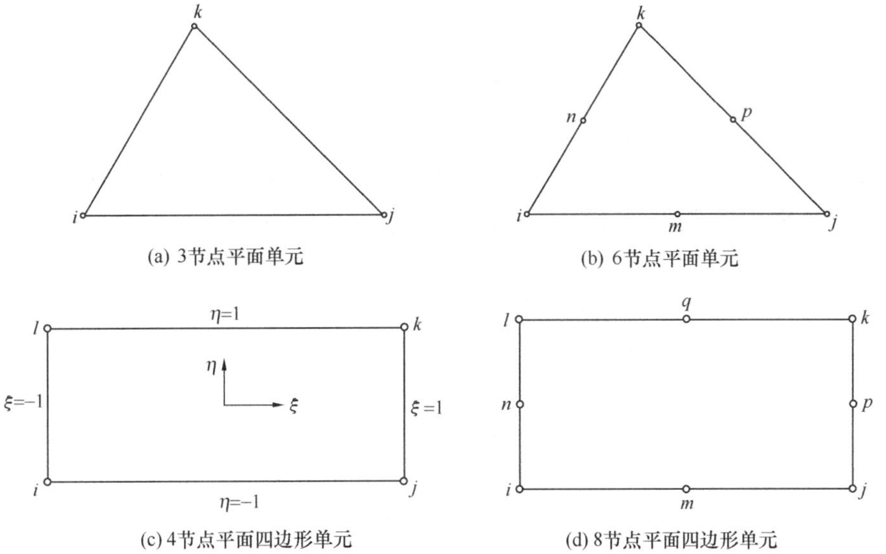

图 4.2.2 平面三角形单元和四边形单元

如图 4.2.2(a) 所示，3 节点平面三角形单元 e_{ijk} 的节点向量

$$\boldsymbol{\phi}_e = [\phi_i \quad \phi_j \quad \phi_k]^{\mathrm{T}} \tag{4.2.6}$$

由此，整体坐标系中 3 节点平面三角形单元 e_{ijk} 的节点坐标向量

$$\boldsymbol{X}_e = [X_i \quad Y_i \quad X_j \quad Y_j \quad X_k \quad Y_k]^{\mathrm{T}} \tag{4.2.7}$$

式中，X_i、Y_i、… 分别为三角形单元 e_{ijk} 在整体坐标系中的节点坐标。

3 节点平面三角形单元 e_{ijk} 的节点速度向量

$$\boldsymbol{V}_e = [V_{xi} \quad V_{yi} \quad V_{xj} \quad V_{yj} \quad V_{xk} \quad V_{yk}]^{\mathrm{T}} \tag{4.2.8a}$$

及增量

$$\Delta \boldsymbol{V}_e = [\Delta V_{xi} \quad \Delta V_{yi} \quad \Delta V_{xj} \quad \Delta V_{yj} \quad \Delta V_{xk} \quad \Delta V_{yk}]^{\mathrm{T}} \tag{4.2.8b}$$

式中，V_{xi}、V_{yi}、… 分别为三角形单元 e_{ijk} 在整体坐标系中 X、Y 方向的节点速度。

流场中的基本变量如密度 ρ_e、温度 T_e、力学压强 P_e 和能量 E_e 可按式（4.2.6）表示。

如图 4.2.2(b) 所示，6 节点平面三角形单元 e_{imjnpk} 的节点向量

$$\boldsymbol{\phi}_e = [\phi_i \quad \phi_m \quad \phi_j \quad \phi_n \quad \phi_p \quad \phi_k]^{\mathrm{T}} \tag{4.2.9}$$

由此，整体坐标系中 6 节点平面三角形单元 e_{imjnpk} 的节点坐标向量

$$\boldsymbol{X}_e = [X_i \quad Y_i \quad X_m \quad Y_m \quad X_j \quad Y_j \quad X_n \quad Y_n \quad X_p \quad Y_p \quad X_k \quad Y_k]^{\mathrm{T}} \tag{4.2.10}$$

式中，X_i、Y_i、… 分别为三角形单元 e_{imjnpk} 在整体坐标系中的节点坐标。

6 节点平面三角形单元 e_{imjnpk} 的节点速度向量

$$\boldsymbol{V}_e=[V_{xi}\quad V_{yi}\quad V_{xm}\quad V_{ym}\quad V_{xj}\quad V_{yj}\quad V_{xn}\quad V_{yn}\quad V_{xp}\quad V_{yp}\quad V_{xk}\quad V_{yk}]^{\mathrm{T}} \tag{4.2.11a}$$

及增量

$$\Delta\boldsymbol{V}_e=[\Delta V_{xi}\quad \Delta V_{yi}\quad \Delta V_{xm}\quad \Delta V_{ym}\quad \Delta V_{xj}\quad \Delta V_{yj}\quad \Delta V_{xn}\quad \Delta V_{yn}\quad \Delta V_{xp}\quad \Delta V_{yp}\quad \Delta V_{xk}\quad \Delta V_{yk}]^{\mathrm{T}} \tag{4.2.11b}$$

式中，V_{xi}、V_{yi}… 分别为三角形单元 e_{imjnpk} 在整体坐标系中 X、Y 方向的节点速度。

流场中的基本变量如密度 ρ_e、温度 T_e、力学压强 P_e 和能量 E_e 可按式（4.2.9）表示。

如图 4.2.2(c)、(d) 所示，平面四边形单元的节点向量可按上述方法表示。

2. 局部坐标系中平面三角形及四边形单元节点向量定义

现在平面三角形单元 e_{ijk} 中建立局部坐标系 i-xy，i 为原点，ix 轴与向量 ij 重合。现约定 ix 轴的正向为从节点 i 指向节点 j，iy 轴垂直于 ix 轴且正向指向节点 k，如图 4.2.3 所示。

三角形单元的几何在单元局部坐标系 i-xy 中定义。单元几何的定义体现在单元节点在局部坐标系中的坐标。局部坐标系中的单元节点坐标向量

$$\boldsymbol{x}_e=[x_i\quad y_i\quad x_j\quad y_j\quad x_k\quad y_k]^{\mathrm{T}} \tag{4.2.12}$$

式中，x_i、y_i… 分别为三角形单元 e_{ijk} 在局部坐标系中的节点坐标。

在局部坐标系中 3 节点平面三角形单元 e_{ijk} 的节点速度向量

$$\boldsymbol{v}_e=[v_{xi}\quad v_{yi}\quad v_{xj}\quad v_{yj}\quad v_{xk}\quad v_{yk}]^{\mathrm{T}} \tag{4.2.13}$$

式中，v_{xi}、v_{yi} … 分别为三角形单元 e_{ijk} 在局部坐标系中 x、y 方向的节点速度。

对于 6 节点平面三角形单元 e_{imjnpk} 在局部坐标系中单元节点坐标向量

$$\boldsymbol{x}_e=[x_i\quad y_i\quad x_m\quad y_m\quad x_j\quad y_j\quad x_n\quad y_n\quad x_p\quad y_p\quad x_k\quad y_k]^{\mathrm{T}} \tag{4.2.14}$$

式中，x_i、y_i… 分别为三角形单元 e_{imjnpk} 在局部坐标系中的节点坐标。

6 节点平面三角形单元 e_{imjnpk} 的节点速度向量

$$\boldsymbol{v}_e=[v_{xi}\quad v_{yi}\quad v_{xm}\quad v_{ym}\quad v_{xj}\quad v_{yj}\quad v_{xn}\quad v_{yn}\quad v_{xp}\quad v_{yp}\quad v_{xk}\quad v_{yk}]^{\mathrm{T}} \tag{4.2.15}$$

式中，v_{xi}、v_{yi}… 分别为三角形单元 e_{imjnpk} 在局部坐标系中 x、y 方向的节点速度。

在局部坐标系中，平面四边形单元的节点坐标和速度向量可按上述方法定义。

图 4.2.3　平面三角形单元的局部坐标

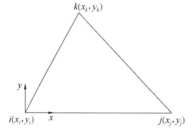

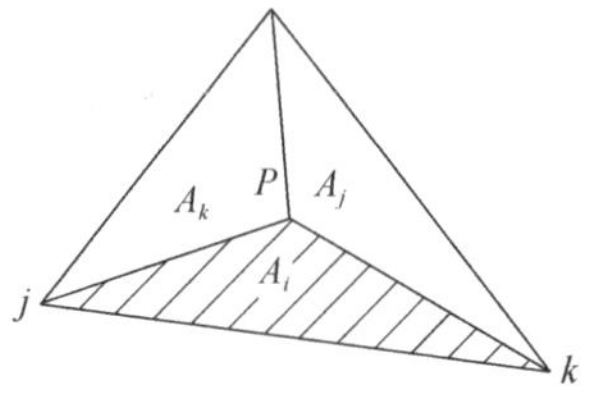

图 4.2.4　平面三角形单元面积坐标

3. 平面三角形单元的面积坐标

平面三角形单元 $\triangle ijk$ 中任一点 P 与其 3 个角点相连形成 3 个子三角形，如图 4.2.4 所示。图中 $\triangle Pjk$ 面积为 A_i，$\triangle Pki$ 面积为 A_j，$\triangle Pij$ 面积为 A_k。表示三角形单元中任一点 $P(L_i, L_j, L_k)$ 的面积坐标 L_i、L_j、L_k 可由 3 个比值来确定，即

$$L_i = \frac{A_i}{A},\ L_j = \frac{A_j}{A},\ L_k = \frac{A_k}{A} \tag{4.2.16}$$

其中，A 是三角形面积，在局部坐标系中

$$A = \frac{1}{2}\begin{vmatrix} 1 & x_i & y_i \\ 1 & x_j & y_j \\ 1 & x_k & y_k \end{vmatrix} = \frac{1}{2}x_j y_k \tag{4.2.17}$$

因此，显然有

$$A_i + A_j + A_k = A \tag{4.2.18}$$

三角形的 3 个角点在直角坐标系中的位置是 $i(x_i, y_i)$、$j(x_j, y_j)$、$k(x_k, y_k)$，其中任一点 P 在直角坐标系中的位置 $P(x, y)$。将 A、A_i、A_j、A_k 等用直角坐标表示，即 $A_i = \frac{1}{2}\begin{vmatrix} 1 & x & y \\ 1 & x_j & y_j \\ 1 & x_k & y_k \end{vmatrix} = \frac{1}{2}[(x_j y_k - y_j x_k) + (y_j - y_k)x + (x_k - x_j)y] = \frac{1}{2}(a_i + b_i x + c_i y)$。

根据三角形平面单元的面积坐标的定义，有

$$\begin{bmatrix} L_i \\ L_j \\ L_k \end{bmatrix} = \frac{1}{2A}\begin{bmatrix} a_i & b_i & c_i \\ a_j & b_j & c_j \\ a_k & b_k & c_k \end{bmatrix}\begin{bmatrix} 1 \\ x \\ y \end{bmatrix} \tag{4.2.19a}$$

这里

$$a_i = \begin{vmatrix} x_j & y_j \\ x_k & y_k \end{vmatrix} = x_j y_k - x_k y_j,\ a_j = \begin{vmatrix} x_k & y_k \\ x_i & y_i \end{vmatrix} = x_k y_i - x_i y_k,\ a_k = \begin{vmatrix} x_i & y_i \\ x_j & y_j \end{vmatrix} = x_i y_j - x_j y_i$$

$$b_i = -\begin{vmatrix} 1 & y_j \\ 1 & y_k \end{vmatrix} = y_j - y_k,\quad b_j = -\begin{vmatrix} 1 & y_k \\ 1 & y_i \end{vmatrix} = y_k - y_i,\quad b_k = -\begin{vmatrix} 1 & y_i \\ 1 & y_j \end{vmatrix} = y_i - y_j$$

$$c_i = \begin{vmatrix} 1 & x_j \\ 1 & x_k \end{vmatrix} = -x_j + x_k,\quad c_j = \begin{vmatrix} 1 & x_k \\ 1 & x_i \end{vmatrix} = -x_k + x_i,\quad c_k = \begin{vmatrix} 1 & x_i \\ 1 & x_j \end{vmatrix} = -x_i + x_j \tag{4.2.19b}$$

在如图 4.2.3 所示的局部坐标系 $i\text{-}xy$ 中

$$\begin{gathered} a_i = x_j y_k,\ a_j = 0,\ a_k = 0 \\ b_i = -y_k,\ b_j = y_k,\ b_k = 0 \\ c_i = x_k - x_j,\ c_j = -x_k,\ c_k = x_j \end{gathered} \tag{4.2.20}$$

式中，x_i、y_i、x_j、y_j、x_k、y_k 为三角形单元节点 i、j、k 在如图 4.2.3 所示的局部坐标系中的坐标。

三角形$\triangle ijk$内与节点i的对边jk平行的直线上的诸点有相同的L_i坐标。3个面积坐标并不相互独立，满足$L_i+L_j+L_k=1$。

将L_i、L_j、L_k分别乘以x_i、x_j、x_k，然后相加，有

$$\begin{aligned}
x_iL_i+x_jL_j+x_kL_k &= x_i\frac{1}{2A}(a_i+b_ix+c_iy)+x_j\frac{1}{2A}(a_j+b_jx+c_jy) \\
&\quad +x_k\frac{1}{2A}(a_k+b_kx+c_ky) \\
&= x_i\frac{1}{2A}[(x_jy_k-x_ky_j)+(y_j-y_k)x+(x_k-x_j)y] \\
&\quad +x_j\frac{1}{2A}[(x_ky_i-x_iy_k)+(y_k-y_i)x+(x_i-x_k)y] \\
&\quad +x_k\frac{1}{2A}[(x_iy_j-x_jy_i)+(y_i-y_j)x+(x_j-x_i)y] \\
&= \frac{1}{2A}(x_ix_jy_k-x_ix_ky_j+x_iy_jx-x_iy_kx+x_ix_ky-x_ix_jy \\
&\quad +x_jx_ky_i-x_jx_iy_k+x_jy_kx-x_jy_ix+x_jx_iy-x_jx_ky \\
&\quad +x_kx_iy_j-x_kx_jy_i+x_ky_ix-x_ky_jx+x_kx_jy-x_kx_iy) \\
&= \frac{1}{2A}(x_iy_jx-x_iy_kx+x_jy_kx-x_jy_ix+x_ky_ix-x_ky_jx) \\
&= x\frac{1}{2A}(x_iy_j-x_iy_k+x_jy_k-x_jy_i+x_ky_i-x_ky_j) \\
&= x\frac{1}{2A}(2A)=x
\end{aligned} \tag{4.2.21a}$$

同理有

$$y_iL_i+y_jL_j+y_kL_k=y \tag{4.2.21b}$$

局部坐标与面积坐标的关系

$$\begin{bmatrix} x \\ y \end{bmatrix}=\begin{bmatrix} x_i & x_j & x_k \\ y_i & y_j & y_k \end{bmatrix}\begin{bmatrix} L_i \\ L_j \\ L_k \end{bmatrix} \tag{4.2.21c}$$

由上式可得用局部坐标表示面积坐标的表达式。

4. 平面三角形单元坐标向量的构造及变换

在二维流场内建立的整体坐标系$O\text{-}XY$中可定义流体的速度向量$\mathbf{V}$。而整体坐标X、Y的单位向量为$\boldsymbol{e}_1$和$\boldsymbol{e}_2$，流体单元中构造的局部坐标$\boldsymbol{ix}$、$\boldsymbol{iy}$向量可根据向量运算法则来构造。

现定义平面三角形单元局部坐标系的坐标轴ix，如图4.2.3所示，坐标轴ix可用向量$\boldsymbol{ij}$表示，即

$$\boldsymbol{ix}=\boldsymbol{ij}=DX_{ji}\boldsymbol{e}_1+DY_{ji}\boldsymbol{e}_2 \tag{4.2.22}$$

式中，$DX_{ji}=X_j-X_i$，$DY_{ji}=Y_j-Y_i$。

而坐标轴iy可用向量$\boldsymbol{iy}$表示，即

$$\boldsymbol{iy}=-DY_{ji}\boldsymbol{e}_1+DX_{ji}\boldsymbol{e}_2 \tag{4.2.23}$$

平面三角形单元局部坐标系的坐标轴ix与整体坐标系的坐标轴X、Y之间的方向

余弦

$$l_1 = \frac{X_j - X_i}{l_{ij}},\ m_1 = \frac{Y_j - Y_i}{l_{ij}} \tag{4.2.24}$$

式中，$l_{ij} = \sqrt{(X_j - X_i)^2 + (Y_j - Y_i)^2}$。

类似地，平面三角形单元局部坐标系的坐标轴 iy 与整体坐标系的坐标轴 X、Y 之间的方向余弦

$$l_2 = -m_1,\ m_2 = l_1 \tag{4.2.25}$$

于是，就可得到平面三角形单元的局部坐标向量与整体坐标向量的变换矩阵 $\boldsymbol{t}_2$

$$\boldsymbol{t}_2 = \begin{bmatrix} l_1 & \boldsymbol{m}_1 \\ l_2 & \boldsymbol{m}_2 \end{bmatrix} \tag{4.2.26}$$

5. 平面三角形单元的向量变换

3 节点和 6 节点平面三角形单元的向量在局部坐标系与整体坐标系之间的变换矩阵

$$\boldsymbol{T}_2 = \begin{bmatrix} \boldsymbol{t}_2 & 0 & 0 \\ 0 & \boldsymbol{t}_2 & 0 \\ 0 & 0 & \boldsymbol{t}_2 \end{bmatrix} \quad 和 \quad \boldsymbol{T}_2 = \begin{bmatrix} \boldsymbol{t}_2 & & & & & \\ 0 & \boldsymbol{t}_2 & & & & \\ 0 & 0 & \boldsymbol{t}_2 & & \text{Sys.} & \\ 0 & 0 & 0 & \boldsymbol{t}_2 & & \\ 0 & 0 & 0 & 0 & \boldsymbol{t}_2 & \\ 0 & 0 & 0 & 0 & 0 & \boldsymbol{t}_2 \end{bmatrix} \tag{4.2.27}$$

式中，$\boldsymbol{t}_2$ 为三角形单元局部坐标系与整体坐标系的变换矩阵，按式（4.2.26）计算。

单元的速度向量及增量在局部坐标系与整体坐标系之间的变换

$$\boldsymbol{v}_e = \boldsymbol{T}_2 \boldsymbol{V}_e \text{ 及 } \Delta \boldsymbol{v}_e = \boldsymbol{T}_2 \Delta \boldsymbol{V}_e \tag{4.2.28}$$

相应的等效节点外力向量及增量在局部坐标系与整体坐标系之间的变换

$$\boldsymbol{p}_e = \boldsymbol{T}_2 \boldsymbol{P}_e \text{ 及 } \Delta \boldsymbol{p}_e = \boldsymbol{T}_2 \Delta \boldsymbol{P}_e \tag{4.2.29}$$

在图 4.2.3 所示三角形单元局部坐标系中，节点 i 的坐标 $x_i = y_i = 0$；节点 j 的坐标 $x_j = l_{ij}$，$y_j = 0$；而节点 k 的坐标 $\begin{bmatrix} x_k \\ y_k \end{bmatrix} = \begin{bmatrix} l_1(X_k - X_i) + m_1(Y_k - Y_i) \\ l_2(X_k - X_i) + m_2(Y_k - Y_i) \end{bmatrix}$。

4.2.3　三维四面体及六面体单元

1. 整体坐标系中四面体及六面体单元节点向量定义

在三维流场中可建立任意整体坐标系 O-XYZ 为直角坐标系，坐标原点 O 可置于流场任意处。整体坐标系的三个坐标标架 $\boldsymbol{X}$、$\boldsymbol{Y}$、$\boldsymbol{Z}$ 用单位向量表示，即 $\boldsymbol{X} = 1\boldsymbol{e}_1 + 0\boldsymbol{e}_2 + 0\boldsymbol{e}_3$，$Y = 0\boldsymbol{e}_1 + 1\boldsymbol{e}_2 + 0\boldsymbol{e}_3$，$\boldsymbol{Z} = 0\boldsymbol{e}_1 + 0\boldsymbol{e}_2 + 1\boldsymbol{e}_3$。

对于任意空间四面体单元，由四条边构成单元的几何，如图 4.2.5 所示，图中 i、j、k、l 为四面体的顶点，即 i、j、k、l 为空间四面体单元的节点。对四面体单元节点适当编号，使单元的节点号 i、j、k、l 以由小到大的顺序排列。然而，四面体单元的节点数尚应与节点自由度及插值函数有关。

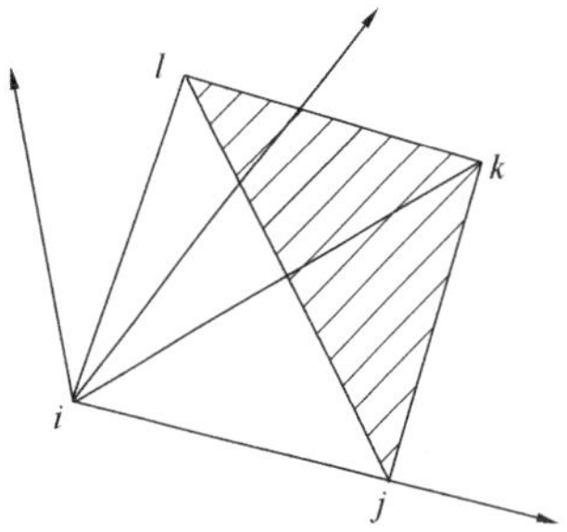

图 4.2.5　4 节点四面体单元

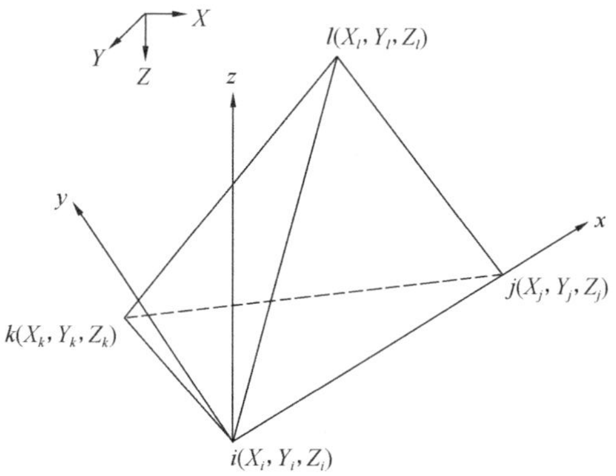

图 4.2.6　4 节点四面体单元的整体坐标

如图 4.2.6 所示，在坐标系 $O\text{-}XYZ$ 中定义流场的几何，如果将流场剖分为四面体单元，则可在整体坐标系中定义单元的几何和速度向量及标量。4 节点四面体单元 e_{ijkl} 的节点向量

$$\boldsymbol{\phi}_e = [\phi_i \quad \phi_j \quad \phi_k \quad \phi_l]^{\mathrm{T}} \tag{4.2.30}$$

由此，整体坐标系中 4 节点四面体单元 e_{ijkl} 的节点坐标向量

$$\boldsymbol{X}_e = [\boldsymbol{X}_i \quad \boldsymbol{X}_j \quad \boldsymbol{X}_k \quad \boldsymbol{X}_l]^{\mathrm{T}} \tag{4.2.31a}$$

其中，$\boldsymbol{X}_i$、$\boldsymbol{X}_j$、$\boldsymbol{X}_k$、$\boldsymbol{X}_l$ 分别为节点坐标向量，即

$$\boldsymbol{X}_i = [X_i \quad Y_i \quad Z_i]^{\mathrm{T}}, \boldsymbol{X}_j = [X_j \quad Y_j \quad Z_j]^{\mathrm{T}}, \boldsymbol{X}_k = [X_k \quad Y_k \quad Z_k]^{\mathrm{T}}, \boldsymbol{X}_l = [X_l \quad Y_l \quad Z_l]^{\mathrm{T}} \tag{4.2.31b}$$

式中，X_i、Y_i、Z_i… 分别为 4 节点四面体单元 e_{ijkl} 在整体坐标系中的节点坐标。

4 节点四面体单元 e_{ijkl} 的节点速度向量

$$\boldsymbol{V}_e = [V_{xi} \quad V_{yi} \quad V_{zi} \quad V_{xj} \quad V_{yj} \quad V_{zj} \quad V_{xk} \quad V_{yk} \quad V_{zk} \quad V_{xl} \quad V_{yl} \quad V_{zl}]^{\mathrm{T}} \tag{4.2.32a}$$

及增量

$$\Delta\boldsymbol{V}_e = [\Delta V_{xi} \quad \Delta V_{yi} \quad \Delta V_{zi} \quad \Delta V_{xj} \quad \Delta V_{yj} \quad \Delta V_{zj} \quad \Delta V_{xk} \quad \Delta V_{yk} \quad \Delta V_{zk} \quad \Delta V_{xl} \quad \Delta V_{yl} \quad \Delta V_{zl}]^{\mathrm{T}} \tag{4.2.32b}$$

式中，V_{xi}、V_{yi}、V_{zi}… 分别为 4 节点四面体单元 e_{ijkl} 在整体坐标系中 X、Y、Z 方向的节点速度。

流场中的基本变量如密度 ρ_e、温度 T_e、力学压强 P_e 和能量 E_e 可按式（4.2.30）表示。

现在 4 节点四面体单元四条棱的中点内插节点，构成 10 节点四面体单元 $e_{imjnpkqrsl}$，如图 4.2.7 所示。

10 节点四面体单元 $e_{imjnpkqrsl}$ 的节点向量

$$\boldsymbol{\phi}_e = [\phi_i \quad \phi_m \quad \phi_j \quad \phi_n \quad \phi_p \quad \phi_k \quad \phi_q \quad \phi_r \quad \phi_s \quad \phi_l]^{\mathrm{T}} \tag{4.2.33}$$

由此，节点坐标向量 $\boldsymbol{X}_e$、节点速度向量 $\boldsymbol{V}_e$ 以及各标量均可按以上各向量的构造原则扩展而成。

对于任意空间六面体单元，由 12 条边构成单元的几何，如图 4.2.8 所示。整体坐标系为正交坐标系。在整体坐标系 $O\text{-}XYZ$ 中，将三维长方体区域剖分为长方体单元。长方体单元有 8 个节点，即 $e(A_1, A_2, A_3, A_4, A_5, A_6, A_7, A_8)$。整体坐标系 OX、OY 和 OZ 轴的正方向为从节点 A_1 指向节点 A_4、A_2 和 A_5。六面体的顶点为 A_1、A_2、A_3、A_4、A_5、A_6、A_7、A_8，即 A_1、A_2、A_3、A_4、A_5、A_6、A_7、A_8 为空间六面体单元的节点，节点编号以由小到大的顺序排列。

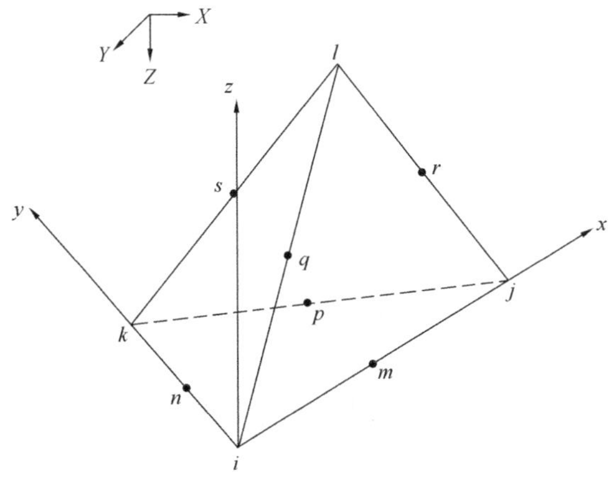

图 4.2.7　10 节点四面体单元图

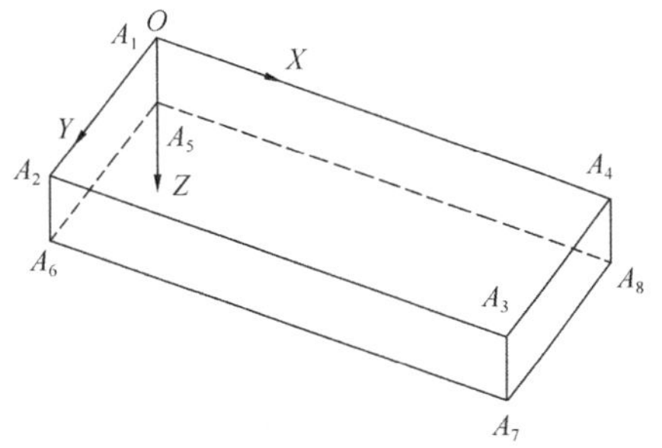

图 4.2.8　具有六面体的流体的整体坐标系

在坐标系 $O\text{-}XYZ$ 中定义流场的几何，如果将流场剖分为六面体，则可在整体坐标系中定义单元的几何和速度向量及标量。任意空间六面体单元 $e(A_1, A_2, A_3, A_4, A_5, A_6, A_7, A_8)$ 的节点向量

$$\boldsymbol{\phi}_e = [\phi_{A1} \quad \phi_{A2} \quad \phi_{A3} \quad \phi_{A4} \quad \phi_{A5} \quad \phi_{A6} \quad \phi_{A7} \quad \phi_{A8}]^{\mathrm{T}} \tag{4.2.34}$$

由此，节点坐标向量 $\boldsymbol{X}_e$、节点速度向量 $\mathbf{V}_e$ 以及各标量均可按以上各向量的构造原则扩展而成。

2. 局部坐标系中四面体及六面体单元节点向量定义

现在 4 节点四面体单元 e_{ijkl} 中建立局部坐标系 $i\text{-}xyz$，$i\text{-}xyz$ 为正交坐标系，如图 4.2.9 所示。局部坐标系的原点设在节点 i，坐标轴 ix、iy 和 iz 分别为三个局部坐标主轴，ix 轴与向量 ij 重合。现约定 ix 轴的正向为从节点 i 指向节点 j，iy 轴的正向指向节点 k。

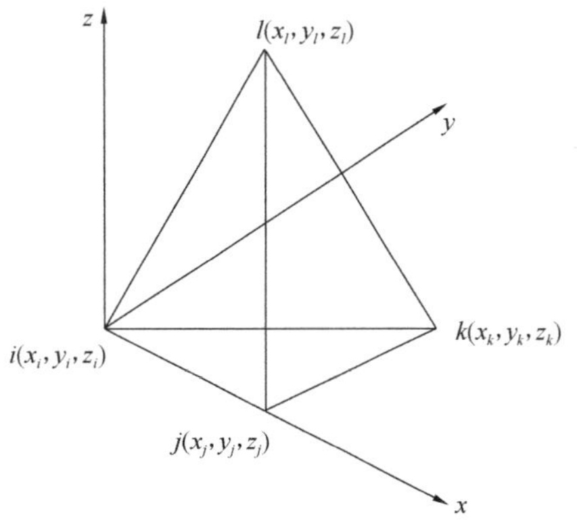

图 4.2.9　四面体单元 $\boldsymbol{e}_{ijkl}$ 的局部坐标

局部坐标系中的四面体单元 e_{ijkl} 节点坐标向量

$$\boldsymbol{x}_e = [\boldsymbol{x}_i \quad \boldsymbol{x}_j \quad \boldsymbol{x}_k \quad \boldsymbol{x}_l]^{\mathrm{T}} \tag{4.2.35a}$$

式中，$\boldsymbol{x}_i$、$\boldsymbol{x}_j$、$\boldsymbol{x}_k$、$\boldsymbol{x}_l$ 分别为节点局部坐标向量，即

$$\boldsymbol{x}_i = [x_i \quad y_i \quad z_i]^{\mathrm{T}}, \boldsymbol{x}_j = [x_j \quad y_j \quad z_j]^{\mathrm{T}}, \boldsymbol{x}_k = [x_k \quad y_k \quad z_k]^{\mathrm{T}}, \boldsymbol{x}_l = [x_l \quad y_l \quad z_l]^{\mathrm{T}} \tag{4.2.35b}$$

其中，x_i、y_i、z_i… 分别为四面体单元 e_{ijkl} 在局部坐标系中的坐标。

在局部坐标中定义四面体单元节点 e_{ijkl} 速度向量 $\boldsymbol{v}_e$

$$\boldsymbol{v}_e = [v_{xi} \quad v_{yi} \quad v_{zi} \quad v_{xj} \quad v_{yj} \quad v_{zj} \quad v_{xk} \quad v_{yk} \quad v_{zk} \quad v_{xl} \quad v_{yl} \quad v_{zl}]^{\mathrm{T}} \tag{4.2.36}$$

式中，v_{xi}、v_{yi}、v_{zi}… 分别为四面体单元 e_{ijkl} 在局部坐标系中 x、y、z 方向的节点速度。

现在 10 节点四面体单元 $e_{imjnpkqrsl}$ 中建立局部坐标系 i-xyz，如图 4.2.7 所示。10 节点四面体单元 $e_{imjnpkqrsl}$ 的节点坐标向量

$$\boldsymbol{x}_e = [\boldsymbol{x}_i \quad \boldsymbol{x}_m \quad \boldsymbol{x}_j \quad \boldsymbol{x}_n \quad \boldsymbol{x}_p \quad \boldsymbol{x}_k \quad \boldsymbol{x}_q \quad \boldsymbol{x}_r \quad \boldsymbol{x}_s \quad \boldsymbol{x}_l]^{\mathrm{T}} \tag{4.2.37a}$$

其中

$$\begin{gathered}
\boldsymbol{x}_i = [x_i \quad y_i \quad z_i]^{\mathrm{T}},\ \boldsymbol{x}_m = [x_m \quad y_m \quad z_m]^{\mathrm{T}},\ \boldsymbol{x}_j = [x_j \quad y_j \quad z_j]^{\mathrm{T}} \\
\boldsymbol{x}_n = [x_n \quad y_n \quad z_n]^{\mathrm{T}},\boldsymbol{x}_p = [x_p \quad y_p \quad z_p]^{\mathrm{T}},\boldsymbol{x}_k = [x_k \quad y_k \quad z_k]^{\mathrm{T}} \\
\boldsymbol{x}_q = [x_q \quad y_q \quad z_q]^{\mathrm{T}},\boldsymbol{x}_r = [x_r \quad y_r \quad z_r]^{\mathrm{T}},\ \boldsymbol{x}_s = [x_s \quad y_s \quad z_s]^{\mathrm{T}},\ \boldsymbol{x}_l = [x_l \quad y_l \quad z_l]^{\mathrm{T}}
\end{gathered} \tag{4.2.37b}$$

式中，x_i、y_i、z_i… 分别为 10 节点四面体单元 $e_{imjnpkqrsl}$ 在局部坐标系中的节点坐标。

局部坐标系中 10 节点四面体单元 $e_{imjnpkqrsl}$ 的节点速度向量

$$\boldsymbol{v}_e = [\boldsymbol{v}_i \quad \boldsymbol{v}_m \quad \boldsymbol{v}_j \quad \boldsymbol{v}_n \quad \boldsymbol{v}_p \quad \boldsymbol{v}_k \quad \boldsymbol{v}_q \quad \boldsymbol{v}_r \quad \boldsymbol{v}_s \quad \boldsymbol{v}_l]^{\mathrm{T}} \tag{4.2.38a}$$

其中，单元节点的速度向量

$$\begin{gathered}
\boldsymbol{v}_i = [v_{xi} \quad v_{yi} \quad v_{zi}]^{\mathrm{T}},\boldsymbol{v}_m = [v_{xm} \quad v_{ym} \quad v_{zm}]^{\mathrm{T}},\boldsymbol{v}_j = [v_{xj} \quad v_{yj} \quad v_{zj}]^{\mathrm{T}} \\
\boldsymbol{v}_n = [v_{xn} \quad v_{yn} \quad v_{zn}]^{\mathrm{T}},\boldsymbol{v}_p = [v_{xp} \quad v_{yp} \quad v_{zp}]^{\mathrm{T}},\boldsymbol{v}_k = [v_{xk} \quad v_{yk} \quad v_{zk}]^{\mathrm{T}} \\
\boldsymbol{v}_q = [v_{xq} \quad v_{yq} \quad v_{zq}]^{\mathrm{T}},\boldsymbol{v}_r = [v_{xr} \quad v_{yr} \quad v_{zr}]^{\mathrm{T}},\boldsymbol{v}_s = [v_{xs} \quad v_{ys} \quad v_{zs}]^{\mathrm{T}},\boldsymbol{v}_l = [v_{xl} \quad v_{yl} \quad v_{zl}]^{\mathrm{T}}
\end{gathered} \tag{4.2.38b}$$

式中，v_{xi}、v_{yi}、v_{zi}… 分别为 10 节点四面体单元 $e_{imjnpkqrsl}$ 在局部坐标系中 x、y、z 方向的节点速度。

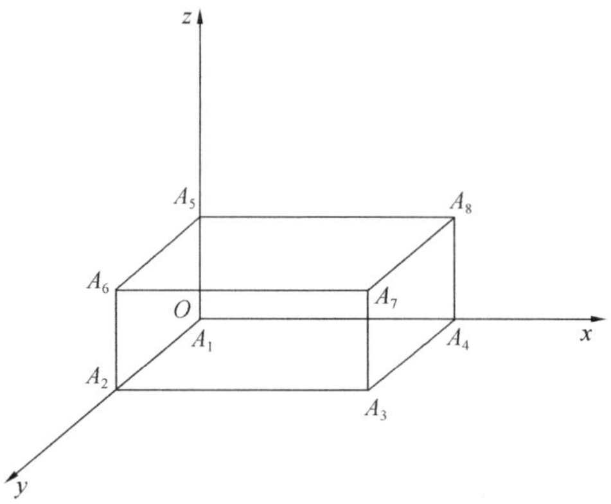

图 4.2.10　8 节点六面体单元的局部坐标

如在 8 节点六面体单元 $e(A_1, A_2, A_3, A_4, A_5, A_6, A_7, A_8)$ 中建立局部坐标系，如图 4.2.10所示，将原点设在节点 A_1，局部坐标系 A_1-xyz 为正交坐标系。坐标轴 A_1x、A_1y 和 A_1z 分别为三个局部坐标主轴，局部坐标系 A_1-xyz 与整体坐标系 O-XYZ 的方向一致。

现在局部坐标系中定义单元的几何和速度向量。局部坐标系中六面体单元 $e(A_1, A_2, A_3, A_4, A_5, A_6, A_7, A_8)$ 的节点坐标向量

$$\boldsymbol{x}_e = [\boldsymbol{x}_{A1} \quad \boldsymbol{x}_{A2} \quad \boldsymbol{x}_{A3} \quad \boldsymbol{x}_{A4} \quad \boldsymbol{x}_{A5} \quad \boldsymbol{x}_{A6} \quad \boldsymbol{x}_{A7} \quad \boldsymbol{x}_{A8}]^{\mathrm{T}} \tag{4.2.39a}$$

其中

$$\boldsymbol{x}_{A1}=[x_{A1}\quad y_{A1}\quad z_{A1}]^{\mathrm{T}},\boldsymbol{x}_{A2}=[x_{A2}\quad y_{A2}\quad z_{A2}]^{\mathrm{T}},\boldsymbol{x}_{A3}=[x_{A3}\quad y_{A3}\quad z_{A3}]^{\mathrm{T}}$$
$$\boldsymbol{x}_{A4}=[x_{A4}\quad y_{A4}\quad z_{A4}]^{\mathrm{T}},\boldsymbol{x}_{A5}=[x_{A5}\quad y_{A5}\quad z_{A5}]^{\mathrm{T}},\boldsymbol{x}_{A6}=[x_{A6}\quad y_{A6}\quad z_{A6}]^{\mathrm{T}}$$
$$\boldsymbol{x}_{A7}=[x_{A7}\quad y_{A7}\quad z_{A7}]^{\mathrm{T}},\boldsymbol{x}_{A8}=[x_{A8}\quad y_{A8}\quad z_{A8}]^{\mathrm{T}}$$

(4.2.39b)

式中，x_{A1}、y_{A1}、z_{A1}… 分别为六面体单元 $e(A_1,A_2,A_3,A_4,A_5,A_6,A_7,A_8)$ 在局部坐标系中的节点坐标。

局部坐标系中六面体单元 $e(A_1,A_2,A_3,A_4,A_5,A_6,A_7,A_8)$ 的节点速度向量

$$\boldsymbol{v}_e=[\boldsymbol{v}_{A1}\quad \boldsymbol{v}_{A2}\quad \boldsymbol{v}_{A3}\quad \boldsymbol{v}_{A4}\quad \boldsymbol{v}_{A5}\quad \boldsymbol{v}_{A6}\quad \boldsymbol{v}_{A7}\quad \boldsymbol{v}_{A8}]^{\mathrm{T}} \tag{4.2.40a}$$

其中，单元节点的速度向量

$$\boldsymbol{v}_{A1}=[v_{xA1}\quad v_{yA1}\quad v_{zA1}]^{\mathrm{T}},\boldsymbol{v}_{A2}=[v_{xA2}\quad v_{yA2}\quad v_{zA2}]^{\mathrm{T}},\boldsymbol{v}_{A3}=[v_{xA3}\quad v_{yA3}\quad v_{zA3}]^{\mathrm{T}}$$
$$\boldsymbol{v}_{A4}=[v_{xA4}\quad v_{yA4}\quad v_{zA4}]^{\mathrm{T}},\boldsymbol{v}_{A5}=[v_{xA5}\quad v_{yA5}\quad v_{zA5}]^{\mathrm{T}},\boldsymbol{v}_{A6}=[v_{xA6}\quad v_{yA6}\quad v_{zA6}]^{\mathrm{T}}$$
$$\boldsymbol{v}_{A7}=[v_{xA7}\quad v_{yA7}\quad v_{zA7}]^{\mathrm{T}},\boldsymbol{v}_{A8}=[v_{xA8}\quad v_{yA8}\quad v_{zA8}]^{\mathrm{T}}$$

(4.2.40b)

式中，v_{xA1}、v_{yA1}、v_{zA1}… 分别为六面体单元 $e(A_1,A_2,A_3,A_4,A_5,A_6,A_7,A_8)$ 在局部坐标系中 x、y、z 方向的节点速度。

3. 四面体单元的体积坐标

四面体单元中任一点 P 与其 4 个角点相连形成 4 个子四面体，如图 4.2.11 所示。

以四面体单元所对应的节点号来命名此 4 个子四面体的体积，即 $Pijk$ 体积为 V_l，$Pjkl$ 体积为 V_i，$Pkli$ 体积为 V_j，$Plij$ 体积为 V_k 。表示四面体单元中任一点 $P(L_i、L_j、L_k、L_l)$ 的体积坐标 L_i、L_j、L_k、L_l 可由 4 个比值来确定，即

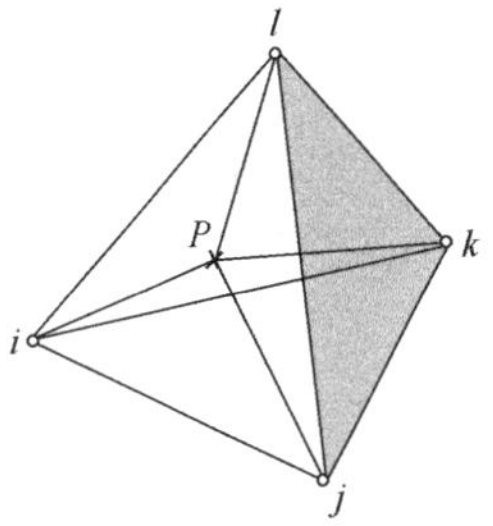

图 4.2.11　四面体单元体积坐标

$$L_i=\frac{V_i}{V},L_j=\frac{V_j}{V},L_k=\frac{V_k}{V},L_l=\frac{V_l}{V} \tag{4.2.41}$$

其中，V 为四面体单元的体积

$$V=\frac{1}{6}\begin{vmatrix}1 & x_i & y_i & z_i\\ 1 & x_j & y_j & z_j\\ 1 & x_k & y_k & z_k\\ 1 & x_l & y_l & z_l\end{vmatrix} \tag{4.2.42}$$

在图 4.2.9 所示的四面体单元局部坐标系 i-xyz 中，四面体单元的体积

$$V=\frac{1}{6}x_j y_k z_l \tag{4.2.43}$$

显然，$V_i+V_j+V_k+V_l=V$，而体积坐标和直角坐标的转换关系

$$\begin{aligned}L_i&=\frac{1}{6V}(a_i+b_ix+c_iy+d_iz),\ L_j=-\frac{1}{6V}(a_j+b_jx+c_jy+d_jz)\\ L_k&=\frac{1}{6V}(a_k+b_kx+c_ky+d_kz),\ L_l=-\frac{1}{6V}(a_l+b_lx+c_ly+d_lz)\end{aligned} \tag{4.2.44}$$

其中，a_i、b_i、c_i、d_i… 的表达式分别为

$$
\begin{aligned}
a_i &= -x_l y_k z_j + x_k y_l z_j + x_l y_j z_k - x_j y_l z_k - x_k y_j z_l + x_j y_k z_l \\
b_i &= y_k z_j - y_l z_j - y_j z_k + y_l z_k + y_j z_l - y_k z_l \\
c_i &= -x_k z_j + x_l z_j + x_j z_k - x_l z_k - x_j z_l + x_k z_l \\
d_i &= x_k y_j - x_l y_j - x_j y_k + x_l y_k + x_j y_l - x_k y_l \\
a_j &= x_l y_k z_i + x_k y_l z_i - x_l y_i z_k + x_i y_l z_k + x_k y_i z_l - x_i y_k z_l \\
b_j &= -y_k z_i + y_l z_i + y_i z_k - y_l z_k - y_i z_l + y_k z_l \\
c_j &= x_k z_i - x_l z_i - x_i z_k + x_l z_k + x_i z_l - x_k z_l \\
d_j &= -x_k y_i + x_l y_i + x_i y_k - x_l y_k - x_i y_l + x_k y_l \\
a_k &= -x_l y_j z_i + x_j y_l z_i + x_l y_i z_j - x_i y_l z_j - x_j y_i z_l + x_i y_j z_l \\
b_k &= y_j z_i - y_l z_i - y_i z_j + y_l z_j + y_i z_l - y_j z_l \\
c_k &= -x_j z_i + x_l z_i + x_i z_j - x_l z_j - x_i z_l + x_j z_l \\
d_k &= x_j y_i - x_l y_i - x_i y_j + x_l y_j + x_i y_l - x_j y_l \\
a_l &= x_k y_j z_i - x_j y_k z_i - x_k y_i z_j + x_i y_k z_j + x_j y_i z_k - x_i y_j z_k \\
b_l &= -y_j z_i + y_k z_i + y_i z_j - y_k z_j - y_i z_k + y_j z_k \\
c_l &= x_j z_i - x_k z_i - x_i z_j + x_k z_j + x_i z_k - x_j z_k \\
d_l &= -x_j y_i + x_k y_i + x_i y_j - x_k y_j - x_i y_k + x_j y_k
\end{aligned}
\tag{4.2.45}
$$

在四面体单元的局部坐标系 i-xyz 中，以上参数简化为

$$
\begin{gathered}
a_i = x_j y_k z_l,\ b_i = -y_k z_l,\ c_i = x_k z_l - x_j z_l,\ d_i = x_l y_k + x_j y_l - x_k y_l - x_j y_k \\
a_j = 0,\ b_j = y_k z_l,\ c_j = -x_k z_l,\ d_j = x_k y_l - x_l y_k \\
a_k = 0,\ b_k = 0,\ c_k = x_j z_l,\ d_k = -x_j y_l \\
a_l = 0,\ b_l = 0,\ c_l = 0,\ d_l = x_j y_k
\end{gathered}
\tag{4.2.46}
$$

其中，x_i、y_i、z_i、x_j、y_j、z_j、x_k、y_k、z_k、x_l、y_l、z_l 为四面体单元节点 i、j、k、l 在局部坐标系中的坐标。

体积坐标不是完全独立的，存在如下关系 $L_i + L_j + L_k + L_l = 1$。在局部坐标系中，四面体 4 个角点的坐标为 $i(x_i, y_i, z_i)$、$j(x_j, y_j, z_j)$、$k(x_k, y_k, z_k)$、$l(x_l, y_l, z_l)$。在四面体中任一点 P 的坐标为 $P(x, y, z)$，将 L_i、L_j、L_k、L_l 等用直角坐标表示，就可以建立体积坐标和直角坐标的关系

$$
\begin{aligned}
x &= x_i L_i + x_j L_j + x_k L_k + x_l L_l = x_i L_i + x_j L_j + x_k L_k + x_l (1 - L_i - L_j - L_k) \\
y &= y_i L_i + y_j L_j + y_k L_k + y_l L_l = y_i L_i + y_j L_j + y_k L_k + y_l (1 - L_i - L_j - L_k) \\
z &= z_i L_i + z_j L_j + z_k L_k + z_l L_l = z_i L_i + z_j L_j + z_k L_k + z_l (1 - L_i - L_j - L_k)
\end{aligned}
\tag{4.2.47}
$$

即

$$
\begin{bmatrix} 1 \\ x \\ y \\ z \end{bmatrix} = \begin{bmatrix} 1 & 1 & 1 & 1 \\ x_i & x_j & x_k & x_l \\ y_i & y_j & y_k & y_l \\ z_i & z_j & z_k & z_l \end{bmatrix} \begin{bmatrix} L_i \\ L_j \\ L_k \\ L_l \end{bmatrix}
\tag{4.2.48}
$$

4. 四面体单元坐标向量的构造及变换

坐标系中的坐标轴用向量表示，所以，构造坐标系即是构造坐标轴向量。当定义的坐标系是右手系时，则坐标轴向量的构造以及坐标系的变换均可采用向量运算法则进行。

现定义四面体单元 e_{ijkl} 局部坐标系的坐标轴 ix 可用向量 $\boldsymbol{ij}$ 表示，即

$$\boldsymbol{ix} = \boldsymbol{ij} = (X_j - X_i)\boldsymbol{e}_1 + (Y_j - Y_i)\boldsymbol{e}_2 + (Z_j - Z_i)\boldsymbol{e}_3 \tag{4.2.49}$$

单元局部坐标系的坐标轴 ix 与整体坐标系的坐标轴 X、Y、Z 之间的方向余弦

$$l_1 = \frac{X_j - X_i}{l_{ij}}, m_1 = \frac{Y_j - Y_i}{l_{ij}}, n_1 = \frac{Z_j - Z_i}{l_{ij}} \tag{4.2.50}$$

其中，$\boldsymbol{ix}$ 即 $\boldsymbol{ij}$ 的向量长度为

$$l_{ij} = \sqrt{(X_j - X_i)^2 + (Y_j - Y_i)^2 + (Z_j - Z_i)^2} \tag{4.2.51}$$

类似地可定义向量

$$\boldsymbol{ik} = (X_k - X_i)\boldsymbol{e}_1 + (Y_k - Y_i)\boldsymbol{e}_2 + (Z_k - Z_i)\boldsymbol{e}_3 \tag{4.2.52}$$

由向量的矢积构造向量 $\boldsymbol{iz}$，即

$$\boldsymbol{iz} = \boldsymbol{ix} \times \boldsymbol{ik} = \begin{vmatrix} \boldsymbol{e}_1 & \boldsymbol{e}_2 & \boldsymbol{e}_3 \\ DX_{ji} & DY_{ji} & DZ_{ji} \\ DX_{ki} & DY_{ki} & DZ_{ki} \end{vmatrix} = DX_{iz}\boldsymbol{e}_1 + DY_{iz}\boldsymbol{e}_2 + DZ_{iz}\boldsymbol{e}_3 \tag{4.2.53a}$$

式中

$$\begin{aligned} &DX_{ji} = X_j - X_i, \ DY_{ji} = Y_j - Y_i, \ DZ_{ji} = Z_j - Z_i \\ &DX_{ki} = X_k - X_i, \ DY_{ki} = Y_k - Y_i, \ DZ_{ki} = Z_k - Z_i \\ &DX_{iz} = (DY_{ji}DZ_{ki} - DZ_{ji}DY_{ki}) \\ &DY_{iz} = (DZ_{ji}DX_{ki} - DX_{ji}DZ_{ki}) \\ &DZ_{iz} = (DX_{ji}DY_{ki} - DY_{ji}DX_{ki}) \end{aligned} \tag{4.2.53b}$$

$\boldsymbol{iz}$ 向量长度

$$l_{iz} = \sqrt{(DX_{iz})^2 + (DY_{iz})^2 + (DZ_{iz})^2} \tag{4.2.54}$$

单元局部坐标系的坐标轴 iz 与整体坐标系的坐标轴 X、Y、Z 之间的方向余弦

$$l_3 = \frac{m_1 n_4 - m_4 n_1}{D}, \ m_3 = \frac{l_4 n_1 - l_1 n_4}{D}, \ n_3 = \frac{l_1 m_4 - m_1 l_4}{D} \tag{4.2.55a}$$

式中

$$\begin{aligned} &l_4 = \frac{X_k - X_i}{l_{ik}}, \ m_4 = \frac{Y_k - Y_i}{l_{ik}}, \ n_4 = \frac{Z_k - Z_i}{l_{ik}} \\ &D = \sqrt{(m_1 n_4 - m_4 n_1)^2 + (l_4 n_1 - l_1 n_4)^2 + (l_1 m_4 - m_1 l_4)^2} \end{aligned} \tag{4.2.55b}$$

而四面体单元局部坐标系的坐标轴 iy

$$\boldsymbol{iy} = \boldsymbol{iz} \times \boldsymbol{ix} = \begin{vmatrix} \boldsymbol{e}_1 & \boldsymbol{e}_2 & \boldsymbol{e}_3 \\ DX_{iz} & DY_{iz} & DZ_{iz} \\ DX_{ji} & DY_{ji} & DZ_{ji} \end{vmatrix} = DX_{iy}\boldsymbol{e}_1 + DY_{iy}\boldsymbol{e}_2 + DZ_{iy}\boldsymbol{e}_3 \tag{4.2.56a}$$

式中

$$\begin{aligned} DX_{iy} &= DY_{iz}DZ_{ji} - DZ_{iz}DY_{ji} \\ DY_{iy} &= DZ_{iz}DX_{ji} - DX_{iz}DZ_{ji} \\ DZ_{iy} &= DX_{iz}DY_{ji} - DY_{iz}DX_{ji} \end{aligned} \tag{4.2.56b}$$

$\boldsymbol{iy}$ 向量长度为

$$l_{iy} = \sqrt{DX_{iy}^2 + DY_{iy}^2 + DZ_{iy}^2} \tag{4.2.57}$$

单元局部坐标系的坐标轴 iy 与整体坐标系的坐标轴 X、Y、Z 之间的方向余弦

$$l_2 = \frac{m_3 n_1 - n_3 m_1}{S},\ m_2 = \frac{l_1 n_3 - n_1 l_3}{S},\ n_2 = \frac{l_3 m_1 - m_3 l_1}{S} \tag{4.2.58}$$

式中，$S = \sqrt{(m_3 n_1 - n_3 m_1)^2 + (l_1 n_3 - n_1 l_3)^2 + (l_3 m_1 - m_3 l_1)^2}$。

四面体单元局部坐标系与整体坐标系的变换矩阵

$$\boldsymbol{t}_2 = \begin{bmatrix} l_1 & m_1 & n_1 \\ l_2 & m_2 & n_2 \\ l_3 & m_3 & n_3 \end{bmatrix} \tag{4.2.59}$$

式中，l_1，m_1，n_1 为四面体单元局部坐标系的坐标轴 ix 与整体坐标系的坐标轴 X、Y、Z 之间的方向余弦，可按式（4.2.50）计算；同样，l_2，m_2，n_2、l_3，m_3，n_3 分别为四面体单元局部坐标系的坐标轴 iy、iz 与整体坐标系的坐标轴 X、Y、Z 之间的方向余弦，可分别按式（4.2.58）、式（4.2.59）计算。

5. 四面体单元的向量变换

4 节点和 10 节点四面体单元的向量在局部坐标系与整体坐标系之间的变换矩阵

$$\boldsymbol{T}_2 = \begin{bmatrix} \boldsymbol{t}_2 & 0 & 0 & 0 \\ 0 & \boldsymbol{t}_2 & 0 & 0 \\ 0 & 0 & \boldsymbol{t}_2 & 0 \\ 0 & 0 & 0 & \boldsymbol{t}_2 \end{bmatrix} \text{ 和 } \boldsymbol{T}_2 = \begin{bmatrix} \boldsymbol{t}_2 & & & & & & & & & \\ 0 & \boldsymbol{t}_2 & & & & & & & & \\ 0 & 0 & \boldsymbol{t}_2 & & & & & & & \\ 0 & 0 & 0 & \boldsymbol{t}_2 & & & & & & \\ 0 & 0 & 0 & 0 & \boldsymbol{t}_2 & & & \text{Sys.} & & \\ 0 & 0 & 0 & 0 & 0 & \boldsymbol{t}_2 & & & & \\ 0 & 0 & 0 & 0 & 0 & 0 & \boldsymbol{t}_2 & & & \\ 0 & 0 & 0 & 0 & 0 & 0 & 0 & \boldsymbol{t}_2 & & \\ 0 & 0 & 0 & 0 & 0 & 0 & 0 & 0 & \boldsymbol{t}_2 & \\ 0 & 0 & 0 & 0 & 0 & 0 & 0 & 0 & 0 & \boldsymbol{t}_2 \end{bmatrix} \tag{4.2.60}$$

式中，$\boldsymbol{t}_2$ 为四面体单元局部坐标系与整体坐标系的变换矩阵，可按式（4.2.59）计算。

单元的速度向量及增量在局部坐标系与整体坐标系之间的变换

$$\boldsymbol{v}_e = \boldsymbol{T}_2 \boldsymbol{V}_e \text{ 及 } \Delta \boldsymbol{v}_e = \boldsymbol{T}_2 \Delta \boldsymbol{V}_e \tag{4.2.61}$$

相应的等效节点外力向量及增量在局部坐标系与整体坐标系之间的变换

$$\boldsymbol{p}_e = \boldsymbol{T}_2 \boldsymbol{P}_e \text{ 及 } \Delta \boldsymbol{p}_e = \boldsymbol{T}_2 \Delta \boldsymbol{P}_e \tag{4.2.62}$$

6. 四面体单元节点在局部坐标系中的坐标

在流体整体坐标系 $O\text{-}XYZ$ 中，四面体单元节点 $ijkl$ 各坐标如式（4.2.31）所示，根据以上的定义可知在单元局部坐标系 $i-xyz$ 中，各节点坐标分别为：$i(0,0,0)$ 、$j(x_j,0,0)$ 、$k(x_k,y_k,0)$ 、$l(x_l,y_l,z_l)$。

4 节点四面体单元的坐标向量在局部坐标系与整体坐标系之间的变换

$$\boldsymbol{x}_{ij} = \boldsymbol{t}_2 \boldsymbol{X}_{ij},\ \boldsymbol{x}_{ik} = \boldsymbol{t}_2 \boldsymbol{X}_{ik},\ \boldsymbol{x}_{il} = \boldsymbol{t}_2 \boldsymbol{X}_{il} \tag{4.2.63}$$

将上式展开，得局部坐标系中四面体单元的节点坐标

$$
\begin{aligned}
x_j &= l_{ij} \\
x_k &= l_1(X_k - X_i) + m_1(Y_k - Y_i) + n_1(Z_k - Z_i) \\
y_k &= l_2(X_k - X_i) + m_2(Y_k - Y_i) + n_2(Z_k - Z_i) \\
x_l &= l_1(X_l - X_i) + m_1(Y_l - Y_i) + n_1(Z_l - Z_i) \\
y_l &= l_2(X_l - X_i) + m_2(Y_l - Y_i) + n_2(Z_l - Z_i) \\
z_l &= l_3(X_l - X_i) + m_3(Y_l - Y_i) + n_3(Z_l - Z_i)_i
\end{aligned}
\tag{4.2.64}
$$

7. 四面体单元外法线向量

为进行四面体单元的面积分 $\int_s \boldsymbol{N}^{\mathrm{T}} \boldsymbol{q} \mathrm{d}s$，需要计算单元的面内坐标轴向量和外法线向量及其与局部坐标系的坐标轴 x、y、z 之间的方向余弦。

对于四面体单元共有四个面，四面体单元的节点排序为右手系，如图 4.2.11 所示。

(1) ijk 面的外法线向量 $\boldsymbol{n}_{ijk}$ 及关于局部坐标的方向余弦

对 ijk 面可以构造该面内的两个向量 $\boldsymbol{ki}$ 及 $\boldsymbol{ji}$，通过向量运算获得 ijk 面的外法线向量

$$\boldsymbol{n}_{ijk} = DX_{ijk}\boldsymbol{e}_1 + DY_{ijk}\boldsymbol{e}_2 + DZ_{ijk}\boldsymbol{e}_3 \tag{4.2.65a}$$

式中

$$
\begin{aligned}
DX_{ijk} &= DY_{ki}DZ_{ji} - DZ_{ki}DY_{ji} \\
DY_{ijk} &= DZ_{ki}DX_{ji} - DX_{ki}DZ_{ji} \\
DZ_{ijk} &= DX_{ki}DY_{ji} - DY_{ki}DX_{ji}
\end{aligned}
\tag{4.2.65b}
$$

$\boldsymbol{n}_{ijk}$ 的向量长度为

$$l_{ijk} = \sqrt{(DX_{ijk})^2 + (DY_{ijk})^2 + (DZ_{ijk})^2} \tag{4.2.65c}$$

则向量 $\boldsymbol{n}_{ijk}$ 与局部坐标系的坐标轴 x、y、z 之间的方向余弦

$$
\begin{aligned}
l_{\boldsymbol{n}_{ijk}} &= \frac{DX_{ijk}DX_{ji} + DY_{ijk}DY_{ji} + DZ_{ijk}DZ_{ji}}{l_{ijk}l_{ix}} \\
m_{\boldsymbol{n}_{ijk}} &= \frac{DX_{ijk}DX_{iy} + DY_{ijk}DY_{iy} + DZ_{ijk}DZ_{iy}}{l_{ijk}l_{iy}} \\
n_{\boldsymbol{n}_{ijk}} &= \frac{DX_{ijk}DX_{iz} + DY_{ijk}DY_{iz} + DZ_{ijk}DZ_{iz}}{l_{ijk}l_{iz}}
\end{aligned}
\tag{4.2.66a}
$$

ijk 平面三角形单元的局部坐标系的原点为 i，x 坐标轴向量即为

$$\boldsymbol{x}_{ijk} = \boldsymbol{ix} = DX_{ji}\boldsymbol{e}_1 + DY_{ji}\boldsymbol{e}_2 + DZ_{ji}\boldsymbol{e}_3 \tag{4.2.66b}$$

y 坐标轴向量即为

$$\boldsymbol{y}_{ijk} = \boldsymbol{iy} = DX_{iy}\boldsymbol{e}_1 + DY_{iy}\boldsymbol{e}_2 + DZ_{iy}\boldsymbol{e}_3 \tag{4.2.66c}$$

$\boldsymbol{x}_{ijk}$ 及 $\boldsymbol{y}_{ijk}$ 关于四面体单元局部坐标系 x、y、z 坐标轴向量 $\boldsymbol{ix}$、$\boldsymbol{iy}$ 和 $\boldsymbol{iz}$ 之间的方向余弦

$$
\begin{aligned}
l_{x_{ijk}} &= 1.0,\ m_{x_{ijk}} = 0.0,\ n_{x_{ijk}} = 0.0 \\
l_{y_{ijk}} &= 0.0,\ m_{y_{ijk}} = 1.0,\ n_{y_{ijk}} = 0.0
\end{aligned}
\tag{4.2.66d}
$$

(2) ijl 面的外法线向量 $\boldsymbol{n}_{ijl}$ 及关于局部坐标的方向余弦

对 ijl 面可以通过向量运算获得 ijl 面的外法线向量

$$\boldsymbol{n}_{ijl} = DX_{ijl}\boldsymbol{e}_1 + DY_{ijl}\boldsymbol{e}_2 + DZ_{ijl}\boldsymbol{e}_3 \tag{4.2.67a}$$

其中

$$
\begin{aligned}
DX_{ijl} &= DY_{ji}DZ_{li} - DZ_{ji}DY_{li} \\
DY_{ijl} &= DZ_{ji}DX_{li} - DX_{ji}DZ_{li} \\
DZ_{ijl} &= DX_{ji}DY_{li} - DY_{ji}DX_{li}
\end{aligned}
\tag{4.2.67b}
$$

$\boldsymbol{n}_{ijl}$ 的向量长度为

$$
l_{ijl} = \sqrt{(DX_{ijl})^2 + (DY_{ijl})^2 + (DZ_{ijl})^2} \tag{4.2.67c}
$$

向量 $\boldsymbol{n}_{ijl}$ 与局部坐标系的坐标轴 x、y、z 之间的方向余弦

$$
\begin{aligned}
l_{\boldsymbol{n}_{ijl}} &= \frac{DX_{ijl}DX_{ji} + DY_{ijl}DY_{ji} + DZ_{ijl}DZ_{ji}}{l_{ijl}l_{ix}} \\
m_{\boldsymbol{n}_{ijl}} &= \frac{DX_{ijl}DX_{iy} + DY_{ijl}DY_{iy} + DZ_{ijl}DZ_{iy}}{l_{ijl}l_{iy}} \\
n_{\boldsymbol{n}_{ijl}} &= \frac{DX_{ijl}DX_{iz} + DY_{ijl}DY_{iz} + DZ_{ijl}DZ_{iz}}{l_{ijl}l_{iz}}
\end{aligned}
\tag{4.2.68a}
$$

ijl 平面三角形单元的局部坐标系的原点为 i，x 坐标轴向量即为

$$
\boldsymbol{x}_{ijl} = \boldsymbol{ix} = DX_{ji}\boldsymbol{e}_1 + DY_{ji}\boldsymbol{e}_2 + DZ_{ji}\boldsymbol{e}_3 \tag{4.2.68b}
$$

y 坐标轴向量即为

$$
\boldsymbol{y}_{ijl} = \boldsymbol{n}_{ijl} \times \boldsymbol{ix} = DX_{\boldsymbol{y}_{ijl}}\boldsymbol{e}_1 + DY_{\boldsymbol{y}_{ijl}}\boldsymbol{e}_2 + DZ_{\boldsymbol{y}_{ijl}}\boldsymbol{e}_3 \tag{4.2.68c}
$$

其中

$$
\begin{aligned}
DX_{\boldsymbol{y}_{ijl}} &= DY_{ijl}DZ_{ji} - DZ_{ijl}DY_{ji} \\
DY_{\boldsymbol{y}_{ijl}} &= DZ_{ijl}DX_{ji} - DX_{ijl}DZ_{ji} \\
DZ_{\boldsymbol{y}_{ijl}} &= DX_{ijl}DY_{ji} - DY_{ijl}DX_{ji}
\end{aligned}
\tag{4.2.68d}
$$

$\boldsymbol{y}_{ijl}$ 的向量长度为

$$
s_{\boldsymbol{y}_{ijl}} = \sqrt{(DX_{\boldsymbol{y}_{ijl}})^2 + (DY_{\boldsymbol{y}_{ijl}})^2 + (DZ_{\boldsymbol{y}_{ijl}})^2} \tag{4.2.68e}
$$

向量 $\boldsymbol{x}_{ijl}$ 及 $\boldsymbol{y}_{ijl}$ 关于四面体单元局部坐标系 x、y、z 坐标向量 $\boldsymbol{ix}$、$\boldsymbol{iy}$ 和 $\boldsymbol{iz}$ 之间的方向余弦

$$
\begin{aligned}
& l_{\boldsymbol{x}_{ijl}} = 1.0,\ m_{\boldsymbol{x}_{ijl}} = 0.0,\ n_{\boldsymbol{x}_{ijl}} = 0.0 \\
& l_{\boldsymbol{y}_{ijl}} = \frac{DX_{\boldsymbol{y}_{ijl}}DX_{ji} + DY_{\boldsymbol{y}_{ijl}}DY_{ji} + DZ_{\boldsymbol{y}_{ijl}}DZ_{ji}}{s_{\boldsymbol{y}_{ijl}}l_{ix}} \\
& m_{\boldsymbol{y}_{ijl}} = \frac{DX_{\boldsymbol{y}_{ijl}}DX_{iy} + DY_{\boldsymbol{y}_{ijl}}DY_{iy} + DZ_{\boldsymbol{y}_{ijl}}DZ_{iy}}{s_{\boldsymbol{y}_{ijl}}l_{iy}} \\
& n_{\boldsymbol{y}_{ijl}} = \frac{DX_{\boldsymbol{y}_{ijl}}DX_{iz} + DY_{\boldsymbol{y}_{ijl}}DY_{iz} + DZ_{\boldsymbol{y}_{ijl}}DZ_{iz}}{s_{\boldsymbol{y}_{ijl}}l_{iz}}
\end{aligned}
\tag{4.2.68f}
$$

(3) jkl 面的外法线向量 $\boldsymbol{n}_{jkl}$ 及关于局部坐标的方向余弦

对 jkl 面可以通过向量运算获得 jkl 面的外法线向量

$$
\boldsymbol{n}_{jkl} = DX_{jkl}\boldsymbol{e}_1 + DY_{jkl}\boldsymbol{e}_2 + DZ_{jkl}\boldsymbol{e}_3 \tag{4.2.69a}
$$

其中

$$
\begin{aligned}
DX_{jkl} &= (DY_{kj}DZ_{lj} - DZ_{kj}DY_{lj}) \\
DY_{jkl} &= (DZ_{kj}DX_{lj} - DX_{kj}DZ_{lj}) \\
DZ_{jkl} &= (DX_{kj}DY_{lj} - DY_{kj}DX_{lj})
\end{aligned}
\tag{4.2.69b}
$$

$\boldsymbol{n}_{jkl}$ 的向量长度为

$$l_{jkl}=\sqrt{(DX_{jkl})^2+(DY_{jkl})^2+(DZ_{jkl})^2} \tag{4.2.69c}$$

则向量 $\boldsymbol{n}_{jkl}$ 与局部坐标系的坐标轴 x、y、z 之间的方向余弦

$$\begin{aligned} l_{\boldsymbol{n}_{jkl}} &= \frac{DX_{jkl}DX_{ji}+DY_{jkl}DY_{ji}+DZ_{jkl}DZ_{ji}}{l_{jkl}l_{ix}} \\ m_{\boldsymbol{n}_{jkl}} &= \frac{DX_{jkl}DX_{iy}+DY_{jkl}DY_{iy}+DZ_{jkl}DZ_{iy}}{l_{jkl}l_{iy}} \\ n_{\boldsymbol{n}_{jkl}} &= \frac{DX_{jkl}DX_{iz}+DY_{jkl}DY_{iz}+DZ_{jkl}DZ_{iz}}{l_{jkl}l_{iz}} \end{aligned} \tag{4.2.70a}$$

jkl 平面三角形单元的局部坐标系的原点为 j，x 坐标轴向量即为

$$\boldsymbol{x}_{jkl}=\boldsymbol{jk}=DX_{kj}\boldsymbol{e}_1+DY_{kj}\boldsymbol{e}_2+DZ_{kj}\boldsymbol{e}_3 \tag{4.2.70b}$$

y 坐标轴向量即为

$$\boldsymbol{y}_{jkl}=DX_{\boldsymbol{y}_{jkl}}\boldsymbol{e}_1+DY_{\boldsymbol{y}_{jkl}}\boldsymbol{e}_2+DZ_{\boldsymbol{y}_{jkl}}\boldsymbol{e}_3 \tag{4.2.70c}$$

其中

$$\begin{aligned} DX_{\boldsymbol{y}_{jkl}} &= DY_{jkl}DZ_{kj}-DZ_{jkl}DY_{kj} \\ DY_{\boldsymbol{y}_{jkl}} &= DZ_{jkl}DX_{kj}-DX_{jkl}DZ_{kj} \\ DZ_{\boldsymbol{y}_{jkl}} &= DX_{jkl}DY_{kj}-DY_{jkl}DX_{kj} \end{aligned} \tag{4.2.70d}$$

$\boldsymbol{y}_{jkl}$ 的向量长度为

$$s_{\boldsymbol{y}_{jkl}}=\sqrt{(DX_{\boldsymbol{y}_{jkl}})^2+(DY_{\boldsymbol{y}_{jkl}})^2+(DZ_{\boldsymbol{y}_{jkl}})^2} \tag{4.2.70e}$$

向量 $\boldsymbol{x}_{jkl}$ 及 $\boldsymbol{y}_{jkl}$ 关于四面体单元局部坐标系 x、y、z 坐标向量 $\boldsymbol{ix}$、$\boldsymbol{iy}$ 和 $\boldsymbol{iz}$ 之间的方向余弦

$$\begin{aligned} l_{\boldsymbol{x}_{jkl}} &= \frac{DX_{\boldsymbol{x}_{jkl}}DX_{ji}+DY_{\boldsymbol{x}_{jkl}}DY_{ji}+DZ_{\boldsymbol{x}_{jkl}}DZ_{ji}}{s_{\boldsymbol{x}_{jkl}}l_{ix}} \\ m_{\boldsymbol{x}_{jkl}} &= \frac{DX_{\boldsymbol{x}_{jkl}}DX_{iy}+DY_{\boldsymbol{x}_{jkl}}DY_{iy}+DZ_{\boldsymbol{x}_{jkl}}DZ_{iy}}{s_{\boldsymbol{x}_{jkl}}l_{iy}} \\ n_{\boldsymbol{x}_{jkl}} &== \frac{DX_{\boldsymbol{x}_{jkl}}DX_{iz}+DY_{\boldsymbol{x}_{jkl}}DY_{iz}+DZ_{\boldsymbol{x}_{jkl}}DZ_{iz}}{s_{\boldsymbol{x}_{jkl}}l_{iz}} \\ l_{\boldsymbol{y}_{jkl}} &= \frac{DX_{\boldsymbol{y}_{jkl}}DX_{ji}+DY_{\boldsymbol{y}_{jkl}}DY_{ji}+DZ_{\boldsymbol{y}_{jkl}}DZ_{ji}}{s_{\boldsymbol{y}_{jkl}}l_{ix}} \\ m_{\boldsymbol{y}_{jkl}} &= \frac{DX_{\boldsymbol{y}_{jkl}}DX_{iy}+DY_{\boldsymbol{y}_{jkl}}DY_{iy}+DZ_{\boldsymbol{y}_{jkl}}DZ_{iy}}{s_{\boldsymbol{y}_{jkl}}l_{iy}} \\ n_{\boldsymbol{y}_{jkl}} &= \frac{DX_{\boldsymbol{y}_{jkl}}DX_{iz}+DY_{\boldsymbol{y}_{jkl}}DY_{iz}+DZ_{\boldsymbol{y}_{jkl}}DZ_{iz}}{s_{\boldsymbol{y}_{jkl}}l_{iz}} \end{aligned} \tag{4.2.70f}$$

(4) ikl 的外法线向量 $\boldsymbol{n}_{ikl}$ 及关于局部坐标的方向余弦

对 ikl 面可以通过向量运算获得 ikl 面的外法线向量

$$\boldsymbol{n}_{ikl}=DX_{ikl}\boldsymbol{e}_1+DY_{ikl}\boldsymbol{e}_2+DZ_{ikl}\boldsymbol{e}_3 \tag{4.2.71a}$$

其中

$$\begin{aligned} DX_{ikl} &= (DY_{li}DZ_{ki} - DZ_{li}DY_{ki}) \\ DY_{ikl} &= (DZ_{li}DX_{ki} - DX_{li}DZ_{ki}) \\ DZ_{ikl} &= (DX_{li}DY_{ki} - DY_{li}DX_{ki}) \end{aligned} \tag{4.2.71b}$$

$\boldsymbol{n}_{ikl}$ 的向量长度为

$$l_{ikl} = \sqrt{(DX_{ikl})^2 + (DY_{ikl})^2 + (DZ_{ikl})^2} \tag{4.2.71c}$$

向量 $\boldsymbol{n}_{ikl}$ 与局部坐标系的坐标轴 x、y、z 之间的方向余弦

$$\begin{aligned} l_{\boldsymbol{n}_{ikl}} &= \frac{DX_{ikl}DX_{ji} + DY_{ikl}DY_{ji} + DZ_{ikl}DZ_{ji}}{l_{ikl}l_{ix}} \\ m_{\boldsymbol{n}_{ikl}} &= \frac{DX_{ikl}DX_{iy} + DY_{ikl}DY_{iy} + DZ_{ikl}DZ_{iy}}{l_{ikl}l_{iy}} \\ n_{\boldsymbol{n}_{ikl}} &= \frac{DX_{ikl}DX_{iz} + DY_{ikl}DY_{iz} + DZ_{ikl}DZ_{iz}}{l_{ikl}l_{iz}} \end{aligned} \tag{4.2.72a}$$

ikl 平面三角形单元的局部坐标系的原点为 i，x 坐标轴向量即为

$$\boldsymbol{x}_{ikl} = \boldsymbol{ik} = DX_{ki}\boldsymbol{e}_1 + DY_{ki}\boldsymbol{e}_2 + DZ_{ki}\boldsymbol{e}_3 \tag{4.2.72b}$$

y 坐标轴向量即为

$$\boldsymbol{y}_{ikl} = \boldsymbol{ik} \times \boldsymbol{n}_{ikl} = DX_{\boldsymbol{y}_{ikl}}\boldsymbol{e}_1 + DY_{\boldsymbol{y}_{ikl}}\boldsymbol{e}_2 + DZ_{\boldsymbol{y}_{ikl}}\boldsymbol{e}_3 \tag{4.2.72c}$$

其中

$$\begin{aligned} DX_{\boldsymbol{y}_{ikl}} &= DY_{ki}DZ_{ikl} - DZ_{ki}DY_{ikl} \\ DY_{\boldsymbol{y}_{ikl}} &= DZ_{ki}DX_{ikl} - DX_{ki}DZ_{ikl} \\ DZ_{\boldsymbol{y}_{ikl}} &= DX_{ki}DY_{ikl} - DY_{ki}DX_{ikl} \end{aligned} \tag{4.2.72d}$$

$\boldsymbol{y}_{ikl}$ 的向量长度为

$$s_{\boldsymbol{y}_{ikl}} = \sqrt{(DX_{\boldsymbol{y}_{ikl}})^2 + (DY_{\boldsymbol{y}_{ikl}})^2 + (DZ_{\boldsymbol{y}_{ikl}})^2} \tag{4.2.72e}$$

向量 $\boldsymbol{x}_{ikl}$ 及 $\boldsymbol{y}_{ikl}$ 关于四面体单元局部坐标系 x、y、z 坐标向量 $\boldsymbol{ix}$、$\boldsymbol{iy}$ 和 $\boldsymbol{iz}$ 之间的方向余弦

$$\begin{aligned} l_{\boldsymbol{x}_{ikl}} &= \frac{DX_{ki}DX_{ji} + DY_{ki}DY_{ji} + DZ_{ki}DZ_{ji}}{l_{ik}l_{ix}} \\ m_{\boldsymbol{x}_{ikl}} &= \frac{DX_{ki}DX_{iy} + DY_{ki}DY_{iy} + DZ_{ki}DZ_{iy}}{l_{ik}l_{iy}} \\ n_{\boldsymbol{x}_{ikl}} &= \frac{DX_{ki}DX_{iz} + DY_{ki}DY_{iz} + DZ_{ki}DZ_{iz}}{l_{ik}l_{iz}} \\ l_{\boldsymbol{y}_{ikl}} &= \frac{DX_{\boldsymbol{y}_{ikl}}DX_{ji} + DY_{\boldsymbol{y}_{ikl}}DY_{ji} + DZ_{\boldsymbol{y}_{ijl}}DZ_{ji}}{s_{\boldsymbol{y}_{ikl}}l_{ix}} \\ m_{\boldsymbol{y}_{ijl}} &= \frac{DX_{\boldsymbol{y}_{ikl}}DX_{iy} + DY_{\boldsymbol{y}_{ikl}}DY_{iy} + DZ_{\boldsymbol{y}_{ikl}}DZ_{iy}}{s_{\boldsymbol{y}_{ikl}}l_{iy}} \\ n_{\boldsymbol{y}_{ijl}} &= \frac{DX_{\boldsymbol{y}_{ikl}}DX_{iz} + DY_{\boldsymbol{y}_{ikl}}DY_{iz} + DZ_{\boldsymbol{y}_{ikl}}DZ_{iz}}{s_{\boldsymbol{y}_{ikl}}l_{iz}} \end{aligned} \tag{4.2.72f}$$

4.3　流体单元插值函数及形函数

4.3.1　多项式 Lagrange 插值函数及形函数

1. 一维多项式 Lagrange 插值函数及形函数

(1) 一维线性多项式 Lagrange 插值函数及形函数

现在如图 4.3.1 所示的空间直线单元 e_{ij} 的局部坐标系中构造式（4.1.1）所示函数，对一维线性多项式

$$u = c_1 + c_2 x \tag{4.3.1}$$

按 Lagrange 插值条件可构造以单元节点函数值 $\boldsymbol{u}_e$ 表示单元中任意 x 处的函数值 $\boldsymbol{u}(x)$

$$\boldsymbol{u}(x) = \boldsymbol{N}\boldsymbol{u}_e \tag{4.3.2}$$

式中，形函数

$$\boldsymbol{N} = [N_{1,i} \quad N_{1,j}] \tag{4.3.3a}$$

这里

$$N_{1,i} = 1 - \frac{x}{l}, \quad N_{1,j} = \frac{x}{l} \tag{4.3.3b}$$

单元节点函数值

$$\boldsymbol{u}_e = [u_i \quad u_j]^{\mathrm{T}} \tag{4.3.3c}$$

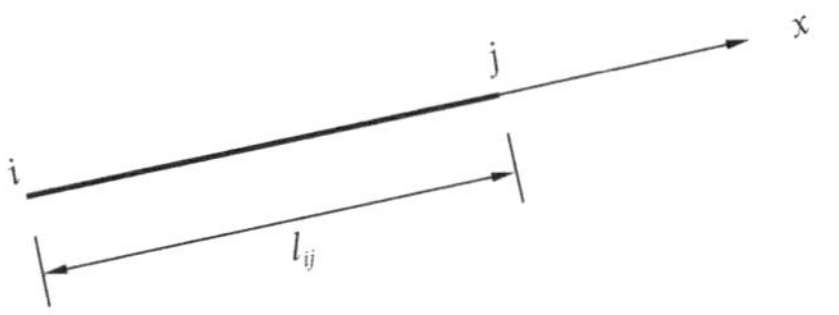

图 4.3.1　一维线性单元

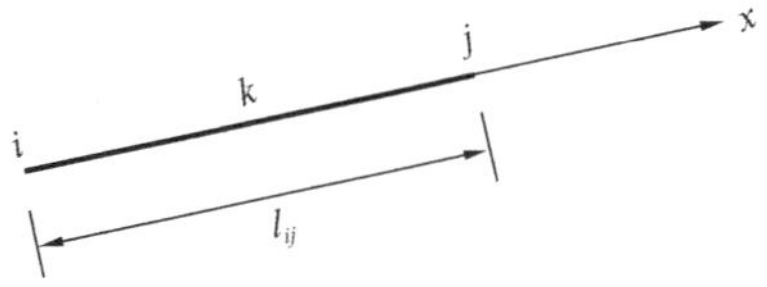

图 4.3.2　一维两次单元

(2) 一维二次多项式 Lagrange 插值函数及形函数

现对图 4.3.2 所示有内插点 k 的空间直线单元 e_{ij}，在局部坐标系中构造式（4.1.1）所示函数，对一维二次多项式

$$u = c_1 + c_2 x + c_3 x^2 \tag{4.3.4}$$

按 Lagrange 插值条件可构造以单元节点函数值 $\boldsymbol{u}_e$ 表示单元中任意一点的函数值 $\boldsymbol{u}(x)$

$$\boldsymbol{u}(x) = \boldsymbol{N}\boldsymbol{u}_e$$

式中，形函数

$$\boldsymbol{N} = [N_{2,i}\, N_{2,k}\, N_{2,j}] \tag{4.3.5a}$$

这里

$$N_{2,i} = \left(1 - \frac{x}{l}\right)\left(1 - \frac{2x}{l}\right),\ N_{2,k} = 4\left(1 - \frac{x}{l}\right)\frac{x}{l},\ N_{2,j} = \frac{x}{l}\left(2\,\frac{x}{l} - 1\right) \tag{4.3.5b}$$

单元节点函数值

$$\boldsymbol{u}_e = [u_i \quad u_k \quad u_j]^{\mathrm{T}} \tag{4.3.5c}$$

2. 二维多项式 Lagrange 插值函数及形函数

(1) 二维线性多项式 Lagrange 插值函数及形函数

现在如图 4.3.3 所示的平面三角形单元 e_{ijk} 的局部坐标系中构造式(4.1.1)所示函数，对二维线性多项式

$$u = c_1 + c_2 x + c_3 y \tag{4.3.6}$$

按 Lagrange 插值条件可构造以单元节点函数值 $\boldsymbol{u}_e$ 表示单元中任意一点 (x,y) 的函数

$$\boldsymbol{u}(x,y) = \boldsymbol{N}\boldsymbol{u}_e \tag{4.3.7}$$

式中，形函数

$$\boldsymbol{N} = [N_i \quad N_j \quad N_k] \tag{4.3.8a}$$

其中，$N_i = \frac{1}{2A}(a_i + b_i x + c_i y), N_j = \frac{1}{2A}(a_j + b_j x + c_j y), N_k = \frac{1}{2A}(a_k + b_k x + c_k y)$。这里，常数 $a_i\cdots$，$b_i\cdots$，$c_i\cdots$ 的计算可按式（4.2.20）计算；单元节点函数值

$$\boldsymbol{u}_e = [u_i \quad u_j \quad u_k]^T \tag{4.3.8b}$$

如果对坐标系作一影射变换，或根据面积坐标和直角坐标之间的关系，可得用面积坐标表示的基本变量 u 的形函数

$$\boldsymbol{N} = [N_i \quad N_j \quad N_k] \tag{4.3.9}$$

式中，$N_i = L_i$，$N_j = L_j$，$N_k = L_k$。这里，L_i、L_j、L_k 为三角形单元的面积坐标。

对于二维问题，式（4.3.7）中有

$$\boldsymbol{u}(x,y) = [\boldsymbol{u}_x(x,y) \quad \boldsymbol{u}_y(x,y)]^T \tag{4.3.10a}$$

$$\boldsymbol{N} = \begin{bmatrix} \boldsymbol{N}_x \\ \boldsymbol{N}_y \end{bmatrix} = \begin{bmatrix} N_i & 0 & N_j & 0 & N_k & 0 \\ 0 & N_i & 0 & N_j & 0 & N_k \end{bmatrix} \tag{4.3.10b}$$

$$\boldsymbol{u}_e = [u_{xi} \quad u_{yi} \quad u_{xj} \quad u_{yj} \quad u_{xk} \quad u_{yk}]^T \tag{4.3.10c}$$

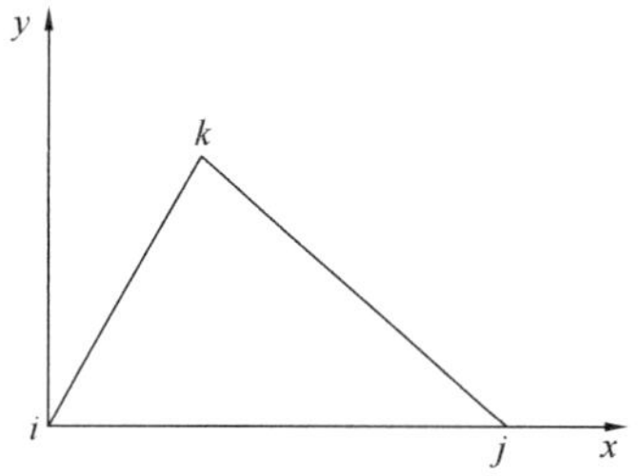

图 4.3.3 二维线性单元

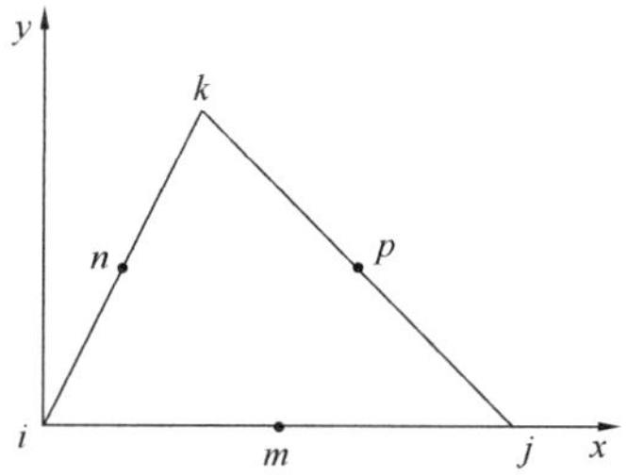

图 4.3.4 二维二次单元

(2) 二维二次多项式 Lagrange 插值函数及形函数

现在图 4.3.4 所示具有内插点 m、n、p 的平面三角形单元 e_{imjnpk}，在局部坐标系中构造如式（4.1.1）所示函数，对二维二次多项式

$$u = c_1 + c_2 x + c_3 y + c_4 x^2 + c_5 xy + c_6 y^2 \tag{4.3.11}$$

按 Lagrange 插值条件可构造以单元节点函数值 $\boldsymbol{u}_e$ 表示单元中任意一点 (x,y) 的函数

$$\boldsymbol{u}(x,y) = \boldsymbol{N}\boldsymbol{u}_e \tag{4.3.12}$$

式中，形函数

$$\boldsymbol{N} = [N_i \quad N_m \quad N_j \quad N_n \quad N_p \quad N_k] \tag{4.3.13a}$$

这里

$$N_i = (2L_i - 1)L_i, N_j = (2L_j - 1)L_j, N_k = (2L_k - 1)L_k$$
$$N_m = 4L_iL_j,\ N_n = 4L_iL_k,\ N_p = 4L_jL_k \tag{4.3.13b}$$

单元节点函数值

$$\boldsymbol{u}_e = [u_i \quad u_m \quad u_j \quad u_n \quad u_p \quad u_k]^{\mathrm{T}} \tag{4.3.13c}$$

对于二维问题，式（4.3.12）有

$$\boldsymbol{u}(x,y) = [\boldsymbol{u}_x(x,y) \quad \boldsymbol{u}_y(x,y)]^{\mathrm{T}} \tag{4.3.14a}$$

$$\boldsymbol{N} = \begin{bmatrix}\boldsymbol{N}_x \\ \boldsymbol{N}_y\end{bmatrix} = \begin{bmatrix} N_i & 0 & N_m & 0 & N_j & 0 & N_n & 0 & N_p & 0 & N_k & 0 \\ 0 & N_i & 0 & N_m & 0 & N_j & 0 & N_n & 0 & N_p & 0 & N_k \end{bmatrix} \tag{4.3.14b}$$

$$\boldsymbol{u}_e = [u_{xi} \quad u_{yi} \quad u_{xm} \quad u_{ym} \quad u_{xj} \quad u_{yj} \quad u_{xn} \quad u_{yn} \quad u_{xp} \quad u_{yp} \quad u_{xk} \quad u_{yk}]^{\mathrm{T}} \tag{4.3.14c}$$

3. 三维多项式 Lagrange 插值函数及形函数

（1）三维线性多项式 Lagrange 插值函数及形函数

现在如图 4.3.5 所示的四面体单元 e_{ijkl} 的局部坐标系中构造如式（4.1.1）所示函数，对三维线性多项式

$$u = c_1 + c_2L_i + c_3L_j + c_4L_k \tag{4.3.15}$$

按 Lagrange 插值条件可构造以单元节点函数值 $\boldsymbol{u}_e$ 表示的单元中任意一点处 (x,y,z) 的函数值为

$$\boldsymbol{u}(x,y,z) = \boldsymbol{N}\boldsymbol{u}_e \tag{4.3.16}$$

式中，形函数

$$\boldsymbol{N} = [N_i \quad N_j \quad N_k \quad N_l] \tag{4.3.17}$$

这里

$$N_i = L_i,\ N_j = L_j,\ N_k = L_k,\ N_l = L_l \tag{4.3.18}$$

单元节点函数值

$$\boldsymbol{u}_e = [u_i \quad u_j \quad u_k \quad u_l]^{\mathrm{T}} \tag{4.3.19}$$

对于三维问题，式（4.3.16）有

$$\boldsymbol{u}(x,y,z) = [\boldsymbol{u}_x(x,y,z) \quad \boldsymbol{u}_y(x,y,z) \quad \boldsymbol{u}_z(x,y,z)]^{\mathrm{T}} \tag{4.3.20}$$

$$\boldsymbol{N} = \begin{bmatrix}\boldsymbol{N}_x \\ \boldsymbol{N}_y \\ \boldsymbol{N}_z\end{bmatrix} = \begin{bmatrix} N_i & 0 & 0 & N_j & 0 & 0 & N_k & 0 & 0 & N_l & 0 & 0 \\ 0 & N_i & 0 & 0 & N_j & 0 & 0 & N_k & 0 & 0 & N_l & 0 \\ 0 & 0 & N_i & 0 & 0 & N_j & 0 & 0 & N_k & 0 & 0 & N_l \end{bmatrix} \tag{4.3.21}$$

$$\boldsymbol{u}_e = [u_{xi} \quad u_{yi} \quad u_{zi} \quad u_{xj} \quad u_{yj} \quad u_{zj} \quad u_{xk} \quad u_{yk} \quad u_{zk} \quad u_{xl} \quad u_{yl} \quad u_{zl}]^{\mathrm{T}} \tag{4.3.22}$$

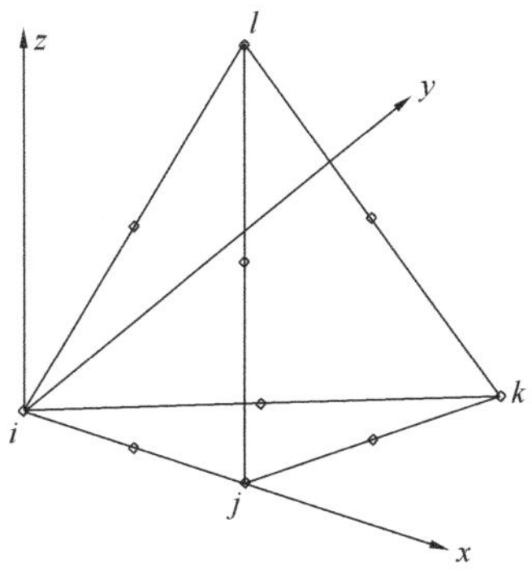

图 4.3.5　三维线性单元

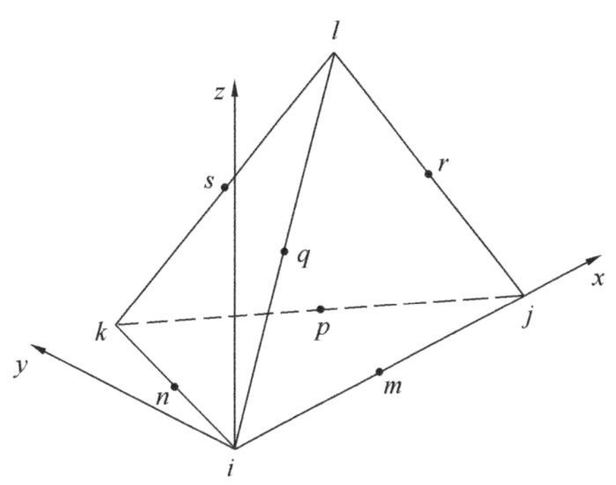

图 4.3.6　三维二次单元

（2）三维二次多项式 Lagrange 插值函数及形函数

现在如图 4.3.6 所示具有内插点 m,n,p,q,r,s 的四面体单元 $e_{imjnpkqrsl}$ 的局部坐标系中构造如式（4.1.1）所示函数，对三维二次多项式

$$u = c_1 + c_2 L_i + c_3 L_j + c_4 L_k + c_5 L_i^2 + c_6 L_j^2 + c_7 L_k^2 + c_8 L_i L_j + c_9 L_i L_k + c_{10} L_j L_k \tag{4.3.23}$$

按 Lagrange 插值条件可构造以单元节点函数值 $\boldsymbol{u}_e$ 表示的单元中任意一点 (x,y,z) 的函数

$$\boldsymbol{u}(x,y,z) = \boldsymbol{N}\boldsymbol{u}_e \tag{4.3.24}$$

式中，形函数

$$\boldsymbol{N} = [N_i \quad N_m \quad N_j \quad N_n \quad N_p \quad N_k \quad N_q \quad N_r \quad N_s \quad N_l] \tag{4.3.25}$$

这里

$$\begin{gathered}N_i = 2(L_i - 1)L_i, N_j = 2(L_j - 1)L_j, N_k = 2(L_k - 1)L_k, N_l = 2(L_l - 1)L_l \\ N_m = 4L_iL_j, N_n = 4L_iL_k, N_p = 4L_jL_k, N_q = 4L_iL_l, N_r = 4L_jL_l, N_s = 4L_kL_l\end{gathered} \tag{4.3.26}$$

单元节点函数值

$$\boldsymbol{u}_e = [u_i \quad u_m \quad u_j \quad u_n \quad u_p \quad u_k \quad u_q \quad u_r \quad u_s \quad u_l]^{\mathrm{T}} \tag{4.3.27}$$

对于三维问题，形函数

$$\boldsymbol{N} = \begin{bmatrix}\boldsymbol{N}_x \\ \boldsymbol{N}_y \\ \boldsymbol{N}_z\end{bmatrix} = [\boldsymbol{N}_i \quad \boldsymbol{N}_m \quad \boldsymbol{N}_j \quad \boldsymbol{N}_n \quad \boldsymbol{N}_p \quad \boldsymbol{N}_k \quad \boldsymbol{N}_q \quad \boldsymbol{N}_r \quad \boldsymbol{N}_s \quad \boldsymbol{N}_l] \tag{4.3.28a}$$

式中

$$\begin{gathered}\boldsymbol{N}_i = \begin{bmatrix}N_i & 0 & 0 \\ 0 & N_i & 0 \\ 0 & 0 & N_i\end{bmatrix}, \boldsymbol{N}_m = \begin{bmatrix}N_m & 0 & 0 \\ 0 & N_m & 0 \\ 0 & 0 & N_m\end{bmatrix}, \boldsymbol{N}_j = \begin{bmatrix}N_j & 0 & 0 \\ 0 & N_j & 0 \\ 0 & 0 & N_j\end{bmatrix} \\ \boldsymbol{N}_n = \begin{bmatrix}N_n & 0 & 0 \\ 0 & N_n & 0 \\ 0 & 0 & N_n\end{bmatrix}, \boldsymbol{N}_p = \begin{bmatrix}N_p & 0 & 0 \\ 0 & N_p & 0 \\ 0 & 0 & N_p\end{bmatrix}, \boldsymbol{N}_k = \begin{bmatrix}N_k & 0 & 0 \\ 0 & N_k & 0 \\ 0 & 0 & N_k\end{bmatrix} \\ \boldsymbol{N}_q = \begin{bmatrix}N_q & 0 & 0 \\ 0 & N_q & 0 \\ 0 & 0 & N_q\end{bmatrix}, \boldsymbol{N}_r = \begin{bmatrix}N_r & 0 & 0 \\ 0 & N_r & 0 \\ 0 & 0 & N_r\end{bmatrix}, \boldsymbol{N}_s = \begin{bmatrix}N_s & 0 & 0 \\ 0 & N_s & 0 \\ 0 & 0 & N_s\end{bmatrix}, \boldsymbol{N}_l = \begin{bmatrix}N_l & 0 & 0 \\ 0 & N_l & 0 \\ 0 & 0 & N_l\end{bmatrix}\end{gathered} \tag{4.3.28b}$$

单元节点函数值

$$\boldsymbol{u}_e = [\boldsymbol{u}_i \quad \boldsymbol{u}_m \quad \boldsymbol{u}_j \quad \boldsymbol{u}_n \quad \boldsymbol{u}_p \quad \boldsymbol{u}_k \quad \boldsymbol{u}_q \quad \boldsymbol{u}_r \quad \boldsymbol{u}_s \quad \boldsymbol{u}_l]^{\mathrm{T}} \tag{4.3.29}$$

这里

$$\begin{gathered}\boldsymbol{u}_i = [u_{xi} \quad u_{yi} \quad u_{zi}], \boldsymbol{u}_m = [u_{xm} \quad u_{ym} \quad u_{zm}], \boldsymbol{u}_j = [u_{xj} \quad u_{yj} \quad u_{zj}] \\ \boldsymbol{u}_n = [u_{xn} \quad u_{yn} \quad u_{zn}], \boldsymbol{u}_p = [u_{xp} \quad u_{yp} \quad u_{zp}], \boldsymbol{u}_k = [u_{xk} \quad u_{yk} \quad u_{zk}] \\ \boldsymbol{u}_q = [u_{xq} \quad u_{yq} \quad u_{zq}], \boldsymbol{u}_r = [u_{xr} \quad u_{yr} \quad u_{zr}], \boldsymbol{u}_s = [u_{xs} \quad u_{ys} \quad u_{zs}], \boldsymbol{u}_l = [u_{xl} \quad u_{yl} \quad u_{zl}]\end{gathered} \tag{4.3.30}$$

4.3.2　指数型插值函数及形函数

1. 一维指数 Lagrange 插值函数及形函数

现在如图 4.3.1 所示空间直线单元 e_{ij} 的局部坐标系中构造式（4.1.1）所示函数，对 a 为常数的指数函数

$$u = c_1 + c_2 \mathrm{e}^{ax} \tag{4.3.31}$$

按 Lagrange 插值条件可构造以单元节点函数值 $\boldsymbol{u}_e$ 表示单元中任意一点 x 的函数

$$\boldsymbol{u}(x) = \boldsymbol{N}\boldsymbol{u}_e \tag{4.3.32}$$

式中，形函数

$$\boldsymbol{N} = [N_i \quad N_j] \tag{4.3.33a}$$

这里

$$\begin{aligned} N_i &= 1 - N_j \\ N_j &= \frac{\mathrm{e}^{ax} - 1}{\mathrm{e}^{al} - 1} \end{aligned} \tag{4.3.33b}$$

单元节点函数值

$$\boldsymbol{u}_e = [u_i \quad u_j] \tag{4.3.33c}$$

在式（4.3.31）中，a 是正常数，a 可根据补充的插值条件确定，也可针对某一个具体问题通过对解的逼近来确定。这里通过对解的逼近过程自适应地确定 a 的值从而构造出形函数。虽然在自适应的迭代过程中为确定 a 也即确定形函数需要增加一个次迭代过程，但由此可获得更加精确的解。

2. 二维指数 Lagrange 插值函数及形函数

现在如图 4.3.3 所示平面三角形单元 e_{ijk} 的局部坐标系中构造式（4.1.1）所示函数，对 a_1、a_2 为正常数的指数函数

$$u = c_1 + c_2 \mathrm{e}^{a_1 L_i} + c_3 \mathrm{e}^{a_2 L_j} \tag{4.3.34}$$

按 Lagrange 插值条件可构造以单元节点函数值 $\boldsymbol{u}_e$ 表示单元中任意一点 (x, y) 的函数

$$\boldsymbol{u}(x, y) = \boldsymbol{N}\boldsymbol{u}_e \tag{4.3.35}$$

式中，形函数

$$\boldsymbol{N} = [N_i \quad N_j \quad N_k] \tag{4.3.36}$$

这里

$$N_i = \frac{\mathrm{e}^{a_1 L_i} - 1}{\mathrm{e}^{a_1} - 1},\ N_j = \frac{\mathrm{e}^{a_2 L_j} - 1}{\mathrm{e}^{a_2} - 1},\ N_k = 1 - N_i - N_j \tag{4.3.37}$$

单元节点函数值 $\boldsymbol{u}_e = [u_i \quad u_j \quad u_k]^{\mathrm{T}}$。

对于二维问题，单元形函数可表示为

$$\boldsymbol{N} = \begin{bmatrix} \boldsymbol{N}_x \\ \boldsymbol{N}_y \end{bmatrix} = \begin{bmatrix} N_i & 0 & N_j & 0 & N_k & 0 \\ 0 & N_i & 0 & N_j & 0 & N_k \end{bmatrix} \tag{4.3.38a}$$

单元节点函数值

$$\boldsymbol{u}_e = [u_{xi} \quad u_{yi} \quad u_{xj} \quad u_{yj} \quad u_{xk} \quad u_{yk}]^{\mathrm{T}} \tag{4.3.38b}$$

3. 三维指数 Lagrange 插值函数及形函数

现在如图 4.3.5 所示的四面体单元 e_{ijkl} 的局部坐标系中构造如式（4.1.1）所示函数，

对 a_1、a_2、a_3 为正常数的指数函数

$$u = c_1 + c_2 e^{a_1 L_i} + c_3 e^{a_2 L_j} + c_4 e^{a_3 L_k} \tag{4.3.39}$$

按 Lagrange 插值条件可构造以单元节点函数值 $\boldsymbol{u}_e$ 表示的单元中任意一点 (x, y, z) 的函数

$$\boldsymbol{u}(x, y, z) = \boldsymbol{N}\boldsymbol{u}_e \tag{4.3.40}$$

式中，形函数

$$\boldsymbol{N} = [N_i \quad N_j \quad N_k \quad N_l] \tag{4.3.41}$$

这里

$$N_i = \frac{e^{a_1 L_i} - 1}{e^{a_1} - 1}, N_j = \frac{e^{a_2 L_j} - 1}{e^{a_2} - 1}, N_k = \frac{e^{a_3 L_k} - 1}{e^{a_3} - 1}, N_l = 1 - N_i - N_j - N_k \tag{4.3.42}$$

单元节点函数值

$$\boldsymbol{u}_e = [u_i \quad u_j \quad u_k \quad u_l]^{\mathrm{T}} \tag{4.3.43}$$

对于三维问题，形函数

$$\boldsymbol{N} = \begin{bmatrix} \boldsymbol{N}_{vx} \\ \boldsymbol{N}_{vy} \\ \boldsymbol{N}_{vz} \end{bmatrix} = \begin{bmatrix} N_i & 0 & 0 & N_j & 0 & 0 & N_k & 0 & 0 & N_l & 0 & 0 \\ 0 & N_i & 0 & 0 & N_j & 0 & 0 & N_k & 0 & 0 & N_l & 0 \\ 0 & 0 & N_i & 0 & 0 & N_j & 0 & 0 & N_k & 0 & 0 & N_l \end{bmatrix} \tag{4.3.44a}$$

单元节点函数值

$$\boldsymbol{u}_e = [u_{xi} \quad u_{yi} \quad u_{zi} \quad u_{xj} \quad u_{yj} \quad u_{zj} \quad u_{xk} \quad u_{yk} \quad u_{zk} \quad u_{xl} \quad u_{yl} \quad u_{zl}]^{\mathrm{T}} \tag{4.3.44b}$$

式（4.3.40）所示曲面的曲率与常数 a_1、a_2、a_3 有关，当 a_1、a_2、$a_3 \leqslant 0.015$ 时，曲面趋于线性分布；反之，曲面曲率随着 a 的取值增加而增大，曲面呈非线性分布。

4.3.3 四面体单元形函数的一阶导数

单元形函数的求导运算已有很详细的介绍[24]，这里仅简洁地给出流体四面体单元形函数的求导公式。对于四面体单元，任意函数 $\varphi(x, y, z)$ 关于 x, y, z 的偏微分与关于体积坐标 L_i, L_j, L_k 的偏微分为

$$\begin{bmatrix} \dfrac{\partial \varphi}{\partial x} \\ \dfrac{\partial \varphi}{\partial y} \\ \dfrac{\partial \varphi}{\partial z} \end{bmatrix} = \boldsymbol{J}^{-1} \begin{bmatrix} \dfrac{\partial \varphi}{\partial L_i} - \dfrac{\partial \varphi}{\partial L_l} \\ \dfrac{\partial \varphi}{\partial L_j} - \dfrac{\partial \varphi}{\partial L_l} \\ \dfrac{\partial \varphi}{\partial L_k} - \dfrac{\partial \varphi}{\partial L_l} \end{bmatrix} \tag{4.3.45}$$

式中，$\boldsymbol{J}$ 为 Jacobian 矩阵

$$\boldsymbol{J} = \begin{bmatrix} \dfrac{\partial x}{\partial L_i} & \dfrac{\partial y}{\partial L_i} & \dfrac{\partial z}{\partial L_i} \\ \dfrac{\partial x}{\partial L_j} & \dfrac{\partial y}{\partial L_j} & \dfrac{\partial z}{\partial L_j} \\ \dfrac{\partial x}{\partial L_k} & \dfrac{\partial y}{\partial L_k} & \dfrac{\partial z}{\partial L_k} \end{bmatrix} \tag{4.3.46}$$

根据式（4.3.45）可得四面体单元形函数 N 关于 x，y，z 的一阶导数

$$\begin{bmatrix} \dfrac{\partial N}{\partial x} \\ \dfrac{\partial N}{\partial y} \\ \dfrac{\partial N}{\partial z} \end{bmatrix} = \boldsymbol{J}^{-1} \begin{bmatrix} \dfrac{\partial N}{\partial L_i} - \dfrac{\partial N}{\partial L_l} \\ \dfrac{\partial N}{\partial L_j} - \dfrac{\partial N}{\partial L_l} \\ \dfrac{\partial N}{\partial L_k} - \dfrac{\partial N}{\partial L_l} \end{bmatrix} \tag{4.3.47}$$

按上式可求采用线性插值 4 节点四面体单元形函数关于 x，y，z 的一阶导数

$$\begin{aligned} \frac{\partial \mathbf{N}}{\partial x} &= \begin{bmatrix} \dfrac{\partial N_i}{\partial x} & \dfrac{\partial N_j}{\partial x} & \dfrac{\partial N_k}{\partial x} & \dfrac{\partial N_l}{\partial x} \end{bmatrix} \\ \frac{\partial \mathbf{N}}{\partial y} &= \begin{bmatrix} \dfrac{\partial N_i}{\partial y} & \dfrac{\partial N_j}{\partial y} & \dfrac{\partial N_k}{\partial y} & \dfrac{\partial N_l}{\partial y} \end{bmatrix} \\ \frac{\partial \mathbf{N}}{\partial z} &= \begin{bmatrix} \dfrac{\partial N_i}{\partial z} & \dfrac{\partial N_j}{\partial z} & \dfrac{\partial N_k}{\partial z} & \dfrac{\partial N_l}{\partial z} \end{bmatrix} \end{aligned} \tag{4.3.48}$$

式中

$$\begin{bmatrix} \dfrac{\partial N_i}{\partial x} \\ \dfrac{\partial N_i}{\partial y} \\ \dfrac{\partial N_i}{\partial z} \end{bmatrix} = \frac{1}{6V}\begin{bmatrix} b_i \\ c_i \\ d_i \end{bmatrix},\quad \begin{bmatrix} \dfrac{\partial N_j}{\partial x} \\ \dfrac{\partial N_j}{\partial y} \\ \dfrac{\partial N_j}{\partial z} \end{bmatrix} = \frac{1}{6V}\begin{bmatrix} b_j \\ c_j \\ d_j \end{bmatrix},\quad \begin{bmatrix} \dfrac{\partial N_k}{\partial x} \\ \dfrac{\partial N_k}{\partial y} \\ \dfrac{\partial N_k}{\partial z} \end{bmatrix} = \frac{1}{6V}\begin{bmatrix} 0 \\ c_k \\ d_k \end{bmatrix},\quad \begin{bmatrix} \dfrac{\partial N_l}{\partial x} \\ \dfrac{\partial N_l}{\partial y} \\ \dfrac{\partial N_l}{\partial z} \end{bmatrix} = \frac{1}{6V}\begin{bmatrix} -(b_i + b_j) \\ -(c_i + c_j + c_k) \\ -(d_i + d_j + d_k) \end{bmatrix} \tag{4.3.49}$$

同理，可得 4 节点四面体单元指数插入形函数关于 x，y，z 的一阶导数

$$\begin{bmatrix} \dfrac{\partial N_i}{\partial x} \\ \dfrac{\partial N_i}{\partial y} \\ \dfrac{\partial N_i}{\partial z} \end{bmatrix} = \frac{1}{6V} \cdot \frac{a_1 e^{a_1 L_i}}{1 - e^{a_1}} \cdot \begin{bmatrix} b_i \\ c_i \\ d_i \end{bmatrix},\quad \begin{bmatrix} \dfrac{\partial N_j}{\partial x} \\ \dfrac{\partial N_j}{\partial y} \\ \dfrac{\partial N_j}{\partial z} \end{bmatrix} = \frac{1}{6V} \cdot \frac{a_2 e^{a_2 L_j}}{1 - e^{a_2}} \cdot \begin{bmatrix} b_j \\ c_j \\ d_j \end{bmatrix},\quad \begin{bmatrix} \dfrac{\partial N_k}{\partial x} \\ \dfrac{\partial N_k}{\partial y} \\ \dfrac{\partial N_k}{\partial z} \end{bmatrix} = \frac{1}{6V} \cdot \frac{a_3 e^{a_3 L_k}}{1 - e^{a_3}} \cdot \begin{bmatrix} 0 \\ c_k \\ d_k \end{bmatrix}$$

$$\begin{bmatrix} \dfrac{\partial N_l}{\partial x} \\ \dfrac{\partial N_l}{\partial y} \\ \dfrac{\partial N_l}{\partial z} \end{bmatrix} = \frac{1}{6V} \begin{bmatrix} -b_i \cdot \dfrac{a_1 e^{a_1 L_i}}{1 - e^{a_1}} - b_j \cdot \dfrac{a_2 e^{a_2 L_j}}{1 - e^{a_2}} \\ -c_i \cdot \dfrac{a_1 e^{a_1 L_i}}{1 - e^{a_1}} - c_j \cdot \dfrac{a_2 e^{a_2 L_j}}{1 - e^{a_2}} - c_k \cdot \dfrac{a_3 e^{a_3 L_k}}{1 - e^{a_3}} \\ -d_i \cdot \dfrac{a_1 e^{a_1 L_i}}{1 - e^{a_1}} - d_j \dfrac{a_2 e^{a_2 L_j}}{1 - e^{a_2}} - d_k \cdot \dfrac{a_3 e^{a_3 L_k}}{1 - e^{a_3}} \end{bmatrix} \tag{4.3.50}$$

4.3.4 流体单元速度及标量函数

通过分析表明，因流体不具有固体和结构的弹性特性，且流体的耦合程度并没有精确地给定，而边界约束条件将使方程分解过程中产生耦合项，这与流体的耦合性能有较大差异，导致流场边界处局部数值解失真，但如果无视流体的耦合性能，使方程解耦，这样求解虽然方便迅速了，但无疑在理论上存在不足，因此在基本函数的近似构造中只能逐步探讨改进，目前按照一般方法确定。

为此，现建议采用三维流场并改善函数的可微性和光滑性，故采用指数型形函数。以下仅讨论三维问题的近似函数。

三维问题中，流体单元速度函数 $\boldsymbol{v}$ 、以 ρ 为权的速度函数 $\rho\boldsymbol{v}$ 和湍流问题中时均速度或可解速度 $\overline{\boldsymbol{v}}$ 和 $\overline{\rho\boldsymbol{v}}$ 如式（4.3.16）所示，则

$$\boldsymbol{v}(x,y,z)=\begin{bmatrix}v_x\\ v_y\\ v_z\end{bmatrix}=\boldsymbol{N}_v\,\boldsymbol{v}_e=\begin{bmatrix}N_{vx}\\ N_{vy}\\ N_{vz}\end{bmatrix}\boldsymbol{v}_e \tag{4.3.51}$$

当采用多项式形函数时，$\boldsymbol{N}_v$ 如式（4.3.21）所示；当采用指数型形函数时，$\boldsymbol{N}_v$ 如式（4.3.44a）所示。

各标量函数，如密度 ρ 、力学压强 P、绝对温度 T、能量 E，以及以密度为权的能量 ρE 、以密度为权的温度 ρT 和湍流问题中相应的力学压强 $\overline{P}$ 的近似如式（4.3.16）所示，即

$$\begin{gathered}\rho=\boldsymbol{N}_\rho\,\rho_e,P=\boldsymbol{N}_P P_e,T=\boldsymbol{N}_T T_e,E=\boldsymbol{N}_E E_e\\ \rho E=\boldsymbol{N}_E(\rho E)_e,\rho T=\boldsymbol{N}_T(\rho T)_e,\overline{P}=\boldsymbol{N}_P\overline{P}_e\end{gathered} \tag{4.3.52}$$

以上各式中的形函数可采用相同的形式，当采用多项式形函数时，$\boldsymbol{N}$ 如式（4.3.17）所示；当采用指数型形函数时，$\boldsymbol{N}$ 如式（4.3.41）所示。

4.4 流体力学有限元解的误差

4.4.1 流体力学解的误差及原因

很多学者致力于流体有限元法产生误差的原因及改善方法[68,73,78,79,90]，对对流扩散方程解析解和有限元解进行探讨，先后提出了 SUPG[66,69]、FCBI[50,51]、CBS[79,89,91] 等至今一些常用的流体力学有限元方法，从而使有限元法成为求解流体力学问题的一个主要方法。

1. 一维定常对流扩散方程的解析解及有限元解

在上述众多研究中也对一维定常对流扩散方程的解析解及有限元解作了对比分析[6,8,84]。

在定义域 L 内定义待求未知变量为 ϕ 的一维定常对流扩散方程为

$$V\frac{\mathrm{d}\phi}{\mathrm{d}x}-\nu\frac{\mathrm{d}^2\phi}{\mathrm{d}x^2}=0 \tag{4.4.1}$$

式中，ν 为运动黏性系数；V 为对流速度；ϕ 为速度变量；$0\leqslant x\leqslant L$ 。

式（4.4.1）是变系数的偏微分方程，经变换为常系数微分方程。根据定解条件

$$\phi|_{x=0} = \phi_0 \quad 和 \quad \phi|_{x=L} = \phi_L \tag{4.4.2a}$$

求得解

$$\phi = \left[1 - \frac{1-e^{vx/\nu}}{1-e^{vL/\nu}} \quad \frac{1-e^{vx/\nu}}{1-e^{vL/\nu}}\right]\begin{bmatrix}\phi_0 \\ \phi_L\end{bmatrix} \tag{4.4.2b}$$

现求式（4.4.1）的 SG 有限元解。首先将定义域 L 剖分为 J 个线单元，采用一维线性 Lagrange 多项式插值函数构造形函数 $\boldsymbol{N}$，有相应于第 j 个节点的方程

$$\frac{v\Delta x}{2\nu}(\phi_{j+1} - \phi_{j-1}) - (\phi_{j+1} - 2\phi_j + \phi_{j-1}) = 0 \tag{4.4.3}$$

则可求得解 ϕ_{j+1}、ϕ_j、ϕ_{j-1} [8]。

2. 有限元解及其波动的度量

现定义一维单元的 Peclet 数

$$Pe = \frac{F}{D} = \frac{\rho v\Delta x}{2\mu} = \frac{v\Delta x}{2\nu} \tag{4.4.4}$$

式中，ρ 为密度；μ 为黏性系数；ν 为运动黏性系数，$\nu = \dfrac{\mu}{\rho}$；F 表示通过界面上单位面积的对流质量通量，简称对流质量流量；D 表示界面的扩散传导性。

Pe 表示对流与扩散的强度之比。当 Pe 数为 0 时，对流-扩散演变为纯扩散问题，即流场中没有流动，只有扩散；当 $Pe>0$ 时，流体沿 x 方向流动，当 Pe 数很大时，对流-扩散问题演变为纯对流问题。一般在中心差分格式中，有 $Pe<2$ 的要求。

现将式（4.4.3）重新改写为

$$(Pe-1)\phi_{j+1} + 2\phi_j - (Pe+1)\phi_{j-1} = 0 \tag{4.4.5}$$

经运算，得用 Pe 表示的式（4.4.1）的有限元解

$$\phi_k = c_1 + c_2\left(\frac{1+Pe}{1-Pe}\right)^k \tag{4.4.6}$$

式中，c_1、c_2 是待定系数。引入边界条件 $\phi|_{x=0} = 0$ 和 $\phi|_{x=L} = 1$，得

$$c_1 = \frac{1}{1-\left(\dfrac{1+Pe}{1-Pe}\right)^j},\ c_2 = \frac{1}{\left(\dfrac{1+Pe}{1-Pe}\right)\left[\left(\dfrac{1+Pe}{1-Pe}\right)^j - 1\right]} \tag{4.4.7}$$

则式（4.4.1）的有限元解为

$$\phi_k = \frac{1}{1-\left(\dfrac{1+Pe}{1-Pe}\right)^j} - \left(\frac{1+Pe}{1-Pe}\right)^{k-1}\frac{1}{1-\left(\dfrac{1+Pe}{1-Pe}\right)^j} \tag{4.4.8}$$

3. 解析解和有限元解的对比

现取 $L=1\text{m}$，$J=10$，$\Delta x = 0.1\text{m}$，$\nu = 0.1$，对流速度 V 分别为 0.002m/s、2m/s、4m/s、20m/s 时，可得相应的每个单元的 Pe 和 ϕ 值。如将每个节点的坐标值代入式（4.4.2）则可得相应的解析解，如第 k 个节点的解析解为

$$\phi_k = D_1 + D_2 e^{V\Delta x(k-1)/\nu} = D_1 + D_2\,(e^{2Pe})^{k-1} \tag{4.4.9}$$

这里，D_1、D_2 通过引入边界条件可唯一地确定。当边界条件 $\phi|_{x=0} = \phi_0$ 和 $\phi|_{x=L} = \phi_L$ 时

$$D_1 = \frac{\phi_L - \phi_0 e^{VL/\nu}}{1-e^{VL/\nu}},\quad D_2 = \frac{\phi_0 - \phi_L}{1-e^{VL/\nu}} \tag{4.4.10}$$

图 4.4.1 对比了不同 Pe 值条件下该问题的解析解和有限元解。由图中可见，当 Pe 较小时，有限元解和解析解十分接近；随着 Pe 的增加，有限元解与解析解差异逐渐增大；当 Pe 大到一定值时，有限元解在解析解附近来回跳动，出现波动现象。这说明 Pe 值可有效地度量解的波动，它说明了当对流占主导时有限元解存在较大误差。

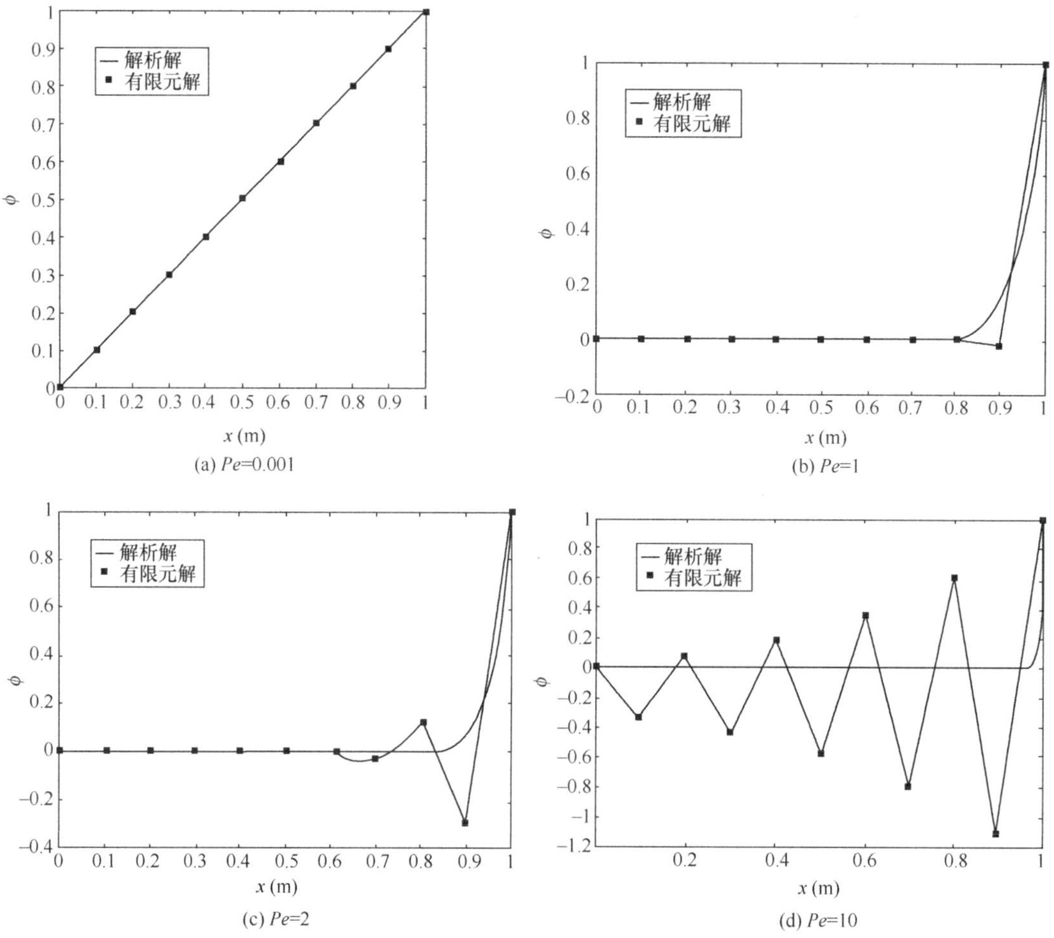

图 4.4.1　一维对流扩散方程解析解和有限元解的对比

若又当取 $J=10$，$L=1\text{m}$，$\Delta x = 0.1\text{m}$，ν 按空气黏性系数取为 $1.59\times10^{-5}\ \text{N}\cdot\text{s/m}^2$，对流速度 V 分别取 1×10^{-7}m/s、1×10^{-4}m/s、1.0m/s、10.0m/s 时，可得相应的每个单元的 Pe 和 ϕ 值。如将每个节点的坐标值代入解析解公式（4.4.9）则可得到相应的解析解。

图 4.4.2 对比了不同流速度 V 条件下该问题的解析解和有限元解。图中表明可得与上述相同的结论，当 Pe 大到一定值时，有限元解在解析解附近来回跳动，函数的一阶导数在单元之间的差值增大，出现波动现象。

如简单地以有限元解与解析解之差的离散方差 σ 来度量解的波动，可获得 Pe 和波动量 σ 之间的关系如图 4.4.3 所示。可以看出随着 Pe 的增加，波动量 σ 随之迅速增大，说明 Pe 值对数值波动有着重要的影响。

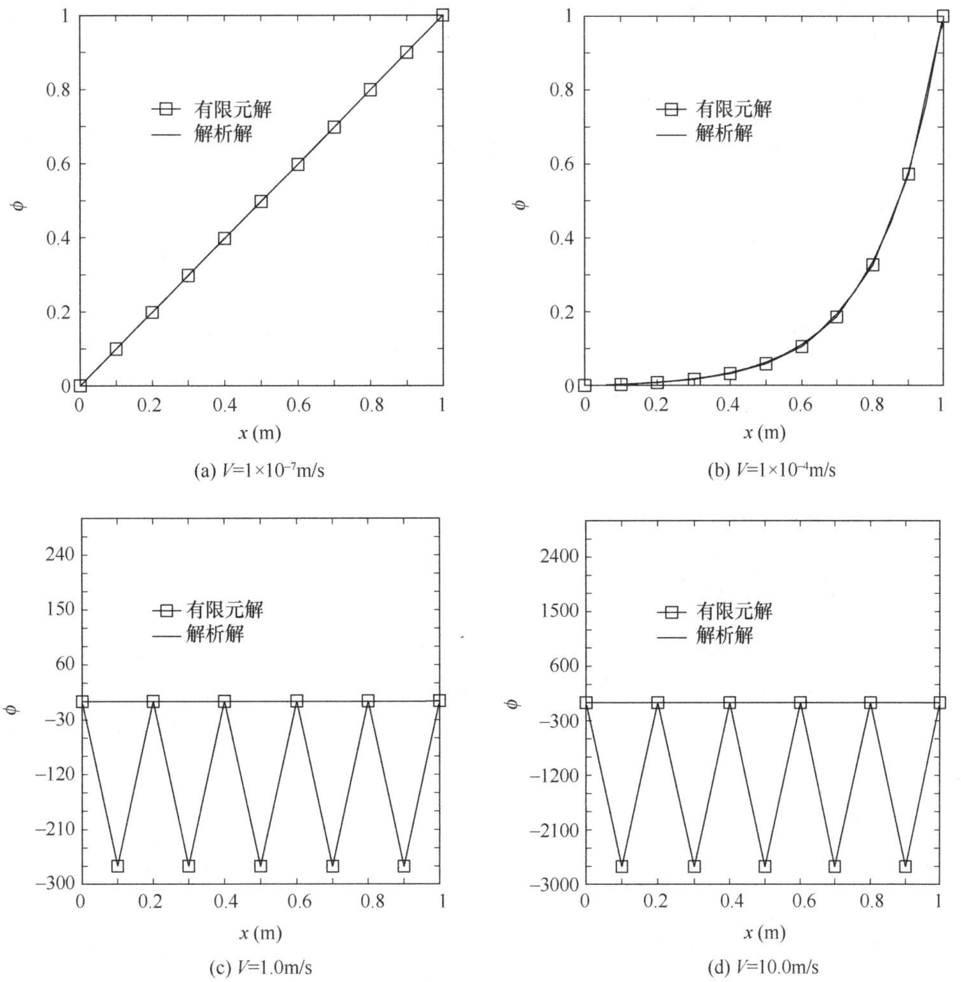

图 4.4.2　一维对流扩散方程解析解和有限元解对比

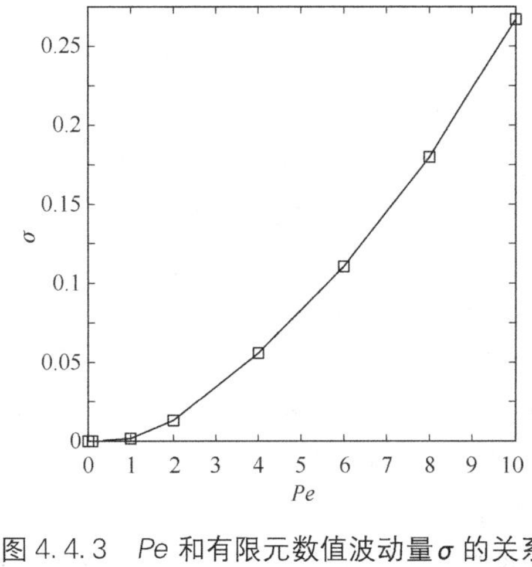

图 4.4.3　Pe 和有限元数值波动量 σ 的关系

Ted Belytschko 对有限元解的数值波动进行了研究[84]，分析对比了有限元解式（4.4.8）和解析解式（4.4.2），得到如下结论：

（1）如果 $|Pe|<1$，则有限元解接近于解析解；

（2）如果 $Pe>1$，则 $\frac{1+Pe}{1-Pe}<0$，因而 $\left(\frac{1+Pe}{1-Pe}\right)^{k-1}$ 随着 $k-1$ 的奇偶性或正或负，则解 ϕ_k 出现波动。

而从图 4.4.1～图 4.4.3 也可以得到 Ted Belytschko 的结论。因此，可以用 Pe 来衡量数值波动。

除以上结论外，如果对比式（4.4.8）和式（4.4.2）可以看出，当 Pe 趋近于 0 时，$\frac{1+Pe}{1-Pe}$ 趋近于 e^{2Pe}，则有限元解式（4.4.8）趋近于解析解式（4.4.2）；而随着 Pe 的增大，$\frac{1+Pe}{1-Pe}$ 与 e^{2Pe} 差异逐渐增加，所以有限元解与解析解相差也越来越大。因此，有限元解的精度和 Pe 密切相关。对有限元的研究实质上就是为了提高有限元解的精度。

4.4.2 流体有限元解误差的原因

式（4.4.1）有限元解产生数值波动原因可归纳为：有限元基本方程采用的是弱形式；速度采用了一维 Lagrange 插值函数；网格的尺寸。而一维 Lagrange 插值函数的引入对于方程中的对流项有很大影响。如果黏性系数较小时，有限元方程就趋于病态而导致解的波动。而单元剖分的精细程度是有限单元法的最基本要求。

1. 对流扩散

Ted Belytschko 从稳态线性一维对流扩散问题出发，详细阐述了对流项引起数值波动的原因[84]。

首先对流是一个物理现象，它本身并不构成方程求解的误差原因，问题是当采用有限单元法尤其是采用了线性 Lagrange 插值时，有限元方程中经集成后的对流矩阵是病态的，必须靠方程中的扩散项来修正。对于采用一维线性 Lagrange 插值函数的有限元方程中对流矩阵 $k_1=\int_{\Delta x}V\begin{bmatrix}-\frac{1}{\Delta x}\left(1-\frac{x}{\Delta x}\right) & \frac{1}{\Delta x}\left(1-\frac{x}{\Delta x}\right)\\ -\frac{x}{\Delta x^2} & \frac{x}{\Delta x^2}\end{bmatrix}dx$。不难看出，经积分后所集成的总对流矩阵是病态的，当获得扩散项尤其是其中的运动黏性系数 ν 的贡献后，方程的解的误差方能改善，这种情况在 Pe 数中可得到笼统的反映。

在流体有限元法中，主要存在以下几个困难：首先，对于 N-S 方程不存在直接的变分法则，因此也就无法直接给出试函数的极值的形式，必须采用积分方程的弱形式；第二，由于 N-S 方程中对流项的算子不是自伴随算子，采用常规有限元法求解时，由于对流项的影响有时会引起数值震荡，这一震荡纯粹是由于数值方法引起的，而不是流体本身的物理特性，因此需要采用特殊的数值手段来克服这一问题。

2. 有限元插值条件和插值函数

对流扩散方程的标准 Lagrange 有限元格式是一种弱形式，它放松了解函数的导数的连续性要求，这样虽然比较容易得到近似解，但显然解的连续性降低了，采用线性多项式按 Lagrange 插值条件所构造的形函数在节点处速度函数是连续的，但其一阶导数并不连续，而在单元内的精度只有当单元尺度趋于无穷小时才能很好地满足，所以，在有限剖分条件下单元内的精度也受到一定限制。

3. 不可压假定引起解的波动

不可压流动中压力场的数值稳定问题是数值波动中另一个研究的焦点。Jean Donea 给出了由可压 N-S 方程组蜕化到不可压 N-S 方程组的过程[63]。他指出由于不可压流体质量守恒方程的独特形式，限制了速度场必须是无散的，即速度的散度为零。这时，压强必须是和任何本构方程无关的变量。表现在动量方程中，就要引进一个附加的自由度来满足不可压条件限制。压强变量的作用是瞬时调节自身，使得速度场必须满足无散条件，也就是说，压强作用好比一个不可压缩限制的 Lagrangian 乘数，这样，未知的速度和压强之间就存在耦合。为避免这个压力场的不稳定性，对于速度-压力的内插的要求经常要满足 LBB (Ladyzhenskaya-Babuška-Brezzi)[55]条件，通常带来求解上的一些困难[89]。

4.4.3　等效积分方程的弱形式

1. 积分方程的弱形式

对原微分方程的等效积分形式进行分部积分，然后通过 Gauss-Green 公式便可获得对应于原始微分方程的弱形式的积分方程。

先写出原微分方程的等效积分

$$\int_{\Omega}\boldsymbol{N}\cdot \mathrm{L}(\boldsymbol{V})\mathrm{d}\Omega-\int_{\Omega}\boldsymbol{N}\cdot \boldsymbol{f}\mathrm{d}\Omega+\int_{\Gamma}\boldsymbol{N}\cdot \boldsymbol{B}(\overline{\boldsymbol{V}})\mathrm{d}\Gamma=0 \tag{4.4.11}$$

$$\int_{\Omega}\boldsymbol{N}\cdot \mathrm{L}(\boldsymbol{V})\mathrm{d}\Omega=\int_{\Omega}\mathrm{L}(\boldsymbol{V},\boldsymbol{N})\mathrm{d}\Omega-\int_{\Omega}\mathrm{D}(\boldsymbol{V})\mathrm{C}(\boldsymbol{N})\mathrm{d}\Omega \tag{4.4.12}$$

利用 Gauss-Green 公式

$$\int_{\Omega}\mathrm{L}(\boldsymbol{V},\boldsymbol{N})\mathrm{d}\Omega=\int_{\Gamma}\boldsymbol{n}\cdot(\boldsymbol{V},\boldsymbol{N})\mathrm{d}\Gamma \tag{4.4.13}$$

可得

$$\int_{\Omega}\boldsymbol{N}\cdot \mathrm{L}(\boldsymbol{V})\mathrm{d}\Omega=\int_{\Gamma}\boldsymbol{n}\cdot(\boldsymbol{V},\boldsymbol{N})\mathrm{d}\Gamma-\int_{\Omega}\mathrm{D}(\boldsymbol{V})\mathrm{C}(\boldsymbol{N})\mathrm{d}\Omega \tag{4.4.14}$$

其中，D 和 C 是较 L 低阶的微分算子。

将式（4.4.14）代入式（4.4.11）可得

$$\int_{\Gamma}\boldsymbol{n}\cdot(\boldsymbol{V},\boldsymbol{N})\mathrm{d}\Gamma-\int_{\Omega}\mathrm{D}(\boldsymbol{V})\mathrm{C}(\boldsymbol{N})\mathrm{d}\Omega-\int_{\Omega}\boldsymbol{N}\cdot \boldsymbol{f}\mathrm{d}\Omega+\int_{\Gamma}\boldsymbol{N}\cdot \boldsymbol{B}(\overline{\boldsymbol{V}})\mathrm{d}\Gamma=0 \tag{4.4.15}$$

上式即为对应于原微分方程的积分方程的弱形式。可以看出，相对于原微分方程，式（4.4.15）对于函数 $\boldsymbol{V}$ 的连续性要求有所降低，这样一来，使得函数 $\boldsymbol{V}$ 的选择范围扩大。显然，对原方程等效积分形式的不同项进行分部积分，可以获得不同形式积分方程的弱形式。

对于实际的物理问题，积分方程的弱形式对待求变量的连续性要求降低，往往比原始的微分方程更逼近真实解，因为原始的微分方程对解提出了过分“平滑”的要求。

2. 质量守恒方程中的降阶

设任一单元的体积为 V，表面为 S，在单元内对质量守恒微分方程进行加权积分

$$\int_V \boldsymbol{N}_\rho^{\mathrm{T}} \frac{\partial \rho}{\partial t} \mathrm{d}V = -\int_V \boldsymbol{N}_\rho^{\mathrm{T}} \left(\frac{\partial V_{\rho x}}{\partial x} + \frac{\partial V_{\rho y}}{\partial y} + \frac{\partial V_{\rho z}}{\partial z} \right) \mathrm{d}V \tag{4.4.16}$$

式中，$V_{\rho n} = n_x \rho V_x + n_y \rho V_y + n_z \rho V_z$ 。

对上式右端体积分项进行分部积分，并利用 Gauss 公式

$$\begin{aligned} & -\int_V \boldsymbol{N}_\rho^{\mathrm{T}} \left(\frac{\partial V_{\rho x}}{\partial x} + \frac{\partial V_{\rho y}}{\partial y} + \frac{\partial V_{\rho z}}{\partial z} \right) \mathrm{d}V \\ & = -\int_\Gamma \boldsymbol{N}_\rho^{\mathrm{T}} V_{\rho n} \mathrm{d}\Gamma + \int_V \left(\frac{\partial \boldsymbol{N}_\rho^{\mathrm{T}}}{\partial x} V_{\rho x} + \frac{\partial \boldsymbol{N}_\rho^{\mathrm{T}}}{\partial y} V_{\rho y} + \frac{\partial \boldsymbol{N}_\rho^{\mathrm{T}}}{\partial z} V_{\rho z} \right) \mathrm{d}V \end{aligned} \tag{4.4.17}$$

将式（6.4.7）代入式（6.4.6）有

$$\int_V \boldsymbol{N}_\rho^{\mathrm{T}} \frac{\partial \rho}{\partial t} \mathrm{d}V = -\int_\Gamma \boldsymbol{N}_\rho^{\mathrm{T}} V_{\rho n} \mathrm{d}\Gamma + \int_V \left(\frac{\partial \boldsymbol{N}_\rho^{\mathrm{T}}}{\partial x} V_{\rho x} + \frac{\partial \boldsymbol{N}_\rho^{\mathrm{T}}}{\partial y} V_{\rho y} + \frac{\partial \boldsymbol{N}_\rho^{\mathrm{T}}}{\partial z} V_{\rho z} \right) \mathrm{d}V \tag{4.4.18}$$

利用 $\boldsymbol{N}_\rho^{\mathrm{T}}|_{\Gamma_f} = 0$ ，最终可得

$$\int_V \boldsymbol{N}_\rho^{\mathrm{T}} \frac{\partial \rho}{\partial t} \mathrm{d}V = -\int_{\Gamma_V} \boldsymbol{N}_\rho^{\mathrm{T}} \bar{V}_{\rho n} \mathrm{d}\Gamma + \int_V \left(\frac{\partial \boldsymbol{N}_\rho^{\mathrm{T}}}{\partial x} V_{\rho x} + \frac{\partial \boldsymbol{N}_\rho^{\mathrm{T}}}{\partial y} V_{\rho y} + \frac{\partial \boldsymbol{N}_\rho^{\mathrm{T}}}{\partial z} V_{\rho z} \right) \mathrm{d}V \tag{4.4.19}$$

对于不可压流体，令 $\rho = 0$ 可得

$$\int_V \left(\frac{\partial \boldsymbol{N}_\rho^{\mathrm{T}}}{\partial x} V_x + \frac{\partial \boldsymbol{N}_\rho^{\mathrm{T}}}{\partial y} V_y + \frac{\partial \boldsymbol{N}_\rho^{\mathrm{T}}}{\partial z} V_z \right) \mathrm{d}V = \int_{\Gamma_V} \boldsymbol{N}_\rho^{\mathrm{T}} \bar{V}_n \mathrm{d}\Gamma \tag{4.4.20}$$

3. 动量守恒方程中的降阶

在单元内及边界面对动量守恒微分方程进行加权积分

$$\int_V \boldsymbol{N}_V^{\mathrm{T}} \left(\frac{\partial \boldsymbol{V}}{\partial t} - \boldsymbol{C} - \boldsymbol{D} - \boldsymbol{P} - \boldsymbol{F} \right) \mathrm{d}V - \int_{\Gamma_f} \boldsymbol{N}_V^{\mathrm{T}} (\boldsymbol{n} \cdot \boldsymbol{\sigma} - \boldsymbol{f}) \mathrm{d}\Gamma = 0 \tag{4.4.21}$$

对上式扩散项和压力项进行分部积分，并利用 Gauss 公式可得

$$\begin{aligned} -\int_V \boldsymbol{N}_V^{\mathrm{T}} (\boldsymbol{D} + \boldsymbol{P}) \mathrm{d}V = & -\int_V [\boldsymbol{N}_{Vx}^{\mathrm{T}} \quad \boldsymbol{N}_{Vy}^{\mathrm{T}} \quad \boldsymbol{N}_{Vz}^{\mathrm{T}}] \left(\begin{bmatrix} \frac{\partial \tau_{xx}}{\partial x} + \frac{\partial \tau_{xy}}{\partial y} + \frac{\partial \tau_{xz}}{\partial z} \\ \frac{\partial \tau_{yx}}{\partial x} + \frac{\partial \tau_{yy}}{\partial y} + \frac{\partial \tau_{yz}}{\partial z} \\ \frac{\partial \tau_{zx}}{\partial x} + \frac{\partial \tau_{zy}}{\partial y} + \frac{\partial \tau_{zz}}{\partial z} \end{bmatrix} - \begin{bmatrix} \frac{\partial p}{\partial x} \\ \frac{\partial p}{\partial y} \\ \frac{\partial p}{\partial z} \end{bmatrix} \right) \mathrm{d}V \\ = & -\int_\Gamma (\overline{\boldsymbol{N}}_{Vx}^{\mathrm{T}} \bar{f}_x + \overline{\boldsymbol{N}}_{Vy}^{\mathrm{T}} \bar{f}_y + \overline{\boldsymbol{N}}_{Vz}^{\mathrm{T}} \bar{f}_z) \mathrm{d}\Gamma \\ & + \int_V \left(\frac{\partial \boldsymbol{N}_{Vx}^{\mathrm{T}}}{\partial x} \tau_{xx} + \frac{\partial \boldsymbol{N}_{Vx}^{\mathrm{T}}}{\partial y} \tau_{xy} + \frac{\partial \boldsymbol{N}_{Vx}^{\mathrm{T}}}{\partial z} \tau_{xz} \right) \mathrm{d}V \\ & + \int_V \left(\frac{\partial \boldsymbol{N}_{Vy}^{\mathrm{T}}}{\partial x} \tau_{yx} + \frac{\partial \boldsymbol{N}_{Vy}^{\mathrm{T}}}{\partial y} \tau_{yy} + \frac{\partial \boldsymbol{N}_{Vy}^{\mathrm{T}}}{\partial z} \tau_{yz} \right) \mathrm{d}V \\ & + \int_V \left(\frac{\partial \boldsymbol{N}_{Vz}^{\mathrm{T}}}{\partial x} \tau_{zx} + \frac{\partial \boldsymbol{N}_{Vz}^{\mathrm{T}}}{\partial y} \tau_{zy} + \frac{\partial \boldsymbol{N}_{Vz}^{\mathrm{T}}}{\partial z} \tau_{zz} \right) \mathrm{d}V \\ & - \int_V \left(\frac{\partial \boldsymbol{N}_{Vx}^{\mathrm{T}}}{\partial x} p + \frac{\partial \boldsymbol{N}_{Vy}^{\mathrm{T}}}{\partial y} + p \frac{\partial \boldsymbol{N}_{Vz}^{\mathrm{T}}}{\partial z} p \right) \mathrm{d}V \end{aligned} \tag{4.4.22}$$

式中

$$\begin{bmatrix}\bar{f}_x\\ \bar{f}_y\\ \bar{f}_z\end{bmatrix}=\begin{bmatrix}\bar{t}_{dx}\\ \bar{t}_{dy}\\ \bar{t}_{dz}\end{bmatrix}+\begin{bmatrix}\bar{t}_{px}\\ \bar{t}_{py}\\ \bar{t}_{pz}\end{bmatrix} \tag{4.4.23}$$

其中

$$\begin{bmatrix}\bar{t}_{dx}\\ \bar{t}_{dy}\\ \bar{t}_{dz}\end{bmatrix}=\begin{bmatrix}\tau_{xx}n_x+\tau_{xy}n_y+\tau_{xz}n_z\\ \tau_{yx}n_x+\tau_{yy}n_y+\tau_{yz}n_z\\ \tau_{zx}n_x+\tau_{zy}n_y+\tau_{zz}n_z\end{bmatrix} \tag{4.4.24}$$

$$\begin{bmatrix}\bar{t}_{px}\\ \bar{t}_{py}\\ \bar{t}_{pz}\end{bmatrix}=\begin{bmatrix}pn_x\\ pn_y\\ pn_z\end{bmatrix} \tag{4.4.25}$$

对式中的对流项进行分部积分，并利用 Gauss 公式可得

$$-\int_V \boldsymbol{N}_V^{\mathrm{T}}\boldsymbol{C}\mathrm{d}V=\int_V[\boldsymbol{N}_{Vx}^{\mathrm{T}}\quad \boldsymbol{N}_{Vy}^{\mathrm{T}}\quad \boldsymbol{N}_{Vz}^{\mathrm{T}}]\begin{bmatrix}\dfrac{\partial V_xV_{\rho x}}{\partial x}+\dfrac{\partial V_yV_{\rho x}}{\partial y}+\dfrac{\partial V_zV_{\rho x}}{\partial z}\\ \dfrac{\partial V_xV_{\rho y}}{\partial x}+\dfrac{\partial V_yV_{\rho y}}{\partial y}+\dfrac{\partial V_zV_{\rho y}}{\partial z}\\ \dfrac{\partial V_xV_{\rho z}}{\partial x}+\dfrac{\partial V_yV_{\rho z}}{\partial y}+\dfrac{\partial V_zV_{\rho z}}{\partial z}\end{bmatrix}\mathrm{d}V$$

$$\begin{aligned}=&-\int_\Gamma(\overline{\boldsymbol{N}}_{Vx}^{\mathrm{T}}\bar{f}_{Vx}+\overline{\boldsymbol{N}}_{Vy}^{\mathrm{T}}\bar{f}_{Vy}+\overline{\boldsymbol{N}}_{Vz}^{\mathrm{T}}\bar{f}_{Vz})\mathrm{d}\Gamma\\ &+\int_V\left(\frac{\partial \boldsymbol{N}_{Vx}^{\mathrm{T}}}{\partial x}V_xV_{\rho x}+\frac{\partial \boldsymbol{N}_{Vx}^{\mathrm{T}}}{\partial y}V_yV_{\rho x}+\frac{\partial \boldsymbol{N}_{Vx}^{\mathrm{T}}}{\partial z}V_zV_{\rho x}\right)\mathrm{d}V\\ &+\int_V\left(\frac{\partial \boldsymbol{N}_{Vy}^{\mathrm{T}}}{\partial x}V_xV_{\rho x}+\frac{\partial \boldsymbol{N}_{Vy}^{\mathrm{T}}}{\partial y}V_yV_{\rho x}+\frac{\partial \boldsymbol{N}_{Vy}^{\mathrm{T}}}{\partial z}V_zV_{\rho x}\right)\mathrm{d}V\\ &+\int_V\left(\frac{\partial \boldsymbol{N}_{Vz}^{\mathrm{T}}}{\partial x}V_xV_{\rho x}+\frac{\partial \boldsymbol{N}_{Vz}^{\mathrm{T}}}{\partial y}V_yV_{\rho x}+\frac{\partial \boldsymbol{N}_{Vz}^{\mathrm{T}}}{\partial z}V_zV_{\rho x}\right)\mathrm{d}V\end{aligned} \tag{4.4.26}$$

其中

$$\begin{aligned}\bar{f}_{Vx}&=n_xV_xV_{\rho x}+n_yV_yV_{\rho x}+n_zV_zV_{\rho x}\\ \bar{f}_{Vy}&=n_xV_xV_{\rho y}+n_yV_yV_{\rho y}+n_zV_zV_{\rho y}\\ \bar{f}_{Vz}&=n_xV_xV_{\rho z}+n_yV_yV_{\rho z}+n_zV_zV_{\rho z}\end{aligned} \tag{4.4.27}$$

4. 能量守恒方程中的降阶

对能量守恒微分方程进行加权积分

$$\int_V \boldsymbol{N}_E^{\mathrm{T}}\left(\frac{\partial E_\rho}{\partial t}-C_E-T_E-D_E-F_E-Q_E\right)\mathrm{d}V-\int_{\Gamma_q}\boldsymbol{N}_E^{\mathrm{T}}\left(k\frac{\partial T}{\partial n}+\bar{q}_s\right)\mathrm{d}\Gamma=0 \tag{4.4.28}$$

对式中的温度扩散项进行分部积分，并利用 Gauss 公式可得

$$\begin{aligned}\int_V \boldsymbol{N}_E^{\mathrm{T}}T_E\mathrm{d}V&=\int_V \boldsymbol{N}_E^{\mathrm{T}}\left[\frac{\partial}{\partial x}\left(k\frac{\partial T}{\partial x}\right)+\frac{\partial}{\partial y}\left(k\frac{\partial T}{\partial y}\right)+\frac{\partial}{\partial z}\left(k\frac{\partial T}{\partial z}\right)\right]\mathrm{d}V\\ &=\int_\Gamma \boldsymbol{N}_E^{\mathrm{T}}\bar{f}_T\mathrm{d}\boldsymbol{\Gamma}-\int_V\left[\frac{\partial \boldsymbol{N}_E^{\mathrm{T}}}{\partial x}\left(k\frac{\partial T}{\partial x}\right)+\frac{\partial \boldsymbol{N}_E^{\mathrm{T}}}{\partial y}\left(k\frac{\partial T}{\partial y}\right)+\frac{\partial \boldsymbol{N}_E^{\mathrm{T}}}{\partial z}\left(k\frac{\partial T}{\partial z}\right)\right]\mathrm{d}V\end{aligned} \tag{4.4.29}$$

其中

$$\overline{f}_T = n_x k \frac{\partial T}{\partial x} + n_y k \frac{\partial T}{\partial y} + n_z k \frac{\partial T}{\partial z} \tag{4.4.30}$$

对式中的应力扩散项进行分部积分，并利用 Gauss 公式可得

$$\begin{aligned}
\int_V \boldsymbol{N}_E^{\mathrm{T}} D_E \mathrm{d}V &= \int_V \boldsymbol{N}_E^{\mathrm{T}} \frac{\partial}{\partial x}(\tau_{xx}V_x + \tau_{xy}V_y + \tau_{xz}V_z)\mathrm{d}V \\
&\quad + \int_V \boldsymbol{N}_E^{\mathrm{T}} \frac{\partial}{\partial y}(\tau_{yx}V_x + \tau_{yy}V_y + \tau_{yz}V_z)\mathrm{d}V \\
&\quad + \int_V \boldsymbol{N}_E^{\mathrm{T}} \frac{\partial}{\partial z}(\tau_{zx}V_x + \tau_{zy}V_y + \tau_{zz}V_z)\mathrm{d}V \\
&= \int_\Gamma \boldsymbol{N}_E^{\mathrm{T}} \overline{f}_D \mathrm{d}\Gamma - \int_V \frac{\partial \boldsymbol{N}_E^{\mathrm{T}}}{\partial x}(\tau_{xx}V_x + \tau_{xy}V_y + \tau_{xz}V_z)\mathrm{d}V \\
&\quad - \int_V \frac{\partial \boldsymbol{N}_E^{\mathrm{T}}}{\partial y}(\tau_{yx}V_x + \tau_{yy}V_y + \tau_{yz}V_z)\mathrm{d}V \\
&\quad - \int_V \frac{\partial \boldsymbol{N}_E^{\mathrm{T}}}{\partial z}(\tau_{zx}V_x + \tau_{zy}V_y + \tau_{zz}V_z)\mathrm{d}V
\end{aligned} \tag{4.4.31}$$

其中

$$\begin{aligned}
\overline{f}_D &= n_x(\tau_{xx}V_x + \tau_{xy}V_y + \tau_{xz}V_z) + n_y(\tau_{yx}V_x + \tau_{yy}V_y + \tau_{yz}V_z) \\
&\quad + n_z(\tau_{zx}V_x + \tau_{zy}V_y + \tau_{zz}V_z)
\end{aligned} \tag{4.4.32}$$

5. k 方程中的降阶

对 k 方程加权积分

$$\int_V \boldsymbol{N}_k^{\mathrm{T}} \left(\frac{\partial K}{\partial t} - C_K - D_K - G_k + E \right) \mathrm{d}V \tag{4.4.33}$$

对扩散项降阶后，有

$$\begin{aligned}
\int_V \boldsymbol{N}_k^{\mathrm{T}} D_K \mathrm{d}V &= \int_V \boldsymbol{N}_k^{\mathrm{T}} \left[\frac{\partial}{\partial x}\left(\frac{\partial K}{\partial x}\right) + \frac{\partial}{\partial y}\left(\frac{\partial K}{\partial y}\right) + \frac{\partial}{\partial z}\left(\frac{\partial K}{\partial z}\right) \right] \mathrm{d}V \\
&= \int_\Gamma \boldsymbol{N}_k^{\mathrm{T}} \overline{f}_K \mathrm{d}\Gamma - \int_V \left(\frac{\partial \boldsymbol{N}_k^{\mathrm{T}}}{\partial x} \frac{\partial K}{\partial x} + \frac{\partial \boldsymbol{N}_k^{\mathrm{T}}}{\partial y} \frac{\partial K}{\partial y} + \frac{\partial \boldsymbol{N}_k^{\mathrm{T}}}{\partial z} \frac{\partial K}{\partial z} \right) \mathrm{d}V
\end{aligned} \tag{4.4.34}$$

其中

$$\overline{f}_K = n_x \frac{\partial K}{\partial x} + n_y \frac{\partial K}{\partial y} + n_z \frac{\partial K}{\partial z} \tag{4.4.35}$$

6. ε 方程中的降阶

ε 方程降阶

$$\int_V \boldsymbol{N}_\varepsilon^{\mathrm{T}} \left(\frac{\partial E}{\partial t} - C_\varepsilon - D_\varepsilon - \frac{E}{K} C_{\varepsilon 1} G_k + C_{\varepsilon 2} \frac{E^2}{K} \right) \mathrm{d}V \tag{4.4.36}$$

对扩散项降阶后，有

$$\begin{aligned}
\int_V \boldsymbol{N}_\varepsilon^{\mathrm{T}} D_E \mathrm{d}V &= \int_V \boldsymbol{N}_\varepsilon^{\mathrm{T}} \left[\frac{\partial}{\partial x}\left(\frac{\partial E}{\partial x}\right) + \frac{\partial}{\partial y}\left(\frac{\partial E}{\partial y}\right) + \frac{\partial}{\partial z}\left(\frac{\partial E}{\partial z}\right) \right] \mathrm{d}V \\
&= \int_\Gamma \boldsymbol{N}_\varepsilon^{\mathrm{T}} \overline{f}_E \mathrm{d}\Gamma - \int_V \left(\frac{\partial \boldsymbol{N}_\varepsilon^{\mathrm{T}}}{\partial x} \frac{\partial E}{\partial x} + \frac{\partial \boldsymbol{N}_\varepsilon^{\mathrm{T}}}{\partial y} \frac{\partial E}{\partial y} + \frac{\partial \boldsymbol{N}_\varepsilon^{\mathrm{T}}}{\partial z} \frac{\partial E}{\partial z} \right) \mathrm{d}V
\end{aligned} \tag{4.4.37}$$

其中

$$\bar{f}_E = n_x \frac{\partial E}{\partial x} + n_y \frac{\partial E}{\partial y} + n_z \frac{\partial E}{\partial z} \tag{4.4.38}$$

7. 关于方程中高阶项降阶的讨论

流体力学微分方程的等效积分的弱化是一个很重要但又不统一的问题，不同的积分方程的弱形式对解的精度是有影响的，积分方程的弱化也与所选取的形函数很有关系，以下列出一些文献中采用的弱化方法。

在文献[40，41，89]中首先将 N-S 方程组改写，给出如下公式

$$\begin{aligned} &\int_V \frac{\partial V_j}{\partial x_j} \delta p \, \mathrm{d}V = 0 \\ &\int_V \left(\rho \frac{\partial V_i}{\partial t} + \rho V_j \frac{\partial V_i}{\partial x_j} - \frac{\partial \sigma_{ij}}{\partial x_j} - \rho g_i \right) \delta V_i \mathrm{d}V = 0 \end{aligned} \tag{4.4.39}$$

对上式中的连续方程的左端和动量方程中的扩散项利用分部积分和 Gauss 公式，最终可得

$$\begin{aligned} &\int_V V_j \frac{\partial \delta p}{\partial x_j} \mathrm{d}V = \int_{\Gamma_D} \overline{V}_n \delta p \, \mathrm{d}\Gamma \\ &\int_V \left\{ \rho \left(\frac{\partial V_i}{\partial t} + V_j \frac{\partial V_i}{\partial x_j} \right) \delta V_i + \left[-p\delta_{ij} + \mu \left(\frac{\partial v_i}{\partial x_j} + \frac{\partial v_j}{\partial x_i} \right) \right] \frac{\partial \delta V_i}{\partial x_j} \right\} \mathrm{d}V \\ &\quad = \int_V \rho f_i \delta V_i \mathrm{d}V + \int_{\Gamma_N} t_i \delta V_i \mathrm{d}\Gamma \end{aligned} \tag{4.4.40}$$

K J Bathe 通过同样的方法获得了不可压 N-S 方程的弱形式，所不同的是对于连续方程并没有降阶[48]，即

$$\int_V \frac{\partial V_j}{\partial x_j} \delta p \, \mathrm{d}V = 0 \tag{4.4.41}$$

在文献[16，44，75]中除对动量方程中的扩散项降阶外，同时还对对流项进行降阶处理。文献[44]给出的表达式为

$$\begin{aligned} &\int_V V_j \frac{\partial \boldsymbol{N}_p^{\mathrm{T}}}{\partial x_j} \mathrm{d}V = \int_{\Gamma_D} \overline{V}_n \boldsymbol{N}_p^{\mathrm{T}} \mathrm{d}\Gamma \\ &\int_V \left[\rho \left(\boldsymbol{N}_v^{\mathrm{T}} \frac{\partial V_i}{\partial t} + \frac{\partial \boldsymbol{N}_v^{\mathrm{T}}}{\partial x_j} V_j V_i \right) - \frac{\partial \boldsymbol{N}_v^{\mathrm{T}}}{\partial x_i} p + \mu \frac{\partial \boldsymbol{N}_v^{\mathrm{T}}}{\partial x_j} \left(\frac{\partial v_i}{\partial x_j} + \frac{\partial v_j}{\partial x_i} \right) \right] \mathrm{d}V \\ &- \int_V \rho f_i \boldsymbol{N}_v^{\mathrm{T}} \mathrm{d}V - \int_\Gamma \overline{\boldsymbol{N}}_v^{\mathrm{T}} \sigma_{ij} n_j \mathrm{d}\Gamma + \int_\Gamma \rho \overline{\boldsymbol{N}}_v^{\mathrm{T}} V_j V_i n_j \mathrm{d}\Gamma = 0 \end{aligned} \tag{4.4.42}$$

式中，$\boldsymbol{N}_v$ 和 $\overline{\boldsymbol{N}}_v$ 分别为域内和边界处的速度形函数。但文献[44]并未明确指出对流项边界面积分的边界区域。

文献[75]给出的表达式与文献[44]基本相同，只对流项的处理不同，利用了无旋条件 $\dfrac{\partial V_i}{\partial x_j} = \dfrac{\partial V_j}{\partial x_i}$ 离散伴有 1/2 的系数，即

$$\begin{aligned}
\int_{\Omega}\rho\,\boldsymbol{N}_v^{\mathrm{T}}V_j\,\frac{\partial V_i}{\partial x_j}\mathrm{d}\Omega &= \int_{\Omega}\rho\,\boldsymbol{N}_v^{\mathrm{T}}V_j\,\frac{\partial V_j}{\partial x_i}\mathrm{d}\Omega \\
&= \frac{1}{2}\int_{\Omega}\rho\,\boldsymbol{N}_v^{\mathrm{T}}\left(2V_j\,\frac{\partial V_j}{\partial x_i}\right)\mathrm{d}\Omega \\
&= \frac{1}{2}\left[\int_{\Omega}\rho\,\boldsymbol{N}_v^{\mathrm{T}}\left(V_j\,\frac{\partial V_j}{\partial x_i}+V_j\,\frac{\partial V_j}{\partial x_i}\right)\mathrm{d}\Omega\right] \\
&= \frac{1}{2}\int_{\Omega}\rho\,\boldsymbol{N}_v^{\mathrm{T}}\,\frac{\partial V_j^2}{\partial x_i}\mathrm{d}\Omega \\
&= \frac{1}{2}\int_{\Omega}\rho\,\frac{\partial(\boldsymbol{N}_v^{\mathrm{T}}V_j^2)}{\partial x_i}\mathrm{d}\Omega-\frac{1}{2}\int_{\Omega}\rho\,\frac{\partial\boldsymbol{N}_v^{\mathrm{T}}}{\partial x_i}V_j^2\,\mathrm{d}\Omega \\
&= \frac{1}{2}\int_{\Gamma}\rho(\boldsymbol{N}_{vx}^{\mathrm{T}}V_j^2n_x+\boldsymbol{N}_{vy}^{\mathrm{T}}V_j^2n_y+\boldsymbol{N}_{vz}^{\mathrm{T}}V_j^2n_z)\mathrm{d}\Gamma-\frac{1}{2}\int_{\Omega}\rho\,\frac{\partial\boldsymbol{N}_v^{\mathrm{T}}}{\partial x_i}V_j^2\,\mathrm{d}\Omega
\end{aligned} \tag{4.4.43}$$

最终动量方程的弱形式为

$$\begin{aligned}
&\int_V\left[\boldsymbol{N}_v^{\mathrm{T}}\rho\,\frac{\partial V_i}{\partial t}-\frac{1}{2}\rho\,\frac{\partial\boldsymbol{N}_v^{\mathrm{T}}}{\partial x_i}V_j^2-p\,\frac{\partial\boldsymbol{N}_v^{\mathrm{T}}}{\partial x_i}+\mu\,\frac{\partial\boldsymbol{N}_v^{\mathrm{T}}}{\partial x_j}\left(\frac{\partial v_i}{\partial x_j}+\frac{\partial v_j}{\partial x_i}\right)\right]\mathrm{d}V \\
&\quad-\int_V\boldsymbol{N}_v^{\mathrm{T}}\rho f_i\,\mathrm{d}V-\int_{\Gamma}\boldsymbol{N}_v^{\mathrm{T}}\sigma_{ij}n_j\,\mathrm{d}\Gamma+\frac{1}{2}\int_{\Gamma}\rho n_i\,\boldsymbol{N}_v^{\mathrm{T}}V_j^2\,\mathrm{d}\Gamma=0
\end{aligned} \tag{4.4.44}$$

同样，文献[75]也未明确指出对流项边界面积分的边界区域。

而 Jean Donea 推出了另一种不同的不可压 N-S 方程的弱形式

$$\begin{aligned}
&(\boldsymbol{w}^h,\boldsymbol{u}_t^h)+a(\boldsymbol{w}^h,\boldsymbol{u}^h)+c(\boldsymbol{v}^h;\boldsymbol{w}^h,\boldsymbol{u}^h)+b(\boldsymbol{w}^h,p^h) \\
&=(\boldsymbol{w}^h,\boldsymbol{f}^h)+(\boldsymbol{w}^h,\boldsymbol{t}^h)_{\Gamma_N}-a(\boldsymbol{w}^h,\boldsymbol{v}_D^h)-c(\boldsymbol{v}^h;\boldsymbol{w}^h,\boldsymbol{v}_D^h) \\
&b(\boldsymbol{u}^h,q^h)=-b(\boldsymbol{v}_D^h,q^h)
\end{aligned} \tag{4.4.45}$$

式中，上标 h 表示有限维空间；式中的符号含义为

$$\begin{aligned}
&(\boldsymbol{u},\boldsymbol{v})=\int_{\Omega}\boldsymbol{u}\cdot\boldsymbol{v}\mathrm{d}\Omega,\quad a(\boldsymbol{u},\boldsymbol{v})=\int_{\Omega}\nabla\boldsymbol{u}:\nabla\boldsymbol{v}\mathrm{d}\Omega,\quad b(\boldsymbol{v},q)=-\int_{\Omega}q\,\nabla\cdot\boldsymbol{v}\mathrm{d}\Omega \\
&c(\boldsymbol{v};\boldsymbol{w},\boldsymbol{u})=[\boldsymbol{w},(\boldsymbol{v}\cdot\nabla\boldsymbol{u})]=\int_{\Omega}\boldsymbol{w}\cdot(\boldsymbol{v}\cdot\nabla)\boldsymbol{u}\mathrm{d}\Omega
\end{aligned} \tag{4.4.46}$$

可以看出，Jean Donea 对于动量方程的处理与前面所讨论的形式相比，多出 $-a(\boldsymbol{w}^h,\boldsymbol{v}_D^h)$ 和 $-c(\boldsymbol{v}^h,\boldsymbol{w}^h,\boldsymbol{v}_D^h)$ 两项，而对于连续方程则多出了 $-b(\boldsymbol{v}_D^h,q^h)$ 一项，而这两项均是由于解的唯一性要求所导致的。

由以上对于 N-S 方程弱形式的推导过程，可以看出：

(1) 对于动量方程中扩散项的降阶及所对应的应力边界面积分的推导，各文献是相同的。

(2) 对于动量方程中对流项的处理存在差异，共有 3 种做法：

1) 对流项不降阶；

2) 对流项降阶，伴随有面积分；

3) 对流项不降阶，伴随其他对流项积分。

(3) 对于连续方程的降阶存在差异，共有 3 种做法：

1) 连续方程不降阶；

2) 连续方程降阶，伴随有面积分；

3) 连续方程不降阶，伴随其他积分。

4.5　改善有限元解的方法

4.5.1　改善有限元解的传统方法

目前，解决有限元解数值波动的传统方法有加密网格、修正运动黏性系数及修正对流项等。

为减小 Pe 值，可增加单元，通过加密网格减小单元尺寸 Δx 以获得稳定的数值解。加密网格后有限元解和解析解十分接近，并无波动现象。但过密的单元网格会大幅增加计算量。

修正黏性系数的思想最早可追溯到 1950 年由 Von Neumann 和 Richtmyer 采用有限差分法求解 Euler 方程时引入的人工黏性系数，后来被广泛采用并应用到有限元法中。

Ted 研究修正运动黏性系数的方法，是将运动黏性系数 ν 修改为

$$\nu^M = \bar{\nu} + \nu \tag{4.5.1}$$

其中，$\bar{\nu} = V\gamma_\nu$，$\gamma_\nu = \frac{1}{2}\Delta x\left[\coth(Pe) - \frac{1}{Pe}\right]$

代入 Pe 表达式有

$$Pe^M = \frac{e^{v\Delta x/\nu} - 1}{e^{v\Delta x/\nu} + 1} = \frac{e^{Pe} - e^{-Pe}}{e^{Pe} + e^{-Pe}} = \tanh(Pe) \tag{4.5.2}$$

可以看出，无论 Pe 取何值，Pe^M 恒小于 1。其中，$\bar{\nu}$ 可理解为一个平衡扩散（balancing diffusion）项，是一个虚构的运动黏性系数，其作用是为了使标准的 Galerkin 有限元法趋于精确的数值解答[84]。

修正 ν 最终的表现形式是在对流项权函数中附加了 $\gamma_\nu \frac{dw}{dx}$，而 $\gamma_\nu \frac{dw}{dx}$ 就是 Petrov-Galerkin 的修正项。这样可在较粗网格条件下，对于任意 Pe 值获得较好的有限元解，也就自然地消除了数值波动，而不用增加过多的计算量。

4.5.2　Petrov-Galerkin 法

Zienkiewicz 等 1975 年提出的 Petrov-Galerkin 方法[89]以及基于 Petrov-Galerkin 方法的其他方法都引入了平衡扩散项，本质上都是修正了运动黏性系数。其基本思想是对标准 Galerkin 公式中的权函数进行修正，在权函数中加入根据条件变化的附加函数，从而消除 $|Pe|>1$ 带来的振荡，以期得到精确解。Petrov-Galerkin 法在一维中类似于标准迎风方程。Hughes 等[67-69]针对高值对流问题开发了流线迎风 SUPG（Streamline Upwinding Petrov-Galerkin）有限元公式和 Galerkin 最小平方法 GLS（Galerkin Least Squares）。目前 SUPG 和 GLS 仍然是流体动力学有限元求解中广泛使用的稳定方法。

4.5.3　选择形函数

有限元解波动的原因除如上所述以外，还由于该插值函数的不连续造成的解函数不够光滑，一阶导数不连续。因此，提高插值函数连续性，使其在单元内光滑、节点处一阶导数连续，是改善一维对流扩散方程有限元数值波动的又一途径。

现采用一维线性 Lagrange 插值函数来构造形函数，如式（4.3.2）所示，采用一维二次 Lagrange 插值函数构造形函数，如式（4.3.5a）所示，采用一维三次 Hermite 插值函数构造形函数

$$\mathbf{N}=[N_i \quad N_{i,x} \quad N_j \quad N_{j,x}] \tag{4.5.3}$$

式中

$$N_i=1-\frac{3x^2}{l^2}+\frac{2x^3}{l^3},N_{i,x}=x-\frac{2x^2}{l}+\frac{x^3}{l^2},N_j=\frac{3x^2}{l^2}-\frac{2x^3}{l^3},N_{j,x}=-\frac{x^2}{l}+\frac{x^3}{l^2} \tag{4.5.4}$$

采用一维指数 Lagrange 插值函数构造形函数，如式（4.3.33）所示。将以上各形函数代入与式（4.4.1）等价的有限元方程的弱形式，可得有限元近似解[6]。

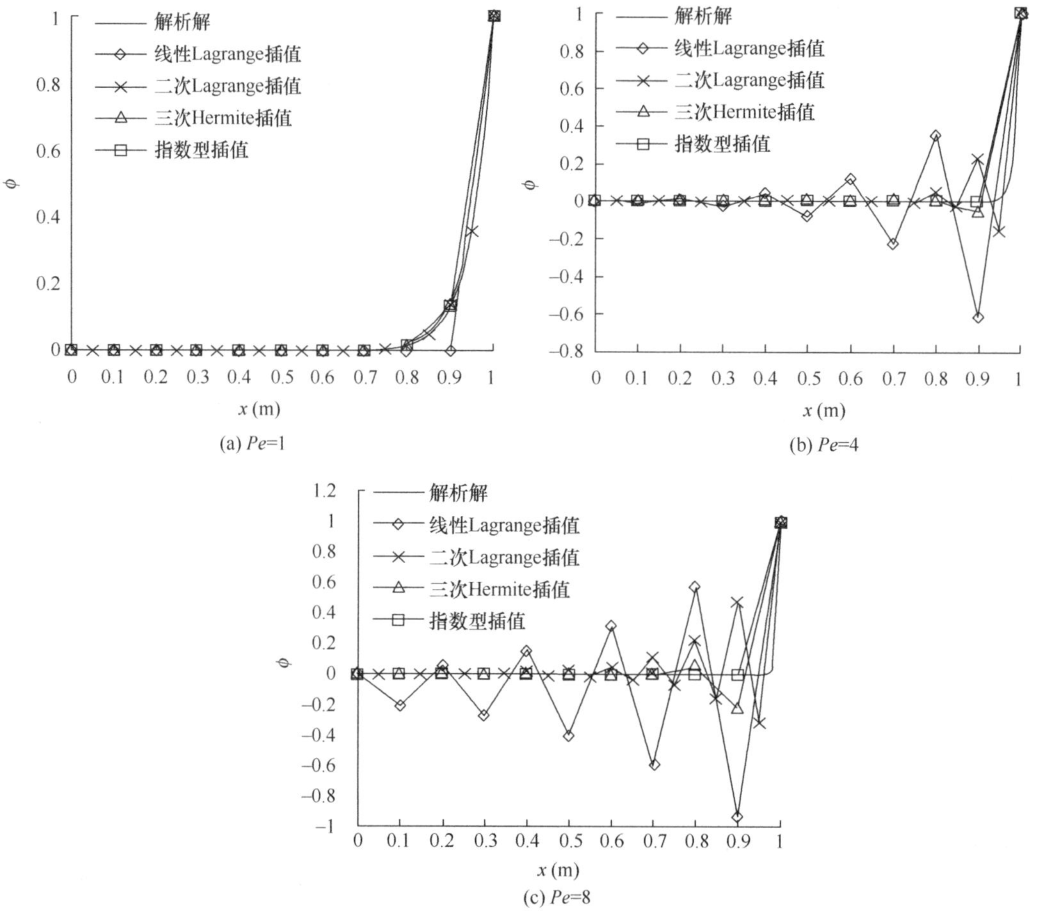

图 4.5.1　不同插值函数有限元解和解析解对比

图 4.5.1 显示了采用不同插值函数得到的有限元解与解析解的对比。由图中可看出，当 $Pe=1$ 时不同插值函数所得结果与解析解差别不大，当 $Pe=4$ 时线性 Lagrange 插值出现了较明显波动。随着 Pe 进一步增大（$Pe=8$），多种插值函数出现了数值波动，其中线性 Lagrange 插值波动最大，二次 Lagrange 插值次之，解析插值函数和三次 Hermite 插值则给出了良好的计算结果。分析其原因主要在于插值函数的连续性。线性插值函数性能最差，且不能反映单元内变量情况；提高插值函数的阶数后，二次插值函数较线性插值函

数性能有所改善；而当采用 Hermite 插值函数后，数值波动有着较为明显的改善，在 Pe 值较小时，和解析解吻合良好，但 Pe 值较大时，依然不可避免地存在波动现象。指数型插值函数在 Pe 值较大时仍可获得较好的计算结果。

4.5.4　解决不可压条件引起数值波动的方法

在有限元法中避免不可压条件引起数值波动的一条途径是选择满足 LBB 条件的单元，通常速度插值函数阶数高于压力插值函数阶数，此外还有罚函数法等。

以定常问题为例，当采用联立求解时，运用标准 Galerkin 格式可得有限元方程

$$\begin{bmatrix} \boldsymbol{K} & \boldsymbol{G} \\ \boldsymbol{G}^{\mathrm{T}} & \boldsymbol{L} \end{bmatrix}\begin{bmatrix} \boldsymbol{v} \\ \boldsymbol{p} \end{bmatrix}=\begin{bmatrix} \boldsymbol{F}_v \\ \boldsymbol{F}_p \end{bmatrix} \tag{4.5.5}$$

式中，$\boldsymbol{K}$ 为扩散矩阵；$\boldsymbol{G}$ 为梯度矩阵；$\boldsymbol{G}^{\mathrm{T}}$ 为散度矩阵；$\boldsymbol{L}$ 为压强矩阵，对于不可压流体，在连续方程中的压强矩阵 $\boldsymbol{L}$ 为零矩阵。

上式中，系数矩阵右下角出现零子矩阵，由线性代数知识可知，方程若要获得唯一解，则必须要求矩阵 $\boldsymbol{G}^{\mathrm{T}}\boldsymbol{K}^{-1}\boldsymbol{G}$ 的秩小于等于矩阵 $\boldsymbol{K}$ 的秩，体现在有限元方法中即要求速度和压强空间必须满足相容条件，可以用所谓的 LBB/BB 条件或者 inf-sup 条件表示为

$$\inf_{q^h \in Q^h} \sup_{w^h \in v^h} \frac{(q^h, \nabla \cdot w^h)}{\| q \|_0 \ \| w^h \|_1} \geqslant \alpha > 0 \tag{4.5.6}$$

式中，α 为和单元尺寸无关的参数。如果 LBB 条件得到满足，则可以获得问题的唯一解，否则会引起鞍点（saddle-point）[63]现象导致压力场的数值波动。

解决不可压条件引起数值波动的方法是从不同的侧面满足或者回避掉 LBB 条件的限制，归纳起来有如下几种。

1. 混合插值法

Hood 和 Tayler 经过研究发现[70]，速度插值函数 $\boldsymbol{N}_V$ 和压力插值函数 $\boldsymbol{N}_p$ 取为同阶，虽然可以获得较为精确的速度解，但压力解将产生较大的误差。如果 $\boldsymbol{N}_V$ 较 $\boldsymbol{N}_p$ 高一个阶次，则可以获得较好的结果。因此，他们建议压力和速度分别采用线性和二次函数。

实际上，由线性代数知识可知

$$r(\boldsymbol{G}^{\mathrm{T}}\boldsymbol{K}^{-1}\boldsymbol{G}) = \min[r(\boldsymbol{G}^{\mathrm{T}}), r(\boldsymbol{K})] \leqslant r(\boldsymbol{K}) \tag{4.5.7}$$

式中，$r(\ \ )$ 表示对矩阵取秩。即有

$$n_p \leqslant n_v \tag{4.5.8}$$

这里，n_p 和 n_v 分别为矩阵 $\boldsymbol{G}^{\mathrm{T}}\boldsymbol{K}^{-1}\boldsymbol{G}$ 和 $\boldsymbol{K}$ 的秩。上式反映在有限元计算中，表现为速度项所需的节点数要大于压力项所需的节点数，可以通过提高速度插值函数阶次实现。如在 FC-BI 方法中就采用此种方法。

2. 罚函数法

罚函数法是一种应用较广泛的方法。Jean Donea 指出[63]，罚函数法实际上是对不可压条件的放松，此时不可压问题可以看作是微压问题。在混合有限元法中，压强为未知量，然而可以将压强消除，以减小矩阵的阶数。

将不可压条件 $\nabla \cdot \boldsymbol{V} = 0$ 利用 $\nabla \cdot \boldsymbol{V}^{(\lambda)} = -p^{(\lambda)}/\lambda$ 代替，式中 λ 为一个网格尺度和与问题无关的参数，在双精度计算中一般可取 $10^7 \sim 10^8$，Hughes[68]建议对于 Stokes 流动，$\lambda = c\mu$，μ 为流体动力黏度系数，c 为双精度取 10^7。此时流体的本构方程相应地变为

$$\sigma_{ij}^{(\lambda)}=-p^{(\lambda)}\delta_{ij}+2\nu V_{i,j}^{(\lambda)} \tag{4.5.9}$$

式中，压强此刻可表示为

$$p^{(\lambda)}=-\lambda\nabla\cdot\boldsymbol{V}^{(\lambda)} \tag{4.5.10}$$

将式（4.5.10）代入式（4.5.9），可消除压强，而将 σ_{ij} 相应地变化为 $\sigma_{ij}^{(\lambda)}$ 即可获得问题的求解。

3. Petrov-Galerkin 类方法

Hughes 等通过研究发现，如果一个压力摄动项被引入到系统弱形式中，则可以提高求解格式的压力稳定性。因而他们放弃了标准的 Galerkin 离散格式，而采用 Petrov-Galerkin 离散格式，提出了 PSPG 稳定化方案。对于定常问题，不可压 N-S 方程的 PSPG 格式可以表示为

$$\begin{bmatrix}\boldsymbol{K} & \boldsymbol{G}\\ \boldsymbol{L}-\boldsymbol{G}^{\mathrm{T}} & \boldsymbol{H}\end{bmatrix}\begin{bmatrix}\boldsymbol{v}\\ \boldsymbol{p}\end{bmatrix}=\begin{bmatrix}\boldsymbol{F}_v\\ \boldsymbol{F}_p\end{bmatrix} \tag{4.5.11}$$

式中，$\boldsymbol{H}$ 为由于引入压强摄动项而产生的稳定矩阵；$\boldsymbol{L}$ 为相应的引入压强摄动项后的相容矩阵。在标准的 Galerkin 格式中，$\boldsymbol{H}$ 和 $\boldsymbol{L}$ 均为零。可以看出，通过引入压力摄动项，系数矩阵中主对角线均为非零元素，因而可以直接避免 LBB 条件的限制。如在 SUPG 方法中就采用此种方法。

4. 其他方法

另外被应用的方法是由 Chorin[58] 提出的投影法，也称为分裂法。在众多的投影法中，某些投影法可以直接避免 LBB 条件的限制，得到极为广泛的应用，如在 CBS 方法[79,89,91] 中就采用此种方法。除以上讨论的方法外，其他应用较为广泛的还有人工压缩法以及压强校正法（SIMPLE）等[37,43]。

由于 Euler 描述下的流体控制方程不可避免地会存在对流项，因此会存在由于对流项引起的数值波动的问题。但如果设法消除对流项，则也就自然地不存在由于对流项引起的数值波动问题，为此一些学者采用诸如 Euler-Lagrange 混合格式[59] 以及基于特征线的 Galerkin 法[80] 等方法也较好地解决了此类问题，详细内容可以参考文献[78]。

4.5.5 采用指数插值的补偿标准 Galerkin（CSG）有限元法

从以上讨论可见，流体有限元解的波动及其误差主要是：当采用多项式插值函数时对流项病态，从而通过人工黏性系数或 Petrov-Galerkin 法的权函数中的摄动项来改善对流项的病态度。这个问题的本质是由于函数连续性要求不能满足，因此从改进插值函数及守恒条件着手可以简单而又精准地消除解的波动，提高解的精度。以下将主要讨论根据通量守恒原理提出的补偿方法[6,8]。

1. 采用指数插值函数的标准 Galerkin 有限元

现以式（4.4.1）的有限元解为例，如将定义域 $[0\quad L]$ 剖分为十个单元，设 $L=1.0\text{m}$，运动黏性系数 $\nu=1.6\times10^{-5}$，现探讨以下六种情况：对流速度 v 分别为 1.0×10^{-5}m/s、0.1m/s、1m/s、10m/s、100m/s、300m/s，相应的 Pe 分别为 0.03125、312.5、3125、31250、3.125×10^5、9.375×10^5。指数型形函数如式（4.3.33）所示，式中常数 a 各取 $a=0.015$；$a=|\bar{\phi}|/\nu$，这里 $\bar{\phi}$ 即单元节点速度平均值；$a=1000$ 三种情况，分别计算有限元解和精确解并加以对比分析，如图 4.5.2 所示。

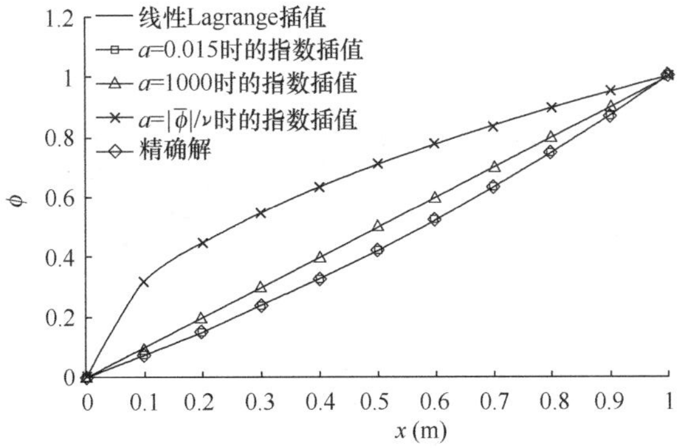

(a) 情况1

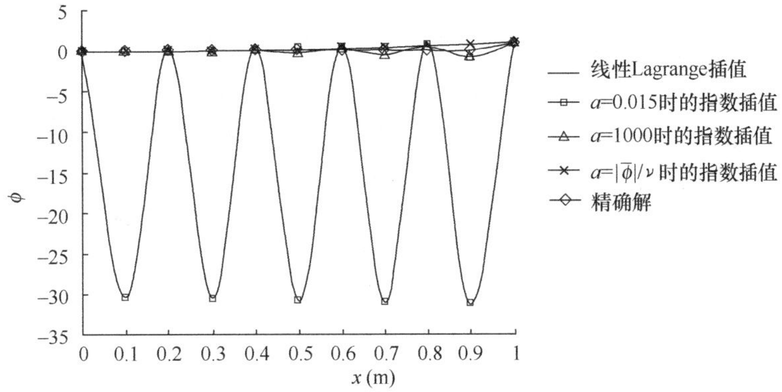

(b) 情况2

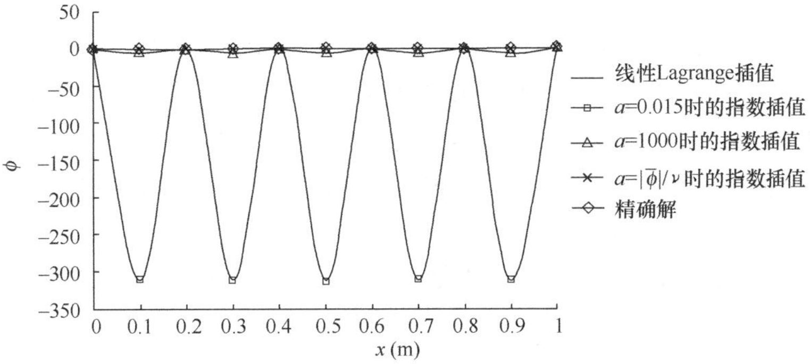

(c) 情况3

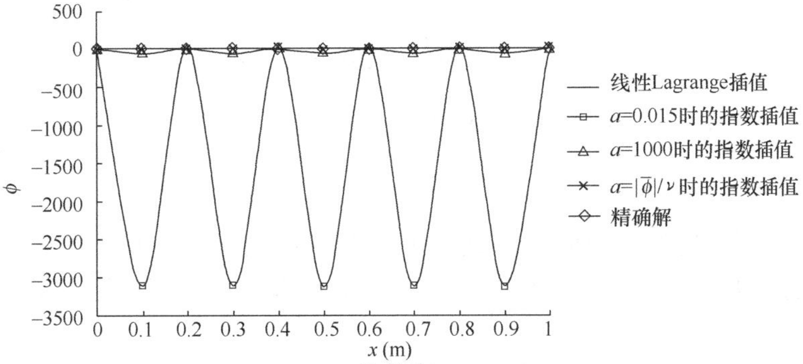

(d) 情况4

图 4.5.2　六种情况下的有限元解和解析解的对比（一）

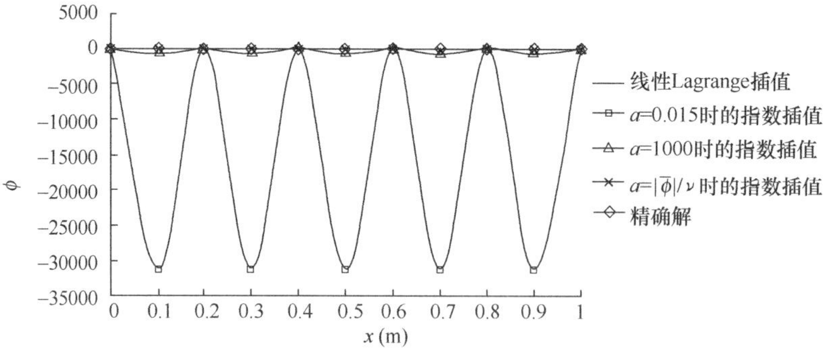

(e) 情况5

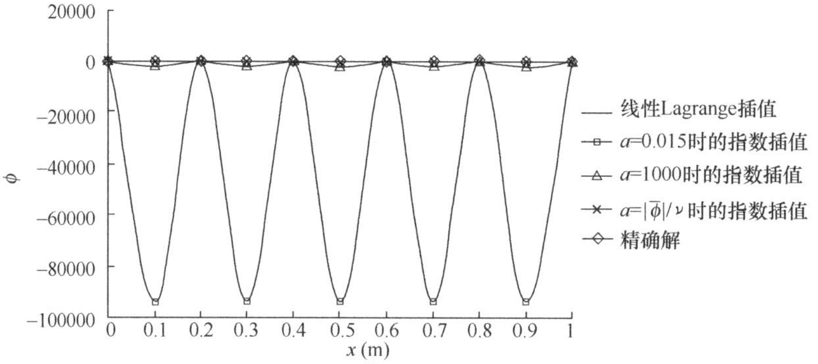

(f) 情况6

图 4.5.2　六种情况下的有限元解和解析解的对比（二）

由图 4.5.2（a）可知，当 $Pe \leqslant 1$ 时，取 $a=0.015$ 时可获得较好结果，此时指数插值与线性插值结果十分接近，而 a 取其余两种情况时存在较大偏差。

由图 4.5.2（b）～（f）可知，当 $Pe \gg 1$ 时，线性插值解有较大的波动，$a=0.015$ 的指数插值解也有较大偏差；$a=1000$ 的指数插值解情况有所改善但不理想；而 $a=|\bar{\phi}|/\nu$ 时，指数插值解均能接近精确解。

注意大部分实际应用中 $Pe \gg 1$，因此建议 a 取 $|\bar{\phi}|/\nu$，在次迭代过程中形函数具有自适应性，从而逐步消除误差因而能获得较精确的解。

2. 通量局部守恒的基本表达式

设有子域 V，其表面为 A，则子域 V 内的局部通量守恒可以表示为

$$\beta \frac{\mathrm{d}}{\mathrm{d}t}\int_V \phi \mathrm{d}V + \int_A F_n \mathrm{d}A = \int_V Q \mathrm{d}V \tag{4.5.12}$$

式中，β 为系数；ϕ 为待求变量；Q 为源项；F_i 为通量，

$$F_i = V_i \phi - k\frac{\partial \phi}{\partial x_i} \tag{4.5.13}$$

这里，V_i 为对流速度；k 为扩散系数。式（4.5.12）中，边界面上的通量 $F_n = F_i n_i$，n_i 为 V 边界的外法线方向余弦。以上是 Harvard Lomax 在 1999 年提出的局部通量守恒表述方式。

实际上，除了采用上式计算流体子域的通量以外，还可以在相邻子域交界面或界线上采用通量平衡来表示，如果每两个相邻子域中通量是平衡的，那么由所有子域构成的整个

域的通量也是守恒的。

在动量方程中通量的表达式为

$$F_n = n_j\left[-\rho V_j V_i + \mu\left(\frac{\partial V_i}{\partial x_j} + \frac{\partial V_j}{\partial x_i}\right) - \frac{2}{3}\frac{\partial}{\partial x_i}\left(\mu\frac{\partial V_k}{\partial x_k}\right)\right] \tag{4.5.14}$$

在质量方程中

$$F_n = \rho V_i n_i \tag{4.5.15}$$

如果相邻子域交界面上通量的加权积分为零，那么整个流体域的通量守恒可表示为

$$\sum_{i=1}^{N}\int_{\Gamma}\mathbf{N}^{\mathrm{T}}F_n \mathrm{d}\Gamma = 0 \tag{4.5.16}$$

上式表示如果在流体中所有子域之间的通量都满足平衡的话，那么在流体中则满足通量守恒。对于动量方程 F_n 为压力，意义为相邻子域交界面上的压力通量是平衡的；如果 F_n 为质量流量，则说明通过相邻子域交界面上的流量是相等的。在数值计算中，考虑通量的计算对于数值解的精度是不可忽略的。

4.6　有限体积法和有限元法

4.6.1　有限体积法概述

有限体积法是一种分块近似的计算方法，其中比较重要的步骤是计算区域的离散和控制方程的离散。

在有限体积法中将所计算的区域划分成一系列控制体积，每个控制体积都有一个节点作为代表，通过将守恒型的控制方程对控制体积作积分来导出离散方程。在导出过程中，需要对被求函数本身及其一阶导数的构成作出假定，这种构成的方式就是有限体积法中的离散格式。按有限体积法导出的离散方程可以保证具有守恒特性，而且离散方程系数的物理意义明确。

4.6.2　有限体积法和有限元法的比较

1. 通量守恒的讨论

有限体积法通过散度定理将方程中的对流项和扩散项转化为控制体表面上的面积积分

$$\int_V\left(u_i\frac{\partial\phi}{\partial x_i} - v\frac{\partial^2\phi}{\partial x_i^2}\right)\mathrm{d}V = \int_S u_i n_i \phi \mathrm{d}S - \int_S v\frac{\partial\phi}{\partial x_i}n_i \mathrm{d}S \tag{4.6.1}$$

这种处理方法没有引入任何假定，即在控制体 V 内有限体积法并未对原控制方程做任何改变。

2. 解构造的讨论

有限元法必须假定待求未知变量 ϕ 值在单元内的变化规律，并将其作为近似解，而有限体积法只寻求 ϕ 值的节点值，这与有限差分法类似，但有限体积法在寻求控制体积的积分时，必须假定 ϕ 值在控制体内的分布，这又与有限元法类似。在有限体积法中，插值函数只用来计算控制体积的积分，得到离散方程之后，插值函数便不再使用，通常也可以根据需要对微分方程中不同项采取不同的插值函数。

3. 求解方法讨论

可以看出，在有限元方程组中系数矩阵是 $N\times N$ 阶的完全耦合的系数矩阵，这要求有限元法需要求解大型的线性代数方程组，通常需要较大的内存和求解时间，但也有良好的收敛性能。

而在有限体积法控制方程中，各个节点间的变量并不耦合，建立的方程无需庞大的系数矩阵，因而减少计算内存和求解计算量，一般通过迭代方法求解，这种方法通常具有相对较大的收敛半径。

4. 边界条件的讨论

对于自然边界条件，有限体积法与有限元法并不类似；而对于强制边界条件，有限元法和有限体积法相同，皆通过修正系数矩阵和右端项来处理。

在有限元法中对定义域 Ω 进行剖分后，由于有限元法中的单元可以有不同的几何形状，因而在处理复杂流场及复杂边界时具有相当的优势。

有限体积法在控制体内建立积分方程，控制体的几何形状也没有受到特殊的限制，因而也可以采用各种非结构化网格，同样有较好的几何适应性，可以用来处理复杂的边界条件。

5. 数值波动处理

有限元法在处理数值波动问题时可以归纳为：通过修正标准 Galerkin 法中的权函数来实现，如 PG、SUPG 法；通过采用具有迎风格式的插值函数来实现，如 FCBI 法；通过改变对流扩散方程的形式来实现，如 CBS 法；通过增加对流扩散方程时间离散格式的高阶量来实现，如 TG 法；还有，采用指数插入函数和通量补偿来实现，如 CSG 法。

目前，有限体积法主要通过改变插值函数来消除数值波动。可采用简单的迎风方案，在计算时需要判断控制体在边界 S 上的流量方向，然后根据流量方向对控制体边界 S 上的变量值 ϕ 进行修正，也可采用较为复杂的流向型指数插值函数迎风方案或质量加权迎风方案来消除数值波动[28]。

第 5 章　标准 Galerkin 有限元法

Zienkiewicz、Bathe、Donea、Gresho、Chung 和 Tezduyar 等很多国外学者[87-91,48-51,63,64,4,85]和刘希云、王勖成、杨曜根、阎超、章本照、张涵信、张廷芳等很多国内学者[16,27,36,37,40-43]都深入研究了固体与流体的有限单元法。作者详尽和系统地论述固体和结构的有限单元法[24]，注意到理论的规律性和方法的一般性。下面将系统地阐述流体力学标准 Galerkin（Standard Galerkin，SG）有限元法的基本过程和方法。SG 法是 CSG、SUPG 和 CBS 法的基础。

5.1　非定常流体运动方程的时间离散

5.1.1　概述

流体力学中，流体的质量方程、动量方程和能量方程可简单表示为

$$\frac{\mathrm{d}\phi}{\mathrm{d}t}=f(\phi,t) \tag{5.1.1}$$

式中，ϕ 为待求未知变量；t 为时间；$f(\phi,t)$ 为 ϕ 和 t 的函数。

在这些流体基本方程中，速度 $v(x,y,z,t)$ 、密度 $\rho(x,y,z,t)$ 、相对压强 $p(x,y,z,t)$ 、绝对温度 $T(x,y,z,t)$ 和能量 $E(x,y,z,t)$ 都是关于时间 t 和空间 x、y、z 的基本变量。如果把流体运动中的时间剖分成很小的时段 Δt ，如图 5.1.1 所示，每个时段中流体按一定规律运动，在流体力学基本方程的数值求解方法中可在时间域上将基本微分方程离散为差分方程，将关于时间的微分表示为在 Δt 时段内的差分格式；与此同时，在每一个时间点上将方程的定义域离散为有限个子域，并在每个子域上建立有限元基本方程，然后加以集成。如果单元趋于无穷小，那么在空间上趋于精确解；如果时段 Δt 趋于无穷小，那么在时间步上的解也趋于精确。

图 5.1.1　任意时刻 t 和时段 Δt

现将式（5.1.1）离散成差分方程

$$\frac{\mathrm{d}\phi}{\mathrm{d}t}=\frac{{}^{t+\Delta t}\phi-{}^{t}\phi}{\Delta t}=f(\phi) \tag{5.1.2}$$

式中，${}^{t}\phi$ 、${}^{t+\Delta t}\phi$ 分别为 t 时刻、$t+\Delta t$ 时刻变量 ϕ 的值；Δt 为时间步长。

求解流体力学的基本方程，在离散空间域的同时也可以离散时间域。将时间域离散为有限个子域，在子域上构造时间形函数，这样在时间域中都采用有限单元法，这里仅讨论时间差分法。

求解以上所归结的一维差分方程可采用传统的求解方法，这里根据流体运动的特点给出几种求解格式。

5.1.2 θ 族方法时间离散的基本概念

1. θ 族方法的基本概念

对于流体力学中的非定常问题，需要对时间导数项进行离散，在众多的时间离散格式中，加权隐格式[32]或者 θ 族方法具有广泛的应用，下面予以讨论。

现讨论如图 5.1.1 所示在 Δt 时段内流体运动方程式（5.1.2）的求解，如果流体的运动在 Δt 时段内呈线性变化规律，那么可直接根据 ${}^{t}\phi$ 来求得 ${}^{t+\Delta t}\phi$ 。

如将式（5.1.2）右端项引入权系数 θ 表示为加权形式，则

$$\frac{{}^{t+\Delta t}\phi-{}^{t}\phi}{\Delta t}=\theta^{t+\Delta t}f({}^{t+\Delta t}\phi)+(1-\theta){}^{t}f({}^{t}\phi) \tag{5.1.3}$$

其中，${}^{t}f({}^{t}\phi)$ 、${}^{t+\Delta t}f({}^{t+\Delta t}\phi)$ 分别为 t 、$t+\Delta t$ 时刻 ϕ 的函数值。在 t 到 $t+\Delta t$ 时刻的时段内，${}^{t}\phi$ 和 ${}^{t}f({}^{t}\phi)$ 为已知值；${}^{t+\Delta t}\phi$ 和 ${}^{t+\Delta t}f({}^{t+\Delta t}\phi)$ 为待求变量及相应函数值。

由式（5.1.3）可知

$${}^{t+\Delta t}\phi={}^{t}\phi+\Delta t[\theta^{t+\Delta t}f({}^{t+\Delta t}\phi)+(1-\theta){}^{t}f({}^{t}\phi)] \tag{5.1.4}$$

或

$$\Delta^{t+\Delta t}\phi=\Delta t[\theta^{t+\Delta t}f({}^{t+\Delta t}\phi)+(1-\theta){}^{t}f({}^{t}\phi)] \tag{5.1.5}$$

式中，$\Delta^{t+\Delta t}\phi={}^{t+\Delta t}\phi-{}^{t}\phi$ 。

最后可得

$${}^{t+\Delta t}\phi={}^{t}\phi+\Delta^{t+\Delta t}\phi \tag{5.1.6}$$

2. 非定常可压流体运动方程的时间离散

将非定常可压流体运动微分方程式（1.6.4）代入式（5.1.5），可得时间离散后的非定常可压流体的守恒型质量方程

$$\Delta^{t+\Delta t}\rho=-\Delta t\Big[\theta_{\rho}\Big(\frac{\partial^{t+\Delta t}\rho^{t+\Delta t}V_{x}}{\partial x}+\frac{\partial^{t+\Delta t}\rho^{t+\Delta t}V_{y}}{\partial y}+\frac{\partial^{t+\Delta t}\rho^{t+\Delta t}V_{z}}{\partial z}\Big)+(1-\theta_{\rho})\Big(\frac{\partial^{t}\rho^{t}V_{x}}{\partial x}+\frac{\partial^{t}\rho^{t}V_{y}}{\partial y}+\frac{\partial^{t}\rho^{t}V_{z}}{\partial z}\Big)\Big] \tag{5.1.7a}$$

及非守恒型质量方程

$$\begin{aligned}\Delta^{t+\Delta t}\rho&=-\Delta t\Big[\theta_{\rho}\Big(\frac{\partial^{t+\Delta t}\rho^{t+\Delta t}V_{x}}{\partial x}+\frac{\partial^{t+\Delta t}\rho^{t+\Delta t}V_{y}}{\partial y}+\frac{\partial^{t+\Delta t}\rho^{t+\Delta t}V_{z}}{\partial z}\Big)+(1-\theta_{\rho})\Big(\frac{\partial^{t}\rho^{t}V_{x}}{\partial x}+\frac{\partial^{t}\rho^{t}V_{y}}{\partial y}+\frac{\partial^{t}\rho^{t}V_{z}}{\partial z}\Big)\Big]\\&=-\Delta t\Big\{\theta_{\rho}\Big[{}^{t+\Delta t}\rho\Big(\frac{\partial^{t+\Delta t}V_{x}}{\partial x}+\frac{\partial^{t+\Delta t}V_{y}}{\partial y}+\frac{\partial^{t+\Delta t}V_{z}}{\partial z}\Big)+\Big({}^{t+\Delta t}V_{x}\frac{\partial^{t+\Delta t}\rho}{\partial x}+{}^{t+\Delta t}V_{y}\frac{\partial^{t+\Delta t}\rho}{\partial y}+{}^{t+\Delta t}V_{z}\frac{\partial^{t+\Delta t}\rho}{\partial z}\Big)\Big]\\&\quad+(1-\theta_{\rho})\Big[{}^{t}\rho\Big(\frac{\partial^{t}V_{x}}{\partial x}+\frac{\partial^{t}V_{y}}{\partial y}+\frac{\partial^{t}V_{z}}{\partial z}\Big)+\Big({}^{t}V_{x}\frac{\partial^{t}\rho}{\partial x}+{}^{t}V_{y}\frac{\partial^{t}\rho}{\partial y}+{}^{t}V_{z}\frac{\partial^{t}\rho}{\partial z}\Big)\Big]\Big\}\end{aligned} \tag{5.1.7b}$$

将非定常可压流体运动微分方程式（1.6.12）代入式（5.1.5），可得时间离散后的非定常可压流体的守恒型动量方程

$$\Delta({}^{t+\Delta t}\rho^{t+\Delta t}\mathbf{V})=\Delta t[\theta({}^{t+\Delta t}C+{}^{t+\Delta t}D+{}^{t+\Delta t}P+{}^{t+\Delta t}F)+(1-\theta)({}^{t}C+{}^{t}D+{}^{t}P+{}^{t}F)] \tag{5.1.8a}$$

及非守恒型动量方程

$$^{t+\Delta t}\rho\Delta^{t+\Delta t}\mathbf{V}=\Delta t[\theta(^{t+\Delta t}C+^{t+\Delta t}D+^{t+\Delta t}P+^{t+\Delta t}F)+(1-\theta)(^{t}C+^{t}D+^{t}P+^{t}F)] \tag{5.1.8b}$$

将非定常可压流体运动微分方程式（1.6.19）及式（1.6.6d）或式（1.6.6e）代入式（5.1.5），可得时间离散后的非定常可压流体的守恒型能量方程

$$\Delta(^{t+\Delta t}\rho^{t+\Delta t}E_m)=\Delta t[\theta_E(^{t+\Delta t}C_E+^{t+\Delta t}T_E+^{t+\Delta t}D_E+^{t+\Delta t}F_E+^{t+\Delta t}Q_E)+(1-\theta_E)(^{t}C_E+^{t}T_E+^{t}D_E+^{t}F_E+^{t}Q_E)] \tag{5.1.9a}$$

及非守恒型能量方程

$$^{t+\Delta t}\rho\Delta^{t+\Delta t}E_m=\Delta t[\theta_E(^{t+\Delta t}C_E+^{t+\Delta t}T_E+^{t+\Delta t}D_E+^{t+\Delta t}F_E+^{t+\Delta t}Q_E)+(1-\theta_E)(^{t}C_E+^{t}T_E+^{t}D_E+^{t}F_E+^{t}Q_E)] \tag{5.1.9b}$$

以及动能形式的能量方程

$$^{t+\Delta t}\rho\Delta^{t+\Delta t}e_k=\Delta t[\theta_E(^{t+\Delta t}C_{Ek}+^{t+\Delta t}F_E+^{t+\Delta t}P_{Ek})+(1-\theta_E)(^{t}C_{Ek}+^{t}F_E+^{t}P_{Ek})] \tag{5.1.9c}$$

或内能形式的能量方程

$$^{t+\Delta t}\rho\Delta^{t+\Delta t}e_i=\Delta t[\theta_E(^{t+\Delta t}C_{Ee}+^{t+\Delta t}T_E+^{t+\Delta t}D_{Ee}+^{t+\Delta t}Q_E)+(1-\theta_E)(^{t}C_{Ee}+^{t}T_E+^{t}D_{Ee}+^{t}Q_E)] \tag{5.1.9d}$$

同样，将适用于大雷诺数湍流分析的标准 k-ε 模型湍动能输运方程式（2.2.15）代入式（5.1.5）进行时间离散后可得类似的差分方程

$$^{t}\rho^{t+\Delta t}\Delta k=\Delta t[\theta_k(^{t+\Delta t}C_k+^{t+\Delta t}D_k+^{t+\Delta t}G_k+^{t+\Delta t}G_b-^{t+\Delta t}(\rho\varepsilon)-^{t+\Delta t}G_M+^{t+\Delta t}S_k)+(1-\theta_k)(^{t}C_k+^{t}D_k+^{t}G_k+^{t}G_b-^{t}(\rho\varepsilon)-^{t}G_M+^{t}S_k)] \tag{5.1.10}$$

将适用于大雷诺数湍流分析的标准 k-ε 模型耗散率 ε 输运方程式（2.2.22）代入式（5.1.5）进行时间离散后可得类似的差分方程

$$^{t}\rho^{t+\Delta t}\Delta\varepsilon=\Delta t[\theta_\varepsilon(^{t+\Delta t}C_\varepsilon+^{t+\Delta t}D_\varepsilon+^{t+\Delta t}C_3+^{t+\Delta t}C_4+^{t+\Delta t}S_\varepsilon)+(1-\theta_\varepsilon)(^{t}C_\varepsilon+^{t}D_\varepsilon+^{t}C_3+^{t}C_4+^{t}S_\varepsilon)] \tag{5.1.11}$$

当采用大涡模拟时可直接在式（5.1.8）中加入亚格子应力项。

式（5.1.7）～式（5.1.11）中，θ_ρ 为连续性方程中右端项时间离散的权数；θ 为动量方程中右端项时间离散对速度的权数；θ_E 为能量方程中右端项时间离散的权数；θ_k 、θ_ε 为湍动能方程和耗散率方程中右端项时间离散的权数。

3. 非定常不可压流体运动方程的时间离散

将非定常不可压流体运动微分方程式（1.6.30）代入式（5.1.5），可得时间离散后的非定常不可压流体的质量方程

$$^{t+\Delta t}\Delta\rho=-\Delta t\left[\theta_\rho\left(^{t+\Delta t}V_x\frac{\partial^{t+\Delta t}\rho}{\partial x}+^{t+\Delta t}V_y\frac{\partial^{t+\Delta t}\rho}{\partial y}+^{t+\Delta t}V_z\frac{\partial^{t+\Delta t}\rho}{\partial z}\right)+(1-\theta_\rho)\left(^{t}V_x\frac{\partial^{t}\rho}{\partial x}+^{t}V_y\frac{\partial^{t}\rho}{\partial y}+^{t}V_z\frac{\partial^{t}\rho}{\partial z}\right)\right] \tag{5.1.12}$$

将非定常不可压流体运动微分方程式（1.6.32）代入式（5.1.5），可得时间离散后的非定常不可压流体的守恒型动量方程

$$\Delta(^{t+\Delta t}\rho^{t+\Delta t}\mathbf{V})=\Delta t[\theta(^{t+\Delta t}C_1+^{t+\Delta t}D_1+^{t+\Delta t}P+^{t+\Delta t}F)+(1-\theta)(^{t}C_1+^{t}D_1+^{t}P+^{t}F)] \tag{5.1.13a}$$

及非守恒型动量方程

$$ {}^{t+\Delta t}\rho\Delta^{t+\Delta t}\boldsymbol{V}=\Delta t[\theta({}^{t+\Delta t}C_1+{}^{t+\Delta t}D_1+{}^{t+\Delta t}P+{}^{t+\Delta t}F)+(1-\theta)({}^{t}C_1+{}^{t}D_1+{}^{t}P+{}^{t}F)] \tag{5.1.13b}$$

将非定常不可压流体运动微分方程式（1.6.36）代入式（5.1.5），可得时间离散后的非定常不可压流体的守恒型能量方程

$$\Delta({}^{t+\Delta t}\rho^{t+\Delta t}E_m)=\Delta t[\theta_E({}^{t+\Delta t}C_{E1}+{}^{t+\Delta t}T_E+{}^{t+\Delta t}D_{E1}+{}^{t+\Delta t}F_E+{}^{t+\Delta t}Q_E)+(1-\theta_E)({}^{t}C_{E1}+{}^{t}T_E+{}^{t}D_{E1}+{}^{t}F_E+{}^{t}Q_E)] \tag{5.1.14a}$$

及非守恒型能量方程

$${}^{t+\Delta t}\rho^{t+\Delta t}\Delta E_m=\Delta t[\theta_E({}^{t+\Delta t}C_{E1}+{}^{t+\Delta t}T_E+{}^{t+\Delta t}D_{E1}+{}^{t+\Delta t}F_E+{}^{t+\Delta t}Q_E)+(1-\theta_E)({}^{t}C_{E1}+{}^{t}T_E+{}^{t}D_{E1}+{}^{t}F_E+{}^{t}Q_E)] \tag{5.1.14b}$$

类似地，可得非定常湍流 k-ε 模型不可压方程组时间离散后的方程为

$${}^{t}\rho^{t+\Delta t}\Delta k=\Delta t[\theta_k({}^{t+\Delta t}C_{k1}+{}^{t+\Delta t}D_k+{}^{t+\Delta t}G_{k1}+{}^{t+\Delta t}E_{k1})+(1-\theta_k)({}^{t}C_{k1}+{}^{t}D_k+{}^{t}G_{k1}+{}^{t}E_{k1})] \tag{5.1.15}$$

$${}^{t}\rho^{t+\Delta t}\Delta\varepsilon=\Delta t[\theta_\varepsilon({}^{t+\Delta t}C_{\varepsilon 1}+{}^{t+\Delta t}D_\varepsilon+{}^{t+\Delta t}G_{\varepsilon 1}+{}^{t+\Delta t}E_{\varepsilon 1})+(1-\theta_\varepsilon)({}^{t}C_{\varepsilon 1}+{}^{t}D_\varepsilon+{}^{t}G_{\varepsilon 1}+{}^{t}E_{\varepsilon 1})] \tag{5.1.16}$$

当采用大涡模拟时可直接在式（5.1.13）中加入亚格子应力项。

5.1.3 多步法

如果在 Δt 时段内基本变量 ϕ 关于时间 t 呈非线性关系，那么可将时段 Δt 进一步剖分成几个子时段，分步求解。以下讨论两步法和三步法，更多的分步可以参照进行。

1. 两步法

将 $t+\Delta t$ 时刻 ϕ 值在 t 时刻进行泰勒展开，得

$${}^{t+\Delta t}\phi={}^{t}\phi+\Delta t\frac{\partial^{t}\phi}{\partial t}+\frac{\Delta t^2}{2}\frac{\partial^{2\,t}\phi}{\partial t^2}+\frac{\Delta t^3}{6}\frac{\partial^{3\,t}\phi}{\partial t^3}+O \tag{5.1.17}$$

两步法是在 Δt 时段内，内插一个中间点 $(t+\Delta t)/2$，通过该中间内插点调整一次切线方向，从而由 t 时刻来推导 $t+\Delta t$ 时刻的函数值。

根据已知的 ${}^{t}\phi$ 和 ${}^{t}f$，求

$${}^{(t+\Delta t)/2}\phi={}^{t}\phi+\frac{\Delta t}{2}\frac{\partial^{t}\phi}{\partial t}={}^{t}\phi+\frac{\Delta t}{2}{}^{t}f \tag{5.1.18}$$

得到 ${}^{(t+\Delta t)/2}\phi$ 后，按

$${}^{t+\Delta t}\phi={}^{t}\phi+\Delta t\frac{\partial^{(t+\Delta t)/2}\phi}{\partial t}={}^{t}\phi+\Delta t^{(t+\Delta t)/2}f \tag{5.1.19}$$

求得 ${}^{t+\Delta t}\phi$。

两步法能达到两阶精度。

以上两步法可简单表示为

$${}^{\tau+\xi\Delta\tau}\phi={}^{\tau}\phi+s\cdot\frac{\partial^{\tau+\eta\Delta\tau}\phi}{\partial\tau}={}^{\tau}\phi+s\cdot{}^{\tau+\eta\Delta\tau}f \tag{5.1.20}$$

式中，s 为时间步长；ξ、η 为时段参数，如 $\frac{1}{2}$、$\frac{1}{3}$ 等。

2. 三步法

三步法是二步法的推广。三步法是在 Δt 时段内，内插两个中间点 $(t+\Delta t)/3$ 和 $(t+\Delta t)/2$，通过不断调整切线方向，由 t 时刻来推导 $t+\Delta t$ 时刻的函数值。为了到达三阶精度，采用三步法的离散格式来逼近式（5.1.1）的左端项。

根据已知的 ${}^{t}\phi$ 和 ${}^{t}f$，求

$$ {}^{(t+\Delta t)/3}\phi = {}^{t}\phi + \frac{\Delta t}{3}\frac{\partial^{t}\phi}{\partial t} = {}^{t}\phi + \frac{\Delta t}{3}\,{}^{t}f \tag{5.1.21}$$

得到 ${}^{(t+\Delta t)/3}\phi$ 后，按

$$ {}^{(t+\Delta t)/2}\phi = {}^{t}\phi + \frac{\Delta t}{2}\frac{\partial^{(t+\Delta t)/3}\phi}{\partial t} = {}^{t}\phi + \frac{\Delta t}{2}\,{}^{(t+\Delta t)/3}f \tag{5.1.22}$$

求得 ${}^{(t+\Delta t)/2}\phi$ 后，再按

$$ {}^{t+\Delta t}\phi = {}^{t}\phi + \Delta t\frac{\partial^{(t+\Delta t)/2}\phi}{\partial t} = {}^{t}\phi + \Delta t\,{}^{(t+\Delta t)/2}f \tag{5.1.23}$$

得到 ${}^{t+\Delta t}\phi$。

在三步法中，求 ${}^{t+\Delta t}\phi$ 是在 ${}^{t}\phi$ 的基础上叠加一个增量，增量是根据函数在前一步的斜率来求得的，所以三步法的求解过程实际上是寻求斜率的过程。但由于在展开点上存在时差，所以斜率有一定的误差，导致所叠加的增量也存在一定的误差。从这个概念上讲，多增加几步是可以逼近一个更精确的解的。

上述离散格式在不产生 f 高阶偏导数的前提下，能够保持三阶精度，且为显式格式，因而能方便高效地应用到流体力学求解中。

以上三步法也可用式（5.1.20）来表示。

5.1.4　递推法

解式（5.1.2）所示差分公式时，可在图 5.1.1 所示 Δt 时段内，增设子时段，如 $(t+\Delta t)/3$，$(t+\Delta t)/2$，那么可以在时段中按各个子段依次递推，递推如下：

根据 ${}^{t}\phi$，按

$$ {}^{(t+\Delta t)/3}\phi = {}^{t}\phi + \frac{\Delta t}{3}\frac{\partial^{t}\phi}{\partial t} = {}^{t}\phi + \frac{\Delta t}{3}\,{}^{t}f \tag{5.1.24}$$

得 ${}^{(t+\Delta t)/3}\phi$，然后按

$$ {}^{(t+\Delta t)/2}\phi = {}^{(t+\Delta t)/3}\phi + \frac{\Delta t}{6}\frac{\partial^{(t+\Delta t)/3}\phi}{\partial t} = {}^{(t+\Delta t)/3}\phi + \frac{\Delta t}{6}\,{}^{(t+\Delta t)/3}f \tag{5.1.25}$$

得 ${}^{(t+\Delta t)/2}\phi$，然后再按

$$ {}^{t+\Delta t}\phi = {}^{(t+\Delta t)/2}\phi + \frac{\Delta t}{2}\frac{\partial^{(t+\Delta t)/2}\phi}{\partial t} = {}^{(t+\Delta t)/2}\phi + \frac{\Delta t}{2}\,{}^{(t+\Delta t)/2}f \tag{5.1.26}$$

得到 ${}^{t+\Delta t}\phi$。

以上为显式递推。如采用隐式递推，则

根据 ${}^{t}\phi$，按

$$ {}^{(t+\Delta t)/3}\phi^{i+1} = {}^{t}\phi^{i} + \frac{\Delta t}{3}\frac{\partial^{(t+\Delta t)/3}\phi^{i}}{\partial t} = {}^{t}\phi^{i} + \frac{\Delta t}{3}\,{}^{(t+\Delta t)/3}f^{\,i} \tag{5.1.27}$$

得 ${}^{(t+\Delta t)/3}\phi^{i+1}$，然后按

$$ {}^{(t+\Delta t)/2}\phi^{i+1} = {}^{(t+\Delta t)/3}\phi^{i} + \frac{\Delta t}{6}\frac{\partial^{(t+\Delta t)/2}\phi^{i}}{\partial t} = {}^{(t+\Delta t)/3}\phi^{i} + \frac{\Delta t}{6}\,{}^{(t+\Delta t)/2}f^{\,i} \tag{5.1.28} $$

得 ${}^{(t+\Delta t)/2}\phi^{i+1}$，然后再按

$$ {}^{t+\Delta t}\phi^{i+1} = {}^{(t+\Delta t)/2}\phi^{i} + \frac{\Delta t}{2}\frac{\partial^{t+\Delta t}\phi^{i}}{\partial t} = {}^{(t+\Delta t)/2}\phi^{i} + \frac{\Delta t}{2}\,{}^{t+\Delta t}f^{\,i} \tag{5.1.29} $$

得到 ${}^{t+\Delta t}\phi^{i+1}$。

上述方法为隐式格式，需要迭代求解，式中 i 为子迭代步。

在递推法中，求 ${}^{t+\xi\Delta t}\phi$ 是在 ${}^{t+\eta\Delta t}\phi$ 的基础上叠加一个增量，增量是根据函数在当前时刻的斜率来求得的，于是可求得该子时段的 ϕ 值，并以其为基础继续进行，所以递推法的求解过程是多步 θ 的过程。

上式也可以由式（5.1.20）表示。

对于时间离散，作如下约定

$$ \boldsymbol{V}^n = \boldsymbol{V}(n\Delta t),\quad \boldsymbol{P}^n = \boldsymbol{P}(n\Delta t) \tag{5.1.30} $$

式中，Δt 为时间步长，$\boldsymbol{V}^n$ 和 $\boldsymbol{P}^n$ 为迭代第 n 步的速度和压强变量。

5.1.5 定常流体运动方程的求解

对于定常问题，式（5.1.1）应改写为

$$ f(\phi) = 0 \tag{5.1.31} $$

所以不存在关于时间的离散。但在定常问题的实际求解过程中，依然采用上述时间差分公式，反而比较简单。这时作为定常问题，不存在初速度，只需要引入边界条件，所以仅作为边值问题来求解流体的动量方程以及质量和能量方程。

5.2 流体动量方程的分裂算法

在偏微分方程中可能存在两个不同的变量，此时需要采用分裂算法，即把两个不同的变量分裂成两部分，在迭代过程中逐步耦合。前面已讨论了偏微分方程分裂方法的基本概念，而将分裂算法引入到流体有限元中，对不可压流体进行不同应用也已由许多人实现。

5.2.1 非定常可压流体动量方程的分裂算法

现将 Zienkiewicz 等[89,91]提出的分裂算法的基本原理用于非定常可压流体的方程组。

1. 分裂算法 1

第一步，不计动量方程式（5.1.8）中的压强梯度项，可得

$$ {}^{t}\rho\Delta^{t+\Delta t}\boldsymbol{V} = \Delta t[\theta({}^{t+\Delta t}\boldsymbol{C} + {}^{t+\Delta t}\boldsymbol{D} + {}^{t+\Delta t}\boldsymbol{F}) + (1-\theta)({}^{t}\boldsymbol{C} + {}^{t}\boldsymbol{D} + {}^{t}\boldsymbol{F})] \tag{5.2.1} $$

得到中间速度增量 $\Delta^{t+\Delta t}\boldsymbol{V}$。

第二步，将式（5.1.8）减去式（5.2.1），则有

$$ {}^{t}\rho({}^{t+\Delta t}\boldsymbol{V} - {}^{t+\Delta t}\boldsymbol{V}^{\text{int}}) = \Delta t(\theta_p{}^{t+\Delta t}\boldsymbol{P} + (1-\theta_p){}^{t}\boldsymbol{P}) \tag{5.2.2a} $$

或者

$$ {}^{t}\rho^{t+\Delta t}\boldsymbol{V} = {}^{t}\rho^{t+\Delta t}\boldsymbol{V}^{\text{int}} + \Delta t(\theta_p{}^{t+\Delta t}\boldsymbol{P} + (1-\theta_p){}^{t}\boldsymbol{P}) = \nabla\,{}^{t+\theta_p\Delta t}p \tag{5.2.2b} $$

式中，${}^{t+\Delta t}\mathbf{V}^{\text{int}}$ 为时刻 $t+\Delta t$ 的中间速度场；$\theta_p{}^{t+\Delta t}\boldsymbol{P}+(1-\theta_p){}^t\boldsymbol{P}=\nabla^{t+\theta_p\Delta t}p$ 。

将式（5.2.2b）代入式（5.1.7）可得

$$^{t+\Delta t}\Delta\rho=-\Delta t[(1-\theta_V)\nabla\cdot({}^t\rho{}^t\mathbf{V})+\theta_V\nabla\cdot({}^t\rho{}^{t+\Delta t}\mathbf{V}^{\text{int}})-\Delta t\theta_V\nabla^{2\,t+\theta_p\Delta t}p]\quad(5.2.2c)$$

或

$$^{t+\Delta t}\Delta\rho=-\Delta t[\nabla\cdot({}^t\rho{}^t\mathbf{V})+\theta_V\nabla\cdot({}^t\rho{}^{t+\Delta t}\Delta\mathbf{V}^{\text{int}})-\Delta t\theta_V\nabla^{2\,t+\theta_p\Delta t}p]\quad(5.2.2d)$$

式中，${}^{t+\Delta t}\Delta\rho={}^{t+\Delta t}\rho-{}^t\rho$ ；$\nabla^{2\,t+\theta_p\Delta t}p=\nabla\cdot(\nabla^{t+\theta_p\Delta t}p)=\nabla\cdot[\theta_p{}^{t+\Delta t}\boldsymbol{P}+(1-\theta_p){}^t\boldsymbol{P}]$。

第三步，根据 ${}^{t+\Delta t}\Delta\mathbf{V}^{\text{int}}$ 和压强 ${}^tp$ ，求解速度增量 ${}^{t+\Delta t}\Delta\mathbf{V}$

$$^{t+\Delta t}\Delta\mathbf{V}={}^{t+\Delta t}\Delta\mathbf{V}^{\text{int}}-\Delta t\nabla^{t+\theta_p\Delta t}p\quad(5.2.3a)$$

第四步，将 ${}^{t+\Delta t}\mathbf{V}$ 、${}^{t+\Delta t}\rho$ 和 ${}^tp$ 代入能量方程式（5.1.9），求解温度 ${}^{t+\Delta t}T$。

第五步，将 ${}^{t+\Delta t}T$ 和 ${}^{t+\Delta t}\rho$ 代入状态方程式，求解压强 ${}^{t+\Delta t}p$。

第六步，根据问题需要求解湍流等其他方程。

式（5.2.1）、式（5.2.2d）、式（5.2.3a）及式（5.1.9）、状态方程式即构成了基于分裂算法后的非定常可压流体运动的基本方程。

2. 分裂算法 2

第一步，不计动量方程式（5.1.8）中的压强梯度项，利用式（5.2.1）获得 $\Delta^{t+\Delta t}\mathbf{V}^{\text{int}}$。

第二步，由速度 ${}^t\mathbf{V}$ 和 $\Delta^{t+\Delta t}\mathbf{V}^{\text{int}}$ 更新 $\Delta^{t+\Delta t}p$ ，利用状态方程，连续性方程可以改写为以压强为变量的方程，即计算

$$\frac{1}{c^2}\frac{\Delta^{t+\Delta t}p}{\Delta t}=-\Delta t[(1-\theta_V)\nabla\cdot({}^t\rho{}^t\mathbf{V})+\theta_1\nabla\cdot({}^t\rho{}^{t+\Delta t}\Delta\mathbf{V}^{\text{int}})-\Delta t\theta_V\nabla^{2\,t+\theta_p\Delta t}p]$$

（5.2.3b）

式中，$\Delta^{t+\Delta t}p={}^{t+\Delta t}p-{}^tp$ ；c 为流体的声速。

第三步，根据 $\Delta^{t+\Delta t}\mathbf{V}^{\text{int}}$ 和压强 ${}^{t+\Delta t}p$ ，求解速度增量 ${}^{t+\Delta t}\Delta\mathbf{V}$

$$^{t+\Delta t}\Delta\mathbf{V}={}^{t+\Delta t}\Delta\mathbf{V}^{\text{int}}-\Delta t\nabla^{t+\theta_p\Delta t}p\quad(5.2.3c)$$

第四步，将 ${}^{t+\Delta t}\mathbf{V}$ 、${}^{t+\Delta t}p$ 和 ${}^t\rho$ 代入能量方程式（5.1.9），求解温度 ${}^{t+\Delta t}T$。

第五步，将 ${}^{t+\Delta t}T$ 和 ${}^{t+\Delta t}p$ 代入状态方程式，求解密度 ${}^{t+\Delta t}\rho$。

第六步，根据问题需要求解湍流等其他方程。

3. 分裂算法 3

如果含有速度 $\mathbf{V}$ 和压强 p 的动量方程能够分裂成

$$^t\rho{}^{t+\Delta t}\mathbf{V}_v=\Delta t[\theta^{t+\Delta t}\boldsymbol{F}(\mathbf{V})+(1-\theta){}^t\boldsymbol{F}(\mathbf{V})]\quad(5.2.3d)$$

$$^t\rho{}^{t+\Delta t}\mathbf{V}_p=\Delta t[\theta^{t+\Delta t}\boldsymbol{F}(\boldsymbol{P})+(1-\theta){}^{t+\Delta t}\boldsymbol{F}(\boldsymbol{P})]\quad(5.2.3e)$$

那么分别求解这两个动量方程的 $\mathbf{V}_v$ 、$\mathbf{V}_p$ ，当符合叠加原理时，那么

$$\mathbf{V}=\mathbf{V}_v+\mathbf{V}_p\quad(5.2.3f)$$

这就可以采用以下迭代过程：

第一步，由式（5.2.3d）获得 ${}^{t+\Delta t}\mathbf{V}_v$ ；

第二步，由式（5.2.3e）获得 ${}^{t+\Delta t}\mathbf{V}_p$ ；

第三步，计算 ${}^{t+\Delta t}\mathbf{V}=\mathbf{V}_v+\mathbf{V}_p$ ；

第四步，由式（5.1.7）获得 ${}^{t+\Delta t}\rho$ ；

第五步，将 ${}^{t+\Delta t}\mathbf{V}$ 、${}^{t+\Delta t}\rho$ 、${}^tp$ 和代入能量方程式（5.1.9），求解温度 ${}^{t+\Delta t}T$ ；

第六步，${}^{t+\Delta t}T$ 和 ${}^{t+\Delta t}\rho$ 代入状态方程式，求解压强 ${}^{t+\Delta t}p$ ；

第七步，根据问题需要求解湍流等其他方程。

由以上分裂算法可以看出，算法 1 与算法 2 基本相同，主要区别是算法 1 通过连续性方程获得密度，而算法 2 通过连续性方程获得压强。各种算法主要区别是分裂后的物理量同连续性方程之间的先后计算关系。

5.2.2 密度为常数时非定常不可压流体动量方程的分裂算法

设时刻 $t+\Delta t$ 有中间速度场为 ${}^{t+\Delta t}\boldsymbol{V}^{\text{int}}$，根据物理分裂方法，由 Helmholtz 正交分解定理可知[57]，对区域 Ω 上的任意向量场 $\boldsymbol{a}$ 可分解为一个无散度向量场和一个无旋向量场之和，即可将 ${}^{t+\Delta t}\boldsymbol{V}^{\text{int}}$ 分解为

$$ {}^{t+\Delta t}\boldsymbol{V}^{\text{int}} = \boldsymbol{a}_{\text{sol}} + \nabla\phi = {}^{t+\Delta t}\boldsymbol{V} + {}^{t+\Delta t}\nabla p \tag{5.2.4} $$

根据不可压流动问题的假定式（1.6.29），非定常流体运动的基本方程组为式（1.6.30）、式（1.6.32）、式（1.6.36）。假定密度为常数后，将动量方程式（1.6.32）和不可压条件式（1.6.29）代入式（5.1.7）～式（5.1.9），可获得 Chorin、Jean Donea 和 Guermonda 等提出的增量格式的分裂算法。

第一步，不计式（5.1.13）中的压强梯度项，可以获得中间速度增量 $\Delta^{t+\Delta t}\boldsymbol{V}^{\text{int}}$。

$$ \rho^{t+\Delta t}\Delta\boldsymbol{V} = \Delta t[\theta({}^{t+\Delta t}\boldsymbol{C}_1 + {}^{t+\Delta t}\boldsymbol{D}_1 + {}^{t+\Delta t}\boldsymbol{F}) + (1-\theta)({}^{t}\boldsymbol{C}_1 + {}^{t}\boldsymbol{D}_1 + {}^{t}\boldsymbol{F})] \tag{5.2.5a} $$

将式（5.1.13）减去式（5.2.5a），则有

$$ \rho({}^{t+\Delta t}\boldsymbol{V} - {}^{t+\Delta t}\boldsymbol{V}^{\text{int}}) = \Delta t[\theta_p{}^{t+\Delta t}\boldsymbol{P} + (1-\theta_p){}^{t}\boldsymbol{P}] = \Delta t\nabla^{t+\theta_p\Delta t}p \tag{5.2.5b} $$

或者

$$ {}^{t+\Delta t}\boldsymbol{V} = {}^{t+\Delta t}\boldsymbol{V}^{\text{int}} + \frac{1}{\rho}\Delta t\nabla^{t+\theta_p\Delta t}p = ({}^{t+\Delta t}\Delta\boldsymbol{V}^{\text{int}} + {}^{t}\boldsymbol{V}) + \frac{1}{\rho}\Delta t\nabla^{t+\theta_p\Delta t}p \tag{5.2.5c} $$

式中，$\theta_p{}^{t+\Delta t}\boldsymbol{P} + (1-\theta_p){}^{t}\boldsymbol{P} = \nabla^{t+\theta_p\Delta t}p$；${}^{t+\Delta t}\boldsymbol{V}^{\text{int}} = {}^{t+\Delta t}\Delta\boldsymbol{V}^{\text{int}} + {}^{t}\boldsymbol{V}$。

第二步，当密度为常数时，质量方程（5.1.12）自动满足，此时应满足不可压条件

$$ -\nabla\cdot{}^{t+\theta_V\Delta t}\boldsymbol{V} = 0 \tag{5.2.5d} $$

求解式（5.2.5c）及式（5.2.5d），即计算方程组

$$ \begin{cases} {}^{t+\Delta t}\boldsymbol{V} - ({}^{t+\Delta t}\Delta\boldsymbol{V}^{\text{int}} + {}^{t}\boldsymbol{V}) + \dfrac{1}{\rho}\Delta t\nabla^{t+\theta_p\Delta t}p = 0 \\ -\nabla\cdot{}^{t+\theta_V\Delta t}\boldsymbol{V} = 0 \end{cases} \tag{5.2.6} $$

第三步，根据 ${}^{t+\Delta t}\boldsymbol{V}^{\text{int}}$ 和 ${}^{t+\theta_p\Delta t}p$，求解速度场

$$ {}^{t+\Delta t}\Delta\boldsymbol{V} = {}^{t+\Delta t}\Delta\boldsymbol{V}^{\text{int}} - \frac{1}{\rho}\Delta t\nabla^{t+\theta_p\Delta t}p \tag{5.2.7} $$

第四步，求解能量、湍流等其他方程。

式（5.2.5a）、式（5.2.6）及式（5.2.7）即构成了基于分裂算法后的非定常不可压流体运动的基本方程。Zienkiewicz 等[91,92]提出的不可压分裂算法与上述算法相同。

在以上求解过程中，可以采用两种不同方法对方程组（5.2.6）进行求解，从而形成两种分裂算法。

1. 分裂算法 1

先对式（5.2.6）进行解耦，然后再运用有限元方法求解。

由式（5.2.6）中的第一式有

$$ {}^{t+\Delta t}\boldsymbol{V} = ({}^{t+\Delta t}\Delta \boldsymbol{V}^{\text{int}} + {}^{t}\boldsymbol{V}) - \frac{1}{\rho}\Delta t \nabla {}^{t+\theta_p \Delta t}p \tag{5.2.8a} $$

将式（5.2.8a）代入式（5.2.6）中的第二式有

$$ -\nabla \cdot \left\{ \theta_V \left[({}^{t+\Delta t}\Delta \boldsymbol{V}^{\text{int}} + {}^{t}\boldsymbol{V}) - \frac{1}{\rho}\Delta t \nabla {}^{t+\theta_p \Delta t}p \right] + (1-\theta_V){}^{t}\boldsymbol{V} \right\} = 0 \tag{5.2.8b} $$

整理可得

$$ 0 = -\theta_V \nabla \cdot ({}^{t+\Delta t}\Delta \boldsymbol{V}^{\text{int}}) - \nabla \cdot {}^{t}\boldsymbol{V} + \theta_V \frac{1}{\rho}\Delta t \nabla^{2\,t+\theta_p \Delta t}p \tag{5.2.8c} $$

采用标准的 Galerkin 离散，对式中的高阶项降阶并整理，最后可得有限元方程

$$ \Delta t^2 \boldsymbol{H}\theta_V \theta_p {}^{t+\Delta t}\Delta \boldsymbol{P}_e = {}^{t}\boldsymbol{R}_p \tag{5.2.9} $$

式中，$\Delta t^2 \boldsymbol{H}$ 为压强增量的系数矩阵；$\Delta \boldsymbol{P}_e$ 为单元节点压强增量；$\boldsymbol{R}_p$ 为右端项。

2. 分裂算法 2

分裂算法 2 与分裂算法 1 不同，这里首先对式（5.2.6）进行 Galerkin 离散，可得

$$ \begin{cases} \boldsymbol{M}_V[{}^{t+\Delta t}\boldsymbol{V}_e - (\Delta^{t+\Delta t}\boldsymbol{V}_e^{\text{int}} + {}^{t}\boldsymbol{V}_e)] + \Delta t \boldsymbol{K}_{Vp} {}^{t+\theta_p \Delta t}\boldsymbol{P}_e = 0 \\ -\boldsymbol{K}_{Vp}^{\text{T}} {}^{t+\theta_V \Delta t}\boldsymbol{V}_e = 0 \end{cases} \tag{5.2.10} $$

然后对上式进行分裂，由下式获得压强增量

$$ (\boldsymbol{K}_{Vp}\boldsymbol{M}_V^{-1}\boldsymbol{K}_{Vp}^{\text{T}})\theta_V\theta_p {}^{t+\Delta t}\Delta \boldsymbol{P}_e = \Delta t[\boldsymbol{K}_{Vp}(\theta_V {}^{t+\Delta t}\Delta \boldsymbol{V}_e^{\text{int}} + {}^{t}\boldsymbol{V}_e) - \Delta t \theta_V \boldsymbol{K}_{Vp}\boldsymbol{M}_V^{-1}\boldsymbol{K}_{Vp}^{\text{T}} {}^{t}\boldsymbol{P}_e - {}^{t+\Delta t}\boldsymbol{F}_p) \tag{5.2.11} $$

式中，$\boldsymbol{M}_V$ 为速度的系数矩阵；$\boldsymbol{K}_{Vp}$ 为压强和速度的耦合矩阵。

3. 分裂算法的进一步讨论

可以看出，由于对方程进行分裂和空间离散先后次序的不同，导出了两种不同求解压强的算法。对这两种算法作进一步的研究，以不可压流动问题为例，采用 CBS 算法，后面将作具体讨论。

5.3　非定常可压流体力学基本方程的标准 Galerkin 有限元格式

5.3.1　非定常可压流体力学基本方程的标准 Galerkin 有限元一般表达式

1. 标准 Galerkin 有限元方程

将非定常流体的动量方程或分裂后的动量方程以及质量方程和能量方程，代入 θ 族方法的式（5.1.5），或如多步法、递推法的式（5.1.20）所示的非定常问题的时间离散公式中，得非定常问题时间离散的一般表达式

$$ \Delta^{t+\Delta t}\boldsymbol{m} = \Delta t(\theta^{t+\Delta t}g + (1-\theta)^{t}g) \tag{5.3.1a} $$

或

$$ \Delta^{\tau+\xi\Delta\tau}\boldsymbol{m} = s \cdot {}^{\tau+\eta\Delta\tau}g \tag{5.3.1b} $$

然后，将式（5.3.1）再代入 Galerkin 加权余量公式（3.2.2）中，并引入式（5.1.2）～式（5.1.11）所示形函数表示的基本变量，得时间离散后的流体力学基本微分方程的 SG 有限元格式的一般式

$$ \int_V \boldsymbol{N}^{\text{T}} \Delta^{t+\Delta t}\boldsymbol{m}\,\mathrm{d}V = {}^{t+\theta\Delta t}\boldsymbol{q} \tag{5.3.2a} $$

或

$$\int_V \boldsymbol{N}^{\mathrm{T}} \Delta^{\tau+\xi\Delta\tau} \boldsymbol{m} \mathrm{d}V = {}^{\tau+\eta\Delta\tau}\boldsymbol{q} \tag{5.3.2b}$$

式中

$$^{t+\theta\Delta t}\boldsymbol{q} = \Delta t \int_V \boldsymbol{N}^{\mathrm{T}} [\theta^{t+\Delta t} g + (1-\theta)^t g] \mathrm{d}V = \Delta t [\theta^{t+\Delta t} \boldsymbol{f} + (1-\theta)^t \boldsymbol{f}] \tag{5.3.3a}$$

或

$$^{\tau+\eta\Delta\tau}\boldsymbol{q} = s \int_V \boldsymbol{N}^{\mathrm{T}}\ {}^{\tau+\eta\Delta\tau} g \mathrm{d}V = s^{\tau+\eta\Delta\tau} \boldsymbol{f} \tag{5.3.3b}$$

2. 流体速度及标量函数

前面已经讨论过流体有限元方程的速度和标量函数的近似表达。速度和各标量函数如式（4.4.1）所示。根据对流体单元的形态分析，给出了适用于流体有限元中的单元形态及形函数。现在主要讨论三维流场的四面体单元的速度及标量函数和相应的形函数。

流体单元速度函数 $\boldsymbol{v}$ 、以密度 ρ 为权的速度函数 $\rho\boldsymbol{v}$ 和湍流问题中时均速度或可解速度 $\overline{\boldsymbol{v}}$ 和 $\overline{\rho\boldsymbol{v}}$ 如式（4.3.51）所示，式中的形函数，当采用多项式形函数时，$\boldsymbol{N}_v$ 如式（4.3.21）所示；当采用指数型形函数时，$\boldsymbol{N}_v$ 如式（4.3.44a）所示。各标量函数，如密度 ρ 、力学压强 P 、绝对温度 T 、能量 E ，以及以密度为权的能量 ρE 、以密度为权的温度 ρT 和湍流问题中相应的力学压强 $\overline{P}$ 的近似如式（4.3.52）所示，以上各式中的形函数可采用相同的形式，当采用多项式形函数时，$\boldsymbol{N}_v$ 如式（4.3.17）所示；当采用指数型形函数时，$\boldsymbol{N}_v$ 如式（4.3.41）所示。

指数型形函数中包含常数 a_1、a_2、a_3 ，如四面体单元形函数。常数 a 的取值可决定函数的非线性程度。显然，速度与其他函数的非线性程度是不相同的，它们采用相同的形函数是不合理的，尤其对于高速的流体，其速度的变化会明显增大。通过对一维指数插值形函数的形态分析，可了解 a 的取值对函数曲率的影响，在计算中 a 与速度关系的确定显得非常重要。当 a 趋于一个较小值时，函数接近线性，这时采用指数插值函数的解接近线性函数的解。

在三维流场中，如果将流场剖分为四节点四面体单元，在单元中所选取的式（4.3.44 a）所示的形函数，式中具有常数 a_1、a_2、a_3 。

对计算精度的分析表明，$0^+ < a_1(a_2, a_3) < a_{\max}$ ，$a_{\max}$ 与计算机字长有关，一般 $a_1(a_2, a_3)$ 取 0.015。在流体力学的计算中，$a_1 = \dfrac{|\overline{v}_x|}{\nu}$ ；$a_2 = \dfrac{|\overline{v}_y|}{\nu}$ ；$a_3 = \dfrac{|\overline{v}_z|}{\nu}$ 。

采用指数插值形函数，调整常数 a_1、a_2、a_3 ，使得速度函数具有不同的曲率，既可以使函数趋于线性，也可使函数具有较强的非线性；既可以使速度和其他四个基本变量具有性质相同的函数，也可使它们的函数具有不同的曲率；使速度具有较大的非线性，而其他的变量则接近线性。

在第 i 次迭代过程中，根据第 $i-1$ 次迭代所得的速度向量修正速度形函数中的常数 a_1、a_2、a_3 ，参与第 i 次迭代，具有自适应性。当 $\Delta v \to 0$ 时，a_1、a_2、a_3 的取值趋于稳定。这样，在流场中各个单元的形函数的曲率是不相同的，与速度有关，而对密度、绝对温度、相对压强以及能量的形函数也可作类似处理，虽然习惯上都假定它们按线性规律变化，但是实际上并非如此。

指数插值形函数有较好的可微性。速度形函数具有高阶导数，因此可以避免有限元格式采用弱形式导致丢失精度。即使采用接近线性变化的速度函数，高阶导数依然存在。

指数插值形函数也适用于流体的高速运动的分析。

5.3.2　SG 有限元方程中的积分项

1. 动量方程中的积分项

将动量方程或分裂后的动量方程式（5.1.8）代入 Galerkin 有限元格式（5.3.2）后，可得时间离散后动量方程 SG 有限元格式

$$ {}^{t+\Delta t}\boldsymbol{s}_M \Delta^{t+\Delta t}\boldsymbol{m} = {}^{t+\Delta t}\boldsymbol{Q}_v = \Delta t[\theta({}^{t+\Delta t}\boldsymbol{f}_v) + (1-\theta)({}^{t}\boldsymbol{f}_v)] \tag{5.3.4} $$

式中，对于守恒型方程，质量矩阵

$$ {}^{t+\Delta t}\boldsymbol{s}_M = \int_V \boldsymbol{N}_v^{\mathrm{T}} \boldsymbol{N}_v \mathrm{d}V \tag{5.3.5a} $$

$$ \Delta^{t+\Delta t}\boldsymbol{m} = \Delta\,({}^{t}\rho^{t+\Delta t}\boldsymbol{v})_e \tag{5.3.5b} $$

对于非守恒型方程，质量矩阵

$$ {}^{t+\Delta t}\boldsymbol{s}_M = \int_V \boldsymbol{N}_v^{\mathrm{T}}\,{}^{t}\rho\,\boldsymbol{N}_v \mathrm{d}V \tag{5.3.6a} $$

$$ \Delta^{t+\Delta t}\boldsymbol{m} = \Delta^{t+\Delta t}\boldsymbol{v}_e \tag{5.3.6b} $$

略去时间标架，式（5.3.4）中的右端项 $\boldsymbol{f}_v$ 为

$$ \boldsymbol{f}_v = \boldsymbol{f}_{vv} + \boldsymbol{f}_p \tag{5.3.7} $$

这里

$$ \boldsymbol{f}_{vv} = -\boldsymbol{C}_v + \boldsymbol{K}_\tau + \boldsymbol{P}_v, \quad \boldsymbol{f}_p = \boldsymbol{P} \tag{5.3.8} $$

式中，${}^{t+\Delta t}\boldsymbol{C}_v$ 为 $t+\Delta t$ 时刻的对流项式（1.6.14a）、式（1.6.14b）在流体单元上的加权积分。

式（5.3.7）、式（5.3.8）中的各项分别为动量方程中对流项、扩散项、质量力和绝对压强的加权积分。对于守恒型的动量方程

$$ {}^{t+\Delta t}\boldsymbol{C}_v = \int_V [\boldsymbol{N}_{vx}^{\mathrm{T}}\ \boldsymbol{N}_{vy}^{\mathrm{T}}\ \boldsymbol{N}_{vz}^{\mathrm{T}}] \begin{bmatrix} \dfrac{\partial({}^{t}\rho^{t+\Delta t}\boldsymbol{v}_x^{t+\Delta t}\boldsymbol{v}_x)}{\partial x} + \dfrac{\partial({}^{t}\rho^{t+\Delta t}\boldsymbol{v}_x^{t+\Delta t}\boldsymbol{v}_y)}{\partial y} + \dfrac{\partial({}^{t}\rho^{t+\Delta t}\boldsymbol{v}_x^{t+\Delta t}\boldsymbol{v}_z)}{\partial z} \\ \dfrac{\partial({}^{t}\rho^{t+\Delta t}\boldsymbol{v}_y^{t+\Delta t}\boldsymbol{v}_x)}{\partial x} + \dfrac{\partial({}^{t}\rho^{t+\Delta t}\boldsymbol{v}_y^{t+\Delta t}\boldsymbol{v}_y)}{\partial y} + \dfrac{\partial({}^{t}\rho^{t+\Delta t}\boldsymbol{v}_y^{t+\Delta t}\boldsymbol{v}_z)}{\partial z} \\ \dfrac{\partial({}^{t}\rho^{t+\Delta t}\boldsymbol{v}_z^{t+\Delta t}\boldsymbol{v}_x)}{\partial x} + \dfrac{\partial({}^{t}\rho^{t+\Delta t}\boldsymbol{v}_z^{t+\Delta t}\boldsymbol{v}_y)}{\partial y} + \dfrac{\partial({}^{t}\rho^{t+\Delta t}\boldsymbol{v}_z^{t+\Delta t}\boldsymbol{v}_z)}{\partial z} \end{bmatrix} \mathrm{d}V $$

$$ = \int_V [\boldsymbol{N}_{vx}^{\mathrm{T}}\ \boldsymbol{N}_{vy}^{\mathrm{T}}\ \boldsymbol{N}_{vz}^{\mathrm{T}}] $$

$$ \begin{bmatrix} {}^{t+\Delta t}(\rho\boldsymbol{v}_x)\left(\dfrac{\partial^{t+\Delta t}\boldsymbol{v}_x}{\partial x} + \dfrac{\partial^{t+\Delta t}\boldsymbol{v}_y}{\partial y} + \dfrac{\partial^{t+\Delta t}\boldsymbol{v}_z}{\partial z}\right) + {}^{t+\Delta t}\boldsymbol{v}_x \dfrac{\partial^{t+\Delta t}(\rho\boldsymbol{v}_x)}{\partial x} + {}^{t+\Delta t}\boldsymbol{v}_y \dfrac{\partial^{t+\Delta t}(\rho\boldsymbol{v}_x)}{\partial y} + {}^{t+\Delta t}\boldsymbol{v}_z \dfrac{\partial^{t+\Delta t}(\rho\boldsymbol{v}_x)}{\partial z} \\ {}^{t+\Delta t}(\rho\boldsymbol{v}_y)\left(\dfrac{\partial^{t+\Delta t}\boldsymbol{v}_x}{\partial x} + \dfrac{\partial^{t+\Delta t}\boldsymbol{v}_y}{\partial y} + \dfrac{\partial^{t+\Delta t}\boldsymbol{v}_z}{\partial z}\right) + {}^{t+\Delta t}\boldsymbol{v}_x \dfrac{\partial^{t+\Delta t}(\rho\boldsymbol{v}_y)}{\partial x} + {}^{t+\Delta t}\boldsymbol{v}_y \dfrac{\partial^{t+\Delta t}(\rho\boldsymbol{v}_y)}{\partial y} + {}^{t+\Delta t}\boldsymbol{v}_z \dfrac{\partial^{t+\Delta t}(\rho\boldsymbol{v}_y)}{\partial z} \\ {}^{t+\Delta t}(\rho\boldsymbol{v}_z)\left(\dfrac{\partial^{t+\Delta t}\boldsymbol{v}_x}{\partial x} + \dfrac{\partial^{t+\Delta t}\boldsymbol{v}_y}{\partial y} + \dfrac{\partial^{t+\Delta t}\boldsymbol{v}_z}{\partial z}\right) + {}^{t+\Delta t}\boldsymbol{v}_x \dfrac{\partial^{t+\Delta t}(\rho\boldsymbol{v}_z)}{\partial x} + {}^{t+\Delta t}\boldsymbol{v}_y \dfrac{\partial^{t+\Delta t}(\rho\boldsymbol{v}_z)}{\partial y} + {}^{t+\Delta t}\boldsymbol{v}_z \dfrac{\partial^{t+\Delta t}(\rho\boldsymbol{v}_z)}{\partial z} \end{bmatrix} \mathrm{d}V \tag{5.3.9a} $$

对于非守恒型的动量方程

$$
{}^{t+\Delta t}\boldsymbol{C}_v=\int_V\left[\boldsymbol{N}_{vx}^{\mathrm{T}}\quad \boldsymbol{N}_{vy}^{\mathrm{T}}\quad \boldsymbol{N}_{vz}^{\mathrm{T}}\right]{}^t\rho
$$

$$
\begin{bmatrix}
{}^{t+\Delta t}\boldsymbol{v}_x\left(\frac{\partial^{t+\Delta t}\boldsymbol{v}_x}{\partial x}+\frac{\partial^{t+\Delta t}\boldsymbol{v}_y}{\partial y}+\frac{\partial^{t+\Delta t}\boldsymbol{v}_z}{\partial z}\right)+{}^{t+\Delta t}\boldsymbol{v}_x\frac{\partial^{t+\Delta t}\boldsymbol{v}_x}{\partial x}+{}^{t+\Delta t}\boldsymbol{v}_y\frac{\partial^{t+\Delta t}\boldsymbol{v}_x}{\partial y}+{}^{t+\Delta t}\boldsymbol{v}_z\frac{\partial^{t+\Delta t}\boldsymbol{v}_x}{\partial z}\\
{}^{t+\Delta t}\boldsymbol{v}_y\left(\frac{\partial^{t+\Delta t}\boldsymbol{v}_x}{\partial x}+\frac{\partial^{t+\Delta t}\boldsymbol{v}_y}{\partial y}+\frac{\partial^{t+\Delta t}\boldsymbol{v}_z}{\partial z}\right)+{}^{t+\Delta t}\boldsymbol{v}_x\frac{\partial^{t+\Delta t}\boldsymbol{v}_y}{\partial x}+{}^{t+\Delta t}\boldsymbol{v}_y\frac{\partial^{t+\Delta t}\boldsymbol{v}_y}{\partial y}+{}^{t+\Delta t}\boldsymbol{v}_z\frac{\partial^{t+\Delta t}\boldsymbol{v}_y}{\partial z}\\
{}^{t+\Delta t}\boldsymbol{v}_z\left(\frac{\partial^{t+\Delta t}\boldsymbol{v}_x}{\partial x}+\frac{\partial^{t+\Delta t}\boldsymbol{v}_y}{\partial y}+\frac{\partial^{t+\Delta t}\boldsymbol{v}_z}{\partial z}\right)+{}^{t+\Delta t}\boldsymbol{v}_x\frac{\partial^{t+\Delta t}\boldsymbol{v}_z}{\partial x}+{}^{t+\Delta t}\boldsymbol{v}_y\frac{\partial^{t+\Delta t}\boldsymbol{v}_z}{\partial y}+{}^{t+\Delta t}\boldsymbol{v}_z\frac{\partial^{t+\Delta t}\boldsymbol{v}_z}{\partial z}
\end{bmatrix}\mathrm{d}V
\tag{5.3.9b}
$$

${}^{t+\Delta t}\boldsymbol{K}_\tau$ 为 $t+\Delta t$ 时刻的扩散项式（1.6.15）、式（1.6.16）在流体单元上的加权积分

$$
{}^{t+\Delta t}\boldsymbol{K}_\tau=\int_V\boldsymbol{N}_v^{\mathrm{T}\,t+\Delta t}\boldsymbol{D}_v\mathrm{d}V \tag{5.3.10}
$$

$$
{}^{t+\Delta t}\boldsymbol{D}_v=\mu\left(
\begin{bmatrix}
2\frac{\partial^{t+\Delta t}\boldsymbol{v}_x}{\partial x} & \frac{\partial^{t+\Delta t}\boldsymbol{v}_x}{\partial y}+\frac{\partial^{t+\Delta t}\boldsymbol{v}_y}{\partial x} & \frac{\partial^{t+\Delta t}\boldsymbol{v}_x}{\partial z}+\frac{\partial^{t+\Delta t}\boldsymbol{v}_z}{\partial x}\\
\frac{\partial^{t+\Delta t}\boldsymbol{v}_y}{\partial x}+\frac{\partial^{t+\Delta t}\boldsymbol{v}_x}{\partial y} & 2\frac{\partial^{t+\Delta t}\boldsymbol{v}_y}{\partial y} & \frac{\partial^{t+\Delta t}\boldsymbol{v}_y}{\partial z}+\frac{\partial^{t+\Delta t}\boldsymbol{v}_z}{\partial y}\\
\frac{\partial^{t+\Delta t}\boldsymbol{v}_z}{\partial x}+\frac{\partial^{t+\Delta t}\boldsymbol{v}_x}{\partial z} & \frac{\partial^{t+\Delta t}\boldsymbol{v}_z}{\partial y}+\frac{\partial^{t+\Delta t}\boldsymbol{v}_y}{\partial z} & 2\frac{\partial^{t+\Delta t}\boldsymbol{v}_z}{\partial z}
\end{bmatrix}\right.
$$

$$
\left.+\begin{bmatrix}
-\frac{2}{3}\left(\frac{\partial^{t+\Delta t}\boldsymbol{v}_x}{\partial x}+\frac{\partial^{t+\Delta t}\boldsymbol{v}_y}{\partial y}+\frac{\partial^{t+\Delta t}\boldsymbol{v}_z}{\partial z}\right) & 0 & 0\\
0 & -\frac{2}{3}\left(\frac{\partial^{t+\Delta t}\boldsymbol{v}_x}{\partial x}+\frac{\partial^{t+\Delta t}\boldsymbol{v}_y}{\partial y}+\frac{\partial^{t+\Delta t}\boldsymbol{v}_z}{\partial z}\right) & 0\\
0 & 0 & -\frac{2}{3}\left(\frac{\partial^{t+\Delta t}\boldsymbol{v}_x}{\partial x}+\frac{\partial^{t+\Delta t}\boldsymbol{v}_y}{\partial y}+\frac{\partial^{t+\Delta t}\boldsymbol{v}_z}{\partial z}\right)
\end{bmatrix}\right)
\begin{bmatrix}\frac{\partial}{\partial x}\\ \frac{\partial}{\partial y}\\ \frac{\partial}{\partial z}\end{bmatrix}
\tag{5.3.11}
$$

${}^{t+\Delta t}\boldsymbol{P}_v$ 为 $t+\Delta t$ 时刻的流体单元质量力，注意到式（1.6.18），有

$$
{}^{t+\Delta t}\boldsymbol{P}_v=\int_V\left[\boldsymbol{N}_{vx}^{\mathrm{T}}\quad \boldsymbol{N}_{vy}^{\mathrm{T}}\quad \boldsymbol{N}_{vz}^{\mathrm{T}}\right]{}^t\rho\begin{bmatrix}g_x\\ g_y\\ g_z\end{bmatrix}\mathrm{d}V \tag{5.3.12}
$$

式中，g_x、g_y、g_z 为流体单元沿 x、y、z 方向的加速度，这里应包括重力加速度 g，如设重力方向与 z 方向一致，则 $g_x=\frac{\Delta v_x}{\Delta t}$，$g_y=\frac{\Delta v_y}{\Delta t}$，$g_z=\frac{\Delta v_z}{\Delta t}+g$；${}^{t+\Delta t}\boldsymbol{P}$ 为 $t+\Delta t$ 时刻的力学压强式（1.6.17）在流体单元上的加权积分

$$
{}^{t+\Delta t}\boldsymbol{P} = \int_V \boldsymbol{N}_v^{\mathrm{T}} \boldsymbol{D}_p \mathrm{d}V
$$

$$
\boldsymbol{D}_p = \begin{bmatrix} -p & 0 & 0 \\ 0 & -p & 0 \\ 0 & 0 & -p \end{bmatrix} \begin{bmatrix} \dfrac{\partial}{\partial x} \\ \dfrac{\partial}{\partial y} \\ \dfrac{\partial}{\partial z} \end{bmatrix} \tag{5.3.13}
$$

同样可以得到时间标架为 τ 时或略去时间标架时的积分公式。

以上各式中，${}^t\rho$ 为 t 时刻流体单元的密度。单元密度是时间和空间的函数，为了简化方程的求解，对密度引入一些简化假定。假定密度在时段 Δt 内是与时间 t 无关的常量，而仅仅与空间有关，所以在时段 Δt 内取密度为 ${}^t\rho$ ，即时刻 t 时的密度。但 ${}^t\rho$ 和 ${}^{t+\Delta t}\rho$ 是不同的，它与时间有关。

注意到采用分裂算法时由式（5.3.4）可分别得到不计压强 p 时所得到的速度增量 $\Delta^{t+\Delta t}\boldsymbol{v}_v$ 和仅有压强 p 产生的速度增量 $\Delta^{t+\Delta t}\boldsymbol{v}_p$ ，那么

$$
\begin{aligned}
\Delta^{t+\Delta t}\boldsymbol{v} &= \Delta^{t+\Delta t}\boldsymbol{v}_v + \Delta^{t+\Delta t}\boldsymbol{v}_p \\
{}^{t+\Delta t}\boldsymbol{v}_e &= {}^t\boldsymbol{v}_e + \Delta^{t+\Delta t}\boldsymbol{v}_e
\end{aligned} \tag{5.3.14}
$$

这里

$$
{}^{t+\Delta t}\boldsymbol{v} = {}^t\boldsymbol{v} + \Delta^{t+\Delta t}\boldsymbol{v}^i \tag{5.3.15}
$$

式中，${}^t\boldsymbol{v}$ 为流体单元在 t 时刻的速度；$\Delta^{t+\Delta t}\boldsymbol{v}^i$ 为流体单元经过 Δt 时段运动的速度增量，i 为次迭代次数。

2. 质量方程中的积分项

将质量方程式（5.1.7）代入 Galerkin 有限元格式（5.3.2）后，可得时间离散后质量方程 SG 有限元格式

$$
{}^{t+\Delta t}\boldsymbol{s}_D \Delta^{t+\Delta t} m = {}^{t+\Delta t}\boldsymbol{Q}_D = \Delta t\left[\theta({}^{t+\Delta t}\boldsymbol{f}_D) + (1-\theta)({}^t\boldsymbol{f}_D)\right] \tag{5.3.16}
$$

式中密度矩阵

$$
{}^{t+\Delta t}\boldsymbol{s}_D = \int_V \boldsymbol{N}_\rho^{\mathrm{T}} \boldsymbol{N}_\rho \mathrm{d}V \tag{5.3.17}
$$

$$
\Delta^{t+\Delta t} m = \Delta^t \rho_e \tag{5.3.18}
$$

略去时间标架，$\boldsymbol{f}_D$ 为流体单元连续项 $\boldsymbol{f}_D = \boldsymbol{C}_D$ ，对于守恒型质量方程，引入式（1.6.4a），有

$$
{}^{t+\Delta t}\boldsymbol{C}_D = \int_V \boldsymbol{N}_\rho^{\mathrm{T}} \left[\frac{\partial({}^t\rho^{t+\Delta t}\boldsymbol{v}_x)}{\partial x} + \frac{\partial({}^t\rho^{t+\Delta t}\boldsymbol{v}_y)}{\partial y} + \frac{\partial({}^t\rho^{t+\Delta t}\boldsymbol{v}_z)}{\partial z} \right) \mathrm{d}V \tag{5.3.19a}
$$

对于非守恒型质量方程，引入式（1.6.4b），有

$$
{}^{t+\Delta t}\boldsymbol{C}_D = \int_V \boldsymbol{N}_\rho^{\mathrm{T}} \left[{}^t\rho \left(\frac{\partial^{t+\Delta t}\boldsymbol{v}_x}{\partial x} + \frac{\partial^{t+\Delta t}\boldsymbol{v}_y}{\partial y} + \frac{\partial^{t+\Delta t}\boldsymbol{v}_z}{\partial z} \right) + \left({}^{t+\Delta t}\boldsymbol{v}_x \frac{\partial^t\rho}{\partial x} + {}^{t+\Delta t}\boldsymbol{v}_y \frac{\partial^t\rho}{\partial y} + {}^{t+\Delta t}\boldsymbol{v}_z \frac{\partial^t\rho}{\partial z} \right) \right] \mathrm{d}V \tag{5.3.19b}
$$

同样可以得到时间标架为 τ 时或略去时间标架时的积分公式。

解式（5.3.16）的 $t+\Delta t$ 时刻流体单元节点密度 ${}^{t+\Delta t}\rho_e$ ，于是

$$ {}^{t+\Delta t}\rho_e = {}^{t}\rho_e + \Delta^{t+\Delta t}\rho_e \tag{5.3.20}$$

流体单元密度为

$$ {}^{t+\Delta t}\rho = {}^{t}\rho + \Delta^{t+\Delta t}\rho^i \tag{5.3.21}$$

式中，${}^{t}\rho$ 为流体单元在 t 时刻的密度；$\Delta^{t+\Delta t}\rho^i$ 为流体单元经过 Δt 时段运动的密度增量；i 为次迭代次数。

3. 能量方程中的积分项

将能量方程式（5.1.9）代入 Galerkin 有限元格式（5.3.2）后，可得时间离散后能量方程 SG 有限元格式

$$ {}^{t+\Delta t}\boldsymbol{s}_E \Delta^{t+\Delta t}m = {}^{t+\Delta t}\boldsymbol{Q}_E = \Delta t[\theta({}^{t+\Delta t}\boldsymbol{f}_E) + (1-\theta)({}^{t}\boldsymbol{f}_E)] \tag{5.3.22}$$

式中，对于守恒型能量方程，能量矩阵

$$ {}^{t+\Delta t}\boldsymbol{s}_E = \int_V \boldsymbol{N}_E^{\mathrm{T}} \boldsymbol{N}_E \mathrm{d}V \tag{5.3.23}$$

$$ \Delta^{t+\Delta t}m = \Delta\,({}^{t}\rho^{t+\Delta t}E)_e \tag{5.3.24}$$

对于非守恒型能量方程，能量矩阵

$$ {}^{t+\Delta t}\boldsymbol{s}_E = \int_V \boldsymbol{N}_E^{\mathrm{T}}\,{}^{t}\rho\, \boldsymbol{N}_E \mathrm{d}V \tag{5.3.25}$$

$$ \Delta^{t+\Delta t}m = \Delta^{t+\Delta t}E_e \tag{5.3.26}$$

$\boldsymbol{f}_E$ 为流体单元连续项，略去时间标架，有

$$ \boldsymbol{f}_E = -\boldsymbol{C}_E + \boldsymbol{T}_E + \boldsymbol{K}_E + \boldsymbol{C}_p + \boldsymbol{W}_{VE} + \boldsymbol{W}_{SE} \tag{5.3.27}$$

当采用动能形式的能量方程时

$$ \boldsymbol{f}_E = -\boldsymbol{C}_E + \boldsymbol{C}_p + \boldsymbol{W}_{VE} \tag{5.3.28a}$$

当采用内能形式的能量方程时

$$\left.\begin{aligned} &{}^{t+\Delta t}\boldsymbol{s}_E = \int_V \boldsymbol{N}_E^{\mathrm{T}}\,{}^{t}\rho\, \boldsymbol{N}_E \mathrm{d}V \\ &\Delta^{t+\Delta t}m = \Delta^{t+\Delta t}e_i \\ &\boldsymbol{f}_E = -\boldsymbol{C}_E + \boldsymbol{T}_E + \boldsymbol{K}_E + \boldsymbol{C}_p + \boldsymbol{W}_{SE} \end{aligned}\right. \tag{5.3.28b}$$

对于完全气体有 $e_i = C_V T$，C_V 为定容比热 [J/（kg·K)]。

式（5.3.28）中，${}^{t+\Delta t}\boldsymbol{C}_E$ 为 $t+\Delta t$ 时刻的流体单元能量对流项式（1.6.20b）、式（1.6.20c）的加权积分。对于守恒型的能量方程

$$ {}^{t+\Delta t}\boldsymbol{C}_E = \int_V \boldsymbol{N}_E^{\mathrm{T}} \Big[{}^{t+\Delta t}(\rho E)\Big(\frac{\partial^{t+\Delta t}\boldsymbol{v}_x}{\partial x} + \frac{\partial^{t+\Delta t}\boldsymbol{v}_y}{\partial y} + \frac{\partial^{t+\Delta t}\boldsymbol{v}_z}{\partial z}\Big) + {}^{t+\Delta t}\boldsymbol{v}_x \frac{\partial^{t+\Delta t}(\rho E)}{\partial x} + {}^{t+\Delta t}\boldsymbol{v}_y \frac{\partial^{t+\Delta t}(\rho E)}{\partial y} + {}^{t+\Delta t}\boldsymbol{v}_z \frac{\partial^{t+\Delta t}(\rho E)}{\partial z}\Big]\mathrm{d}V \tag{5.3.29a}$$

对于非守恒型的能量方程

$$ {}^{t+\Delta t}\boldsymbol{C}_E = \int_V \boldsymbol{N}_E^{\mathrm{T}}\,{}^{t}\rho \Big[{}^{t+\Delta t}E\Big(\frac{\partial^{t+\Delta t}\boldsymbol{v}_x}{\partial x} + \frac{\partial^{t+\Delta t}\boldsymbol{v}_y}{\partial y} + \frac{\partial^{t+\Delta t}\boldsymbol{v}_z}{\partial z}\Big) + {}^{t+\Delta t}\boldsymbol{v}_x \frac{\partial^{t+\Delta t}E}{\partial x} + {}^{t+\Delta t}\boldsymbol{v}_y \frac{\partial^{t+\Delta t}E}{\partial y} + {}^{t+\Delta t}\boldsymbol{v}_z \frac{\partial^{t+\Delta t}E}{\partial z}\Big)\mathrm{d}V \tag{5.3.29b}$$

${}^{t+\Delta t}T_E$ 为热流量，如式（5.10.22）所示；${}^{t+\Delta t}\boldsymbol{K}_E$ 为 $t+\Delta t$ 时刻流体单元剪应力所做的功，注意到式（1.6.20e），有

$$ {}^{t+\Delta t}\boldsymbol{K}_E=\int_V \boldsymbol{N}_E^{\mathrm{T}}\mu\left([\boldsymbol{D}_{Ev1}\quad \boldsymbol{D}_{Ev2}\quad \boldsymbol{D}_{Ev3}]+\boldsymbol{D}_{Evp}\right)\begin{bmatrix}\dfrac{\partial}{\partial x}\\ \dfrac{\partial}{\partial y}\\ \dfrac{\partial}{\partial z}\end{bmatrix}\mathrm{d}V \tag{5.3.30} $$

式中

$$ \begin{aligned} \boldsymbol{D}_{Ev1}&=\boldsymbol{v}_x\left(2\frac{\partial \boldsymbol{v}_x}{\partial x}\right)+\boldsymbol{v}_y\left(\frac{\partial \boldsymbol{v}_y}{\partial x}+\frac{\partial \boldsymbol{v}_x}{\partial y}\right)+\boldsymbol{v}_z\left(\frac{\partial \boldsymbol{v}_z}{\partial x}+\frac{\partial \boldsymbol{v}_x}{\partial z}\right)\\ \boldsymbol{D}_{Ev2}&=\boldsymbol{v}_x\left(\frac{\partial \boldsymbol{v}_x}{\partial y}+\frac{\partial \boldsymbol{v}_y}{\partial x}\right)+\boldsymbol{v}_y\left(2\frac{\partial \boldsymbol{v}_y}{\partial y}\right)+\boldsymbol{v}_z\left(\frac{\partial \boldsymbol{v}_z}{\partial y}+\frac{\partial \boldsymbol{v}_y}{\partial z}\right)\\ \boldsymbol{D}_{Ev3}&=\boldsymbol{v}_x\left(\frac{\partial \boldsymbol{v}_x}{\partial z}+\frac{\partial \boldsymbol{v}_z}{\partial x}\right)+\boldsymbol{v}_y\left(\frac{\partial \boldsymbol{v}_y}{\partial z}+\frac{\partial \boldsymbol{v}_z}{\partial y}\right)+\boldsymbol{v}_z\left(2\frac{\partial \boldsymbol{v}_z}{\partial z}\right) \end{aligned} \tag{5.3.31} $$

$$ \begin{aligned} \boldsymbol{D}_{Evp}&=[\boldsymbol{D}_{Evp1}\quad \boldsymbol{D}_{Evp2}\quad \boldsymbol{D}_{Evp3}]\\ \boldsymbol{D}_{Evp1}&=\boldsymbol{v}_x\left[-\frac{2}{3}\left(\frac{\partial^{t+\Delta t}\boldsymbol{v}_x}{\partial x}+\frac{\partial^{t+\Delta t}\boldsymbol{v}_y}{\partial y}+\frac{\partial^{t+\Delta t}\boldsymbol{v}_z}{\partial z}\right)\right]\\ \boldsymbol{D}_{Evp2}&=\boldsymbol{v}_y\left[-\frac{2}{3}\left(\frac{\partial^{t+\Delta t}\boldsymbol{v}_x}{\partial x}+\frac{\partial^{t+\Delta t}\boldsymbol{v}_y}{\partial y}+\frac{\partial^{t+\Delta t}\boldsymbol{v}_z}{\partial z}\right)\right]\\ \boldsymbol{D}_{Evp3}&=\boldsymbol{v}_z\left[-\frac{2}{3}\left(\frac{\partial^{t+\Delta t}\boldsymbol{v}_x}{\partial x}+\frac{\partial^{t+\Delta t}\boldsymbol{v}_y}{\partial y}+\frac{\partial^{t+\Delta t}\boldsymbol{v}_z}{\partial z}\right)\right] \end{aligned} \tag{5.3.32} $$

${}^{t+\Delta t}\boldsymbol{C}_p$ 为 $t+\Delta t$ 时刻流体单元力学压强所做的功，有

$$ \begin{aligned} {}^{t+\Delta t}\boldsymbol{C}_p&=-\int_V \boldsymbol{N}_E^{\mathrm{T}}\boldsymbol{D}_{Ep}\,\boldsymbol{n}^{\mathrm{T}}\mathrm{d}V\\ &=-\int_V \boldsymbol{N}_E^{\mathrm{T}}\left[\frac{\partial(V_xp)}{\partial x}+\frac{\partial(V_yp)}{\partial y}+\frac{\partial(V_zp)}{\partial z}\right]\mathrm{d}V \end{aligned} \tag{5.3.33} $$

这里

$$ \boldsymbol{D}_{Ep}=[\boldsymbol{v}_xp\quad \boldsymbol{v}_yp\quad \boldsymbol{v}_zp] \tag{5.3.34} $$

${}^{t+\Delta t}\boldsymbol{W}_{VE}$ 为 $t+\Delta t$ 时刻的流体单元质量力所做的功，注意到式（1.6.20f），有

$$ {}^{t+\Delta t}\boldsymbol{W}_{VE}=\int_V \boldsymbol{N}_E^{\mathrm{T}}\,{}^t\rho(g_x{}^{t+\Delta t}\boldsymbol{v}_x+g_y{}^{t+\Delta t}\boldsymbol{v}_y+g_z{}^{t+\Delta t}\boldsymbol{v}_z)\mathrm{d}V \tag{5.3.35} $$

${}^{t+\Delta t}\boldsymbol{W}_{SE}$ 为 $t+\Delta t$ 时刻的流体单元热辐射，注意到式（1.6.20g），有

$$ {}^{t+\Delta t}\boldsymbol{W}_{SE}=\int_V \boldsymbol{N}_E^{\mathrm{T}}\,{}^t\rho\boldsymbol{q}\,\mathrm{d}V \tag{5.3.36} $$

解式（5.3.22）得 $t+\Delta t$ 时刻的单元节点能量增量 ${}^{t+\Delta t}E_e$，于是

$$ {}^{t+\Delta t}E_e={}^tE_e+\Delta^{t+\Delta t}E_e \tag{5.3.37} $$

流体单元的能量为

$$ {}^{t+\Delta t}E={}^tE+\Delta^{t+\Delta t}E \tag{5.3.38} $$

同样可以得到时间标架为 τ 时或略去时间标架时的积分公式。

根据能量构成的定义，当单元的能量同时具有动能和内能时，可由能量构成中的内能求得流体单元的温度。经整理可得温度和能量之间转换的有限元格式

$$ {}^{t+\Delta t}\boldsymbol{s}_T{}^{t+\Delta t}T_e={}^{t+\Delta t}\boldsymbol{Q}_T \tag{5.3.39} $$

式中，${}^{t+\Delta t}T_e$ 为 $t+\Delta t$ 时刻的流体单元节点的温度；${}^{t+\Delta t}\boldsymbol{s}_T$ 为 $t+\Delta t$ 时刻的温度矩阵

$$ {}^{t+\Delta t}\boldsymbol{s}_T=\int_V \boldsymbol{N}_T^{\mathrm{T}}\boldsymbol{N}_\rho {}^t\rho_e\boldsymbol{N}_T\mathrm{d}V \tag{5.3.40}$$

$$ {}^{t+\Delta t}\boldsymbol{Q}_T=\frac{1}{C_V}\int_V \boldsymbol{N}_T^{\mathrm{T}}{}^t\rho\left[{}^{t+\Delta t}E-\frac{1}{2}(\boldsymbol{v}_x^2+\boldsymbol{v}_y^2+\boldsymbol{v}_z^2)\right]\mathrm{d}V \tag{5.3.41}$$

解式（5.3.39）得 $t+\Delta t$ 时刻的单元节点温度 ${}^{t+\Delta t}T_e$。

5.3.3 有限元格式的弱形式

流体力学基本方程中的扩散项含有基本变量的高阶导数。在求解流体方程的有限单元法中，采用了按 Laglange 插值条件构造的满足 C^0 类连续要求的基本函数，因此需要对微分方程进行降阶，以得到基本积分方程的弱形式，以此降低了对解的连续性要求。

现引入分部积分公式，然后对动量方程、质量方程、能量方程中含有基本变量高阶量的项进行降阶。

对于动量方程中的扩散项，式（5.3.10）可改写为

$$ {}^{t+\Delta t}\boldsymbol{K}_\tau=\int_V[\boldsymbol{N}_{vx}^{\mathrm{T}}\quad \boldsymbol{N}_{vy}^{\mathrm{T}}\quad \boldsymbol{N}_{vz}^{\mathrm{T}}]\boldsymbol{D}_v\mathrm{d}V={}^{t+\Delta t}\boldsymbol{K}_{S\tau}+{}^{t+\Delta t}\boldsymbol{K}_{V\tau} \tag{5.3.42}$$

式中，${}^{t+\Delta t}\boldsymbol{K}_{V\tau}=-\int_V\mu\boldsymbol{g}\,\mathrm{d}V$ 为扩散项降阶后体积分项，这里

$$\begin{aligned}
\boldsymbol{g}=&\left[\left(2\frac{\partial^{t+\Delta t}\boldsymbol{v}_x}{\partial x}-\frac{2}{3}\left(\frac{\partial^{t+\Delta t}\boldsymbol{v}_x}{\partial x}+\frac{\partial^{t+\Delta t}\boldsymbol{v}_y}{\partial y}+\frac{\partial^{t+\Delta t}\boldsymbol{v}_z}{\partial z}\right)\right)\quad\left(\frac{\partial^{t+\Delta t}\boldsymbol{v}_x}{\partial y}+\frac{\partial^{t+\Delta t}\boldsymbol{v}_y}{\partial x}\right)\quad\left(\frac{\partial^{t+\Delta t}\boldsymbol{v}_x}{\partial z}+\frac{\partial^{t+\Delta t}\boldsymbol{v}_z}{\partial x}\right)\right]\begin{bmatrix}\dfrac{\partial\boldsymbol{N}_{vx}^{\mathrm{T}}}{\partial x}\\ \dfrac{\partial\boldsymbol{N}_{vx}^{\mathrm{T}}}{\partial y}\\ \dfrac{\partial\boldsymbol{N}_{vx}^{\mathrm{T}}}{\partial z}\end{bmatrix}\\
&+\left[\left(\frac{\partial^{t+\Delta t}\boldsymbol{v}_y}{\partial x}+\frac{\partial^{t+\Delta t}\boldsymbol{v}_x}{\partial y}\right)\quad\left(2\frac{\partial^{t+\Delta t}\boldsymbol{v}_y}{\partial y}-\frac{2}{3}\left(\frac{\partial^{t+\Delta t}\boldsymbol{v}_x}{\partial x}+\frac{\partial^{t+\Delta t}\boldsymbol{v}_y}{\partial y}+\frac{\partial^{t+\Delta t}\boldsymbol{v}_z}{\partial z}\right)\right)\quad\left(\frac{\partial^{t+\Delta t}\boldsymbol{v}_y}{\partial z}+\frac{\partial^{t+\Delta t}\boldsymbol{v}_z}{\partial y}\right)\right]\begin{bmatrix}\dfrac{\partial\boldsymbol{N}_{vy}^{\mathrm{T}}}{\partial x}\\ \dfrac{\partial\boldsymbol{N}_{vy}^{\mathrm{T}}}{\partial y}\\ \dfrac{\partial\boldsymbol{N}_{vy}^{\mathrm{T}}}{\partial z}\end{bmatrix}\\
&+\left[\left(\frac{\partial^{t+\Delta t}\boldsymbol{v}_z}{\partial x}+\frac{\partial^{t+\Delta t}\boldsymbol{v}_x}{\partial z}\right)\quad\left(\frac{\partial^{t+\Delta t}\boldsymbol{v}_z}{\partial y}+\frac{\partial^{t+\Delta t}\boldsymbol{v}_y}{\partial z}\right)\quad\left(2\frac{\partial^{t+\Delta t}\boldsymbol{v}_z}{\partial z}-\frac{2}{3}\left(\frac{\partial^{t+\Delta t}\boldsymbol{v}_x}{\partial x}+\frac{\partial^{t+\Delta t}\boldsymbol{v}_y}{\partial y}+\frac{\partial^{t+\Delta t}\boldsymbol{v}_z}{\partial z}\right)\right)\right]\begin{bmatrix}\dfrac{\partial\boldsymbol{N}_{vz}^{\mathrm{T}}}{\partial x}\\ \dfrac{\partial\boldsymbol{N}_{vz}^{\mathrm{T}}}{\partial y}\\ \dfrac{\partial\boldsymbol{N}_{vz}^{\mathrm{T}}}{\partial z}\end{bmatrix}\\
=&\frac{\partial\boldsymbol{N}_{vx}^{\mathrm{T}}}{\partial x}\left[2\frac{\partial^{t+\Delta t}\boldsymbol{v}_x}{\partial x}-\frac{2}{3}\left(\frac{\partial^{t+\Delta t}\boldsymbol{v}_x}{\partial x}+\frac{\partial^{t+\Delta t}\boldsymbol{v}_y}{\partial y}+\frac{\partial^{t+\Delta t}\boldsymbol{v}_z}{\partial z}\right)\right]+\frac{\partial\boldsymbol{N}_{vx}^{\mathrm{T}}}{\partial y}\left(\frac{\partial^{t+\Delta t}\boldsymbol{v}_x}{\partial y}+\frac{\partial^{t+\Delta t}\boldsymbol{v}_y}{\partial x}\right)+\frac{\partial\boldsymbol{N}_{vx}^{\mathrm{T}}}{\partial z}\left(\frac{\partial^{t+\Delta t}\boldsymbol{v}_x}{\partial z}+\frac{\partial^{t+\Delta t}\boldsymbol{v}_z}{\partial x}\right)\\
&+\frac{\partial\boldsymbol{N}_{vy}^{\mathrm{T}}}{\partial x}\left(\frac{\partial^{t+\Delta t}\boldsymbol{v}_y}{\partial x}+\frac{\partial^{t+\Delta t}\boldsymbol{v}_x}{\partial y}\right)+\frac{\partial\boldsymbol{N}_{vy}^{\mathrm{T}}}{\partial y}\left[2\frac{\partial^{t+\Delta t}\boldsymbol{v}_y}{\partial y}-\frac{2}{3}\left(\frac{\partial^{t+\Delta t}\boldsymbol{v}_x}{\partial x}+\frac{\partial^{t+\Delta t}\boldsymbol{v}_y}{\partial y}+\frac{\partial^{t+\Delta t}\boldsymbol{v}_z}{\partial z}\right)\right]+\frac{\partial\boldsymbol{N}_{vy}^{\mathrm{T}}}{\partial z}\left(\frac{\partial^{t+\Delta t}\boldsymbol{v}_y}{\partial z}+\frac{\partial^{t+\Delta t}\boldsymbol{v}_z}{\partial y}\right)\\
&+\frac{\partial\boldsymbol{N}_{vz}^{\mathrm{T}}}{\partial x}\left(\frac{\partial^{t+\Delta t}\boldsymbol{v}_z}{\partial x}+\frac{\partial^{t+\Delta t}\boldsymbol{v}_x}{\partial z}\right)+\frac{\partial\boldsymbol{N}_{vz}^{\mathrm{T}}}{\partial y}\left(\frac{\partial^{t+\Delta t}\boldsymbol{v}_z}{\partial y}+\frac{\partial^{t+\Delta t}\boldsymbol{v}_y}{\partial z}\right)+\frac{\partial\boldsymbol{N}_{vz}^{\mathrm{T}}}{\partial z}\left[2\frac{\partial^{t+\Delta t}\boldsymbol{v}_z}{\partial z}-\frac{2}{3}\left(\frac{\partial^{t+\Delta t}\boldsymbol{v}_x}{\partial x}+\frac{\partial^{t+\Delta t}\boldsymbol{v}_y}{\partial y}+\frac{\partial^{t+\Delta t}\boldsymbol{v}_z}{\partial z}\right)\right]
\end{aligned} \tag{5.3.43a}$$

引入形函数，可得

$$\boldsymbol{g}'=\frac{\partial \boldsymbol{N}_{vx}^{\mathrm{T}}}{\partial x}\left[\frac{\partial \boldsymbol{N}_{vx}}{\partial x}+\frac{\partial \boldsymbol{N}_{vx}}{\partial x}-\frac{2}{3}\left(\frac{\partial \boldsymbol{N}_{vx}}{\partial x}+\frac{\partial \boldsymbol{N}_{vy}}{\partial y}+\frac{\partial \boldsymbol{N}_{vz}}{\partial z}\right)\right]+\frac{\partial \boldsymbol{N}_{vx}^{\mathrm{T}}}{\partial y}\left(\frac{\partial \boldsymbol{N}_{vx}}{\partial y}+\frac{\partial \boldsymbol{N}_{vy}}{\partial x}\right)+\frac{\partial \boldsymbol{N}_{vx}^{\mathrm{T}}}{\partial z}$$

$$\left(\frac{\partial \boldsymbol{N}_{vx}}{\partial z}+\frac{\partial \boldsymbol{N}_{vz}}{\partial x}\right)+\frac{\partial \boldsymbol{N}_{vy}^{\mathrm{T}}}{\partial x}\left(\frac{\partial \boldsymbol{N}_{vy}}{\partial x}+\frac{\partial \boldsymbol{N}_{vx}}{\partial y}\right)+\frac{\partial \boldsymbol{N}_{vy}^{\mathrm{T}}}{\partial y}\left[\frac{\partial \boldsymbol{N}_{vy}}{\partial y}+\frac{\partial \boldsymbol{N}_{vy}}{\partial y}-\frac{2}{3}\left(\frac{\partial \boldsymbol{N}_{vx}}{\partial x}+\frac{\partial \boldsymbol{N}_{vy}}{\partial y}+\frac{\partial \boldsymbol{N}_{vz}}{\partial z}\right)\right]$$

$$+\frac{\partial \boldsymbol{N}_{vy}^{\mathrm{T}}}{\partial z}\left(\frac{\partial \boldsymbol{N}_{vy}}{\partial z}+\frac{\partial \boldsymbol{N}_{vz}}{\partial y}\right)+\frac{\partial \boldsymbol{N}_{vz}^{\mathrm{T}}}{\partial x}\left(\frac{\partial \boldsymbol{N}_{vz}}{\partial x}+\frac{\partial \boldsymbol{N}_{vx}}{\partial z}\right)+\frac{\partial \boldsymbol{N}_{vz}^{\mathrm{T}}}{\partial y}\left(\frac{\partial \boldsymbol{N}_{vz}}{\partial y}+\frac{\partial \boldsymbol{N}_{vy}}{\partial z}\right)$$

$$+\frac{\partial \boldsymbol{N}_{vz}^{\mathrm{T}}}{\partial z}\left[\frac{\partial \boldsymbol{N}_{vz}}{\partial z}+\frac{\partial \boldsymbol{N}_{vz}}{\partial z}-\frac{2}{3}\left(\frac{\partial \boldsymbol{N}_{vx}}{\partial x}+\frac{\partial \boldsymbol{N}_{vy}}{\partial y}+\frac{\partial \boldsymbol{N}_{vz}}{\partial z}\right)\right] \tag{5.3.43b}$$

于是，$\boldsymbol{g}=\boldsymbol{g}'\boldsymbol{v}_e$；${}^{t+\Delta t}\boldsymbol{K}_{S\tau}$ ${}^{t+\Delta t}\boldsymbol{K}_{S\tau}=\int_S \mu\begin{bmatrix} f_x & f_y & f_z \end{bmatrix}\begin{bmatrix} n_x \\ n_y \\ n_z \end{bmatrix}\mathrm{d}S$ 为扩散项降阶后的面积分项，这里

$$f_x=\boldsymbol{N}_{vx}^{\mathrm{T}}\left[2\frac{\partial^{t+\Delta t}\boldsymbol{v}_x}{\partial x}-\frac{2}{3}\left(\frac{\partial^{t+\Delta t}\boldsymbol{v}_x}{\partial x}+\frac{\partial^{t+\Delta t}\boldsymbol{v}_y}{\partial y}+\frac{\partial^{t+\Delta t}\boldsymbol{v}_z}{\partial z}\right)\right]+\boldsymbol{N}_{vy}^{\mathrm{T}}\left(\frac{\partial^{t+\Delta t}\boldsymbol{v}_x}{\partial y}+\frac{\partial^{t+\Delta t}\boldsymbol{v}_y}{\partial x}\right)$$
$$+\boldsymbol{N}_{vz}^{\mathrm{T}}\left(\frac{\partial^{t+\Delta t}\boldsymbol{v}_x}{\partial z}+\frac{\partial^{t+\Delta t}\boldsymbol{v}_z}{\partial x}\right)$$

$$f_y=\boldsymbol{N}_{vx}^{\mathrm{T}}\left(\frac{\partial^{t+\Delta t}\boldsymbol{v}_y}{\partial x}+\frac{\partial^{t+\Delta t}\boldsymbol{v}_x}{\partial y}\right)+\boldsymbol{N}_{vy}^{\mathrm{T}}\left[2\frac{\partial^{t+\Delta t}\boldsymbol{v}_y}{\partial y}-\frac{2}{3}\left(\frac{\partial^{t+\Delta t}\boldsymbol{v}_x}{\partial x}+\frac{\partial^{t+\Delta t}\boldsymbol{v}_y}{\partial y}+\frac{\partial^{t+\Delta t}\boldsymbol{v}_z}{\partial z}\right)\right]$$
$$+\boldsymbol{N}_{vz}^{\mathrm{T}}\left(\frac{\partial^{t+\Delta t}\boldsymbol{v}_y}{\partial z}+\frac{\partial^{t+\Delta t}\boldsymbol{v}_z}{\partial y}\right)$$

$$f_z=\boldsymbol{N}_{vx}^{\mathrm{T}}\left(\frac{\partial^{t+\Delta t}\boldsymbol{v}_z}{\partial x}+\frac{\partial^{t+\Delta t}\boldsymbol{v}_x}{\partial z}\right)+\boldsymbol{N}_{vy}^{\mathrm{T}}\left(\frac{\partial^{t+\Delta t}\boldsymbol{v}_z}{\partial y}+\frac{\partial^{t+\Delta t}\boldsymbol{v}_y}{\partial z}\right)$$
$$+\boldsymbol{N}_{vz}^{\mathrm{T}}\left[2\frac{\partial^{t+\Delta t}\boldsymbol{v}_z}{\partial z}-\frac{2}{3}\left(\frac{\partial^{t+\Delta t}\boldsymbol{v}_x}{\partial x}+\frac{\partial^{t+\Delta t}\boldsymbol{v}_y}{\partial y}+\frac{\partial^{t+\Delta t}\boldsymbol{v}_z}{\partial z}\right)\right] \tag{5.3.44}$$

式中，n_x、n_y 和 n_z 是单元表面外法线向量关于局部坐标 x、y、z 的方向余弦。

对于质量方程，对标准 Galerkin 有限元格式中含有基本未知量的高阶导数项进行降阶，式（5.3.19）变为：

$${}^{t+\Delta t}\boldsymbol{f}_D={}^{t+\Delta t}\boldsymbol{f}_{VD}+{}^{t+\Delta t}\boldsymbol{f}_{SD} \tag{5.3.45a}$$

式中，${}^{t+\Delta t}\boldsymbol{f}_{VD}$ 为 $t+\Delta t$ 时刻降阶后的体积分项；${}^{t+\Delta t}\boldsymbol{f}_{SD}$ 为 $t+\Delta t$ 时刻降阶后的面积分项

$${}^{t+\Delta t}\boldsymbol{f}_{SD}=\int_S \boldsymbol{N}^{\mathrm{T}}(n_x p+n_y p+n_z p)\mathrm{d}S \tag{5.3.45b}$$

$${}^{t+\Delta t}\boldsymbol{f}_{VD}=\int_V\begin{bmatrix}\frac{\partial \boldsymbol{N}^{\mathrm{T}}}{\partial x} & \frac{\partial \boldsymbol{N}^{\mathrm{T}}}{\partial y} & \frac{\partial \boldsymbol{N}^{\mathrm{T}}}{\partial z}\end{bmatrix}\begin{bmatrix}\frac{\partial \boldsymbol{N}}{\partial x} \\ \frac{\partial \boldsymbol{N}}{\partial y} \\ \frac{\partial \boldsymbol{N}}{\partial z}\end{bmatrix}\mathrm{d}V \tag{5.3.45c}$$

对于能量方程的标准 Galerkin 有限元格式，如式（5.10.22）所示的热流量降阶后有

$${}^{t+\Delta t}\overline{\boldsymbol{Q}}_j={}^{t+\Delta t}\boldsymbol{k}_{VT}+{}^{t+\Delta t}\boldsymbol{k}_{ST} \tag{5.3.46a}$$

式中，${}^{t+\Delta t}\boldsymbol{k}_{VT}$ 为 $t+\Delta t$ 时刻热传导项降阶后的体积分项；${}^{t+\Delta t}\boldsymbol{k}_{ST}$ 为 $t+\Delta t$ 时刻热传导项降阶

后的面积分项

$$^{t+\Delta t}\boldsymbol{k}_{ST}=k\int_S\left[\frac{\partial}{\partial x}\left(\boldsymbol{N}_E^{\mathrm{T}}\frac{\partial^{t+\Delta t}\boldsymbol{t}}{\partial x}\right)+\frac{\partial}{\partial y}\left(\boldsymbol{N}_E^{\mathrm{T}}\frac{\partial^{t+\Delta t}\boldsymbol{t}}{\partial y}\right)+\frac{\partial}{\partial z}\left(\boldsymbol{N}_E^{\mathrm{T}}\frac{\partial^{t+\Delta t}\boldsymbol{t}}{\partial z}\right)\right]\mathrm{d}S \qquad (5.3.46\mathrm{b})$$

$$^{t+\Delta t}\boldsymbol{k}_{VT}=-k\int_V\left(\frac{\partial\boldsymbol{N}_E^{\mathrm{T}}}{\partial x}\frac{\partial^{t+\Delta t}\boldsymbol{t}}{\partial x}+\frac{\partial\boldsymbol{N}_E^{\mathrm{T}}}{\partial y}\frac{\partial^{t+\Delta t}\boldsymbol{t}}{\partial y}+\frac{\partial\boldsymbol{N}_E^{\mathrm{T}}}{\partial z}\frac{\partial^{t+\Delta t}\boldsymbol{t}}{\partial z}\right)\mathrm{d}V \qquad (5.3.46\mathrm{c})$$

对于能量方程的标准 Galerkin 有限元格式（5.3.28）中的扩散项，降阶后有

$$^{t+\Delta t}\boldsymbol{K}_E={}^{t+\Delta t}\boldsymbol{K}_{SE}+{}^{t+\Delta t}\boldsymbol{K}_{VE} \qquad (5.3.47\mathrm{a})$$

式中，$^{t+\Delta t}\boldsymbol{K}_{VE}$ 为 $t+\Delta t$ 时刻扩散项降阶后的体积分项；$^{t+\Delta t}\boldsymbol{K}_{SE}$ 为 $t+\Delta t$ 时刻扩散项降阶后的面积分项

$$^{t+\Delta t}\boldsymbol{K}_{VE}=-\int_V\mu([D_{Ev1}\quad D_{Ev2}\quad D_{Ev3}]+D_{Evp})\left[\frac{\partial\boldsymbol{N}_E^{\mathrm{T}}}{\partial x}\quad\frac{\partial\boldsymbol{N}_E^{\mathrm{T}}}{\partial y}\quad\frac{\partial\boldsymbol{N}_E^{\mathrm{T}}}{\partial z}\right]^{\mathrm{T}}\mathrm{d}V$$

(5.3.47b)

$$^{t+\Delta t}\boldsymbol{K}_{SE}=\int_S[\boldsymbol{N}_E^{\mathrm{T}}(\mu[\boldsymbol{D}_{Ev1}\quad\boldsymbol{D}_{Ev2}\quad\boldsymbol{D}_{Ev3}]+\mu[\boldsymbol{D}_{Evp1}\quad\boldsymbol{D}_{Evp2}\quad\boldsymbol{D}_{Evp3}])]\begin{bmatrix}n_x\\n_y\\n_z\end{bmatrix}\mathrm{d}S$$

$$=\mu\int_S\{n_x[\boldsymbol{N}_E^{\mathrm{T}}(\boldsymbol{D}_{Ev1}+\boldsymbol{D}_{Evp1})]+n_y[\boldsymbol{N}_E^{\mathrm{T}}(\boldsymbol{D}_{Ev2}+\boldsymbol{D}_{Evp2})]+n_z[\boldsymbol{N}_E^{\mathrm{T}}(\boldsymbol{D}_{Ev3}+\boldsymbol{D}_{Evp3})]\}\mathrm{d}S$$

(5.3.47c)

式中，$^{t+\Delta t}\boldsymbol{K}_{SE}$ 为表面力所做的功，其余参数如式（5.3.31）及式（5.3.32）所示。

通过对含有高阶基本未知量导数项降阶后可得到积分的弱形式，但是降阶的程度各有不同，有些文献中甚至将导数全部消除。显然，虽然降阶后容易得到弱解，但是解的精度也将损失。反言之，如果能选择连续性较好的解函数，那么尽可能不降阶或少降阶就可以获得精度较好的解。这里，选择哪些项进行降阶和降阶的程度与所选择的解函数的连续性有很大关系。

5.3.4 四面体单元的面积分

根据高斯散度定理，将体积分变为面积分

$$\iiint_V\frac{\partial T_{jk}}{\partial x_i}\mathrm{d}V=\iint_S(T_{jk})n_i\mathrm{d}S \qquad (5.3.48)$$

在流体的三维问题中，对于节点分别为 i、j、k、l 的四面体单元，其表面共分为四个面，即 S_{ijk} 面，S_{ijl} 面，S_{jkl} 面及 S_{ikl} 面。于是

$$K_S=\sum_k\iint_S(T_xn_{xk}+T_yn_{yk}+T_zn_{zk})\mathrm{d}S,k=1,2,3,4 \qquad (5.3.49)$$

式中，n_{xk}、n_{yk}、n_{zk} 分别为第 K 个表面积的法向量关于四面体单元局部坐标系的方向余弦；对于动量方程，$T_x=f_x,T_y=f_y,T_z=f_z$；对于能量方程中的热传导项，$T_x=\boldsymbol{N}_E^{\mathrm{T}}\frac{\partial^{t+\Delta t}\boldsymbol{t}}{\partial x}$，$T_y=\boldsymbol{N}_E^{\mathrm{T}}\frac{\partial^{t+\Delta t}\boldsymbol{t}}{\partial y},T_z=\boldsymbol{N}_E^{\mathrm{T}}\frac{\partial^{t+\Delta t}\boldsymbol{t}}{\partial z}$；对于能量方程中的扩散项，$T_x=\boldsymbol{N}_E^{\mathrm{T}}(\boldsymbol{D}_{Ev1}+\boldsymbol{D}_{Evp1}),T_y=\boldsymbol{N}_E^{\mathrm{T}}(\boldsymbol{D}_{Ev2}+\boldsymbol{D}_{Evp2}),T_z=\boldsymbol{N}_E^{\mathrm{T}}(\boldsymbol{D}_{Ev3}+\boldsymbol{D}_{Evp3})$。

5.4　定常可压流体力学基本方程的标准 Galerkin 有限元格式

将定常流体基本微分方程或经分裂后的基本微分方程代入式（3.2.2）所示的标准 Galerkin 有限元格式中，即可得定常流体标准 Galerkin 有限元方程。

现将式（1.6.27）代入式（3.2.2）得到定常流体动量方程的 SG 有限元方程

$$\int_V \boldsymbol{N}_V^{\mathrm{T}}(C+D+P+F)\mathrm{d}V=0 \tag{5.4.1}$$

式中，C、D、P、F 如式（1.6.14）～式（1.6.18）所示。

现将式（1.6.26）代入式（3.2.2）得到定常流体质量方程的 SG 有限元方程

$$\int_V \boldsymbol{N}_\rho^{\mathrm{T}}\left(\left(V_x\frac{\partial\rho}{\partial x}+V_y\frac{\partial\rho}{\partial y}+V_z\frac{\partial\rho}{\partial z}\right)+\rho\left(\frac{\partial V_x}{\partial x}+\frac{\partial V_y}{\partial y}+\frac{\partial V_z}{\partial z}\right)\right)\mathrm{d}V=0 \tag{5.4.2}$$

现将式（1.6.28）代入式（3.2.2）得到定常流体能量方程的 SG 有限元方程

$$\int_V \boldsymbol{N}_V^{\mathrm{T}}(C_E+T_E+D_E+F_E+Q_E)\mathrm{d}V=0 \tag{5.4.3}$$

式中，C_E、T_E、D_E、F_E、Q_E 如式（1.6.20b）～式（1.6.20g）所示。

将用单元节点值表示的速度 $\boldsymbol{v}$、密度 ρ、温度 T、力学压强 p 和能量 E 代入以上各式，即可得定常流体 SG 有限元方程。应该注意，式（5.4.1）所示的动量方程是不能直接求解的，而应该先将微分方程式（1.6.27）中的 $\boldsymbol{v}$ 和 $\boldsymbol{p}$ 分裂后再分别代入式（3.2.2），然后根据不同的算法才能求解。

动量方程是非线性方程，而扩散项中又包括了高阶微分，所以定常问题的求解极为困难，在很多情况下采用非定常问题的求解方式来求解定常问题。作为定常问题，在非定常的有限元格式中任意时刻的增量 $\Delta^{t+\Delta t}\boldsymbol{v}$、$\Delta^{t+\Delta t}\rho$ 和 $\Delta^{t+\Delta t}E$ 与时间无关，且皆为零。所以，定常问题可作为非定常问题的初始时刻来处理，增量为零可作为迭代的收敛条件。

有时，定常问题的解用来作为非定常问题初始值的近似。

5.5　不可压流体力学基本方程的标准 Galerkin 有限元格式

如上所述，当采用连续介质力学中关于体积不可压假定或采用密度为常数的假定时，流体运动方程组中的质量方程有较大的不同，但均可得体积不可压假定

$$\frac{\partial v_x}{\partial x}+\frac{\partial v_y}{\partial y}+\frac{\partial v_z}{\partial z}=0 \tag{5.5.1}$$

将上式代入定常或非定常可压流体运动方程的标准 Galerkin 有限元方程组中，即将式（5.3.9a）、式（5.3.9b）、式（5.3.11）、式（5.3.19b）、式（5.3.29a）、式（5.3.29b）和式（5.3.30）中的速度的散度置零，简化了动量方程和能量方程中的扩散项，同时也简化了质量方程，得定常或非定常不可压流体运动方程的标准 Galerkin 有限元格式。

5.6 非定常湍流标准 Galerkin 有限元格式

5.6.1 时均化和可解尺度变量形函数

至今已提出很多湍流分析的数值方法，这里主要讨论标准 k-ε 模型和大涡模拟的有限元格式，从以下所给出的格式中可以看出这些分析中的相似部分以及不同理论基础的区别，如果结合具体问题或特定的研究，就可以适当修正计算格式使方法面向问题。

在湍流分析的研究中，一个很重要的环节是雷诺应力输运方程的求解，但这里并未给出具体的有限元格式，但与所给出的其他格式是类似的。

在模式理论或大涡模拟的理论中，采用了时均化的变量或经过滤后的可解尺度变量，这些变量包括速度 $\bar{\boldsymbol{v}}$ 、密度 $\bar{\rho}$ 、力学压强 $\overline{P}$ 、绝对温度 $\overline{T}$ 、能量 $\overline{E}$ 以及以密度为权的速度 $\overline{\rho\boldsymbol{v}}$ 、以密度为权的能量 $\overline{\rho E}$ 和以密度为权的温度 $\overline{\rho T}$ ，这些变量可分别表示为

$$\bar{\boldsymbol{v}} = \boldsymbol{N}_v \bar{\boldsymbol{v}}_e \tag{5.6.1}$$

$$\bar{\rho} = \boldsymbol{N}_\rho \bar{\rho}_e \tag{5.6.2}$$

$$\overline{P} = \boldsymbol{N}_P \overline{P}_e \tag{5.6.3}$$

$$\overline{T} = \boldsymbol{N}_T \overline{T}_e \tag{5.6.4}$$

$$\overline{E} = \boldsymbol{N}_E \overline{E}_e \tag{5.6.5}$$

$$\overline{\rho\boldsymbol{v}} = \boldsymbol{N}_v (\overline{\rho\boldsymbol{v}})_e \tag{5.6.6}$$

$$\overline{\rho E} = \boldsymbol{N}_E (\overline{\rho E})_e \tag{5.6.7}$$

$$\overline{\rho T} = \boldsymbol{N}_T (\overline{\rho T})_e \tag{5.6.8}$$

此外，k、ε 也可分别表示为

$$k = \boldsymbol{N}_k k_e \tag{5.6.9}$$

$$\varepsilon = \boldsymbol{N}_\varepsilon \varepsilon_e \tag{5.6.10}$$

上式中，$\boldsymbol{N}_v$、…、$\boldsymbol{N}_\varepsilon$ 分别为形函数。

对于一维线单元可采用如式（4.3.3）或式（4.3.33）所示的形函数；对于二维问题可采用如式（4.3.8）或式（4.3.9）以及式（4.3.37）所示的形函数；对于三维问题可采用如式（4.3.18）或式（4.3.42）所示的形函数。

5.6.2 k-ε 模型的 SG 有限元格式

1. k-ε 模型基本方程的 SG 有限元格式

将非定常流体以时均变量为未知量的质量方程式（2.2.11）、动量方程式（2.2.12）和能量方程式（2.2.13），代入 θ 族方法的式（5.1.5）或式（5.1.20）所示的非定常问题的时间离散公式中，得式（5.3.1）所示的非定常问题时间离散的一般表达式。然后，将式（5.3.1）再代入 Galerkin 加权余量公式（3.2.2）中，并引入时均变量的形函数，得时间离散后的时均化质量方程的 SG 有限元格式

$$\boldsymbol{s}_D \Delta^{t+\Delta t} \bar{\rho}_e = {}^{t+\theta\Delta t}\boldsymbol{Q}_{\bar{\rho}} = \Delta t\left[\theta^{t+\Delta t}\boldsymbol{f}_{k\varepsilon\rho} + (1-\theta)^t\boldsymbol{f}_{k\varepsilon\rho}\right] \tag{5.6.11}$$

式中略去时间标架，将式（1.6.4）代入加权积分，得

$$\boldsymbol{f}_{k\varepsilon\rho}=\overline{\boldsymbol{C}}_{\rho}=-\int_{V}\boldsymbol{N}_{\rho}^{\mathrm{T}}\left[\overline{V}_{x}\frac{\partial\bar{\rho}}{\partial x}+\overline{V}_{y}\frac{\partial\bar{\rho}}{\partial y}+\overline{V}_{z}\frac{\partial\bar{\rho}}{\partial z}+\bar{\rho}\left(\frac{\partial\overline{V}_{x}}{\partial x}+\frac{\partial\overline{V}_{y}}{\partial y}+\frac{\partial\overline{V}_{z}}{\partial z}\right)\right]\mathrm{d}V \tag{5.6.12}$$

式（5.6.11）中的密度矩阵

$$\boldsymbol{s}_{D}=\int_{V}\boldsymbol{N}_{\rho}^{\mathrm{T}}\boldsymbol{N}_{\rho}\mathrm{d}V \tag{5.6.13}$$

时间离散后的时均化动量方程的 SG 有限元格式

$$\boldsymbol{s}_{M}\Delta^{t+\Delta t}\overline{\boldsymbol{V}}_{e}={}^{t+\theta\Delta t}\boldsymbol{Q}_{\overline{V}}=\Delta t\left[\theta^{t+\Delta t}\boldsymbol{f}_{k\varepsilon V}+(1-\theta)^{t}\boldsymbol{f}_{k\varepsilon V}\right] \tag{5.6.14}$$

上式中的质量矩阵

$$\boldsymbol{s}_{M}=\int_{V}\boldsymbol{N}_{V}^{\mathrm{T}}\bar{\rho}\boldsymbol{N}_{V}\mathrm{d}V \tag{5.6.15}$$

式中略去时间标架，有

$$\boldsymbol{f}_{k\varepsilon V}=\overline{\boldsymbol{C}}_{K\varepsilon V}+\overline{\boldsymbol{D}}_{K\varepsilon V}+\overline{\boldsymbol{P}}_{K\varepsilon V}+\overline{\boldsymbol{F}}_{K\varepsilon V}+\overline{\boldsymbol{\tau}'\cdot\boldsymbol{n}} \tag{5.6.16}$$

将式（1.6.14）、式（1.6.15）、式（1.6.17）、式（1.6.18）代入加权积分，分别得

$$\overline{\boldsymbol{C}}_{K\varepsilon V}=-\int_{V}\boldsymbol{N}_{V}^{\mathrm{T}}\left(\bar{\rho}\begin{bmatrix}\overline{V}_{x}\dfrac{\partial\overline{V}_{x}}{\partial x}+\overline{V}_{y}\dfrac{\partial\overline{V}_{x}}{\partial y}+\overline{V}_{z}\dfrac{\partial\overline{V}_{x}}{\partial z}\\ \overline{V}_{x}\dfrac{\partial\overline{V}_{y}}{\partial x}+\overline{V}_{y}\dfrac{\partial\overline{V}_{y}}{\partial y}+\overline{V}_{z}\dfrac{\partial\overline{V}_{y}}{\partial z}\\ \overline{V}_{x}\dfrac{\partial\overline{V}_{z}}{\partial x}+\overline{V}_{y}\dfrac{\partial\overline{V}_{z}}{\partial y}+\overline{V}_{z}\dfrac{\partial\overline{V}_{z}}{\partial z}\end{bmatrix}\right)\mathrm{d}V \tag{5.6.17}$$

$$\overline{\boldsymbol{D}}_{K\varepsilon V}=\int_{V}\boldsymbol{N}_{V}^{\mathrm{T}}\begin{bmatrix}\bar{d}_{1}\\ \bar{d}_{2}\\ \bar{d}_{3}\end{bmatrix}\mathrm{d}V \tag{5.6.18}$$

$$\overline{\boldsymbol{P}}_{K\varepsilon V}=-\int_{V}\boldsymbol{N}_{V}^{\mathrm{T}}\begin{bmatrix}\dfrac{\partial\bar{p}}{\partial x}\\ \dfrac{\partial\bar{p}}{\partial y}\\ \dfrac{\partial\bar{p}}{\partial z}\end{bmatrix}\mathrm{d}V \tag{5.6.19}$$

$$\overline{\boldsymbol{F}}_{K\varepsilon V}=\int_{V}\boldsymbol{N}_{V}^{\mathrm{T}}\begin{bmatrix}\bar{\rho}\bar{f}_{x}\\ \bar{\rho}\bar{f}_{y}\\ \bar{\rho}\bar{f}_{z}\end{bmatrix}\mathrm{d}V \tag{5.6.20}$$

$$\overline{\boldsymbol{\tau}'\cdot\boldsymbol{n}}=-\int_{V}\boldsymbol{N}_{V}^{\mathrm{T}}\begin{bmatrix}\rho\overline{V_{x}'^{2}} & \rho\overline{V_{x}'V_{y}'} & \rho\overline{V_{x}'V_{z}'}\\ \rho\overline{V_{x}'V_{y}'} & \rho\overline{V_{y}'^{2}} & \rho\overline{V_{y}'V_{z}'}\\ \rho\overline{V_{x}'V_{z}'} & \rho\overline{V_{y}'V_{z}'} & \rho\overline{V_{z}'^{2}}\end{bmatrix}\left[\frac{\partial}{\partial x}\quad\frac{\partial}{\partial y}\quad\frac{\partial}{\partial z}\right]^{\mathrm{T}}\mathrm{d}V \tag{5.6.21}$$

时间离散后的时均化能量方程的 SG 有限元格式

$$\boldsymbol{s}_{E}\Delta^{t+\Delta t}\overline{E}_{e}={}^{t+\theta\Delta t}\boldsymbol{Q}_{\overline{E}}=\Delta t\left[\theta^{t+\Delta t}\boldsymbol{f}_{k\varepsilon E}+(1-\theta)^{t}\boldsymbol{f}_{k\varepsilon E}\right] \tag{5.6.22}$$

上式中的能量矩阵

$$\boldsymbol{s}_{E}=\int_{V}\boldsymbol{N}_{E}^{\mathrm{T}}\bar{\rho}\boldsymbol{N}_{E}\mathrm{d}V \tag{5.6.23}$$

式中略去时间标架，有

$$\boldsymbol{f}_{k\varepsilon E}=\overline{\boldsymbol{C}}_{K\varepsilon E}+\overline{\boldsymbol{T}}_{K\varepsilon E}+\overline{\boldsymbol{D}}_{K\varepsilon E}+\overline{\boldsymbol{F}}_{K\varepsilon E}+\overline{\boldsymbol{Q}}_{K\varepsilon E}+\overline{\boldsymbol{V}}^{\mathrm{T}}\overline{\boldsymbol{\tau}'\cdot\boldsymbol{n}} \tag{5.6.24}$$

将式（1.6.20b）～式（1.6.20g）代入加权积分，分别得

$$\overline{\boldsymbol{C}}_{K\varepsilon E}=-\int_V\boldsymbol{N}_E^{\mathrm{T}}\left[\bar{\rho}\left(\overline{V}_x\frac{\partial\overline{E}_m}{\partial x}+\overline{V}_y\frac{\partial\overline{E}_m}{\partial y}+\overline{V}_z\frac{\partial\overline{E}_m}{\partial z}\right)\right]\mathrm{d}V \tag{5.6.25}$$

$$\overline{\boldsymbol{T}}_{K\varepsilon E}=\int_V\boldsymbol{N}_E^{\mathrm{T}}\left[\frac{\partial}{\partial x}\left(k\frac{\partial\overline{T}}{\partial x}\right)+\frac{\partial}{\partial y}\left(k\frac{\partial\overline{T}}{\partial y}\right)+\frac{\partial}{\partial z}\left(k\frac{\partial\overline{T}}{\partial z}\right)\right]\mathrm{d}V \tag{5.6.26}$$

$$\overline{\boldsymbol{D}}_{K\varepsilon E}=\int_V\boldsymbol{N}_E^{\mathrm{T}}\left\{\begin{aligned}&\frac{\partial}{\partial x}\left[\mu\left(\frac{\partial\overline{V}_x}{\partial x}+\frac{\partial\overline{V}_x}{\partial x}-\frac{2}{3}\left(\frac{\partial\overline{V}_x}{\partial x}+\frac{\partial\overline{V}_y}{\partial y}+\frac{\partial\overline{V}_z}{\partial z}\right)\right)\overline{V}_x+\mu\left(\frac{\partial\overline{V}_x}{\partial y}+\frac{\partial\overline{V}_y}{\partial x}\right)\overline{V}_y+\mu\left(\frac{\partial\overline{V}_x}{\partial z}+\frac{\partial\overline{V}_z}{\partial x}\right)\overline{V}_z\right]\\&+\frac{\partial}{\partial y}\left[\mu\left(\frac{\partial\overline{V}_y}{\partial x}+\frac{\partial\overline{V}_x}{\partial y}\right)\overline{V}_x+\mu\left(\frac{\partial\overline{V}_y}{\partial y}+\frac{\partial\overline{V}_y}{\partial y}-\frac{2}{3}\left(\frac{\partial\overline{V}_x}{\partial x}+\frac{\partial\overline{V}_y}{\partial y}+\frac{\partial\overline{V}_z}{\partial z}\right)\right)\overline{V}_y+\mu\left(\frac{\partial\overline{V}_y}{\partial z}+\frac{\partial\overline{V}_z}{\partial y}\right)\overline{V}_z\right]\\&+\frac{\partial}{\partial z}\left[\mu\left(\frac{\partial\overline{V}_z}{\partial x}+\frac{\partial\overline{V}_x}{\partial z}\right)\overline{V}_x+\mu\left(\frac{\partial\overline{V}_z}{\partial y}+\frac{\partial\overline{V}_y}{\partial z}\right)\overline{V}_y+\mu\left(\frac{\partial\overline{V}_z}{\partial z}+\frac{\partial\overline{V}_z}{\partial z}-\frac{2}{3}\left(\frac{\partial\overline{V}_x}{\partial x}+\frac{\partial\overline{V}_y}{\partial y}+\frac{\partial\overline{V}_z}{\partial z}\right)\right)\overline{V}_z\right]\\&-\left[\frac{\partial}{\partial x}(\overline{V}_x\bar{p})+\frac{\partial}{\partial y}(\overline{V}_y\bar{p})+\frac{\partial}{\partial z}(\overline{V}_z\bar{p})\right]\end{aligned}\right\}\mathrm{d}V \tag{5.6.27}$$

$$\overline{\boldsymbol{F}}_{K\varepsilon E}=\int_V\boldsymbol{N}_E^{\mathrm{T}}(\overline{\rho}\overline{f}_{bx}\overline{V}_x+\overline{\rho}\overline{f}_{by}\overline{V}_y+\overline{\rho}\overline{f}_{bz}\overline{V}_z)\mathrm{d}V \tag{5.6.28}$$

$$\overline{\boldsymbol{Q}}_{K\varepsilon E}=\int_V\boldsymbol{N}_E^{\mathrm{T}}(\bar{\rho}s)\mathrm{d}V \tag{5.6.29}$$

$$\overline{\boldsymbol{V}}^{\mathrm{T}}\overline{\boldsymbol{\tau}'\cdot\boldsymbol{n}}=-\int_V\boldsymbol{N}_E^{\mathrm{T}}\overline{\boldsymbol{V}}^{\mathrm{T}}\begin{bmatrix}\rho\overline{V'^2_x} & \rho\overline{V'_xV'_y} & \rho\overline{V'_xV'_z}\\ \rho\overline{V'_xV'_y} & \rho\overline{V'^2_y} & \rho\overline{V'_yV'_z}\\ \rho\overline{V'_xV'_z} & \rho\overline{V'_yV'_z} & \rho\overline{V'^2_z}\end{bmatrix}\left[\frac{\partial}{\partial x}\quad\frac{\partial}{\partial y}\quad\frac{\partial}{\partial z}\right]^{\mathrm{T}}\mathrm{d}V \tag{5.6.30}$$

以上式中，$\overline{\boldsymbol{D}}_{K\varepsilon V}$、$\overline{\boldsymbol{T}}_{K\varepsilon E}$ 和 $\overline{\boldsymbol{D}}_{K\varepsilon E}$ 项具有关于 x、y 的两阶导数，因此当采用线性模式时应对相应项降阶，采用有限元格式的弱形式。

2. k-ε 输运方程的 SG 有限元格式

将非定常流体的 k-ε 输运方程，代入 θ 族方法的式（5.1.5）或式（5.1.20）所示的非定常问题的时间离散公式中，得式（5.3.1）所示的非定常问题时间离散的一般表达式。

然后，将式（5.3.1）再代入 Galerkin 加权余量公式（3.2.2）中，并引入 k-ε 的形函数表示的基本变量，得时间离散后的如式（5.1.10）所示的 k 输运方程的 SG 有限元格式为

$$\boldsymbol{s}_k\Delta^{t+\Delta t}\boldsymbol{k}_e={}^{t+\theta_k\Delta t}\boldsymbol{Q}_k=\Delta t[\theta_k{}^{t+\Delta t}\boldsymbol{f}_k+(1-\theta_k){}^t\boldsymbol{f}_k] \tag{5.6.31}$$

上式中的 $\boldsymbol{k}$ 矩阵

$$\boldsymbol{s}_k=\int_V\boldsymbol{N}_k^{\mathrm{T}}\bar{\rho}\boldsymbol{N}_k\mathrm{d}V \tag{5.6.32}$$

现略去标架，式中

$$\boldsymbol{f}_k=\boldsymbol{C}_k+\boldsymbol{D}_k+\boldsymbol{G}_k+\boldsymbol{G}_b+\boldsymbol{C}_{\rho\varepsilon}+\boldsymbol{G}_M+\boldsymbol{S}_k \tag{5.6.33}$$

这里，将式（2.2.16）～ 式（2.2.20）及 $-\rho\varepsilon$ 和源项 S_k 代入加权积分，得

$$\boldsymbol{C}_k=-\int_V\boldsymbol{N}_k^{\mathrm{T}}\left[\left(\overline{V}_x\frac{\partial\bar{\rho}k}{\partial x}+\overline{V}_y\frac{\partial\bar{\rho}k}{\partial y}+\overline{V}_z\frac{\partial\bar{\rho}k}{\partial z}\right)+\bar{\rho}k\left(\frac{\partial\overline{V}_x}{\partial x}+\frac{\partial\overline{V}_y}{\partial y}+\frac{\partial\overline{V}_z}{\partial z}\right)\right]\mathrm{d}V \tag{5.6.34}$$

$$\boldsymbol{D}_k=\int_V \boldsymbol{N}_k^{\mathrm{T}}\left\{\left(\mu+\frac{\mu_t}{\sigma_k}\right)\left[\frac{\partial}{\partial x}\left(\frac{\partial k}{\partial x}\right)+\frac{\partial}{\partial y}\left(\frac{\partial k}{\partial y}\right)+\frac{\partial}{\partial z}\left(\frac{\partial k}{\partial z}\right)\right]\right\}\mathrm{d}V \tag{5.6.35}$$

$$\begin{aligned}\boldsymbol{G}_k=\int_V \boldsymbol{N}_k^{\mathrm{T}}\mu_t\Big[&\left(\frac{\partial\overline{V}_x}{\partial x}+\frac{\partial\overline{V}_x}{\partial x}\right)\frac{\partial\overline{V}_x}{\partial x}+\left(\frac{\partial\overline{V}_x}{\partial y}+\frac{\partial\overline{V}_y}{\partial x}\right)\frac{\partial\overline{V}_x}{\partial y}+\left(\frac{\partial\overline{V}_x}{\partial z}+\frac{\partial\overline{V}_z}{\partial x}\right)\frac{\partial\overline{V}_x}{\partial z}\\&+\left(\frac{\partial\overline{V}_y}{\partial x}+\frac{\partial\overline{V}_x}{\partial y}\right)\frac{\partial\overline{V}_y}{\partial x}+\left(\frac{\partial\overline{V}_y}{\partial y}+\frac{\partial\overline{V}_y}{\partial y}\right)\frac{\partial\overline{V}_y}{\partial y}+\left(\frac{\partial\overline{V}_y}{\partial z}+\frac{\partial\overline{V}_z}{\partial y}\right)\frac{\partial\overline{V}_y}{\partial z}\\&+\left(\frac{\partial\overline{V}_z}{\partial x}+\frac{\partial\overline{V}_x}{\partial z}\right)\frac{\partial\overline{V}_z}{\partial x}+\left(\frac{\partial\overline{V}_z}{\partial y}+\frac{\partial\overline{V}_y}{\partial z}\right)\frac{\partial\overline{V}_z}{\partial y}+\left(\frac{\partial\overline{V}_z}{\partial z}+\frac{\partial\overline{V}_z}{\partial z}\right)\frac{\partial\overline{V}_z}{\partial z}\Big]\mathrm{d}V\end{aligned} \tag{5.6.36}$$

$$\boldsymbol{G}_b=\int_V \boldsymbol{N}_k^{\mathrm{T}}\left(\beta g_i\frac{\mu_t}{Pr_t}\frac{\partial T}{\partial x_i}\right)\mathrm{d}V \tag{5.6.37}$$

$$\boldsymbol{C}_{\rho\varepsilon}=-\int_V \boldsymbol{N}_k^{\mathrm{T}}(\bar{\rho}\varepsilon)\mathrm{d}V \tag{5.6.38}$$

$$\boldsymbol{G}_M=-\int_V \boldsymbol{N}_k^{\mathrm{T}}(2\bar{\rho}\varepsilon M_t^2)\mathrm{d}V \tag{5.6.39}$$

$$\boldsymbol{S}_k=\int_V \boldsymbol{N}_k^{\mathrm{T}}S_k\mathrm{d}V \tag{5.6.40}$$

以上各式中 $\boldsymbol{N}_k$ 为 k 的形函数。

时间离散后的如式（5.1.11）所示的 ε 输运方程的 SG 有限元格式为

$$\boldsymbol{s}_\varepsilon\Delta^{t+\Delta t}\boldsymbol{\varepsilon}_e={}^{t+\theta_\varepsilon\Delta t}\boldsymbol{Q}_\varepsilon=\Delta t[\theta_\varepsilon{}^{t+\Delta t}\boldsymbol{f}_\varepsilon+(1-\theta_\varepsilon){}^t\boldsymbol{f}_\varepsilon] \tag{5.6.41}$$

上式中的 ε 矩阵

$$\boldsymbol{s}_\varepsilon=\int_V \boldsymbol{N}_\varepsilon^{\mathrm{T}}\bar{\rho}\boldsymbol{N}_\varepsilon\mathrm{d}V \tag{5.6.42}$$

现略去标架，式中

$$\boldsymbol{f}_\varepsilon=\boldsymbol{C}_\varepsilon+\boldsymbol{D}_\varepsilon+\boldsymbol{C}_3+\boldsymbol{C}_4+\boldsymbol{S}_\varepsilon \tag{5.6.43}$$

这里，将式（2.2.23）～式（2.2.24c）及源项 S_ε 代入加权积分，得

$$\boldsymbol{C}_\varepsilon=-\int_V \boldsymbol{N}_\varepsilon^{\mathrm{T}}\left[\left(\overline{V}_x\frac{\partial E}{\partial x}+\overline{V}_y\frac{\partial E}{\partial y}+\overline{V}_z\frac{\partial E}{\partial z}\right)+E\left(\frac{\partial\overline{V}_x}{\partial x}+\frac{\partial\overline{V}_y}{\partial y}+\frac{\partial\overline{V}_z}{\partial z}\right)\right]\mathrm{d}V \tag{5.6.44}$$

$$\boldsymbol{D}_\varepsilon=\int_V \boldsymbol{N}_\varepsilon^{\mathrm{T}}\left\{\left(\mu+\frac{\mu_t}{\sigma_\varepsilon}\right)\left[\frac{\partial}{\partial x}\left(\frac{\partial\varepsilon}{\partial x}\right)+\frac{\partial}{\partial y}\left(\frac{\partial\varepsilon}{\partial y}\right)+\frac{\partial}{\partial z}\left(\frac{\partial\varepsilon}{\partial z}\right)\right]\right\}\mathrm{d}V \tag{5.6.45}$$

$$\boldsymbol{C}_3=\int_V \boldsymbol{N}_\varepsilon^{\mathrm{T}}\left[C_{1\varepsilon}\frac{\varepsilon}{k}(G_k+G_{3\varepsilon}G_b)\right]\mathrm{d}V \tag{5.6.46}$$

$$\boldsymbol{C}_4=\int_V \boldsymbol{N}_\varepsilon^{\mathrm{T}}\left[-C_{2\varepsilon}\rho\frac{\varepsilon^2}{k}\right]\mathrm{d}V \tag{5.6.47}$$

$$\boldsymbol{S}_\varepsilon=\int_V \boldsymbol{N}_\varepsilon^{\mathrm{T}}(S_\varepsilon)\mathrm{d}V \tag{5.6.48}$$

以上各式中 $\boldsymbol{N}_\varepsilon$ 为 ε 的形函数，$\boldsymbol{D}_k$ 和 $\boldsymbol{D}_\varepsilon$ 项具有关于 x、y 的两阶导数，因此当采用线性模式时应对相应项降阶，采用有限元格式的弱形式。

5.6.3 大涡模拟的 SG 有限元格式

将非定常流体以可解尺度变量，即大尺度变量为未知量的质量方程式（2.4.29）、式（2.4.31），动量方程式（2.4.33）、式（2.4.40）和能量方程式（2.4.42）、式（2.4.48），

代入 θ 族方法的式（5.1.5）或式（5.1.20）所示的非定常问题的时间离散公式中，得式（5.3.1）所示的非定常问题时间离散的一般表达式。然后，将式（5.3.1）再代入 Galerkin 加权余量公式（3.2.2）中，并引入可解尺度变量的形函数，得时间离散后的 LES 质量方程的 SG 有限元格式

$$\boldsymbol{s}_D \Delta^{t+\Delta t} \bar{\boldsymbol{\rho}}_e = {}^{t+\theta\Delta t}\boldsymbol{Q}_{\bar{\rho}} = \Delta t\left[\theta^{t+\Delta t}\boldsymbol{f}_{\mathrm{LES}\rho} + (1-\theta)^t \boldsymbol{f}_{\mathrm{LES}\rho}\right] \tag{5.6.49}$$

式中，密度矩阵

$$\boldsymbol{s}_D = \int_V \boldsymbol{N}_\rho^{\mathrm{T}} \boldsymbol{N}_\rho \mathrm{d}V \tag{5.6.50}$$

式中略去时间标架，将式（2.4.30）代入加权积分，得守恒型质量方程中的右端项

$$\boldsymbol{f}_{\mathrm{LES}\rho} = \overline{\boldsymbol{C}}_{\mathrm{LES}\rho} = -\int_V \boldsymbol{N}_\rho^{\mathrm{T}} \left(\frac{\partial(\overline{\rho V_x})}{\partial x} + \frac{\partial(\overline{\rho V_y})}{\partial y} + \frac{\partial(\overline{\rho V_z})}{\partial z}\right)\mathrm{d}V \tag{5.6.51a}$$

将式（2.4.32）代入加权积分，得非守恒型质量方程中的右端项

$$\boldsymbol{f}_{\mathrm{LES}\rho} = \overline{\boldsymbol{C}}_{\mathrm{LES}\rho} = -\int_V \boldsymbol{N}_\rho^{\mathrm{T}} \left[\overline{V}_x \frac{\partial\bar{\rho}}{\partial x} + \overline{V}_y \frac{\partial\bar{\rho}}{\partial y} + \overline{V}_z \frac{\partial\bar{\rho}}{\partial z} + \bar{\rho}\left(\frac{\partial\overline{V}_x}{\partial x} + \frac{\partial\overline{V}_y}{\partial y} + \frac{\partial\overline{V}_z}{\partial z}\right)\right]\mathrm{d}V \tag{5.6.51b}$$

时间离散后的 LES 动量方程的 SG 有限元格式

$$\boldsymbol{s}_M \Delta^{t+\Delta t} \overline{\boldsymbol{V}}_e = {}^{t+\theta\Delta t}\boldsymbol{Q}_{\overline{V}} = \Delta t\left[\theta^{t+\Delta t}\boldsymbol{f}_{\mathrm{LES}V} + (1-\theta)^t \boldsymbol{f}_{\mathrm{LES}V}\right] \tag{5.6.52}$$

上式中，代入加权积分，分别得守恒型动量方程的质量矩阵

$$\boldsymbol{s}_M = \int_V \boldsymbol{N}_V^{\mathrm{T}} \boldsymbol{N}_V \mathrm{d}V \tag{5.6.53a}$$

和非守恒型动量方程的质量矩阵

$$\boldsymbol{s}_M = \int_V \boldsymbol{N}_V^{\mathrm{T}} \bar{\rho} \boldsymbol{N}_V \mathrm{d}V \tag{5.6.53b}$$

式（5.6.52）中略去时间标架，有

$$\boldsymbol{f}_{\mathrm{LES}V} = \boldsymbol{C}_{\mathrm{LES}V} + \boldsymbol{D}_{\mathrm{LES}V} + \boldsymbol{P}_{\mathrm{LES}V} + \boldsymbol{F}_{\mathrm{LES}V} + \boldsymbol{\tau}_{\mathrm{SGS}} \tag{5.6.54}$$

将式（2.4.34）和式（2.4.41）代入加权积分，分别得守恒型和非守恒型动量方程中的右端项

$$\boldsymbol{C}_{\mathrm{LES}V} = -\int_V \boldsymbol{N}_V^{\mathrm{T}} \begin{bmatrix} \dfrac{\partial(\overline{\rho V_x}\,\overline{V}_x)}{\partial x} + \dfrac{\partial(\overline{\rho V_x}\,\overline{V}_y)}{\partial y} + \dfrac{\partial(\overline{\rho V_x}\,\overline{V}_z)}{\partial z} \\ \dfrac{\partial(\overline{\rho V_y}\,\overline{V}_x)}{\partial x} + \dfrac{\partial(\overline{\rho V_y}\,\overline{V}_y)}{\partial y} + \dfrac{\partial(\overline{\rho V_y}\,\overline{V}_z)}{\partial z} \\ \dfrac{\partial(\overline{\rho V_z}\,\overline{V}_x)}{\partial x} + \dfrac{\partial(\overline{\rho V_z}\,\overline{V}_y)}{\partial y} + \dfrac{\partial(\overline{\rho V_z}\,\overline{V}_z)}{\partial z} \end{bmatrix} \mathrm{d}V \tag{5.6.55a}$$

和

$$\boldsymbol{C}_{\mathrm{LES}V} = -\int_V \boldsymbol{N}_V^{\mathrm{T}} \bar{\rho} \begin{bmatrix} \overline{V}_x \dfrac{\partial\overline{V}_x}{\partial x} + \overline{V}_y \dfrac{\partial\overline{V}_x}{\partial y} + \overline{V}_z \dfrac{\partial\overline{V}_x}{\partial z} \\ \overline{V}_x \dfrac{\partial\overline{V}_y}{\partial x} + \overline{V}_y \dfrac{\partial\overline{V}_y}{\partial y} + \overline{V}_z \dfrac{\partial\overline{V}_y}{\partial z} \\ \overline{V}_x \dfrac{\partial\overline{V}_z}{\partial x} + \overline{V}_y \dfrac{\partial\overline{V}_z}{\partial y} + \overline{V}_z \dfrac{\partial\overline{V}_z}{\partial z} \end{bmatrix} \mathrm{d}V \tag{5.6.55b}$$

将式（2.4.35）代入加权积分，得动量方程中的右端项

$$\boldsymbol{D}_{\mathrm{LESV}} = \int_V \boldsymbol{N}_V^{\mathrm{T}} \begin{bmatrix} d_1 \\ d_2 \\ d_3 \end{bmatrix} \mathrm{d}V \tag{5.6.56}$$

将式（2.4.37）代入加权积分，得动量方程中的右端项

$$\boldsymbol{P}_{\mathrm{LESV}} = -\int_V \boldsymbol{N}_V^{\mathrm{T}} \begin{bmatrix} \dfrac{\partial \bar{p}}{\partial x} \\ \dfrac{\partial \bar{p}}{\partial y} \\ \dfrac{\partial \bar{p}}{\partial z} \end{bmatrix} \mathrm{d}V \tag{5.6.57}$$

将式（2.4.38）代入加权积分，得动量方程中的右端项 $\boldsymbol{F}_{\mathrm{LESV}}$

$$\boldsymbol{F}_{\mathrm{LESV}} = \int_V \boldsymbol{N}_V^{\mathrm{T}} \begin{bmatrix} \overline{\rho} \overline{f}_x \\ \overline{\rho} \overline{f}_y \\ \overline{\rho} \overline{f}_z \end{bmatrix} \mathrm{d}V \tag{5.6.58}$$

将式（2.4.16）和式（2.4.39）代入加权积分，得动量方程中的右端项

$$\boldsymbol{\tau}_{\mathrm{SGS}} = \int_V \boldsymbol{N}_V^{\mathrm{T}} \left(-2\mu_t \overline{S}_{ij} + \frac{1}{3} \bar{\tau}_{kk} \delta_{ij} \right) \cdot \boldsymbol{n} \mathrm{d}V \tag{5.6.59}$$

上式中的亚格子应力可根据问题选取不同的表达式，这里仅以式（2.4.16）的模式为例。

时间离散后的 LES 能量方程的 SG 有限元格式

$$\boldsymbol{s}_E \Delta^{t+\Delta t} \overline{\boldsymbol{E}}_e = {}^{t+\theta\Delta t}\boldsymbol{Q}_{\overline{E}} = \Delta t \left[\theta^{t+\Delta t} \boldsymbol{f}_{\mathrm{LESE}} + (1-\theta)^t \boldsymbol{f}_{\mathrm{LESE}} \right] \tag{5.6.60}$$

上式中，代入加权积分，分别得守恒型能量方程的能量矩阵

$$\boldsymbol{s}_E = \int_V \boldsymbol{N}_E^{\mathrm{T}} \boldsymbol{N}_E \mathrm{d}V \tag{5.6.61a}$$

和非守恒型能量方程的能量矩阵

$$\boldsymbol{s}_E = \int_V \boldsymbol{N}_E^{\mathrm{T}} \bar{\rho} \boldsymbol{N}_E \mathrm{d}V \tag{5.6.61b}$$

式（5.6.60）中略去时间标架，有

$$\boldsymbol{f}_{\mathrm{LESE}} = \boldsymbol{C}_{\mathrm{LESE}} + \boldsymbol{T}_{\mathrm{LESE}} + \boldsymbol{D}_{\mathrm{LESE}} + \boldsymbol{F}_{\mathrm{LESE}} + \boldsymbol{Q}_{\mathrm{LESE}} + \boldsymbol{\tau}_{\mathrm{SGSE}} \tag{5.6.62}$$

将式（2.4.43）和式（2.4.49）代入加权积分，分别得守恒型和非守恒型能量方程中的右端项

$$\boldsymbol{C}_{\mathrm{LESE}} = -\int_V \boldsymbol{N}_E^{\mathrm{T}} \left[\frac{\partial(\overline{\rho E_m} \overline{V}_x)}{\partial x} + \frac{\partial(\overline{\rho E_m} \overline{V}_y)}{\partial y} + \frac{\partial(\overline{\rho E_m} \overline{V}_z)}{\partial z} \right] \mathrm{d}V \tag{5.6.63a}$$

和

$$\boldsymbol{C}_{\mathrm{LESE}} = -\int_V \boldsymbol{N}_E^{\mathrm{T}} \bar{\rho} \left[\overline{V}_x \frac{\partial \overline{E}_m}{\partial x} + \overline{V}_y \frac{\partial \overline{E}_m}{\partial y} + \overline{V}_z \frac{\partial \overline{E}_m}{\partial z} \right] \mathrm{d}V \tag{5.6.63b}$$

将式（2.4.44）代入加权积分，得能量方程中的右端项

$$\boldsymbol{T}_{\mathrm{LESE}} = \int_V \boldsymbol{N}_E^{\mathrm{T}} \left[\frac{\partial}{\partial x}\left(k \frac{\partial \overline{T}}{\partial x}\right) + \frac{\partial}{\partial y}\left(k \frac{\partial \overline{T}}{\partial y}\right) + \frac{\partial}{\partial z}\left(k \frac{\partial \overline{T}}{\partial z}\right) \right] \mathrm{d}V \tag{5.6.64}$$

将式（2.4.45）代入加权积分，得能量方程中的右端项

$$\boldsymbol{D}_{\mathrm{LESE}}=\int_V \boldsymbol{N}_E^{\mathrm{T}}\left\{\begin{aligned}&\frac{\partial}{\partial x}\Big[\mu\Big(\frac{\partial\bar{V}_x}{\partial x}+\frac{\partial\bar{V}_x}{\partial x}-\frac{2}{3}\Big(\frac{\partial\bar{V}_x}{\partial x}+\frac{\partial\bar{V}_y}{\partial y}+\frac{\partial\bar{V}_z}{\partial z}\Big)\Big)\bar{V}_x+\mu\Big(\frac{\partial\bar{V}_x}{\partial y}+\frac{\partial\bar{V}_y}{\partial x}\Big)\bar{V}_y+\mu\Big(\frac{\partial\bar{V}_x}{\partial z}+\frac{\partial\bar{V}_z}{\partial x}\Big)\bar{V}_z\Big]\\&+\frac{\partial}{\partial y}\Big[\mu\Big(\frac{\partial\bar{V}_y}{\partial x}+\frac{\partial\bar{V}_x}{\partial y}\Big)\bar{V}_x+\mu\Big(\frac{\partial\bar{V}_y}{\partial y}+\frac{\partial\bar{V}_y}{\partial y}-\frac{2}{3}\Big(\frac{\partial\bar{V}_x}{\partial x}+\frac{\partial\bar{V}_y}{\partial y}+\frac{\partial\bar{V}_z}{\partial z}\Big)\Big)\bar{V}_y+\mu\Big(\frac{\partial\bar{V}_y}{\partial z}+\frac{\partial\bar{V}_z}{\partial y}\Big)\bar{V}_z\Big]\\&+\frac{\partial}{\partial z}\Big[\mu\Big(\frac{\partial\bar{V}_z}{\partial x}+\frac{\partial\bar{V}_x}{\partial z}\Big)\bar{V}_x+\mu\Big(\frac{\partial\bar{V}_z}{\partial y}+\frac{\partial\bar{V}_y}{\partial z}\Big)\bar{V}_y+\mu\Big(\frac{\partial\bar{V}_z}{\partial z}+\frac{\partial\bar{V}_z}{\partial z}-\frac{2}{3}\Big(\frac{\partial\bar{V}_x}{\partial x}+\frac{\partial\bar{V}_y}{\partial y}+\frac{\partial\bar{V}_z}{\partial z}\Big)\Big)\bar{V}_z\Big]\\&-\Big[\frac{\partial}{\partial x}(\bar{V}_x\bar{p})+\frac{\partial}{\partial y}(\bar{V}_y\bar{p})+\frac{\partial}{\partial z}(\bar{V}_z\bar{p})\Big]\end{aligned}\right\}\mathrm{d}V \tag{5.6.65}$$

将式（2.4.46）代入加权积分，得能量方程中的右端项

$$\boldsymbol{F}_{\mathrm{LESE}}=\int_V \boldsymbol{N}_E^{\mathrm{T}}(\bar{\rho}\bar{f}_{bx}\bar{V}_x+\bar{\rho}\bar{f}_{by}\bar{V}_y+\bar{\rho}\bar{f}_{bz}\bar{V}_z)\mathrm{d}V \tag{5.6.66}$$

将式（2.4.47）代入加权积分，得能量方程中的右端项

$$\boldsymbol{Q}_{\mathrm{LESE}}=\int_V \boldsymbol{N}_E^{\mathrm{T}}(\bar{\rho}s)\mathrm{d}V \tag{5.6.67}$$

将亚格子应力，这里取式（2.4.16）所示的亚格子应力代入加权积分，得能量方程中的右端项

$$\boldsymbol{\tau}_{\mathrm{SGSE}}=\int_V \boldsymbol{N}_E^{\mathrm{T}}(\bar{\boldsymbol{V}}^{\mathrm{T}}\ \boldsymbol{\tau}_{\mathrm{SGS},ij}\cdot\boldsymbol{n})\mathrm{d}V \tag{5.6.68}$$

以上式中，$\boldsymbol{D}_{\mathrm{LESV}}$、$\boldsymbol{T}_{\mathrm{LESE}}$和$\boldsymbol{D}_{\mathrm{LESE}}$项具有关于$x$、$y$的两阶导数，因此当采用线性模式时应对相应项降阶，采用有限元格式的弱形式。

5.7 状态方程中的积分项

对于不同的应用，尚需要求解状态方程。对于一些常用的状态方程，经整理可给出状态方程的有限元格式

$$^{t+\Delta t}\boldsymbol{s}_p\,^{t+\Delta t}p_{ae}={}^{t+\Delta t}\boldsymbol{Q}_p \tag{5.7.1}$$

式中，$^{t+\Delta t}p_{ae}$为$t+\Delta t$时刻的单元节点绝对压强；$^{t+\Delta t}\boldsymbol{s}_p$为$t+\Delta t$时刻的单元的压强矩阵

$$^{t+\Delta t}\boldsymbol{s}_p=\int_V \boldsymbol{N}_p^{\mathrm{T}}\boldsymbol{N}_p\mathrm{d}V \tag{5.7.2}$$

式中，$^{t+\Delta t}\boldsymbol{Q}_p$为状态方程的有限元格式的右端项，是压强函数的加权积分，对于理想气体如式（1.4.18），有

$$^{t+\Delta t}\boldsymbol{Q}_p=\int_V \boldsymbol{N}_p^{\mathrm{T}}\,{}^t\rho\boldsymbol{R}\,^{t+\Delta t}\boldsymbol{T}\mathrm{d}V \tag{5.7.3}$$

对于非理想气体，如式（1.4.19），有

$$^{t+\Delta t}\boldsymbol{Q}_p=\int_V \boldsymbol{N}_p^{\mathrm{T}}\left(\frac{\rho RT}{1-\dfrac{b}{V_n}}-\frac{a}{V_n^2}\right)\mathrm{d}V \tag{5.7.4}$$

对于微可压流体，如式（1.4.20），有

$$^{t+\Delta t}\boldsymbol{Q}_p=\int_V \boldsymbol{N}_p^{\mathrm{T}}\Big[\Big(1-\frac{\rho_0}{\rho}\Big)K+p_0\Big]\mathrm{d}V \tag{5.7.5}$$

对于液体，如水，如式（1.4.21），有

$$^{t+\Delta t}\boldsymbol{Q}_p=\int_V \boldsymbol{N}_p^{\mathrm{T}}\Big[(1+B)\Big(\frac{\boldsymbol{N}_\rho\,{}^t\boldsymbol{\rho}_e}{\rho_0}\Big)^n-B\Big]\mathrm{d}V \tag{5.7.6}$$

引入压强边界条件后，解式（5.7.1）得 $t+\Delta t$ 时刻的单元节点绝对压强。在引入密度为常数以及温度也为常数的假定后，可以直接进行代数运算，但这时的结果显然有误差。

5.8　SG 有限元方程中的向量变换

5.8.1　整体坐标系中的标准 Galerkin 有限元格式

在集成流体单元中形成的质量矩阵和向量时，是根据向量变换进行的。但是采用 Laglange 插值条件构造的形函数来表示流体的密度时，一般可不必进行向量变换，这是因为引入了密度为常数的假定。前面已对密度为常数的假定作了讨论，虽然将密度假定为常数后可简化方程，也可简化算法，但失去的是精度；相反，如果不引入密度为常数的假定，那么，就应该进行向量的变换。

1. 向量变换

由于向量的变换即为定义向量的坐标系之间的变换，在不同坐标系中向量的变换

$$\boldsymbol{v}=\boldsymbol{t}\boldsymbol{V} \tag{5.8.1}$$

式中，$\boldsymbol{v}$、$\boldsymbol{V}$ 为在不同坐标系中定义的向量；$\boldsymbol{t}$ 为定义向量的坐标系之间的变换矩阵。

在局部坐标系中定义的速度向量 $\boldsymbol{v}_e$ 与在整体坐标系中定义的速度向量 $\boldsymbol{V}_e$ 之间的变换

$$\boldsymbol{v}_e=\boldsymbol{t}_2\boldsymbol{V}_e \tag{5.8.2}$$

式中，$\boldsymbol{t}_2$ 为向量变换矩阵，对于四面体单元 $\boldsymbol{t}_2$ 可按式（4.2.59）计算。

2. 整体坐标系中的质量矩阵

将式（5.8.2）代入式（5.3.4），并且在等式的两边乘以 $\boldsymbol{t}_2^{\mathrm{T}}$ 得整体坐标系中四面体单元的动量方程

$${}^{t+\Delta t}\boldsymbol{S}_M\Delta^{t+\Delta t}\boldsymbol{V}_e={}^{t+\theta\Delta t}\boldsymbol{Q}_v \tag{5.8.3}$$

式中，${}^{t+\Delta t}\boldsymbol{S}_M$ 为整体坐标系中四面体单元的质量矩阵

$${}^{t+\Delta t}\boldsymbol{S}_M=\boldsymbol{t}_2^{\mathrm{T}}\,{}^{t+\Delta t}\boldsymbol{s}_M\boldsymbol{t}_2 \tag{5.8.4}$$

$\Delta^{t+\Delta t}\boldsymbol{V}_e$ 为整体坐标系中四面体单元节点的速度；${}^{t+\theta\Delta t}\boldsymbol{Q}_v$ 为整体坐标系中四面体单元动量方程的右端项

$${}^{t+\theta\Delta t}\boldsymbol{Q}_v=\boldsymbol{t}_2^{\mathrm{T}}\,{}^{t+\theta\Delta t}\boldsymbol{q}_v \tag{5.8.5}$$

将上述整体坐标系中的单元质量矩阵和右端项集成，得整体坐标系中流场的动量方程的有限元方程

$${}^{t+\Delta t}\boldsymbol{S}\Delta^{t+\Delta t}\boldsymbol{V}={}^{t+\theta\Delta t}\boldsymbol{Q} \tag{5.8.6}$$

类似地，可在时间标架 τ 中开展的多步法的迭代过程中，计算整体坐标系中流场的动量方程的有限元方程。

引入边界条件，修正 ${}^{t+\Delta t}\boldsymbol{S}$ 和右端项 ${}^{t+\theta\Delta t}\boldsymbol{Q}$，然后解此方程组。

5.8.2　斜边界

处理斜边界的一个简单易行的方法是将斜边界点处的速度向量作一变换，使在整体坐标系下该点速度向量变换到任意的斜方向，然后按一般的边界条件处理[24]。

设流场的整体坐标系 $O\text{-}XYZ$，如图 5.8.1 所示，坐标系 $O\text{-}x'y'z'$ 为一斜向坐标系，M 是斜边界点，$\overline{OM}$ 是一个向量。在整体坐标系中速度向量沿 X、Y、Z 坐标方向的分量分别为 V_x、V_y、V_z，而速度向量在任一斜坐标系 $O\text{-}x'y'z'$ 的三个坐标方向的分量分别为 v'_x、v'_y、v'_z。于是速度向量在整体坐标系 $O\text{-}XYZ$ 和任意斜向坐标系 $O\text{-}x'y'z'$ 的分量之间具有如下的关系

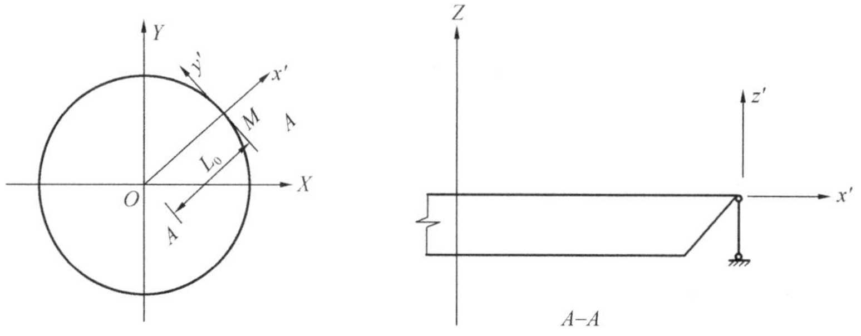

图 5.8.1 斜坐标系

$$\begin{bmatrix} v'_x \\ v'_y \\ v'_z \end{bmatrix} = \begin{bmatrix} \cos(x',X) & \cos(x',Y) & \cos(x',Z) \\ \cos(y',X) & \cos(y',Y) & \cos(y',Z) \\ \cos(z',X) & \cos(z',Y) & \cos(z',Z) \end{bmatrix} \begin{bmatrix} V_x \\ V_y \\ V_z \end{bmatrix} \tag{5.8.7}$$

式中，$\cos(x',X)$、$\cos(x',Y)$、$\cos(x',Z)$ 分别为斜坐标 x' 与整体坐标系 X、Y、Z 坐标之间的方向余弦，其余类同。上式可简化为

$$\boldsymbol{v}' = \boldsymbol{R}V \tag{5.8.8}$$

这里，$\boldsymbol{R}$ 即为变换矩阵，且 $\boldsymbol{R}$ 是正交矩阵。由正交矩阵的性质可知 $\boldsymbol{R}^{-1} = \boldsymbol{R}^{\mathrm{T}}$。因此，由式（5.8.8）所示，变换的逆变换为

$$V = \boldsymbol{R}^{\mathrm{T}}\boldsymbol{v}' \tag{5.8.9}$$

上式表示任意向量在整体坐标系和斜向坐标系之间的变换关系。根据上述变换关系可逐次对斜边界点的速度向量进行变换。现构造如下向量

$$\boldsymbol{v}' = \begin{bmatrix} \boldsymbol{v}'_{x1} \\ \boldsymbol{v}'_{y1} \\ \boldsymbol{v}'_{z1} \\ \vdots \\ \boldsymbol{v}'_{xi} \\ \boldsymbol{v}'_{yi} \\ \boldsymbol{v}'_{zi} \\ \vdots \\ \boldsymbol{v}'_{xn} \\ \boldsymbol{v}'_{yn} \\ \boldsymbol{v}'_{zn} \end{bmatrix} = \begin{bmatrix} V_{x1} \\ V_{y1} \\ V_{z1} \\ \vdots \\ \cos(x',X)V_{xi} + \cos(x',Y)V_{yi} + \cos(x',Z)V_{zi} \\ \cos(y',X)V_{xi} + \cos(y',Y)V_{yi} + \cos(y',Z)V_{zi} \\ \cos(z',X)V_{xi} + \cos(z',Y)V_{yi} + \cos(z',Z)V_{zi} \\ \vdots \\ V_{xn} \\ V_{yn} \\ V_{zn} \end{bmatrix} \tag{5.8.10}$$

即

$$\boldsymbol{V}' = \begin{bmatrix} 1 & & & & & & & & \\ & 1 & & & & & & & \\ & & 1 & & & & & & \\ & & & \ddots & & & & & \\ & & & & R & & & & \\ & & & & & \ddots & & & \\ & & & & & & 1 & & \\ & & & & & & & 1 & \\ & & & & & & & & 1 \end{bmatrix} \boldsymbol{V} = \boldsymbol{T}\boldsymbol{V} \tag{5.8.11}$$

于是有

$$\boldsymbol{V} = \boldsymbol{T}^{\mathrm{T}}\boldsymbol{V}' \tag{5.8.12}$$

类似地可得

$$\boldsymbol{Q} = \boldsymbol{T}^{\mathrm{T}}\boldsymbol{Q}' \tag{5.8.13}$$

这里 $\boldsymbol{Q}$ 为有限元基本方程的右端项。将上述变换引入有限元基本方程中，对于整体坐标系下的有限元基本方程

$$\boldsymbol{S}\boldsymbol{V} = \boldsymbol{Q} \tag{5.8.14}$$

将式（5.8.12）及式（5.8.13）代入上式，得

$$\boldsymbol{S}\boldsymbol{T}^{\mathrm{T}}\boldsymbol{V}' = \boldsymbol{T}^{\mathrm{T}}\boldsymbol{Q}' \tag{5.8.15}$$

上式两边左乘 $\boldsymbol{T}$，有

$$\boldsymbol{T}\boldsymbol{S}\boldsymbol{T}^{\mathrm{T}}\boldsymbol{V}' = \boldsymbol{T}\boldsymbol{T}^{\mathrm{T}}\boldsymbol{Q}' \tag{5.8.16}$$

令 $\boldsymbol{S}' = \boldsymbol{T}\boldsymbol{S}\boldsymbol{T}^{\mathrm{T}}$，于是有

$$\boldsymbol{S}'\boldsymbol{V}' = \boldsymbol{Q}' \tag{5.8.17}$$

解上述方程组得速度向量 $\boldsymbol{V}'$，再由式（5.8.12）可计算整体坐标系下的流场速度向量 $\boldsymbol{V}$。现设任意节点 i 为斜边界点。沿斜边界点建立局部斜向坐标系 $O\text{-}x'y'z'$，并计算经变换后的质量矩阵

$$\boldsymbol{S}' = \begin{bmatrix} S_{11} & S_{12} & \cdots & S_{1i-1} & S_{1i}R^{\mathrm{T}} & S_{1i+1} & \cdots & S_{1n} \\ S_{21} & S_{22} & \cdots & S_{2i-1} & S_{2i}R^{\mathrm{T}} & S_{2i+1} & \cdots & S_{2n} \\ \vdots & \vdots & & \vdots & \vdots & \vdots & & \vdots \\ RS_{i1} & RS_{i2} & \cdots & RS_{ii-1} & RS_{ii}R^{\mathrm{T}} & RS_{ii+1} & \cdots & RS_{in} \\ S_{i+11} & S_{i+12} & \cdots & S_{i+1i-1} & S_{i+1i}R^{\mathrm{T}} & S_{i+1i+1} & \cdots & S_{i+1n} \\ \vdots & \vdots & & \vdots & \vdots & \vdots & & \vdots \\ S_{n1} & S_{n2} & \cdots & S_{ni-1} & S_{ni}R^{\mathrm{T}} & S_{ni+1} & \cdots & S_{nn} \end{bmatrix} \tag{5.8.18}$$

显而易见，经过变换后的质量矩阵 $\boldsymbol{S}'$ 仍然保持原来的对称稀疏的特性，其意义是很明显的。式（5.8.18）也表明了当流场系统中第 i 个节点为斜边界点，当对该点 i 所相关的自由度方向进行局部的变换后，由此而定义的新的质量矩阵 $\boldsymbol{S}'$ 的计算只需在与 i 节点相关的行列中进行变换运算。

5.9 团聚质量矩阵

5.9.1 质量矩阵的团聚方法

通常构造团聚质量矩阵（Lumped mass matrices）的方法有两种。

第一种是 Hinton E 等[66]提出将一致质量矩阵（Consistent mass matrices）$\boldsymbol{M}_c = \int_V \boldsymbol{N}^{\mathrm{T}} \rho \boldsymbol{N} \mathrm{d}V$ 中该行元素之和作为团聚质量矩阵 $\boldsymbol{M}_l = \mathrm{diag} m_{l,ii}$ 的每一行主对角元素，而非主对角元素为零。即

$$
\begin{aligned}
m_{l,ii} &= \sum_{k=1}^{N} \int_V \rho N_i N_k \mathrm{d}V \quad & i = 1, N \\
m_{l,ij} &= 0 & i \neq j
\end{aligned}
\tag{5.9.1}
$$

式中，N 为单元自由度；N_i、N_k 为形函数。

采用这种方法计算团聚质量矩阵时，可能导致质量矩阵非正定，与物理实际不符。针对这个缺点，Archer Graham C 等[47]提出了改进的方法，具体做法是 $\boldsymbol{M}_l$ 的每一行主对角元素与 $\boldsymbol{M}_c$ 中该行主对角元素成比例，且保持 $\boldsymbol{M}_l$ 的所有元素和 $\boldsymbol{M}_c$ 的所有元素之和相等。即

$$
\begin{aligned}
m_{l,ii} &= \int_V \rho \mathrm{d}V \frac{\int_V \rho N_i^2 \mathrm{d}V}{\sum_{k=1}^{N} \int_V \rho N_k N_k \mathrm{d}V} \quad & i = 1, N \\
m_{l,ij} &= 0 & i \neq j
\end{aligned}
\tag{5.9.2}
$$

这种方法在采用团聚质量矩阵后保证各节点自身的惯性项所占比例不变，且单元内部所有质点对单元节点质量矩阵的贡献均不可能是负值。

这两种方法各有特点。对于多节点单元，其差异逐渐明显，由于第一种方法存在较多缺点，通常采用第二种方法计算团聚质量矩阵。

5.9.2 常用 Lagrange 单元的团聚质量矩阵

1. 一维线性 Lagrange 插值 2 节点单元

对于一维线性 Lagrange 插值 2 节点单元，如图 4.3.1 所示，其形函数如式（4.3.3）所示。对应的一致质量矩阵为

$$
\boldsymbol{M}_c = \int_V \rho \boldsymbol{N}^{\mathrm{T}} \boldsymbol{N} \mathrm{d}V = \begin{bmatrix} \frac{\rho_i}{4} + \frac{\rho_j}{12} & \frac{\rho_i}{12} + \frac{\rho_j}{12} \\ \frac{\rho_i}{12} + \frac{\rho_j}{12} & \frac{\rho_i}{12} + \frac{\rho_j}{4} \end{bmatrix} l
\tag{5.9.3}
$$

式中，ρ_i 和 ρ_j 分别表示单元 i、j 两点的节点密度值；l 为单元长度。

采用第二种方法时，将一致质量矩阵中的主元代入式（5.9.2），可得团聚质量矩阵

$$
\boldsymbol{M}_l = \begin{bmatrix} m_{l,11} & \\ & m_{l,22} \end{bmatrix}
\tag{5.9.4}
$$

式中

$$m_{l,11}=\left[\frac{1}{2}(\rho_i+\rho_j)l\right]\frac{\frac{\rho_i}{4}+\frac{\rho_j}{12}}{\left(\frac{\rho_i}{4}+\frac{\rho_j}{12}\right)+\left(\frac{\rho_i}{12}+\frac{\rho_j}{4}\right)} \tag{5.9.5a}$$

$$m_{l,22}=\left[\frac{1}{2}(\rho_i+\rho_j)l\right]\frac{\frac{\rho_i}{12}+\frac{\rho_j}{4}}{\left(\frac{\rho_i}{4}+\frac{\rho_j}{12}\right)+\left(\frac{\rho_i}{12}+\frac{\rho_j}{4}\right)} \tag{5.9.5b}$$

特别地，当密度为常数时，$\rho_i=\rho_j\equiv\rho$，团聚质量矩阵可以简化为

$$m_{l,11}=\left[\frac{1}{2}(\rho+\rho)l\right]\frac{\rho\left(\frac{1}{4}+\frac{1}{12}\right)}{\rho\left(\frac{1}{4}+\frac{1}{12}\right)+\rho\left(\frac{1}{12}+\frac{1}{4}\right)}=\frac{1}{2}\rho l \tag{5.9.6a}$$

$$m_{l,22}=\frac{1}{2}\rho l \tag{5.9.6b}$$

式中，11 对应 i 点，22 对应 j 点，即

$$\boldsymbol{M}_l=\begin{bmatrix}\frac{1}{2} & 0\\ 0 & \frac{1}{2}\end{bmatrix}\rho l \tag{5.9.6c}$$

2. 二维线性 Lagrange 插值三角形 3 节点单元

对于二维线性 Lagrange 插值三角形 3 节点单元，如图 4.3.3 所示，其形函数如式(4.3.9) 所示 。对应的一致质量矩阵为

$$\boldsymbol{M}_c=\int_V\rho\boldsymbol{N}^{\mathrm{T}}\boldsymbol{N}\mathrm{d}V$$

$$=2A\begin{bmatrix}\left(\frac{\rho_i}{20}+\frac{\rho_j}{60}+\frac{\rho_k}{60}\right)\boldsymbol{I} & \left(\frac{\rho_i}{60}+\frac{\rho_j}{60}+\frac{\rho_k}{120}\right)\boldsymbol{I} & \left(\frac{\rho_i}{60}+\frac{\rho_j}{120}+\frac{\rho_k}{60}\right)\boldsymbol{I}\\ & \left(\frac{\rho_i}{60}+\frac{\rho_j}{20}+\frac{\rho_k}{60}\right)\boldsymbol{I} & \left(\frac{\rho_i}{120}+\frac{\rho_j}{60}+\frac{\rho_k}{60}\right)\boldsymbol{I}\\ \text{Sys.} & & \left(\frac{\rho_i}{60}+\frac{\rho_j}{60}+\frac{\rho_k}{20}\right)\boldsymbol{I}\end{bmatrix} \tag{5.9.7}$$

式中，$\boldsymbol{I}$ 为二阶单位阵；ρ_i 、ρ_j 及 ρ_k 分别表示单元 i、j、k 三点的节点密度值；A 为单元面积。

采用第一种方法时，团聚质量矩阵为

$$\boldsymbol{M}_l=2A\begin{bmatrix}\left(\frac{10\rho_i}{120}+\frac{5\rho_j}{120}+\frac{5\rho_k}{120}\right)\boldsymbol{I} & & \\ & \left(\frac{5\rho_i}{120}+\frac{10\rho_j}{120}+\frac{5\rho_k}{120}\right)\boldsymbol{I} & \\ \text{Sys.} & & \left(\frac{5\rho_i}{120}+\frac{5\rho_j}{120}+\frac{10\rho_k}{120}\right)\boldsymbol{I}\end{bmatrix} \tag{5.9.8}$$

采用第二种方法时，将一致质量矩阵中的主元代入式 (5.9.2)，可得团聚质量矩阵

$$\boldsymbol{M}_l = \begin{bmatrix} m_{l,11}\boldsymbol{I} & & \\ & m_{l,22}\boldsymbol{I} & \\ & & m_{l,33}\boldsymbol{I} \end{bmatrix} \tag{5.9.9}$$

式中

$$m_{l,11} = \frac{A}{3}(\rho_i + \rho_j + \rho_k)\frac{\left(\frac{\rho_i}{20} + \frac{\rho_j}{60} + \frac{\rho_k}{60}\right)}{\left(\frac{\rho_i}{20} + \frac{\rho_j}{60} + \frac{\rho_k}{60}\right) + \left(\frac{\rho_i}{60} + \frac{\rho_j}{20} + \frac{\rho_k}{60}\right) + \left(\frac{\rho_i}{60} + \frac{\rho_j}{60} + \frac{\rho_k}{20}\right)} \tag{5.9.10a}$$

$$m_{l,22} = \frac{A}{3}(\rho_i + \rho_j + \rho_k)\frac{\left(\frac{\rho_i}{60} + \frac{\rho_j}{20} + \frac{\rho_k}{60}\right)}{\left(\frac{\rho_i}{20} + \frac{\rho_j}{60} + \frac{\rho_k}{60}\right) + \left(\frac{\rho_i}{60} + \frac{\rho_j}{20} + \frac{\rho_k}{60}\right) + \left(\frac{\rho_i}{60} + \frac{\rho_j}{60} + \frac{\rho_k}{20}\right)} \tag{5.9.10b}$$

$$m_{l,33} = \frac{A}{3}(\rho_i + \rho_j + \rho_k)\frac{\left(\frac{\rho_i}{60} + \frac{\rho_j}{60} + \frac{\rho_k}{20}\right)}{\left(\frac{\rho_i}{20} + \frac{\rho_j}{60} + \frac{\rho_k}{60}\right) + \left(\frac{\rho_i}{60} + \frac{\rho_j}{20} + \frac{\rho_k}{60}\right) + \left(\frac{\rho_i}{60} + \frac{\rho_j}{60} + \frac{\rho_k}{20}\right)} \tag{5.9.10c}$$

式中，11 对应 i 点，22 对应 j 点，33 对应 k 点。

特别地，当密度为常数时，$\rho_i = \rho_j = \rho_k \equiv \rho$，团聚质量矩阵可简化为

$$m_{l,11} = \rho A\frac{\left(\frac{1}{20} + \frac{1}{60} + \frac{1}{60}\right)}{\left(\frac{1}{20} + \frac{1}{60} + \frac{1}{60}\right) + \left(\frac{1}{60} + \frac{1}{20} + \frac{1}{60}\right) + \left(\frac{1}{60} + \frac{1}{60} + \frac{1}{20}\right)} = \frac{\rho A}{3} \tag{5.9.11a}$$

$$m_{l,22} = \frac{\rho A}{3} \tag{5.9.11b}$$

$$m_{l,33} = \frac{\rho A}{3} \tag{5.9.11c}$$

3. 二维二次 Lagrange 插值三角形 6 节点单元

对于二维二次 Lagrange 插值三角形 6 节点单元，如图 4.3.4 所示，形函数如式(4.3.13) 所示。对应的一致质量矩阵为

$$\boldsymbol{M}_c = \begin{bmatrix} m_{11}\boldsymbol{I} & m_{12}\boldsymbol{I} & m_{13}\boldsymbol{I} & m_{14}\boldsymbol{I} & m_{15}\boldsymbol{I} & m_{16}\boldsymbol{I} \\ & m_{22}\boldsymbol{I} & m_{23}\boldsymbol{I} & m_{24}\boldsymbol{I} & m_{25}\boldsymbol{I} & m_{26}\boldsymbol{I} \\ & & m_{33}\boldsymbol{I} & m_{34}\boldsymbol{I} & m_{35}\boldsymbol{I} & m_{36}\boldsymbol{I} \\ & & & m_{44}\boldsymbol{I} & m_{45}\boldsymbol{I} & m_{46}\boldsymbol{I} \\ & & & & m_{55}\boldsymbol{I} & m_{56}\boldsymbol{I} \\ & & & & & m_{66}\boldsymbol{I} \end{bmatrix} \tag{5.9.12}$$

式中，$\boldsymbol{I}$ 为二阶单位阵，m_{11}、m_{22}、…、m_{66} 为一致质量矩阵中的主元，分别为

$m_{11} = [A(9\rho_i - \rho_j - \rho_k + 6\rho_l + 6\rho_m + 2\rho_n)]/630$

$m_{12} = [A(3\rho_i - \rho_j - 2\rho_n)]/315$

$m_{13} = -[A(2\rho_i + 2\rho_j - \rho_k + 4\rho_l)]/1260$

$m_{14} = [A(3\rho_i - \rho_k - 2\rho_n)]/315$
$m_{15} = \{A[\rho_i - 2(\rho_l + \rho_m + 2\rho_n)]\}/315$
$m_{16} = -[A(2\rho_i - \rho_j + 2\rho_k + 4\rho_m)]/1260$
$m_{22} = \{-4A[\rho_k - 3(3\rho_l + \rho_m + \rho_n)]\}/315$
$m_{23} = [-A(\rho_i - 3\rho_j + 2\rho_m)]/315$
$m_{24} = [-2A(\rho_j + \rho_k - 6\rho_l - 6\rho_m - 4\rho_n)]/315$
$m_{25} = [-2A(\rho_i + \rho_k - 6\rho_l - 4\rho_m - 6\rho_n)]/315$
$m_{26} = \{A[\rho_k - 2(2\rho_l + \rho_m + \rho_n)]\}/315$
$m_{33} = -[A(\rho_i - 9\rho_j + \rho_k - 6\rho_l - 2\rho_m - 6\rho_n)]/630$
$m_{34} = \{A[\rho_j - 2(\rho_l + 2\rho_m + \rho_n)]\}/315$
$m_{35} = [A(3\rho_j - \rho_k - 2\rho_m)]/315$
$m_{36} = \{A[\rho_i - 2(\rho_j + \rho_k + 2\rho_n)]\}/1260$
$m_{44} = \{-4A[\rho_j - 3(\rho_l + 3\rho_m + \rho_n)]\}/315$
$m_{45} = [-2A(\rho_i + \rho_j - 4\rho_l - 6\rho_m - 6\rho_n)]/315$
$m_{46} = [-A(\rho_i - 3\rho_k + 2\rho_l)]/315$
$m_{55} = \{-4A[\rho_i - 3(\rho_l + \rho_m + 3\rho_n)]\}/315$
$m_{56} = [-A(\rho_j - 3\rho_k + 2\rho_l)]/315$
$m_{66} = -[A(\rho_i + \rho_j - 9\rho_k - 2\rho_l - 6\rho_m - 6\rho_n)]/630$

其中，ρ_i、ρ_j、ρ_k、ρ_l、ρ_m、ρ_n 分别表示单元 i、j、k、l、m、n 六点的节点密度值；A 为单元面积。

采用第二种方法，将一致质量矩阵中的主元代入式（5.9.2），可得团聚质量矩阵

$$\boldsymbol{M}_l = \mathrm{diag} m_{l,ii} \boldsymbol{I} \qquad i = 1,\cdots,6 \tag{5.9.13}$$

式中

$$m_{l,11} = \frac{A}{3}(\rho_l + \rho_m + \rho_n)\frac{m_{11}}{m_{11} + m_{22} + m_{33} + m_{44} + m_{55} + m_{66}} \tag{5.9.14a}$$

$$m_{l,22} = \frac{A}{3}(\rho_l + \rho_m + \rho_n)\frac{m_{22}}{m_{11} + m_{22} + m_{33} + m_{44} + m_{55} + m_{66}} \tag{5.9.14b}$$

$$m_{l,33} = \frac{A}{3}(\rho_l + \rho_m + \rho_n)\frac{m_{33}}{m_{11} + m_{22} + m_{33} + m_{44} + m_{55} + m_{66}} \tag{5.9.14c}$$

$$m_{l,44} = \frac{A}{3}(\rho_l + \rho_m + \rho_n)\frac{m_{44}}{m_{11} + m_{22} + m_{33} + m_{44} + m_{55} + m_{66}} \tag{5.9.14d}$$

$$m_{l,55} = \frac{A}{3}(\rho_l + \rho_m + \rho_n)\frac{m_{55}}{m_{11} + m_{22} + m_{33} + m_{44} + m_{55} + m_{66}} \tag{5.9.14e}$$

$$m_{l,66} = \frac{A}{3}(\rho_l + \rho_m + \rho_n)\frac{m_{66}}{m_{11} + m_{22} + m_{33} + m_{44} + m_{55} + m_{66}} \tag{5.9.14f}$$

上式中，11 对应 i 点，22 对应 l 点，33 对应 j 点，44 对应 m 点，55 对应 n 点，66 对应 k 点。这里的下标 l、m、n 即为图 4.3.4 中的 m、n、p 。

4. 三维线性 Lagrange 插值四面体 4 节点单元

对于三维线性 Lagrange 插值四面体 4 节点单元，如图 4.3.5 所示，其形函数如式（4.3.18）所示。对应的一致质量矩阵

$$
\boldsymbol{M}_c = \begin{bmatrix} m_{11}\boldsymbol{I} & m_{12}\boldsymbol{I} & m_{13}\boldsymbol{I} & m_{14}\boldsymbol{I} \\ & m_{22}\boldsymbol{I} & m_{23}\boldsymbol{I} & m_{24}\boldsymbol{I} \\ & & m_{33}\boldsymbol{I} & m_{34}\boldsymbol{I} \\ & & & m_{44}\boldsymbol{I} \end{bmatrix} \tag{5.9.15}
$$

式中，$\boldsymbol{I}$ 为 3×3 的单位阵；m_{11}、m_{22}、…、m_{44} 为一致质量矩阵中的主元，分别为

$$
\begin{aligned}
m_{11} &= [V(3\rho_i+\rho_j+\rho_k+\rho_l)]/60 \\
m_{12} &= [V(2\rho_i+\rho_j+2\rho_k+\rho_l)]/120 \\
m_{13} &= [V(2\rho_i+2\rho_j+\rho_k+\rho_l)]/120 \\
m_{14} &= [V(2\rho_i+\rho_j+\rho_k+2\rho_l)]/120 \\
m_{22} &= [V(\rho_i+3\rho_j+\rho_k+\rho_l)]/60 \\
m_{23} &= [V(\rho_i+2\rho_j+2\rho_k+\rho_l)]/120 \\
m_{24} &= [V(\rho_i+2\rho_j+\rho_k+2\rho_l)]/120 \\
m_{33} &= [V(\rho_i+\rho_j+3\rho_k+\rho_l)]/60 \\
m_{34} &= [V(\rho_i+\rho_j+2\rho_k+2\rho_l)]/120 \\
m_{44} &= [V(\rho_i+\rho_j+\rho_k+3\rho_l)]/60
\end{aligned}
$$

其中，ρ_i、ρ_j、ρ_k、ρ_l 为单元节点的密度值；V 为单元体积。

将一致质量矩阵中的主元代入式（5.9.2），可得团聚质量矩阵

$$
\boldsymbol{M}_l = \begin{bmatrix} m_{l,11}\boldsymbol{I} & & & \\ & m_{l,22}\boldsymbol{I} & & \\ & & m_{l,33}\boldsymbol{I} & \\ & & & m_{l,44}\boldsymbol{I} \end{bmatrix} \tag{5.9.16}
$$

式中

$$
m_{l,11} = \frac{V}{4}(\rho_i+\rho_j+\rho_k+\rho_l]\frac{m_{11}}{m_{11}+m_{22}+m_{33}+m_{44}} \tag{5.9.17a}
$$

$$
m_{l,22} = \frac{V}{4}(\rho_i+\rho_j+\rho_k+\rho_l]\frac{m_{22}}{m_{11}+m_{22}+m_{33}+m_{44}} \tag{5.9.17b}
$$

$$
m_{l,33} = \frac{V}{4}(\rho_i+\rho_j+\rho_k+\rho_l]\frac{m_{33}}{m_{11}+m_{22}+m_{33}+m_{44}} \tag{5.9.17c}
$$

$$
m_{l,44} = \frac{V}{4}(\rho_i+\rho_j+\rho_k+\rho_l]\frac{m_{44}}{m_{11}+m_{22}+m_{33}+m_{44}} \tag{5.9.17d}
$$

上式中，11 对应 i 点，22 对应 j 点，33 对应 k 点，44 对应 l 点。特别地，当密度为常数时，即 $\rho_i=\rho_j=\rho_k=\rho_l\equiv\rho$，团聚质量矩阵可以简化为

$$
m_{l,11} = \rho V\frac{m_{11}}{m_{11}+m_{22}+m_{33}+m_{44}} = \frac{1}{4}\rho V \tag{5.9.18a}
$$

$$
m_{l,22} = \frac{1}{4}\rho V \tag{5.9.18b}
$$

$$
m_{l,33} = \frac{1}{4}\rho V \tag{5.9.18c}
$$

$$
m_{l,44} = \frac{1}{4}\rho V \tag{5.9.18d}
$$

5. 三维二次 Lagrange 插值四面体 10 节点单元

对于三维二次 Lagrange 插值四面体 10 节点单元，如图 4.3.6 所示，其形函数如式 (4.3.25) 所示。对应的一致质量矩阵为

$$\boldsymbol{M}_c=\begin{bmatrix} m_{11}\boldsymbol{I} & m_{12}\boldsymbol{I} & m_{13}\boldsymbol{I} & m_{14}\boldsymbol{I} & m_{15}\boldsymbol{I} & m_{16}\boldsymbol{I} & m_{17}\boldsymbol{I} & m_{18}\boldsymbol{I} & m_{19}\boldsymbol{I} & m_{110}\boldsymbol{I} \\ & m_{22}\boldsymbol{I} & m_{23}\boldsymbol{I} & m_{24}\boldsymbol{I} & m_{25}\boldsymbol{I} & m_{26}\boldsymbol{I} & m_{27}\boldsymbol{I} & m_{28}\boldsymbol{I} & m_{29}\boldsymbol{I} & m_{210}\boldsymbol{I} \\ & & m_{33}\boldsymbol{I} & m_{34}\boldsymbol{I} & m_{35}\boldsymbol{I} & m_{36}\boldsymbol{I} & m_{37}\boldsymbol{I} & m_{38}\boldsymbol{I} & m_{39}\boldsymbol{I} & m_{310}\boldsymbol{I} \\ & & & m_{44}\boldsymbol{I} & m_{45}\boldsymbol{I} & m_{46}\boldsymbol{I} & m_{47}\boldsymbol{I} & m_{48}\boldsymbol{I} & m_{49}\boldsymbol{I} & m_{410}\boldsymbol{I} \\ & & & & m_{55}\boldsymbol{I} & m_{56}\boldsymbol{I} & m_{57}\boldsymbol{I} & m_{58}\boldsymbol{I} & m_{59}\boldsymbol{I} & m_{510}\boldsymbol{I} \\ & & & & & m_{66}\boldsymbol{I} & m_{67}\boldsymbol{I} & m_{68}\boldsymbol{I} & m_{69}\boldsymbol{I} & m_{610}\boldsymbol{I} \\ & & & & & & m_{77}\boldsymbol{I} & m_{78}\boldsymbol{I} & m_{79}\boldsymbol{I} & m_{710}\boldsymbol{I} \\ & & & & & & & m_{88}\boldsymbol{I} & m_{89}\boldsymbol{I} & m_{810}\boldsymbol{I} \\ & & & & & & & & m_{99}\boldsymbol{I} & m_{910}\boldsymbol{I} \\ & & & & & & & & & m_{1010}\boldsymbol{I} \end{bmatrix} \tag{5.9.19}$$

式中，$\boldsymbol{I}$ 为 3×3 的单位阵；m_{11}、m_{22}、…、m_{1010} 为一致质量矩阵中的主元，分别表示为：

$$m_{11}=[(3\rho_i-\rho_j-\rho_k-\rho_l+4\rho_m+4\rho_n+2\rho_p+4\rho_q+2\rho_r+2\rho_s)V]/1260;$$

$$m_{22}=-[(3\rho_i+3\rho_j+5\rho_k+5\rho_l-36\rho_m-12\rho_n-12\rho_p-12\rho_q-12\rho_r-4\rho_s)V]/945;$$

$$m_{33}=-[(\rho_i-3\rho_j+\rho_k+\rho_l-4\rho_m-2\rho_n-4\rho_p-2\rho_q-4\rho_r-2\rho_s)V]/1260;$$

$$m_{44}=-[(3\rho_i+5\rho_j+3\rho_k+5\rho_l-12\rho_m-36\rho_n-12\rho_p-12\rho_q-4\rho_r-12\rho_s)V]/945;$$

$$m_{55}=-[(5\rho_i+3\rho_j+3\rho_k+5\rho_l-12\rho_m-12\rho_n-36\rho_p-4\rho_q-12\rho_r-12\rho_s)V]/945;$$

$$m_{66}=-[(\rho_i+\rho_j-3\rho_k+\rho_l-2\rho_m-4\rho_n-4\rho_p-2\rho_q-2\rho_r-4\rho_s)V]/1260;$$

$$m_{77}=-[(3\rho_i+5\rho_j+5\rho_k+3\rho_l-12\rho_m-12\rho_n-4\rho_p-36\rho_q-12\rho_r-12\rho_s)V]/945;$$

$$m_{88}=-[(5\rho_i+3\rho_j+5\rho_k+3\rho_l-12\rho_m-4\rho_n-12\rho_p-12\rho_q-36\rho_r-12\rho_s)V]/945;$$

$$m_{99}=-[(5\rho_i+5\rho_j+3\rho_k+3\rho_l-4\rho_m-12\rho_n-12\rho_p-12\rho_q-12\rho_r-36\rho_s)V]/945;$$

$$m_{1010}=-[(\rho_i+\rho_j+\rho_k-3\rho_l-2\rho_m-2\rho_n-2\rho_p-4\rho_q-4\rho_r-4\rho_s)V]/1260; \tag{5.9.20}$$

其中，ρ_i、ρ_j、…、ρ_l 为单元节点的密度值；V 为单元体积。

将一致质量矩阵中的主元代入式 (5.9.2)，可得团聚质量矩阵

$$\boldsymbol{M}_l=\mathrm{diag}\, m_{l,ii}\boldsymbol{I} \qquad i=1,\cdots,10 \tag{5.9.21}$$

式中

$$m_{l,11}=6V\left(-\frac{\rho_i}{120}+\frac{\rho_m}{30}-\frac{\rho_j}{120}+\frac{\rho_n}{30}+\frac{\rho_p}{30}-\frac{\rho_k}{120}+\frac{\rho_q}{30}+\frac{\rho_r}{30}+\frac{\rho_s}{30}-\frac{\rho_l}{120}\right)\frac{m_{11}}{m_{11}+m_{22}+\cdots+m_{1010}} \tag{5.9.22a}$$

$$m_{l,22}=6V\left(-\frac{\rho_i}{120}+\frac{\rho_m}{30}-\frac{\rho_j}{120}+\frac{\rho_n}{30}+\frac{\rho_p}{30}-\frac{\rho_k}{120}+\frac{\rho_q}{30}+\frac{\rho_r}{30}+\frac{\rho_s}{30}-\frac{\rho_l}{120}\right)\frac{m_{22}}{m_{11}+m_{22}+\cdots+m_{1010}} \tag{5.9.22b}$$

…

$$m_{l,1010}=6V\left(-\frac{\rho_i}{120}+\frac{\rho_m}{30}-\frac{\rho_j}{120}+\frac{\rho_n}{30}+\frac{\rho_p}{30}-\frac{\rho_k}{120}+\frac{\rho_q}{30}+\frac{\rho_r}{30}+\frac{\rho_s}{30}-\frac{\rho_l}{120}\right)\frac{m_{1010}}{m_{11}+m_{22}+\cdots+m_{1010}} \tag{5.9.22c}$$

上式中，11 对应 i 点，22 对应 m 点，33 对应 j 点，44 对应 n 点，55 对应 p 点，66 对应 k 点，77 对应 q 点，88 对应 r 点，99 对应 s 点，1010 对应 l 点。

5.9.3 引入团聚阵

从理论上分析，一致质量阵可以使方程的解更加精确，但是解一个大型线性方程组或非线性方程组，计算量是极其巨大的。当引入团聚阵后，在整体坐标系中集成的方程组解耦而成为一个递推系统，从而不再需要解方程组。尤其是质量方程中的质量矩阵式(5.3.17)，引入团聚阵，会产生显著的作用。而在动量方程和能量方程中的质量矩阵式(5.3.5b) 和式 (5.3.25)，仍采用一致质量阵为宜，当然，也可采用团聚阵。

5.10 初始条件和边界条件

仅由单纯的流体力学基本方程即流体运动的控制方程，还不能确定流动的具体形态，因为流体的形态还与初始状态与边界状态有关，即一个封闭的微分方程加上恰当规定的初始条件和边界条件才能确定具体的解。初始条件和边界条件合称为定解条件。初始条件由流场的初始状态给出，边界条件是给定具体的场变量在边界上的量。初始条件和边界条件的确定在具体应用中是不尽相同的，这里，根据算法的一般过程组织初始条件和边界条件。

5.10.1 初始场变量

张兆顺[44,45]系统地研究了湍流理论及其计算，王福军[30]具体地讨论了计算流体力学，在这些研究中都涉及初始场变量的构造。

在时段 $0 \sim t$ 中任意时刻t 时，描述流体运动行为的基本变量，即速度 ${}^{t}v(x,y,z)$ 及相应标量函数皆为空间和时间的函数。因此，在求解非定常问题即初值问题时，均需给出初始时刻 $t=0$ 时的值。

不论对于定常问题或非定常问题，应根据流体密度的变化梯度和温度的变化梯度给出计算流体单元节点的初始密度 ${}^{0}\rho_e(X,Y,Z)$ 和初始温度 ${}^{0}T_e(X,Y,Z)$ 。对于大气和水，初始温度和初始密度可参照式（1.1.1）～式（1.1.4）或具体问题的测定结果计算或确定。

根据初始密度 ${}^{0}\rho_e(X,Y,Z)$ 和初始温度 ${}^{0}T_e(X,Y,Z)$ 以及绝对压强的强制边界条件，按照式（5.7.1）计算初始绝对压强 ${}^{0}p_{ae}$ ，然后，根据流体绝对压强与力学压强之间的关系确定流体初始力学压强值即初始相对压强 ${}^{0}p_e$ 。

仅对非定常问题，包括湍流，须给出流体单元的初始速度 ${}^{0}v_e(X,Y,Z)$ 。在定常问题中，${}^{0}v_e(X,Y,Z)=0.0$ 。对于非定常问题，初速度也可以按初始时刻 $t=0$ 的定常问题求得。

根据流体的初密度、初始温度和初速度按

$$ {}^{0}E_e = {}^{0}e + \frac{1}{2}\,{}^{0}\boldsymbol{v}_e^2 \tag{5.10.1} $$

计算单位质量流体储存的能量初始值 ${}^{0}E_e$ 。上式中 ${}^{0}e$ 为流体单位质量内能，${}^{0}e = c_V\,{}^{0}T_e$ ，其中 c_V 为常数。

综上，密度、温度和速度的初始值是指定的；绝对压强与能量的初始值是计算得到的，因为它们是不独立的。

在初始条件中绝对温度和绝对压强不得为零，密度不得小于零。

5.10.2　初始场变量的确定

1. 概述

根据简单或复杂湍流的具体问题，如均匀各向同性衰减湍流、强迫均匀各向同性湍流、均匀旋转湍流、无剪切湍流混合层、简单壁湍流、平面槽道湍流、圆管湍流、简单自由剪切湍流、平面湍流混合层、线源标量湍流扩散、平均等梯度标量场在均匀湍流场中的扩散、槽道湍流中标量输运、平面扩压器、圆柱绕流、平板平行震荡、翼形绕流、三维绕流、高层建筑绕流、建筑群绕流、桥梁颤振等，可见层流是一种简单的理想流动状态，而湍流是一种复杂而真实的流动状态。对湍流的运动规律和湍流中流固耦合问题的分析都首先涉及湍流的构造，如以上所述。对尺度仅为 0.1m 的湍流所做的试验表明，要精确地描述湍流，则需要对这个流场分别沿空间三个方向剖分为 1000～10000 个网格，而时程为 10^{-4}s。由此可见，不论是试验室流场还是自然流场，要构造出初始场变量至少目前还未可行，所以只能对具体的简单或复杂、较小或巨大的流场、无穷远或近壁边界分别简化湍动模型，以构造初始场变量。

以上将湍流分析理论和方法归结为模式理论和大涡模拟理论两大类，这都基于湍流的生成机理至今仍不明确的事实和雷诺的研究成果。分析时依然必须借助数学理论，针对问题的复杂性和特殊性并根据必要的试验来构造初始的湍流场。一般对于空间均匀湍流或统计平行湍流等简单湍流，可采用谱方法求解，但是对于没有空间均匀性质的复杂湍流，则不能采用谱方法求解。

2. 能谱的构造

对于简单均匀湍流，在模拟点处先确定关于坐标系 $O\text{-}xyz$ 的单位向量 $\boldsymbol{e}_1$、$\boldsymbol{e}_2$、$\boldsymbol{e}_3$ ，以及对应的湍流脉动的波数 k_1、k_2、k_3 ，并求得波数的模，导入初始场中模拟点的能谱样本 $\hat{E}$ 。初始场的能谱可以根据试验测得，如 Comte-Bellot 谱等，也可以采用理论谱，如 Von Karman 谱[1]。对于近壁或近地面处的能谱

$$S(f)=\frac{v_*^2}{f}\,\frac{4\beta\dfrac{fL_{v_x}^x}{\overline{V}}}{\left[1+70.8\left(\dfrac{fL_{v_x}^x}{\overline{V}}\right)^2\right]^{5/6}} \tag{5.10.2}$$

式中，$S(f)$ 为风速功率谱函数；f 为频率，周期脉动的圆频率 $\omega=2\pi f$ ；$\overline{V}$ 为平均速度，定义涡旋的波长为 $w=\dfrac{\overline{V}}{f}$ ，那么涡旋的波数 $k=\dfrac{2\pi}{w}$ ，这个波长就是涡旋大小的度量；v_* 为摩擦速度，又称流动剪切速度，$v_*=\left(\dfrac{\tau_0}{\rho}\right)^{1/2}$ ，这里 ρ 为流体密度；τ_0 为边界层处流体剪应力；β 由大量试验得到，或者采用表 5.10.1 的建议值。

湍流积分尺度是湍流涡旋平均尺寸的度量。对应于和纵向、横向及垂直方向脉动的速度分量 v_x、v_y、v_z 有关的涡旋三个方向一共有 9 个湍流积分尺度，如 $L_{v_x}^x$ 表示和纵向脉动

速度 v_x 有关的涡旋纵向 x 方向的平均尺寸，即纵向积分尺度

对应于不同粗糙长度 z_0 的 β 值 **表 5.10.1**

z_0 (m)	β
0.005	6.5
0.07	6.0
0.30	5.25
1.00	4.85
2.5	4.00

$$L_{v_x}^x = \frac{1}{\overline{v_x^2}}\int_0^{\infty} R_{v_{x1}v_{x2}}(x)\mathrm{d}x \tag{5.10.3}$$

这里 $R_{v_{x1}v_{x2}}(x)$ 是两个纵向速度分量 $v_{x1} \equiv v(x_1, y_1, z_1, t)$ 和 $v_{x2} \equiv v(x_1 + x, y_1, z_1, t)$ 的互协方差函数

$$R_{v_{x1}v_{x2}}(x) = \lim_{T\to\infty}\frac{1}{T}\int_{-T/2}^{T/2} v_{x1}(x_1)v_{x2}(x_1 + x)\mathrm{d}x \tag{5.10.4}$$

式中，T 为时间；$\overline{v_x^2}$ 为 v_{x1} 和 v_{x2} 的均方值。

对于近壁或近地面处能谱的另一个公式

$$S(f) = \frac{12v_*^2\xi}{\pi f(1 + 70.8\xi^2)^{5/6}} \tag{5.10.5}$$

式中，$\xi = L\omega/v_z$；L 为湍流积分尺度，$L = 100(z/30)^{1/2}$；ω 为圆频率，$\omega = 2\pi f$；$v_z = v_{10}\left(\frac{z}{10}\right)^{\alpha}$，$\alpha$ 为地面粗糙度指数，见表 5.10.2，z 为离地面高度，v_{10} 为距地面 10m 高度处风速；$v_* = \sqrt{K}v_{10}$ 为地表剪切风速，K 为地面粗糙度系数，见表 5.10.3。

地面粗糙度指数 α **表 5.10.2**

类别	下垫面性质	α
A	近海海面、海岛、海岸、湖岸及沙漠地区	0.12
B	田野、乡村、丛林、丘陵以及房屋较稀疏的乡镇和城市郊区	0.16
C	有密集建筑群的城市市区	0.20
D	有密集建筑群且房屋较高的城市市区	0.30

地面粗糙度系数 K **表 5.10.3**

地表面	K
河湾	0.003
开阔地	0.005
10m 高度以下的矮树	0.015
城镇	0.03
大都市	0.05

以及距地面高度为 z 处的功率谱

$$S(f) = \frac{\sigma_v^2}{f}\frac{4x}{(1 + 70.8x^2)^{5/6}} \tag{5.10.6}$$

式中，σ_v 为风速方差；$x=\dfrac{fL_v}{V}$，L_v 为湍流积分尺度，$L_v=100\ (z/30)^{1/2}$，z 为离地面高度。

Von Karman 谱有较好的理论示范性。由于流体所涉及的问题极为广泛，所以在应用时必须考虑其特殊性并对公式进行修正。

在引入能谱样本后，逐个对样本进行计算，以最终求得速度统计值。

现先计算在 $[0,2\pi]$ 之间具有均匀概率密度分布的随机数 θ_1、θ_2、ϕ；计算谱空间中速度分量的随机系数，即由给定的能谱确定，有

$$\begin{aligned}\alpha(\boldsymbol{k})&=\sqrt{\frac{\hat{E}(k)}{4\pi k^2}}\exp(\mathrm{i}\theta_1)\cos\phi\\ \beta(\boldsymbol{k})&=\sqrt{\frac{\hat{E}(k)}{4\pi k^2}}\exp(\mathrm{i}\theta_2)\sin\phi\end{aligned}\tag{5.10.7}$$

在谱空间建立一个新的坐标基 $\boldsymbol{e}'_1$、$\boldsymbol{e}'_2$、$\boldsymbol{e}'_3$，$\boldsymbol{e}'_3$ 平行于波数向量 $\boldsymbol{k}$、$\boldsymbol{e}'_1$、$\boldsymbol{e}_2$ 在垂直于波数向量 $\boldsymbol{k}$ 的平面中，且相互正交。利用向量运算法则，有

$$\begin{aligned}\boldsymbol{e}'_3&=\frac{k_1}{k}\boldsymbol{e}_1+\frac{k_2}{k}\boldsymbol{e}_2+\frac{k_3}{k}\boldsymbol{e}_3\\ \boldsymbol{e}'_1&=\frac{\boldsymbol{e}'_3\times\boldsymbol{e}_3}{|\boldsymbol{e}'_3\times\boldsymbol{e}_3|}\\ \boldsymbol{e}'_2&=\frac{\boldsymbol{e}'_3\times\boldsymbol{e}'_1}{|\boldsymbol{e}'_3\times\boldsymbol{e}'_1|}\end{aligned}\tag{5.10.8}$$

式中，k_1、k_2、k_3 分别为对应于单位向量 $\boldsymbol{e}_1$、$\boldsymbol{e}_2$、$\boldsymbol{e}_3$ 的波数；k 为波数向量的模。

谱空间中速度向量

$$\hat{v}_i(\boldsymbol{k})\ \boldsymbol{e}_i=\alpha(\boldsymbol{k})\ \boldsymbol{e}'_1+\beta(\boldsymbol{k})\ \boldsymbol{e}'_2\tag{5.10.9}$$

将 $\boldsymbol{e}'_2$、$\boldsymbol{e}'_3$ 代入上式，得到谱空间中速度向量的一般表达式

$$\hat{v}_i(\boldsymbol{k})\ \boldsymbol{e}_i=\left[\frac{\alpha(\boldsymbol{k})kk_2+\beta(\boldsymbol{k})k_1k_3}{k\ (k_1^2+k_2^2)^{1/2}}\right]\boldsymbol{e}_1+\left[\frac{\beta(\boldsymbol{k})k_2k_3-\alpha(\boldsymbol{k})kk_1}{k\ (k_1^2+k_2^2)^{1/2}}\right]\boldsymbol{e}_2-\frac{\beta(\boldsymbol{k})\ (k_1^2+k_2^2)^{1/2}}{k}\boldsymbol{e}_3\tag{5.10.10}$$

初始脉动场必须满足连续性方程和能谱的约束方程

$$k_i\,\hat{v}_i(\boldsymbol{k})=0\tag{5.10.11}$$

$$\frac{1}{2}\oint\!\!\!\oint_{A(k)}\hat{v}_i(\boldsymbol{k})\,\hat{v}_i^*(\boldsymbol{k})\mathrm{d}A(\boldsymbol{k})=E(k)\tag{5.10.12}$$

式中，$\hat{v}_i^*(\boldsymbol{k})$ 是 $\hat{v}_i(\boldsymbol{k})$ 的复共轭；$A(\boldsymbol{k})$ 是谱空间中半径为 k 的球面。

3. 初始脉动场的特征参数

给定能谱后，估算初始脉动场的特征参数：

湍动能即湍流脉动强度

$$\overline{v^2}=\frac{2}{3}\int_0^{\infty}E(k)\mathrm{d}k\tag{5.10.13}$$

湍动能耗散率

$$\varepsilon=\nu\int_0^{\infty}k^2E(k)\mathrm{d}k\tag{5.10.14}$$

描述湍流中湍动能耗散尺度的泰勒微尺度

$$\lambda = \sqrt{\frac{15\nu\overline{v^2}}{\varepsilon}} \tag{5.10.15}$$

式中，ν 为运动黏度。

耗散尺度

$$\eta = \left(\frac{\nu^3}{\varepsilon}\right)^{1/4} \tag{5.10.16}$$

湍流的积分尺度

$$l = \frac{(\overline{v^2})^{3/2}}{\varepsilon} \tag{5.10.17}$$

湍涡周转时间

$$\tau = \frac{l}{(\overline{v^2})^{1/2}} \tag{5.10.18}$$

求由泰勒微尺度作特征长度的雷诺数，即泰勒雷诺数

$$Re_\lambda = \lambda \frac{\sqrt{\overline{v^2}}}{\nu} \tag{5.10.19}$$

因脉动速度均方根 $\sqrt{\overline{v^2}}$ 与能谱峰值 $E(k_p)$ 的均方根近似成正比，泰勒尺度是随着能谱峰值波数 k_p 增加而减小的，因此在计算中，可调整能谱的峰值和峰值波数，通过几次迭代计算达到给定的初始泰勒雷诺数。对于湍流，泰勒雷诺数 $Re_\lambda = 1$ 。

积分域长度 L 应大于积分尺度 l 的 n 倍，即 $L > nl$ ，$n = 8 \sim 10$ 。物理空间的尺度和谱空间的波数有对应关系：长度$=\pi$/波数，因此谱空间的最小波数

$$k_{\min} < \frac{\pi}{nl} \tag{5.10.20}$$

若过滤尺度和网格尺度相当，网格长度通常取泰勒尺度，截断波数可估计为

$$k_c = \frac{\pi}{\lambda} \tag{5.10.21}$$

因此，对应泰勒雷诺数的网格数为

$$N_x = N_y = N_z = \frac{k_c}{k_{\min}} > n\frac{l}{\lambda} \tag{5.10.22}$$

4. 初始脉动场的构造

对于简单湍流问题，如假定初始脉动场是近似各向同性的，需要推进一段时间才能使均匀湍流场进入各向同性状态[44,45]。时间推进求解的速度必须大于物理扰动传播的速度，时间推进的步长应满足 CFL（Courant Friedrichs Lewy）值小于 1 的条件，即 $\mathrm{d}t \leqslant \frac{\lambda}{v_{\mathrm{rms}}}$ ，并通过计算试验确定。这里，v_{rms} 为速度的均方根值。

而对于一般湍流问题，则需通过试验构造样本的速度时程曲线，然后按湍流数值模拟的一般方法进行计算。

流体的湍流运动是一个非定常问题，因此必须给出初始条件和边界条件，于是问题又回到至今机理仍未清楚的湍流如何产生，所以目前依据的仍是统计理论，从有限的样本中通过试验来构造样本曲线，并把此样本推断到整个物理空间以及边界入口处，然后根据问题边界的特殊性，如固壁处或无穷远处，对边界进行修正，同时尽可能扩大计算域并在入口处附近构造流场，驱动入口处的强迫速度，经历相当的时程使得流场起涡，这样在流场

中某区段内的流体处于湍流状态，而所欲研究的固体或流体正位于该区段内。

由于脉动速度很难得到，在边界处只能给出平均速度，因此必须扩大计算域，推离边界。

5.10.3　自然边界条件

在固体力学中，自然边界条件又称为应力边界条件，可简单地把它视为外荷载。对于流体，即为作用在流体表面的外部作用。流体表面的外部作用有表面力，包括绝对压强。

在流体表面的单元如四面体单元，如其中单元的某个三角形表面位于 S_σ ，则应在该单元的表面导入表面力

$$\overline{\boldsymbol{p}}_j=\int_S \boldsymbol{N}_p^{\mathrm{T}}\overline{\boldsymbol{p}}\,\mathrm{d}S \tag{5.10.23}$$

式中，$\boldsymbol{N}_p$ 为形函数；$\overline{\boldsymbol{p}}$ 为表面力集度，它有三个分量，其中两个为面内分量，另一个是法向分量；$\overline{\boldsymbol{p}}_j$ 为在局部坐标系中移置到单元节点上的力向量。

在流体表面的单元如四面体单元，如其中单元的某个三角形表面位于 S_Q ，则应在该单元的表面导入热流量

$$\begin{aligned}\overline{\boldsymbol{Q}}_j&=\int_V \boldsymbol{N}_T^{\mathrm{T}}\left[n_x\left(k\,\frac{\partial T_Q}{\partial x}\right)+n_y\left(k\,\frac{\partial T_Q}{\partial y}\right)+n_z\left(k\,\frac{\partial T_Q}{\partial z}\right)\right]\mathrm{d}V\\&=\int_V \boldsymbol{N}_T^{\mathrm{T}}k\left[\frac{\partial}{\partial x}\left(\frac{\partial^{t+\Delta t}t}{\partial x}\right)+\frac{\partial}{\partial y}\left(\frac{\partial^{t+\Delta t}t}{\partial y}\right)+\frac{\partial}{\partial z}\left(\frac{\partial^{t+\Delta t}t}{\partial z}\right)\right]\mathrm{d}V\end{aligned} \tag{5.10.24}$$

式中，$\boldsymbol{N}_T$ 为形函数；k 为流体的热传导系数；n_x、n_y、n_z 为单元外法线向量方向的余弦，T_Q 为表面温度作用。

解流体运动的能量方程时，应引入热流量 $\overline{\boldsymbol{Q}}_j$ 。

在动量方程中速度的强制边界条件和表面力的自然边界条件互补，在能量方程中能量的强制边界条件和自然边界条件也互补。

在引入自然边界条件后，式（5.3.7）应改为

$$\boldsymbol{f}_v=-\boldsymbol{C}_v+\boldsymbol{K}_\tau+\boldsymbol{P}_v+\boldsymbol{P}+\overline{\boldsymbol{P}}_j \tag{5.10.25}$$

5.10.4　强制边界条件

在求解流体力学基本微分方程的有限单元法中，需要引入强制边界条件以消除方程的奇异，改善病态度并且驱动流场。根据强制边界条件所提供的约束类型及相应的约束量，修改有限元基本方程中的系数矩阵和右端项向量。强制边界条件中的约束类型，包括边界节点可能存在自由、“弹性”、固定及强迫四种约束状态，以及强迫约束的约束量。下面先讨论约束量。

求解流体动量方程时应满足的强制边界条件是速度边界条件。在流体表面的单元如四面体单元，如其中单元的某个三角形表面位于 S_V ，则应对该单元的表面节点导入必须满足的边界速度约束量 $\overline{V}_i$ 。

求解流体能量方程时应满足的强制边界条件是由温度边界条件计算而得的能量边界条件。在流体表面的单元如四面体单元，如其中单元的某个三角形表面位于 S_T ，则应对该单元的表面节点导入必须满足的边界温度约束量 $\overline{T}_i$。

然后根据内能的定义计算得

$$\overline{E}_i = c_V \overline{T}_i + \frac{1}{2}\overline{V}_i^2 \tag{5.10.26}$$

根据问题要求所满足的物性方程以及表面力中可能存在的法向应力或压强计算流场边界强制绝对压强值 $p_{ai}|_{S_p} = \overline{p}_{aj}$ 。

以上表明，在流体的计算中仅流体的速度、温度的边界约束量是可以给定的，而能量和绝对压强的边界约束量是依赖于边界的速度和温度以及密度，并且在目前的理论框架中，绝对温度和绝对压强不能为零。因此，上述四种约束类型只适应于动量方程。

5.10.5 约束量

边界条件的引入除了表示流体受到的作用外，还应使矩阵保持正定。以约束的标识1、2、3和4分别表示流体边界中节点自由度的约束类型，即1自由，2滑移，3固定即该点速度为0，4强迫即表示该点存在速度。

在速度强制边界条件中增加了滑移约束，实际上是在动量方程的质量矩阵中增加了一个附加质量，这是一个虚拟的质量，在流体中并不存在。它仅反映了流体接触面对流体简单的约束效应，譬如粗糙或光滑的边界面对流体的黏滞影响，或模拟从流体中截取的计算流场的边界。这样一种边界效应在固体与结构中是可以很确切地反映出来的，而在流体中从分子动力学的理论也是可以解释的，只是在基于连续介质力学的流体宏观分析中作为一种模拟。根据圣维南原理，在远离边界处边界约束的影响已经可以忽略，然而问题在对流体的计算中除了准确地描写流体的行为外，还需要了解流体对其边界的作用，这时，边界条件的引入和表示十分重要，不幸的是这却是力学分析中最不易表示之处。

在有关边界条件的问题中，目前采用的另一个假定是线性边界。事实上，在很多情况下边界条件都是非线性的，这个问题在研究流固耦合时难以回避。

5.10.6 强制边界条件的实施

固定和强迫速度可以采用相同的处理方法，固定约束可视为速度 $\Delta = 0$ 时的强迫速度，而处理强迫速度的方法有三种。现设有限元基本方程为

$$\begin{bmatrix} S_{11} & S_{12} & \cdots & S_{1i} & \cdots & S_{1n} \\ S_{21} & S_{22} & \cdots & S_{2i} & \cdots & S_{2n} \\ \vdots & \vdots & & \vdots & & \vdots \\ S_{i1} & S_{i2} & \cdots & S_{ii} & \cdots & S_{in} \\ \vdots & \vdots & & \vdots & & \vdots \\ S_{n1} & S_{n2} & \cdots & S_{ni} & \cdots & S_{nn} \end{bmatrix} \begin{bmatrix} V_1 \\ V_2 \\ \vdots \\ V_i \\ \vdots \\ V_n \end{bmatrix} = \begin{bmatrix} Q_1 \\ Q_2 \\ \vdots \\ Q_i \\ \vdots \\ Q_n \end{bmatrix} \tag{5.10.27}$$

如在第 i 个自由度方向有强迫速度Δ_i，则可将质量矩阵中相应于该自由度的第 i 行主元 S_{ii} 乘以一个充分大的数R，R 为 $10^8 \sim 10^{12}$ ，并将该行右端荷载项 Q_i 改为 $S_{ii} \cdot \Delta_i \cdot R$。于是该第 i 行方程为

$$S_{i1}V_1 + S_{i2}V_2 + \cdots + S_{ii} \cdot R \cdot V_i + \cdots + S_{in}V_n = S_i R \Delta_i \tag{5.10.28}$$

式中与 $S_{ii}R$ 相比，其他各系数的值极小。因此，可近似地认为 $V_i \approx \Delta_i$ 。

这样的处理编程最为简单，但是大数 R 的选取应充分考虑计算机的字长。R 取得过

小，会影响解的精度。反之，R 取得过大，在运算中容易发生下溢。

如令质量矩阵中相应于该自由度的第 i 行主元素 $S_{ii}=1$，且第 i 行和第 i 列的所有其他元素都为零。方程的右端项也作对应的运算 。第 i 行的右端项即为 Δ_i。经过修改后的有限元基本方程为

$$\begin{aligned}
&S_{11}V_1+S_{12}V_2+\cdots+S_{1i-1}V_{i-1}+0+S_{1i+1}V_{i+1}+\cdots+S_{1n}V_n=Q_1-S_{1i}\Delta_i\\
&S_{21}V_1+S_{22}V_2+\cdots+S_{2i-1}V_{i-1}+0+S_{2i+1}V_{i+1}+\cdots+S_{2n}V_n=Q_2-S_{2i}\Delta_i\\
&0+0+\cdots+V_i+\cdots+0+0=\Delta_i\\
&S_{n1}V_1+S_{n2}V_2+\cdots+S_{ni-1}V_{i-1}+0+S_{ni+1}V_{i+1}+\cdots+S_{nn}V_n=Q_n-S_{ni}\Delta_i
\end{aligned} \tag{5.10.29}$$

显然，有 $V_i=\Delta_i$。

对于固定约束，可将质量矩阵中相应于该自由度的第 i 行和第 i 列的各元素及对应的右端项全部划去，消去第 i 个自由度，并且将总质量矩阵压缩。消去相应的固定自由度，可以减少计算量，但是在采用快速（FFE）有限元时程序的实施比较困难。

如上所述，在流体边界条件中，引入类似于固体力学中的“弹性”约束。“弹性”约束的引入非常简单，当在流场中第 i 个自由度方向存在“弹性”约束时，可在质量矩阵的主元叠加一个附加质量，即

$$S_{ii}=S_{ii}+\Delta S_{ii} \tag{5.10.30}$$

这里，ΔS_{ii} 为附加质量。叠加附加质量后的主元 S_{ii} 必须大于零，$S_{ii}>0^{+}$。

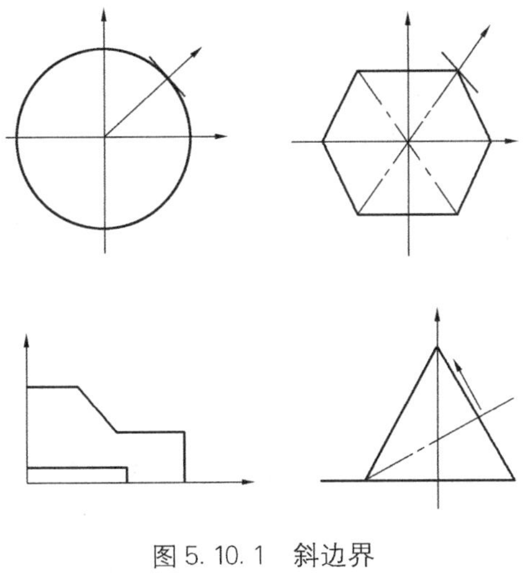

图 5.10.1 斜边界

附加质量 ΔS_{ii} 的取值有一定的数值范围，即 $\Delta\bar{S}_{ii}^{+}<\Delta S_{ii}<\Delta\bar{\bar{S}}_{ii}^{-}$，取值的上下限可由试算确定。更为合理的做法是应进一步研究给出一种墙函数。

根据给定的边界条件不论按照上述哪一种方法来修正总质量矩阵，被约束节点的自由度方向应该与流场的整体坐标系一致。若节点沿某个方向受到约束，而该约束的方向与整体坐标系中任一坐标轴皆不一致，那么就不能直接采用上述第一、二种方法。

沿着与整体坐标系斜交的方向给予的约束称为斜向约束或斜边界条件。在某些平面为圆形、六边形、三边形或其他任意多边形的流场中，一般都存在斜边界条件，如图 5.10.1 所示。

5.10.7 无穷远处及流固边界

通常在流体的计算中需要在自然流场中选取计算流场，显然自然流场是没有边界的，或者说边界在无穷远处，因此，对于计算流场的边界选取应模拟无穷远处的边界条件，也就是减少矩阵病态度及消除边界效应为原则，使方程的解收敛于精确解。

在流体的计算中，会遇到另一种非常重要的流固边界。根据边界层理论在固壁处流体

的运动是极其复杂的，所以在处理流固边界时可以采用：引入分子动力学理论和方法精确计算固壁边界处的流体和流场；引入多尺度理论和方法在固壁处的流场中精细剖分单元；引入壁面函数放松边界条件。引入壁面函数的方法[83,93]可以不增加很多计算量。

根据对壁面函数的研究，可对边界层的厚度作大致的区分。现将距固壁处的流体边界层大致分为黏性层、过渡层和惯性层。黏性层处，$0 < r_e^+ \leqslant 5$；过渡层处，$5 < r_e^+ \leqslant 30$；惯性层处，$30 < r_e^+ \leqslant 200$。以上 r_e^+ 为雷诺数当量。

根据流体密度 ρ 和冯·卡门系数 k 按式（1.8.3）求壁面摩擦剪应力 τ_w。

根据壁面摩擦剪应力 τ_w 和流体密度 ρ，按式（1.8.2）求摩擦速度 V_τ；根据壁面温度 T_w、流体温度 T、流体密度 ρ、流体定压比热 C_p、流体壁面速度 v_τ 和壁面热流量 q_w，按式（1.8.6）求壁面摩擦温度 T_τ。

根据当量 r_e^+、壁面摩擦速度 V_τ 和流体的黏性系数 ν 按式（1.8.1）反算 s。

根据 V_τ、r_e^+、k 和 B，按式（1.8.7）求垂直于壁面并与壁面相距 s 处的速度 V_s；根据 T_τ、r_e^+、k_T 和 B，按式（1.8.8）求垂直于壁面并与壁面相距 s 处的温度 T_s。

根据 s 将位于壁面上的流体节点的坐标进行微调，并令壁面上节点的速度和温度约束量分别为 $\bar{V}_i = V_s$，$\bar{T}_i = T_s$。

5.10.8 边界条件的补充

对于一些高速流动的流场及其他一些特殊流场，也存在一些以下边界条件的处理方法。

1. 假想的边界条件

在大量的流体力学问题中，通常考虑的是开区域的流体。随着距边界距离的增长，边界值趋向于自由边界或无穷远处的值。这类问题的边界条件称为是假想的。当给出合适的边界值时，流体内部区域可获得精确解。

如果流速达到次声速，则除密度外流体其他基本变量的边值都可以在边壁和入口的边界上获得。流速为亚声速时，出口条件比较复杂。

对于超声速流体，所有基本变量的边值可以在入口处预先规定，但在出口处，无强制边界条件。

2. 真实的边界条件

真实的边界条件有三种可能：没有滑移的固定边界，假设流体是附在边界上的，所以所有的速度分量等于零。很明显，这种条件仅在黏性流体中存在可能；非黏性流体的固定边界，当流体非黏性时，存在滑移边界，此时只有法向速度分量是已知的，且在静态下这个速度一般等于零；指定的牵引边界条件，包括液体自由表面的零牵引、任意预先指定的牵引，如风作用的表面。

这三种基本的边界条件被应用于流体中，当使用分离算子方案时要作特殊的考虑。

5.11 数值积分

如果不能给出单元质量矩阵的被积函数的显式，或被积函数非常复杂，直接对其积分运算相当困难，因此一般都采用数值积分，即在单元内选出某些积分点，计算出被积函数在这些点处的函数值，然后用一些加权系数乘以这些函数值，再求出总和而作为积分的近似值。不同的数值积分方法有不同的选择积分点的方法和得到不同的权重值。高斯积分法是有限元法中最常用的具有较高精度的数值积分法。

此外，对三角形单元和四面体单元进行面积和体积的积分，需要进行变换，以便在自然坐标系中进行数值积分。

5.11.1　体积微元和面积微元的变换

笛卡尔坐标系内单元的体积微元为

$$\mathrm{d}V=\mathrm{d}\boldsymbol{\xi}\cdot(\mathrm{d}\boldsymbol{\eta}\times\mathrm{d}\boldsymbol{\zeta}) \tag{5.11.1}$$

其中，$\mathrm{d}\boldsymbol{\xi}=\frac{\partial x}{\partial\xi}\mathrm{d}\xi\boldsymbol{e}_1+\frac{\partial y}{\partial\xi}\mathrm{d}\xi\boldsymbol{e}_2+\frac{\partial z}{\partial\xi}\mathrm{d}\xi\boldsymbol{e}_3$，$\mathrm{d}\boldsymbol{\eta}=\frac{\partial x}{\partial\eta}\mathrm{d}\eta\boldsymbol{e}_1+\frac{\partial y}{\partial\eta}\mathrm{d}\eta\boldsymbol{e}_2+\frac{\partial z}{\partial\eta}\mathrm{d}\eta\boldsymbol{e}_3$，$\mathrm{d}\boldsymbol{\zeta}=\frac{\partial x}{\partial\zeta}\mathrm{d}\zeta\boldsymbol{e}_1+\frac{\partial y}{\partial\zeta}\mathrm{d}\zeta\boldsymbol{e}_2+\frac{\partial z}{\partial\zeta}\mathrm{d}\zeta\boldsymbol{e}_3$，$\boldsymbol{e}_1$、$\boldsymbol{e}_2$、$\boldsymbol{e}_3$，是笛卡尔坐标 x、y、z 方向的单位向量。

于是，得

$$\mathrm{d}V=\begin{vmatrix}\frac{\partial x}{\partial\xi} & \frac{\partial y}{\partial\xi} & \frac{\partial z}{\partial\xi}\\ \frac{\partial x}{\partial\eta} & \frac{\partial y}{\partial\eta} & \frac{\partial z}{\partial\eta}\\ \frac{\partial x}{\partial\zeta} & \frac{\partial y}{\partial\zeta} & \frac{\partial z}{\partial\zeta}\end{vmatrix}\mathrm{d}\xi\mathrm{d}\eta\mathrm{d}\zeta=|J|\,\mathrm{d}\xi\mathrm{d}\eta\mathrm{d}\zeta \tag{5.11.2}$$

类似地，可得在 $\xi=$ 常数 c 处的微元面积

$$\begin{aligned}\mathrm{d}S&=|\mathrm{d}\boldsymbol{\eta}\times\mathrm{d}\boldsymbol{\zeta}|_{\xi=c}\\&=\left[\left(\frac{\partial y}{\partial\eta}\frac{\partial z}{\partial\zeta}-\frac{\partial y}{\partial\zeta}\frac{\partial z}{\partial\eta}\right)^2+\left(\frac{\partial z}{\partial\eta}\frac{\partial x}{\partial\zeta}-\frac{\partial z}{\partial\zeta}\frac{\partial x}{\partial\eta}\right)^2+\left(\frac{\partial x}{\partial\eta}\frac{\partial y}{\partial\zeta}-\frac{\partial x}{\partial\zeta}\frac{\partial y}{\partial\eta}\right)^2\right]^{\frac{1}{2}}\mathrm{d}\eta\mathrm{d}\zeta\end{aligned} \tag{5.11.3}$$

其他面上的 dS 可以通过轮换 ξ、η、ζ 得到。

$\mathrm{d}\xi$、$\mathrm{d}\eta$ 在笛卡尔坐标系内的面积微元为

$$\mathrm{d}A=\begin{vmatrix}\frac{\partial x}{\partial\xi} & \frac{\partial y}{\partial\xi}\\ \frac{\partial x}{\partial\eta} & \frac{\partial y}{\partial\eta}\end{vmatrix}\mathrm{d}\xi\mathrm{d}\eta=|J|\,\mathrm{d}\xi\mathrm{d}\eta \tag{5.11.4}$$

在有了以上几种坐标变换关系式后，体积积分、面积积分可变换到自然坐标系的规则化域内进行，它们分别表示为

$$\left.\begin{aligned}&\int_{-1}^{1}\int_{-1}^{1}\int_{-1}^{1}G^*(\xi,\eta,\zeta)\,\mathrm{d}\xi\mathrm{d}\eta\mathrm{d}\zeta\\&\int_{-1}^{1}\int_{-1}^{1}g^*(c,\eta,\zeta)\,\mathrm{d}\eta\mathrm{d}\zeta\end{aligned}\right.\quad(\text{在 }\xi=\pm1\text{ 的面上，}c=\pm1) \tag{5.11.5}$$

其中

$$G^*(\xi,\ \eta,\ \zeta)=G[x(\xi,\ \eta,\ \zeta),y(\xi,\ \eta,\ \zeta),z(\xi,\ \eta,\ \zeta)]|J|$$
$$g^*(c,\ \eta,\ \zeta)=G[x(c,\ \eta,\ \zeta),y(c,\ \eta,\ \zeta),z(c,\ \eta,\ \zeta)]A \tag{5.11.6}$$

5.11.2 自然坐标系下三角形单元的数值积分

对被积函数为 $f(x,\ y)$ 的积分，有

$$\int_{y_1}^{y_2}\int_{x_1}^{x_2} f(x,y)\mathrm{d}x\mathrm{d}y=\int_0^1\int_0^{1-L_i} g(L_i,L_j,L_k)\det[\boldsymbol{J}]\mathrm{d}L_j\mathrm{d}L_i \tag{5.11.7}$$

其中，Jacobian 矩阵为

$$\boldsymbol{J}=\begin{bmatrix}\dfrac{\partial x}{\partial L_i} & \dfrac{\partial y}{\partial L_i}\\ \dfrac{\partial x}{\partial L_j} & \dfrac{\partial y}{\partial L_j}\end{bmatrix} \tag{5.11.8}$$

三角形单元的坐标向量与面积坐标为线性关系

$$x=x_iL_i+x_jL_j+x_kL_k$$
$$y=y_iL_i+y_jL_j+y_kL_k \tag{5.11.9}$$

三角形单元 Jacobian 矩阵

$$\boldsymbol{J}=\begin{bmatrix}1 & 0 & -1\\ 0 & 1 & -1\end{bmatrix}\begin{bmatrix}x_i & y_i\\ x_j & y_j\\ x_k & y_k\end{bmatrix}=\begin{bmatrix}x_i-x_k & y_i-y_k\\ x_j-x_k & y_j-y_k\end{bmatrix} \tag{5.11.10}$$

Jacobian 矩阵 $\boldsymbol{J}$ 的逆矩阵

$$\boldsymbol{J}^{-1}=\begin{bmatrix}J_{11} & J_{12}\\ J_{21} & J_{22}\end{bmatrix} \tag{5.11.11}$$

其中

$$J_{11}=(y_j-y_k)/(-x_jy_i+x_ky_i+x_iy_j-x_ky_j-x_iy_k+x_jy_k)$$
$$J_{12}=(-y_i+y_k)/(-x_jy_i+x_ky_i+x_iy_j-x_ky_j-x_iy_k+x_jy_k)$$
$$J_{21}=(-x_j+x_k)/(-x_jy_i+x_ky_i+x_iy_j-x_ky_j-x_iy_k+x_jy_k)$$
$$J_{22}=(x_i-x_k)/(-x_jy_i+x_ky_i+x_iy_j-x_ky_j-x_iy_k+x_jy_k)$$

在三角形单元 ijk 的局部坐标系 $i\text{-}xy$ 中 $\boldsymbol{J}^{-1}=\dfrac{1}{2A}\begin{bmatrix}b_i & b_j\\ c_i & c_j\end{bmatrix}$，Jacobian 矩阵 $\boldsymbol{J}$ 的行列式

$$|\boldsymbol{J}|=\begin{vmatrix}x_i-x_k & y_i-y_k\\ x_j-x_k & y_j-y_k\end{vmatrix}=(x_i-x_k)(y_j-y_k)-(x_j-x_k)(y_i-y_k)=2A \tag{5.11.12}$$

根据 Hammer 数值积分，式（5.11.7）可写为

$$\int_0^1\int_0^{1-L_i} g(L_i,\ L_j,\ L_k)\det[\boldsymbol{J}]\mathrm{d}L_j\mathrm{d}L_i=A\sum_{i=1}^{n}w_ig(L_i,\ L_j,\ L_k) \tag{5.11.13}$$

式中，w_i 为权函数；A 为单元面积。

5.11.3 自然坐标系下空间四面体单元的数值积分

对被积函数为 $f(x,\ y,\ z)$ 的积分，有

$$\int_{z_1}^{z_2}\int_{y_1}^{y_2}\int_{x_1}^{x_2} f(x, y, z)\mathrm{d}x\mathrm{d}y\mathrm{d}z = \int_0^1\int_0^{1-L_i}\int_0^{1-L_j-L_i} g(L_i, L_j, L_k, L_l)\det[\boldsymbol{J}]\mathrm{d}L_k\mathrm{d}L_j\mathrm{d}L_i \tag{5.11.14}$$

其中，$\boldsymbol{J}$ 为 Jacobian 矩阵

$$\boldsymbol{J} = \begin{bmatrix} \dfrac{\partial x}{\partial L_i} & \dfrac{\partial y}{\partial L_i} & \dfrac{\partial z}{\partial L_i} \\ \dfrac{\partial x}{\partial L_j} & \dfrac{\partial y}{\partial L_j} & \dfrac{\partial z}{\partial L_j} \\ \dfrac{\partial x}{\partial L_k} & \dfrac{\partial y}{\partial L_k} & \dfrac{\partial z}{\partial L_k} \end{bmatrix} \tag{5.11.15}$$

四面体单元的坐标向量与体积坐标为线性关系

$$\begin{aligned} x &= (x_i - x_l)L_i + (x_j - x_l)L_j + (x_k - x_l)L_k + x_l \\ y &= (y_i - y_l)L_i + (y_j - y_l)L_j + (y_k - y_l)L_k + y_l \\ z &= (z_i - z_l)L_i + (z_j - z_l)L_j + (z_k - z_l)L_k + z_l \end{aligned} \tag{5.11.16a}$$

于是有

$$\frac{\partial x}{\partial L_i} = x_i - x_l, \quad \frac{\partial x}{\partial L_j} = x_j - x_l, \quad \frac{\partial x}{\partial L_k} = x_k - x_l \tag{5.11.16b}$$

类似地有

$$\begin{aligned} &\frac{\partial y}{\partial L_i} = y_i - y_l, \quad \frac{\partial y}{\partial L_j} = y_j - y_l, \quad \frac{\partial y}{\partial L_k} = y_k - y_l \\ &\frac{\partial z}{\partial L_i} = z_i - z_l, \quad \frac{\partial z}{\partial L_j} = z_j - z_l, \quad \frac{\partial z}{\partial L_k} = z_k - z_l \end{aligned} \tag{5.11.16c}$$

四面体单元 Jacobian 矩阵

$$\boldsymbol{J} = \begin{bmatrix} \dfrac{\partial x}{\partial L_i} & \dfrac{\partial y}{\partial L_i} & \dfrac{\partial z}{\partial L_i} \\ \dfrac{\partial x}{\partial L_j} & \dfrac{\partial y}{\partial L_j} & \dfrac{\partial z}{\partial L_j} \\ \dfrac{\partial x}{\partial L_k} & \dfrac{\partial y}{\partial L_k} & \dfrac{\partial z}{\partial L_k} \end{bmatrix} = \begin{bmatrix} x_i - x_l & y_i - y_l & z_i - z_l \\ x_j - x_l & y_j - y_l & z_j - z_l \\ x_k - x_l & y_k - y_l & z_k - z_l \end{bmatrix} \tag{5.11.17}$$

四面体单元 Jacobian 矩阵 $\boldsymbol{J}$ 的逆矩阵

$$\boldsymbol{J}^{-1} = \begin{bmatrix} J_{11} & J_{12} & J_{13} \\ J_{21} & J_{22} & J_{23} \\ J_{31} & J_{32} & J_{33} \end{bmatrix} \tag{5.11.18a}$$

其中

$$\begin{aligned} J_{11} = &(-y_kz_j + y_lz_j + y_jz_k - y_lz_k - y_jz_l + y_kz_l)/(-x_ky_jz_i + x_ly_jz_i + x_jy_kz_i \\ &- x_ly_kz_i - x_jy_lz_i + x_ky_lz_i + x_ky_iz_j - x_ly_iz_j - x_iy_kz_j + x_ly_kz_j + x_iy_lz_j \\ &- x_ky_lz_j - x_jy_iz_k + x_ly_iz_k + x_iy_jz_k - x_ly_jz_k - x_iy_lz_k + x_jy_lz_k + x_jy_iz_l \\ &- x_ky_iz_l - x_iy_jz_l + x_ky_jz_l + x_iy_kz_l - x_jy_kz_l) \end{aligned}$$

$$
\begin{aligned}
J_{12}=&(y_k z_i-y_l z_i-y_i z_k+y_l z_k+y_i z_l-y_k z_l)/(-x_k y_j z_i+x_l y_j z_i+x_j y_k z_i\\
&-x_l y_k z_i-x_j y_l z_i+x_k y_l z_i+x_k y_i z_j-x_l y_i z_j-x_i y_k z_j+x_l y_k z_j+x_i y_l z_j\\
&-x_k y_l z_j-x_j y_i z_k+x_l y_i z_k+x_i y_j z_k-x_l y_j z_k-x_i y_l z_k+x_j y_l z_k+x_j y_i z_l\\
&-x_k y_i z_l-x_i y_j z_l+x_k y_j z_l+x_i y_k z_l-x_j y_k z_l)\\
J_{13}=&(-y_j z_i+y_l z_i+y_i z_j-y_l z_j-y_i z_l+y_j z_l)/(-x_k y_j z_i+x_l y_j z_i+x_j y_k z_i\\
&-x_l y_k z_i-x_j y_l z_i+x_k y_l z_i+x_k y_i z_j-x_l y_i z_j-x_i y_k z_j+x_l y_k z_j+x_i y_l z_j\\
&-x_k y_l z_j-x_j y_i z_k+x_l y_i z_k+x_i y_j z_k-x_l y_j z_k-x_i y_l z_k+x_j y_l z_k+x_j y_i z_l\\
&-x_k y_i z_l-x_i y_j z_l+x_k y_j z_l+x_i y_k z_l-x_j y_k z_l)\\
J_{21}=&(x_k z_j-x_l z_j-x_j z_k+x_l z_k+x_j z_l-x_k z_l)/(-x_k y_j z_i+x_l y_j z_i+x_j y_k z_i\\
&-x_l y_k z_i-x_j y_l z_i+x_k y_l z_i+x_k y_i z_j-x_l y_i z_j-x_i y_k z_j+x_l y_k z_j+x_i y_l z_j\\
&-x_k y_l z_j-x_j y_i z_k+x_l y_i z_k+x_i y_j z_k-x_l y_j z_k-x_i y_l z_k+x_j y_l z_k+x_j y_i z_l\\
&-x_k y_i z_l-x_i y_j z_l+x_k y_j z_l+x_i y_k z_l-x_j y_k z_l)\\
J_{22}=&(-x_k z_i+x_l z_i+x_i z_k-x_l z_k-x_i z_l+x_k z_l)/(-x_k y_j z_i+x_l y_j z_i+x_j y_k z_i\\
&-x_l y_k z_i-x_j y_l z_i+x_k y_l z_i+x_k y_i z_j-x_l y_i z_j-x_i y_k z_j+x_l y_k z_j+x_i y_l z_j\\
&-x_k y_l z_j-x_j y_i z_k+x_l y_i z_k+x_i y_j z_k-x_l y_j z_k-x_i y_l z_k+x_j y_l z_k\\
&+x_j y_i z_l-x_k y_i z_l-x_i y_j z_l+x_k y_j z_l+x_i y_k z_l-x_j y_k z_l)\\
J_{23}=&(x_j z_i-x_l z_i-x_i z_j+x_l z_j+x_i z_l-x_j z_l)/(-x_k y_j z_i+x_l y_j z_i+x_j y_k z_i\\
&-x_l y_k z_i-x_j y_l z_i+x_k y_l z_i+x_k y_i z_j-x_l y_i z_j-x_i y_k z_j+x_l y_k z_j+x_i y_l z_j\\
&-x_k y_l z_j-x_j y_i z_k+x_l y_i z_k+x_i y_j z_k-x_l y_j z_k-x_i y_l z_k+x_j y_l z_k+x_j y_i z_l\\
&-x_k y_i z_l-x_i y_j z_l+x_k y_j z_l+x_i y_k z_l-x_j y_k z_l)\\
J_{31}=&(-x_k y_j+x_l y_j+x_j y_k-x_l y_k-x_j y_l+x_k y_l)/(-x_k y_j z_i+x_l y_j z_i+x_j y_k z_i\\
&-x_l y_k z_i-x_j y_l z_i+x_k y_l z_i+x_k y_i z_j-x_l y_i z_j-x_i y_k z_j+x_l y_k z_j+x_i y_l z_j\\
&-x_k y_l z_j-x_j y_i z_k+x_l y_i z_k+x_i y_j z_k-x_l y_j z_k-x_i y_l z_k+x_j y_l z_k+x_j y_i z_l\\
&-x_k y_i z_l-x_i y_j z_l+x_k y_j z_l+x_i y_k z_l-x_j y_k z_l)\\
J_{32}=&(x_k y_i-x_l y_i-x_i y_k+x_l y_k+x_i y_l-x_k y_l)/(-x_k y_j z_i+x_l y_j z_i+x_j y_k z_i\\
&-x_l y_k z_i-x_j y_l z_i+x_k y_l z_i+x_k y_i z_j-x_l y_i z_j-x_i y_k z_j+x_l y_k z_j+x_i y_l z_j\\
&-x_k y_l z_j-x_j y_i z_k+x_l y_i z_k+x_i y_j z_k-x_l y_j z_k-x_i y_l z_k+x_j y_l z_k+x_j y_i z_l\\
&-x_k y_i z_l-x_i y_j z_l+x_k y_j z_l+x_i y_k z_l-x_j y_k z_l)\\
J_{33}=&(-x_j y_i+x_l y_i+x_i y_j-x_l y_j-x_i y_l+x_j y_l)/(-x_k y_j z_i+x_l y_j z_i+x_j y_k z_i\\
&-x_l y_k z_i-x_j y_l z_i+x_k y_l z_i+x_k y_i z_j-x_l y_i z_j-x_i y_k z_j+x_l y_k z_j+x_i y_l z_j\\
&-x_k y_l z_j-x_j y_i z_k+x_l y_i z_k+x_i y_j z_k-x_l y_j z_k-x_i y_l z_k+x_j y_l z_k+x_j y_i z_l\\
&-x_k y_i z_l-x_i y_j z_l+x_k y_j z_l+x_i y_k z_l-x_j y_k z_l)
\end{aligned}
\tag{5.11.18b}
$$

在四面体单元 $ijkl$ 的局部坐标系 $i\text{-}xyz$ 中

$$
\boldsymbol{J}^{-1}=\frac{1}{6V}\begin{bmatrix} b_i & b_j & 0 \\ c_i & c_j & c_k \\ d_i & d_j & d_k \end{bmatrix} \tag{5.11.19}
$$

Jacobian 矩阵 J 的行列式

$$\det[\boldsymbol{J}] = \det\begin{bmatrix} x_i - x_l & y_i - y_l & z_i - z_l \\ x_j - x_l & y_j - y_l & z_j - z_l \\ x_k - x_l & y_k - y_l & z_k - z_l \end{bmatrix} = 6V \tag{5.11.20}$$

故空间四面体单元在自然坐标系下的数值积分为

$$\begin{aligned}\int_{z_1}^{z_2}\int_{y_1}^{y_2}\int_{x_1}^{x_2} f(x,\ y,\ z)\mathrm{d}x\mathrm{d}y\mathrm{d}z &= 6V\int_0^1\int_0^{1-L_i}\int_0^{1-L_j-L_i} g(L_i,\ L_j,\ L_k,\ L_l)\mathrm{d}L_k\mathrm{d}L_j\mathrm{d}L_i \\ &= V\sum_{i=1}^{n} w_i g(L_i, L_j, L_k, L_l)\end{aligned} \tag{5.11.21}$$

式中，w_i 为权函数；V 为单元体积。

第 6 章　补偿标准 Galerkin 有限元法

6.1　流体力学补偿标准 Galerkin 有限元法

在流体力学标准 Galerkin 有限元法中，在流场剖分的单元中按形态分析的要求构造形函数，所有采用形函数作为基函数所构造的速度 $\boldsymbol{v}$ 及相应标量函数仅要求在节点处连续，且放弃了对节点处速度一阶导数的连续性要求。对于平面问题，三角形相邻单元之间的邻边上，以及对于空间问题，相邻四面体单元相邻面上，其速度 $\boldsymbol{v}$ 及相应标量函数均无连续性要求。因此，需要对上述原因导致的不连续状态加以补偿。应当说明，这些不连续是由于有限元法造成的，发生在单元与单元之间。

流体力学补偿标准 Galerkin 有限元法（CSG FEM）是在经典的 SG FEM 基础上，根据单元节点速度函数光滑性要求以及通量守恒原理，对 SG FEM 加以补偿的方法。

CSG FEM 的单元形态与 SG FEM 相同，即单元剖分及形函数的确定和 SG FEM 相同，补偿函数的连续条件，引入边界分裂算法。它包括：对动量方程、质量方程和能量方程分别给出消除节点处因函数一阶导数不连续而产生误差的补偿；给出消除单元间因函数不连续、通量不守恒而产生误差的补偿，单元间的补偿通常以通量的形式表示，通量的守恒是给出补偿后的结果；给出补偿的边界条件；分裂边界条件，将边界条件分裂为初始边界条件和零约束的强制边界条件，这样代替了动量和能量方程中变量速度和压强的分裂。

6.2　补偿项

补偿项 $\boldsymbol{f}_c$ 包括节点处函数一阶导数不连续的补偿和通量不守恒的补偿。

6.2.1　节点处函数一阶导数不连续的补偿

1. 二维三角形单元节点处函数一阶导数不连续的补偿

微分方程的原型对基本变量的一阶导数有连续性的要求，但按照 Lagrange 插入条件，单元与单元之间节点处只满足函数值连续，当定义出表征流场的类“转动刚度”时，则单元节点处类“不平衡力”的残差加权为零，由此可知补偿标准 Galerkin 有限元格式的动量方程中的类“不平衡力”为

$$\boldsymbol{c}_{12} = \int_S \boldsymbol{N}_v^{\mathrm{T}} \beta \begin{bmatrix} k_x \dfrac{\mathrm{d}v_x}{\mathrm{d}x} \\ k_y \dfrac{\mathrm{d}v_y}{\mathrm{d}y} \end{bmatrix} \mathrm{d}S \tag{6.2.1}$$

式中，v_x、v_y 分别为单元流体的速度；β 为与形函数有关的常数；N_v 为速度形函数；k_x、k_y

分别为类“转动刚度”

$$
\begin{aligned}
k_x &= \rho v_x\left(\frac{e^{2r_e}-1}{e^{2r_e}+1}-\frac{1}{r_{ex}}\right)\\
k_y &= \rho v_y\left(\frac{e^{2r_e}-1}{e^{2r_e}+1}-\frac{1}{r_{ey}}\right)
\end{aligned}
\tag{6.2.2}
$$

式中，$r_{ex}=\frac{\bar{v}_x}{\nu}$，$r_{ey}=\frac{\bar{v}_y}{\nu}$，$\nu$ 为运动扩散系数；$\bar{v}_x$、$\bar{v}_y$ 为单元的平均速度；ρ 为流体密度。

质量方程中的类“不平衡力”为

$$
c_{22}=\int_S \boldsymbol{N}_\rho^{\mathrm{T}}\beta\left(k_x\frac{\mathrm{d}\rho}{\mathrm{d}x}+k_y\frac{\mathrm{d}\rho}{\mathrm{d}y}\right)\mathrm{d}S \tag{6.2.3}
$$

能量方程中的类“不平衡力”为

$$
c_{32}=\int_S \boldsymbol{N}_E^{\mathrm{T}}\beta\left(k_x\frac{\mathrm{d}e}{\mathrm{d}x}+k_y\frac{\mathrm{d}e}{\mathrm{d}y}\right)\mathrm{d}S \tag{6.2.4}
$$

2. 三维四面体单元节点处函数一阶导数不连续的补偿

同上，对于三维问题中的四面体单元可得出补偿标准 Galerkin 有限元格式的动量方程中的类“不平衡力”

$$
c_{12}=\int_V \boldsymbol{N}_v^{\mathrm{T}}\beta\begin{bmatrix} k_x\frac{\mathrm{d}v_x}{\mathrm{d}x}\\ k_y\frac{\mathrm{d}v_y}{\mathrm{d}y}\\ k_z\frac{\mathrm{d}v_z}{\mathrm{d}z}\end{bmatrix}\mathrm{d}V \tag{6.2.5}
$$

式中，v_x、v_y、v_z 分别为单元流体的速度；β 为与形函数有关的常数；k_x、k_y、k_z 分别为类“转动刚度”

$$
\begin{aligned}
k_x &= \rho v_x\left(\frac{e^{2r_e}-1}{e^{2r_e}+1}-\frac{1}{r_{ex}}\right)\\
k_y &= \rho v_y\left(\frac{e^{2r_e}-1}{e^{2r_e}+1}-\frac{1}{r_{ey}}\right)\\
k_z &= \rho v_z\left(\frac{e^{2r_e}-1}{e^{2r_e}+1}-\frac{1}{r_{ez}}\right)
\end{aligned}
\tag{6.2.6}
$$

这里，$r_{ex}=\frac{\bar{v}_x\Delta x}{\nu}$，$r_{ey}=\frac{\bar{v}_y\Delta y}{\nu}$，$r_{ez}=\frac{\bar{v}_z\Delta z}{\nu}$，$\nu$ 为运动扩散系数；$\bar{v}_x$、$\bar{v}_y$、$\bar{v}_z$ 为单元的平均速度；Δx、Δy、Δz 为单元的特征长度。

质量方程中的类“不平衡力”

$$
c_{22}=\int_V \boldsymbol{N}_\rho^{\mathrm{T}}\beta\left(k_x\frac{\mathrm{d}\rho}{\mathrm{d}x}+k_y\frac{\mathrm{d}\rho}{\mathrm{d}y}+k_z\frac{\mathrm{d}\rho}{\mathrm{d}z}\right)\mathrm{d}V \tag{6.2.7}
$$

能量方程中的类“不平衡力”

$$c_{32}=\int_V \boldsymbol{N}_E^{\mathrm{T}}\beta\left(k_x\frac{\mathrm{d}e}{\mathrm{d}x}+k_y\frac{\mathrm{d}e}{\mathrm{d}y}+k_z\frac{\mathrm{d}e}{\mathrm{d}z}\right)\mathrm{d}V \tag{6.2.8}$$

6.2.2 通量不守恒的补偿

1. 二维三角形单元的通量不守恒补偿

对于二维问题如将流场剖分为三角形单元，如图 6.2.1 所示，则单元与单元之间存在公共的边界，那么通过单元的一个界面流出和流入的流量应该相等。当定义出表征物理量流动的通量时使流出和流入通量的残差加权为零，由此可补偿标准 Galerkin 有限元格式的不足。现定义通过界面上单位长度的对流质量通量（convective mass flux），简称对流质量流量为

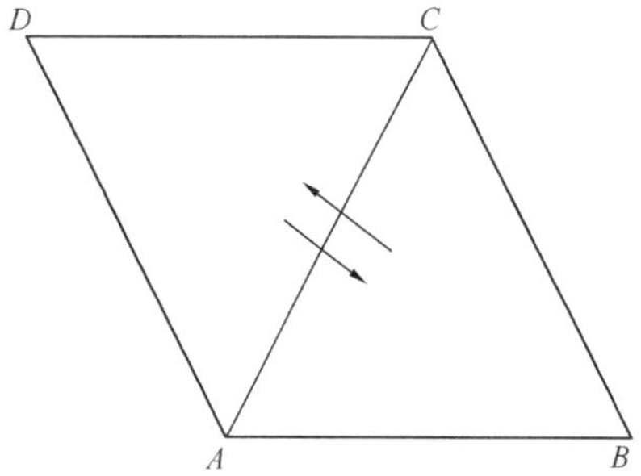

图 6.2.1 三角形单元通量补偿

$$F=\rho\boldsymbol{v} \tag{6.2.9}$$

式中，ρ 为流体密度；$\boldsymbol{v}$ 为单元中流体的速度。

在 Δt 时段内对于三角形单元，流体标准 Galerkin 有限元格式的动量补偿

$$c_{11}=\Delta t\sum_{i=1}^{3}\boldsymbol{t}_i^{\mathrm{T}}\int_{S_i}\boldsymbol{N}_v^{\mathrm{T}}F\boldsymbol{v}\boldsymbol{n}_i\,\mathrm{d}S \tag{6.2.10}$$

式中，$\boldsymbol{t}_i$ 为三角形单元中第 i 个三角形边法向量关于三角形单元局部坐标系的变换矩阵；$\boldsymbol{n}_i$ 为三角形单元中第 i 个三角形边外法线向量关于三角形单元局部坐标系的方向余弦；$\boldsymbol{v}$ 为流体单元速度；$\boldsymbol{N}_v$ 为速度形函数。

质量方程中的质量补偿

$$c_{21}=\Delta t\sum_{i=1}^{3}\int_{S_i}\boldsymbol{N}_\rho^{\mathrm{T}}F\,\mathrm{d}S \tag{6.2.11}$$

式中，$\boldsymbol{N}_\rho$ 为密度形函数。

能量方程中的能量补偿

$$c_{31}=\Delta t\sum_{i=1}^{3}\int_{S_i}\boldsymbol{N}_E^{\mathrm{T}}Fe\,\mathrm{d}S \tag{6.2.12}$$

式中，$\boldsymbol{N}_E$ 为能量形函数；e 为单元能量。

2. 三维四面体单元通量不守恒的补偿

同理，对于三维问题如将流场剖分为四面体单元，如图 6.2.2 所示，则单元与单元之间存在公共的三角形界面，那么通过单元的一个界面流出和流入的流量应该相等。当定义出表征物理量流动的通量时使流出和流入通量的残差加权为零，由此可补偿标准 Galerkin 有限元格式的不足。现定义通过界面上单位面积的对流质量通量，简称对流质量流量为 $F=\rho\boldsymbol{v}$。

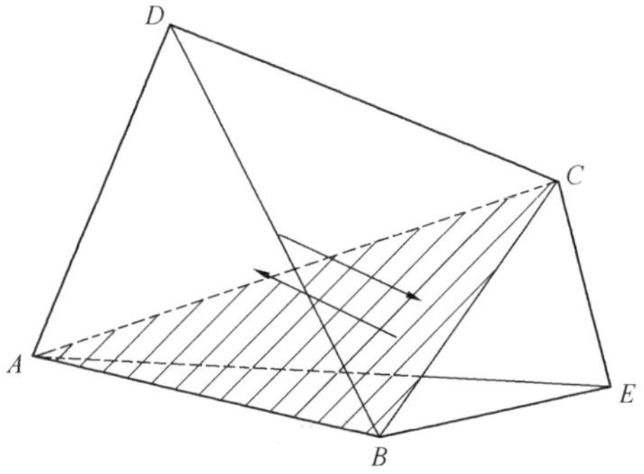

图 6.2.2 四面体单元通量补偿

在 Δt 时段内对于四面体单元，流体标准 Galerkin 有限元格式的动量补偿

$$c_{11}=\Delta t\sum_{i=1}^{4}\boldsymbol{t}_i^{\mathrm{T}}\int_{S_i}\boldsymbol{N}_v^{\mathrm{T}}F\boldsymbol{v}\cdot\boldsymbol{n}_i\mathrm{d}S \tag{6.2.13}$$

式中，$\boldsymbol{t}_i$ 为四面体单元中第 i 个三角形界面法向量关于四面体单元局部坐标系的变换矩阵；$\boldsymbol{n}_i$ 为四面体单元中第 i 个三角形界面外法线向量关于四面体单元局部坐标系的方向余弦；$\boldsymbol{v}$ 为流体单元速度；$\boldsymbol{N}_v$ 为速度形函数。

质量方程中的质量补偿

$$c_{21}=\Delta t\sum_{i=1}^{4}\int_{S_i}\boldsymbol{N}_\rho^{\mathrm{T}}F\mathrm{d}S \tag{6.2.14}$$

式中，$\boldsymbol{N}_\rho$ 为密度形函数。

能量方程中的能量补偿

$$c_{31}=\Delta t\sum_{i=1}^{4}\int_{S_i}\boldsymbol{N}_E^{\mathrm{T}}Fe\mathrm{d}S \tag{6.2.15}$$

式中，$\boldsymbol{N}_E$ 为能量形函数；e 为单元能量。

6.2.3　边界补偿项

根据速度强制边界条件计算通过边界处的质量流量，如对于四面体单元，通过单元表面的质量流量为

$$\rho_{\mathrm{e}}=\int_S\boldsymbol{N}_\rho^{\mathrm{T}}\rho v_k\mathrm{d}S \tag{6.2.16}$$

式中，v_k 为单元节点的速度分量。

根据以上质量流量确定质量方程的强制边界条件。

类似地计算能量流量，如对于四面体单元，通过单元表面的能量流量为

$$e_{\mathrm{e}}=\int_S\boldsymbol{N}_e^{\mathrm{T}}\rho v_kE\mathrm{d}S \tag{6.2.17}$$

式中，E 为瞬时的能量释放量。

根据以上能量流量确定能量方程的强制边界条件。以上，温度、速度和绝对压强的强制边界条件是指定的；能量和质量的强制边界条件是计算所得的，因为它们也是不独立的。

在速度的强制边界条件中，一般可以分为流场入口处的速度、流场中物体表面处的速度及流场其他边界处的速度。上述质量流量和能量流量是对应于流体入口处的速度而言。流场中的物体是作为流场的内边界条件来处理的，这个内边界条件的确定十分重要，而流场中的其他边界条件的确定则应使计算流场接近真实流场为原则。

6.3　补偿标准 Galerkin（CSG）有限元格式

对于层流，经补偿，时间空间离散后的动量方程 CSG 有限元格式如式（5.3.4）所示，式中如式（5.3.7）的右端项 $\boldsymbol{f}_v$ 应改为

$$\boldsymbol{f}_v=-\boldsymbol{C}_v+\boldsymbol{K}_\tau+\boldsymbol{P}_v+\boldsymbol{P}+\boldsymbol{C}_{11}+\boldsymbol{C}_{12} \tag{6.3.1a}$$

引入自然边界条件

$$\boldsymbol{f}_v = -\boldsymbol{C}_v + \boldsymbol{K}_\tau + \boldsymbol{P}_v + \boldsymbol{P} + \overline{\boldsymbol{P}}_j + \boldsymbol{C}_{11} + \boldsymbol{C}_{12} \tag{6.3.1b}$$

质量方程 CSG 有限元格式如式（5.3.16）所示，式中的右端项 $\boldsymbol{f}_D$ 应改为

$$\boldsymbol{f}_D = \boldsymbol{C}_D + \boldsymbol{C}_{21} + \boldsymbol{C}_{22} \tag{6.3.2}$$

能量方程 CSG 有限元格式如式（5.3.22）所示，式中如式（5.3.27）的右端项 $\boldsymbol{f}_E$ 应改为

$$\boldsymbol{f}_E = -\boldsymbol{C}_E + \boldsymbol{T}_E + \boldsymbol{K}_E + \boldsymbol{C}_P + \boldsymbol{W}_{VE} + \boldsymbol{W}_{SE} + \boldsymbol{C}_{31} + \boldsymbol{C}_{32} \tag{6.3.3a}$$

引入自然边界条件

$$\boldsymbol{f}_E = -\boldsymbol{C}_E + \boldsymbol{T}_E + \boldsymbol{K}_E + \boldsymbol{C}_P + \boldsymbol{W}_{VE} + \boldsymbol{W}_{SE} + \overline{\boldsymbol{Q}}_j + \boldsymbol{C}_{31} + \boldsymbol{C}_{32} \tag{6.3.3b}$$

对于湍流，当采用标准 k-ε 模型时，经补偿，时间空间离散后的动量方程 CSG 有限元格式如式（5.6.14）所示，式中如式（5.6.16）的右端项 $\boldsymbol{f}_{k\varepsilon V}$ 应改为

$$\boldsymbol{f}_{k\varepsilon V} = \overline{\boldsymbol{C}}_{K\varepsilon V} + \overline{\boldsymbol{D}}_{K\varepsilon V} + \overline{\boldsymbol{P}}_{K\varepsilon V} + \overline{\boldsymbol{F}}_{K\varepsilon V} + \overline{\boldsymbol{\tau}' \cdot \boldsymbol{n}} + \boldsymbol{C}_{11} + \boldsymbol{C}_{12} \tag{6.3.4a}$$

引入自然边界条件

$$\boldsymbol{f}_{k\varepsilon V} = \overline{\boldsymbol{C}}_{K\varepsilon V} + \overline{\boldsymbol{D}}_{K\varepsilon V} + \overline{\boldsymbol{P}}_{K\varepsilon V} + \overline{\boldsymbol{F}}_{K\varepsilon V} + \overline{\boldsymbol{\tau}' \cdot \boldsymbol{n}} + \overline{\boldsymbol{P}}_j + \boldsymbol{C}_{11} + \boldsymbol{C}_{12} \tag{6.3.4b}$$

质量方程 CSG 有限元格式如式（5.6.11）所示，式中如式（5.6.12）的右端项 $\boldsymbol{f}_{k\varepsilon\rho}$ 应改为

$$\boldsymbol{f}_{k\varepsilon\rho} = \overline{\boldsymbol{C}}_\rho + \boldsymbol{C}_{21} + \boldsymbol{C}_{22} \tag{6.3.5}$$

能量方程 CSG 有限元格式如式（5.6.22）所示，式中如式（5.6.24）的右端项 $\boldsymbol{f}_{k\varepsilon E}$ 应改为

$$\boldsymbol{f}_{k\varepsilon E} = \overline{\boldsymbol{C}}_{K\varepsilon E} + \overline{\boldsymbol{T}}_{K\varepsilon E} + \overline{\boldsymbol{D}}_{K\varepsilon E} + \overline{\boldsymbol{F}}_{K\varepsilon E} + \overline{\boldsymbol{Q}}_{K\varepsilon E} + \overline{\boldsymbol{V}}^{\mathrm{T}}\, \overline{\boldsymbol{\tau}' \cdot \boldsymbol{n}} + \boldsymbol{C}_{31} + \boldsymbol{C}_{32} \tag{6.3.6a}$$

引入自然边界条件

$$\boldsymbol{f}_{k\varepsilon E} = \overline{\boldsymbol{C}}_{K\varepsilon E} + \overline{\boldsymbol{T}}_{K\varepsilon E} + \overline{\boldsymbol{D}}_{K\varepsilon E} + \overline{\boldsymbol{F}}_{K\varepsilon E} + \overline{\boldsymbol{Q}}_{K\varepsilon E} + \overline{\boldsymbol{V}}^{\mathrm{T}}\, \overline{\boldsymbol{\tau}' \cdot \boldsymbol{n}} + \overline{\boldsymbol{Q}}_j + \boldsymbol{C}_{31} + \boldsymbol{C}_{32} \tag{6.3.6b}$$

k 方程 CSG 有限元格式如式（5.6.31）所示，ε 方程 CSG 有限元格式如式（5.6.41）所示。

对于湍流，当采用大涡模拟时，经补偿，时间空间离散后的动量方程 CSG 有限元格式如式（5.6.52）所示，式中如式（5.6.54）的右端项 $\boldsymbol{f}_{\mathrm{LESV}}$ 应改为

$$\boldsymbol{f}_{\mathrm{LESV}} = \boldsymbol{C}_{\mathrm{LESV}} + \boldsymbol{D}_{\mathrm{LESV}} + \boldsymbol{P}_{\mathrm{LESV}} + \boldsymbol{F}_{\mathrm{LESV}} + \boldsymbol{\tau}_{\mathrm{SGS}} + \boldsymbol{C}_{11} + \boldsymbol{C}_{12} \tag{6.3.7a}$$

引入自然边界条件

$$\boldsymbol{f}_{\mathrm{LESV}} = \boldsymbol{C}_{\mathrm{LESV}} + \boldsymbol{D}_{\mathrm{LESV}} + \boldsymbol{P}_{\mathrm{LESV}} + \boldsymbol{F}_{\mathrm{LESV}} + \boldsymbol{\tau}_{\mathrm{SGS}} + \overline{\boldsymbol{P}}_j + \boldsymbol{C}_{11} + \boldsymbol{C}_{12} \tag{6.3.7b}$$

质量方程 CSG 有限元格式如式（5.6.49）所示，式中如式（5.6.51）的右端项 $\boldsymbol{f}_{\mathrm{LES}\rho}$ 应改为

$$\boldsymbol{f}_{\mathrm{LES}\rho} = \overline{\boldsymbol{C}}_{\mathrm{LES}\rho} + \boldsymbol{C}_{21} + \boldsymbol{C}_{22} \tag{6.3.8}$$

能量方程 CSG 有限元格式如式（5.6.60）所示，式中如式（5.6.62）的右端项 $\boldsymbol{f}_{\mathrm{LESE}}$ 应改为

$$\boldsymbol{f}_{\mathrm{LESE}} = \boldsymbol{C}_{\mathrm{LESE}} + \boldsymbol{T}_{\mathrm{LESE}} + \boldsymbol{D}_{\mathrm{LESE}} + \boldsymbol{F}_{\mathrm{LESE}} + \boldsymbol{Q}_{\mathrm{LESE}} + \boldsymbol{\tau}_{\mathrm{SGSE}} + \boldsymbol{C}_{31} + \boldsymbol{C}_{32} \tag{6.3.9a}$$

引入自然边界条件

$$\boldsymbol{f}_{\mathrm{LESE}}=\boldsymbol{C}_{\mathrm{LESE}}+\boldsymbol{T}_{\mathrm{LESE}}+\boldsymbol{D}_{\mathrm{LESE}}+\boldsymbol{F}_{\mathrm{LESE}}+\boldsymbol{Q}_{\mathrm{LESE}}+\boldsymbol{\tau}_{\mathrm{SGSE}}+\overline{\boldsymbol{Q}}_j+\boldsymbol{C}_{31}+\boldsymbol{C}_{32} \tag{6.3.9b}$$

对于层流向湍流转换，经补偿和引入自然边界条件，时间空间离散后的动量方程 CSG 有限元格式如式（5.3.4）所示，式中如式（5.3.7）的右端项 $\boldsymbol{f}_v$ 应改为

$$\boldsymbol{f}_v=-\boldsymbol{C}_v+\boldsymbol{K}_\tau+\boldsymbol{P}_v+\boldsymbol{P}+\boldsymbol{\tau}_{\mathrm{SGS}}+\boldsymbol{C}_{11}+\boldsymbol{C}_{12} \tag{6.3.10a}$$

引入自然边界条件

$$\boldsymbol{f}_v=-\boldsymbol{C}_v+\boldsymbol{K}_\tau+\boldsymbol{P}_v+\boldsymbol{P}+\boldsymbol{\tau}_{\mathrm{SGS}}+\overline{\boldsymbol{P}}_j+\boldsymbol{C}_{11}+\boldsymbol{C}_{12} \tag{6.3.10b}$$

质量方程 CSG 有限元格式如式（5.3.16）所示，式中的右端项 $\boldsymbol{f}_D$ 应改为

$$\boldsymbol{f}_D=\boldsymbol{C}_D+\boldsymbol{C}_{21}+\boldsymbol{C}_{22} \tag{6.3.11}$$

能量方程 CSG 有限元格式如式（5.3.22）所示，式中如式（5.3.27）的右端项 $\boldsymbol{f}_E$ 应改为

$$\boldsymbol{f}_E=-\boldsymbol{C}_E+\boldsymbol{T}_E+\boldsymbol{K}_E+\boldsymbol{C}_P+\boldsymbol{W}_{VE}+\boldsymbol{W}_{SE}+\boldsymbol{\tau}_{\mathrm{SGSE}}+\boldsymbol{C}_{31}+\boldsymbol{C}_{32} \tag{6.3.12a}$$

引入自然边界条件

$$\boldsymbol{f}_E=-\boldsymbol{C}_E+\boldsymbol{T}_E+\boldsymbol{K}_E+\boldsymbol{C}_P+\boldsymbol{W}_{VE}+\boldsymbol{W}_{SE}+\boldsymbol{\tau}_{\mathrm{SGSE}}+\overline{\boldsymbol{Q}}_j+\boldsymbol{C}_{31}+\boldsymbol{C}_{32} \tag{6.3.12b}$$

由上可见，流体运动基本方程的有限元模式具有相似的格式。对于动量方程，当密度不为常数时，需进行向量变换。对于变换后的方程，定义整体坐标系中的质量矩阵、速度向量和方程右端的列向量。

在求得流体的能量后，可根据能量的含义按式（5.3.41）计算流体的温度。

除求解以上基本方程外，还需要求解状态方程，按式（5.7.1）～式(5.7.6) 计算。

6.4　CSG 有限元法中的分裂方法

在 CSG 有限元法中，并非局限地针对定常或非定常、可压或非可压、有黏或无黏等特定问题的分析，而是给出一般方程的求解算法，在一般性的算法中根据简化条件求解特定的问题，因此分裂方法不依赖于问题的简化而纯粹是一种数值处理方法。

在 CSG 有限元法中，通过分裂边界条件而不是分裂方程来实现具有两种变量的偏微分方程的求解。

在 CSG 有限元法中将边界条件分裂为两部分。

在第一部分中，引入自然边界条件和强制边界条件，称为 BC1，然后：

（1）对式（5.3.4）所示动量方程的齐次式引入自然边界条件，故有

$$^{t+\Delta t}\boldsymbol{s}_M\Delta^{t+\Delta t}m=\overline{\boldsymbol{P}}_j \tag{6.4.1}$$

及相应的能量方程

$$^{t+\Delta t}\boldsymbol{s}_E\Delta^{t+\Delta t}m=\overline{\boldsymbol{Q}}_j \tag{6.4.2}$$

（2）引入强制速度边界条件解式（6.4.1），得边界条件驱动下的速度 $\boldsymbol{v}_{\mathrm{bc}}$；

（3）解质量方程式（5.3.16），得边界条件驱动下的密度 ρ_{bc}；

（4）引入强制能量边界条件解式（6.4.2），得边界条件驱动下的能量 E_{bc}；

（5）强制速度和表面力将驱动流场所得的速度 $\boldsymbol{v}_{\mathrm{bc}}$ 与初始速度 $\boldsymbol{v}_0$ 相加，得

$$\boldsymbol{v}_{\text{ini}} = \boldsymbol{v}_0 + \boldsymbol{v}_{\text{bc}} \tag{6.4.3}$$

（6）置强制约束量为零，记为边界条件 BC2；

以上过程记为 P. BC1。

在第二部分中，引入边界条件 BC2，然后：

（1）引入温度边界条件解式（5.3.41），得强制边界条件驱动下的温度 t_{bc}；

（2）解状态方程式（5.7.1），得强制边界条件驱动下的绝对压强 p_{a}，变换为相对压强 p_{bc}；

（3）强制速度和表面力将驱动流场所得的相对压强 p_{bc} 与初始压强 p_0 相加，得

$$p_{\text{ini}} = p_0 + p_{\text{bc}} \tag{6.4.4}$$

$\boldsymbol{v}_{\text{ini}}$ 和 p_{ini} 作为迭代的初始值。

边界分裂的第二部分即为进行迭代的过程，动量方程和能量方程维持原型，引入边界条件 BC2，但是式中表面力 $\overline{\boldsymbol{P}}_j$ 和 $\overline{\boldsymbol{Q}}_j$ 皆为零。

6.5 流体力学有限元方程求解的基本过程

流体力学有限元方程的求解中，需要经过一个迭代过程。在这个过程中，不仅要采用方程中变量分裂的方法，而且通过各基本方程和状态方程使各基本变量满足协调关系，同时在求解过程中严禁犯规，如密度、温度和能量不可能为负值，因此尤其需要注意边界的影响和数值误差的积累。

在不同的流体算法中，基本方程的求解过程是基本不变的，这些基本方程的求解过程组织在各种不同的算法中。考虑到层流和湍流分析的共同特点，以下以非定常层流分析为例，给出常用的基本过程，由此也可方便地给出湍流分析的基本过程。

6.5.1 动量方程的求解过程 P. M

求解有限元动量方程式（5.3.4）或式（5.6.14）或式（5.6.52）的子过程，记为 P. M，其过程为：按式（5.3.5）或式（5.6.15）或式（5.6.53）计算 $\boldsymbol{s}_M$，当 ρ 不为常数时，在整体坐标系中集成 $\boldsymbol{S}_M$；按式（6.3.1）或式（6.3.4）或式（6.3.7）或式（6.3.10）计算向量 $\boldsymbol{f}_v$，并且集成为向量 $\boldsymbol{Q}_V$；引入边界条件 BC2，调用引入边界条件的过程，记为 CGE _ V，修正 $\boldsymbol{S}_M$ 和 $\boldsymbol{Q}_V$；调用预优共轭梯度法解方程的过程，记为 PCCG，解动量方程式，得 $\Delta({}^t\rho^{t+\Delta t}\boldsymbol{v})_e$ 或 $\Delta^{t+\Delta t}\boldsymbol{v}_e$。

6.5.2 质量方程的求解过程 P. D

求解有限元质量方程式（5.3.16）或式（5.6.11）或式（5.6.49）的子过程，记为 P. D，其过程为：按式（5.3.17）或式（5.6.13）或式（5.6.50）计算 $\boldsymbol{s}_D$；按式（6.3.2）或式（6.3.5）或式（6.3.8）或式（6.3.11）计算向量 $\boldsymbol{f}_D$，并且集成为向量 $\boldsymbol{Q}_D$；调用预优共轭梯度法解方程的过程 PCCG，解质量方程式，得 $\Delta^{t+\Delta t}\rho_e$。

6.5.3 能量方程的求解过程 P. E

求解有限元能量方程式（5.3.22）或式（5.6.22）或式（5.6.60）的子过程，记为

P. E，其过程为：按式（5.3.23）、式（5.3.25）或式（5.6.23）或式（5.6.61）计算 $\boldsymbol{s}_E$；按式（6.3.3）或式（6.3.6）或式（6.3.9）或式（6.3.12）计算向量 $\boldsymbol{f}_E$，并且集成为向量 $\boldsymbol{Q}_E$；引入边界条件 BC2，调用引入边界条件的过程 CGE _ P，修正 $\boldsymbol{s}_E$ 和 $\boldsymbol{Q}_E$；调用预优共轭梯度法解方程的过程 PCCG，解能量方程式，得 $\Delta({}^t\rho^{t+\Delta t}E)_e$ 或 $\Delta^{t+\Delta t}E_e$。

6.5.4 温度求解过程 P. T

求解有限元温度方程式（5.3.41）的子过程，记为 P. T，其过程为：按式（5.3.42）计算 $\boldsymbol{s}_T$；按式（5.3.43）计算右端项 $\boldsymbol{Q}_T$；引入边界条件，调用引入边界条件的过程 CGE _ P，修正 $\boldsymbol{s}_T$ 和 $\boldsymbol{Q}_T$；调用预优共轭梯度法解方程的过程 PCCG，解温度方程式，求得绝对温度 T_e。

6.5.5 状态方程的求解过程 P. P

求解有限元状态方程式（5.7.1）的子过程，记为 P. P，其过程为：按式（5.7.2）计算 $\boldsymbol{s}_p$；根据流体的不同状态，选择相应的状态方程，按式（5.7.3）～式（5.7.6）所示的状态方程计算右端项 $\boldsymbol{Q}_p$；引入边界条件，调用引入边界条件的过程 CGE _ P，修正 $\boldsymbol{s}_p$ 和 $\boldsymbol{Q}_p$；调用预优共轭梯度法解方程的过程 PCCG，解状态方程，得绝对压强 p_{ae}。

当采用密度为常数的假定时，解状态方程也可以在节点上进行简单的代数运算，而不求解代数方程组。

6.5.6 *k*-ε 输运方程的求解过程

求解 k-ε 输运方程的子过程，记为 P. k-ε。

解 k 输运方程式（5.6.31）：按式（5.6.32）计算 $\boldsymbol{s}_k$；按式（5.6.33）计算向量 $\boldsymbol{f}_k$，并集成为向量 $\boldsymbol{Q}_k$；引入边界条件，调用引入边界条件的过程 CGE _ P，修正 $\boldsymbol{s}_k$ 和 $\boldsymbol{Q}_k$；调用预优共轭梯度法解方程的过程 PCCG，解 k 输运方程，得 k。

解 ε 输运方程式（5.6.41）：按式（5.6.42）计算 $\boldsymbol{s}_\varepsilon$；按（5.6.43）计算向量 $\boldsymbol{f}_\varepsilon$，并集成为向量 $\boldsymbol{Q}_\varepsilon$；引入边界条件，调用引入边界条件的过程 CGE _ P，修正 $\boldsymbol{s}_\varepsilon$ 和 $\boldsymbol{Q}_\varepsilon$；调用预优共轭梯度法解方程的过程 PCCG，解 ε 输运方程，得 ε。

6.6 流体力学 CSG 有限元的计算流程和算法

以下给出 θ 法的计算流程，由此可以将此流程推广到其他时间空间离散的迭代过程中。

按 θ 法设置流体力学基本方程的求解流程和算法时，按上述 θ 法的格式并结合分裂方法，在编写的 AADS _ Fluid 程序中，见附图 1、附图 2，所采用的流程为：

（1）输入初始数据；

（2）前处理及剖分单元，计算几何和物理数据，计算矩阵的地址；

（3）在初始时刻 $t=0$，引入初始条件，构造初始场变量 $\boldsymbol{f}^0$；

（4）进行时间迭代，当在 $t+\theta\Delta t$ 时刻，执行：引入强制边界条件和自然边界条件；进行过程 P. BC1；令初始次迭代步 $i=0$；令变量速度 $\boldsymbol{v}_0={}^t\boldsymbol{v}+\boldsymbol{v}_{bc1}=\boldsymbol{v}^i$；密度 $\rho_0={}^t\rho+\rho_{bc1}=$

ρ^i；能量 $E_0 = {}^tE + E_{bcl} = E^i$；

(5) 进行次迭代，当 $i+1$ 步时，进行过程 P. T；进行过程 P. P；如需进行湍流分析，则计算 μ_t；如采用 k-ε 模式，则进行过程 P. k-ε，否则进行过程 P. M；进行过程 P. D；进行过程 P. E；令 $\boldsymbol{v}^{i+1} = \boldsymbol{v}^i + \Delta\boldsymbol{v}^{i+1}$；$\rho^{i+1} = \rho^i + \Delta\rho^{i+1}$；$E^{i+1} = E^i + \Delta E^{i+1}$；

(6) 判别次迭代终止条件，如解收敛，则转入 (7)，否则转入 (5)；

(7) 判别时间迭代终止条件，如果 $t = T$，则转入 (8)，否则迭加场变量 ${}^{t+\Delta t}\boldsymbol{f} = {}^t\boldsymbol{f} + \Delta^{t+\Delta t}\boldsymbol{f}$ 转入 (4)；

(8) 运算终止。

在上述流程中，每一个过程执行之后都应进行向量叠加，以求得当前次迭代步的解，并进行精度分析。在完成次迭代步以后也需进行向量叠加，以求得当前时间步的解。

对于递推法，可嵌套执行 θ 法。

6.7 数值算例

现以英国 Silsoe 研究所（Silsoe Research Institute，SRI）进行的 6m 足尺立方体在自然风场中的试验所得实测结果为例[60,81]，进行数值分析和研究。

6.7.1 试验模型

Richards[81]在英国 Silsoe 研究所于自然风场中建造了一个边长 6m 的立方体风压实测模型，见图 6.7.1。在六面体的迎风面 0—1、顶面 1—2、背风面 2—3 及两个侧面各布置了风压测点，竖直测点连线和水平测点连线分别由 0—1、1—2 和 2—3 三个等长线段组成，各测点均分布在对应线段的六等分点上，见图 6.7.2。试验模型的基本数据见表 6.7.1。

图 6.7.1　SRI 6m 立方体风压实测模型示意

对该模型测点上的实测风压值和参考点上所测得的风速按规范计算，得到各测点的风压系数。当风速较低时，测点的风压系数与风压呈线性关系，故进行反变换可正确地得到测点处的风压值。因此，测点处的风压值和速度值可验证数值结果的正确性和精度。

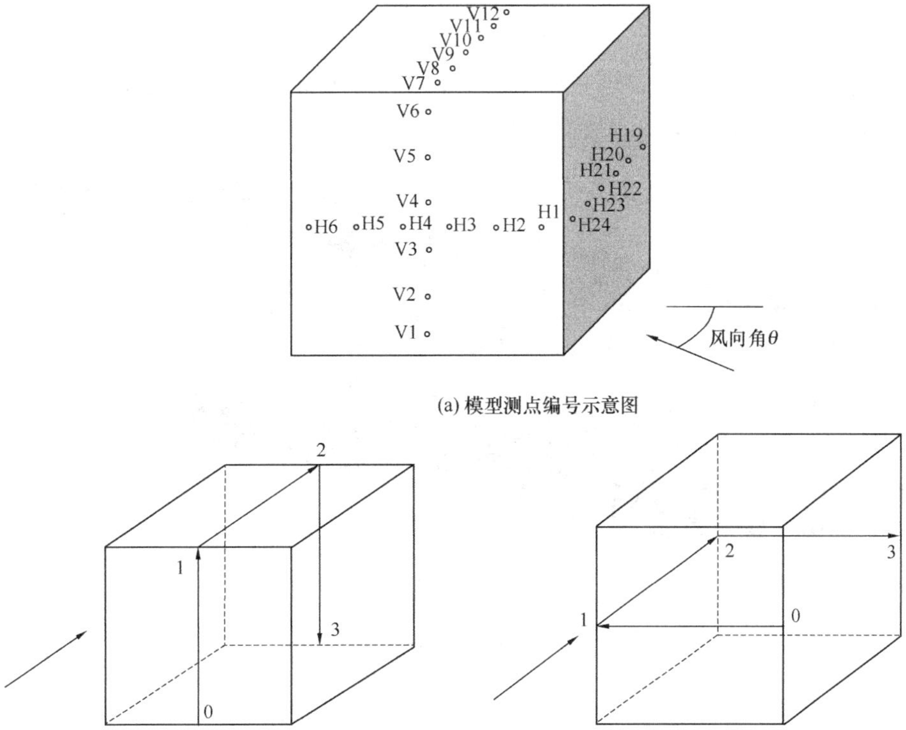

(a) 模型测点编号示意图

(b) 竖直面测点

(c) 水平面测点

图 6.7.2　测点布置

试验模型的基本数据　　**表 6.7.1**

参数名	参数值
自然风场物理参数	密度为 $1.1614kg/m^3$，黏性系数为 1.846×10^{-5} N·s/m^2
模型尺寸	6m×6m×6m
风速	六面体顶面风速为 9.52m/s

SRI 除了对实测外，还进行了风洞试验，将自然风场实测数据与风洞试验数据进行了对比，以校核试验结果。结果表明，两者的曲线形状较为接近。在迎风面，自然风场实测数据与风洞模型试验数据吻合较好；在顶面和背风面，由于自然风场中模型试验对流场条件、结构尺寸以及湍流度存在较大敏感性，实测数据与风洞试验数据的差异较为明显。由此可见，虽然试件顶面和背风面实测数据与风洞试验数据存在较大差异，但毕竟自然风场中的试验结果更具有真实性，尽管在风速较小状态下，层流的理论模型比较接近于风洞试验的状态，理想的理论模型的计算结果仍可通过自然风场真实的试验结果获得精度的估计。

6.7.2　计算模型

根据以上所述的 CSG 理论和方法，在程序系统 AADS _ Fluid 模块中实施了 CSG 法。现采用 AADS _ Fluid 模块对以上自然风场模型进行计算。

针对上述 SRI 自然风场模型，取流场计算域的尺寸为 96m×30m×18m，见图 6.7.3。图中显示了整体坐标系的原点。对计算域按 4 节点四面体单元进行剖分，沿计算域长宽高方向的网格数为 96×30×18，单元数共 309744。图中显示了测试模型的位置。计算风场的物理参数及边界条件见表 6.7.2。

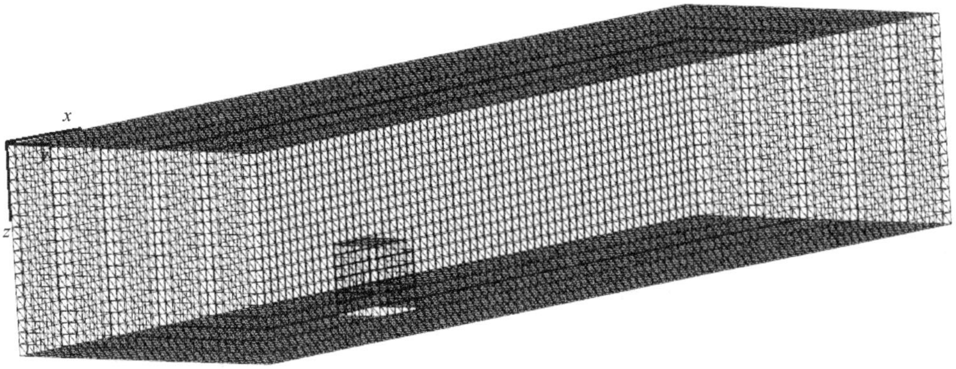

图 6.7.3　计算域和网格划分示意图

计算风场的物理参数及边界条件　　　　**表 6.7.2**

模型参数	参数值
计算风场物理参数	密度为 1.1614kg/m^3，黏性系数为 1.846×10^{-5} N·s/m^2
计算域尺寸	96m×30m×18m
计算域网格	96×30×18
单元数	309744
入口边界条件	指数型风剖面，六面体顶面风速为 9.52m/s，B 类地貌
出口边界条件	自然风压
其他计算域边界条件	计算域两侧及顶面为滑移边界条件
地面及六面体边界条件	无滑移边界条件

考虑到试验仅获得模型上测点的压力，并没有流场中的信息，为了验证 CSG 理论和方法结果的准确性和精度，现按在流体数值计算中常用的有限体积法，采用 ANSYS _ Fluid 模块进行计算。当验证了计算精度后，从计算结果中选取相应节点处速度计算值，以此与 CSG 的速度计算值进行对比。

6.7.3　实测和计算结果

SRI 经实测得到模型测试点的风压系数值，根据风压系数与力学压强之间的线性变换关系将测点的风压系数还原为力学压强值，见表 6.7.3～表 6.7.8。由于试验只能测得六面体模型表面的数据而无法测得流场的速度，而在数值计算中六面体模型作为流场的内边界，数值计算的准确性与边界条件包括内边界条件极为相关，因此分别采用 AADS _ Fluid 和 ANSYS _ Fluid 进行相同边界条件下的数值模拟，通过验证 ANSYS _ Fluid 的准确性，再对比 AADS _ Fluid 和 ANSYS _ Fluid 的解，以此验证 CSG FEM 的正确性和精度。

图 6.7.4 显示了计算流场中位于 $Y=15$m 处的平面内的流线。

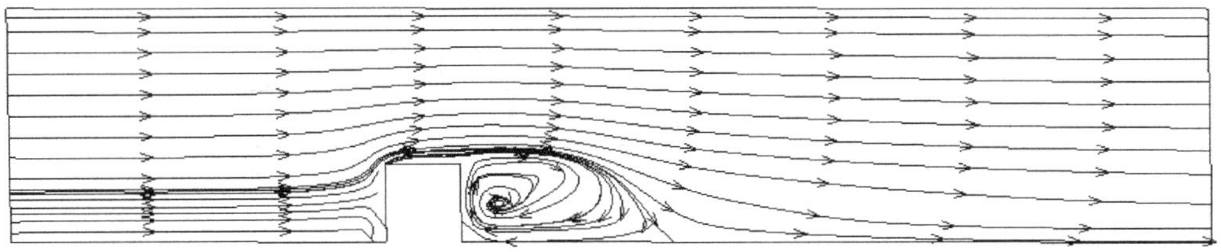

图 6.7.4　$Y=15$m 处平面内流线

根据表 6.7.2 所列参数，分别采用 AADS _ Fluid 和 ANSYS _ Fluid 进行数值计算，得到如图 6.7.2 所示的竖直面 0—1—2—3 上的各测点的压强值，见表 6.7.3～表 6.7.5，以及水平面在 0—1—2—3 上各测点的压强值，见表 6.7.6～表 6.7.8。

竖直面 0—1 线上各测点压强值　　　　**表 6.7.3**

参数名	参数值						
	节点编号						
	17968	17967	17966	17965	17964	17963	17962
X(m)	30.00	30.00	30.00	30.00	30.00	30.00	30.00
Y(m)	15.00	15.00	15.00	15.00	15.00	15.00	15.00
Z(m)	15.00	17.00	16.00	15.00	14.00	13.00	12.00
SRI 压强测试值 P_{SRI}(N/m^2)		35.04	33.16	39.13	43.90	35.93	−5.74
AADS 压强计算值 P_{AADS}(N/m^2)	35.07	35.00	39.16	44.23	45.72	42.43	−4.32
ANS 压强计算值 P_{ANSYS}(N/m^2)	34.27	35.68	39.81	44.00	44.89	39.02	−5.44
相对误差：$(P_{SRI}-P_{AADS})/P_{SRI}$		−5.45%	−15.09%	−13.03%	−10.98%	−5.99%	63.20%
相对误差：$(P_{SRI}-P_{ANSYS})/P_{SRI}$		−1.83%	−20.05%	−12.45%	−2.26%	−0.23%	25.11%

竖直面 1—2 线上各测点压强值　　　　**表 6.7.4**

参数名	参数值						
	节点编号						
	17962	18539	19104	19663	20222	20787	21358
X(m)	30.00	31.00	32.00	33.00	34.00	35.00	36.00
Y(m)	15.00	15.00	15.00	15.00	15.00	15.00	15.00
Z(m)	12.00	12.00	12.00	12.00	12.00	12.00	12.00
SRI 压强测试值 P_{SRI}(N/m^2)	−5.74	−61.21	−60.96	−49.28	−34.74	−24.01	−17.09
AADS 压强计算值 P_{AADS}(N/m^2)	−4.32	−55.34	−49.63	−36.00	−24.57	−16.98	−17.18
ANS 压强计算值 P_{ANSYS}(N/m^2)	−5.44	−45.38	−40.36	−25.27	−20.24	−15.51	−15.36
相对误差：$(P_{SRI}-P_{AADS})/P_{SRI}$	63.20%	9.59%	15.59%	26.95%	29.27%	29.28%	−0.53%
相对误差：$(P_{SRI}-P_{ANSYS})/P_{SRI}$	25.11%	20.96%	33.79%	42.63%	41.74%	22.91%	10.12%

竖直面 2—3 线上各测点压强值 **表 6.7.5**

参数名	参数值						
	节点编号						
	21358	21359	21360	21361	21362	21363	21364
X(m)	36.00	36.00	36.00	36.00	36.00	36.00	36.00
Y(m)	15.00	15.00	15.00	15.00	15.00	15.00	15.00
Z(m)	12.00	13.00	14.00	15.00	16.00	17.00	15.00
SRI 压强测试值 P_{SRI}(N/m^2)	−17.09	−15.26	−20.49	−19.65	−17.25	−17.24	
AADS 压强计算值 P_{AADS}(N/m^2)	−17.18	−15.29	−15.14	−15.55	−14.91	−13.40	−15.20
ANS 压强计算值 P_{ANSYS}(N/m^2)	−15.36	−15.16	−15.17	−15.34	−15.48	−15.49	−15.49
相对误差：$(P_{SRI}-P_{AADS})/P_{SRI}$	−0.53%	−0.16%	5.47%	20.87%	13.57%	22.27%	
相对误差：$(P_{SRI}-P_{ANSYS})/P_{SRI}$	10.12%	16.98%	5.32%	6.67%	−7.13%	−7.25%	

水平面 0—1 线上各测点压强值 **表 6.7.6**

参数名	参数值						
	节点编号						
	19621	19075	18523	17965	17401	16831	16261
X(m)	30.00	30.00	30.00	30.00	30.00	30.00	30.00
Y(m)	15.00	17.00	16.00	15.00	14.00	13.00	12.00
Z(m)	15.00	15.00	15.00	15.00	15.00	15.00	15.00
SRI 压强测试值 P_{SRI}(N/m^2)	1.12	34.60	39.52	40.24	39.98	35.39	5.25
AADS 压强计算值 P_{AADS}(N/m^2)	1.62	35.35	45.45	45.96	44.67	37.72	7.18
ANS 压强计算值 P_{ANSYS}(N/m^2)	1.50	34.70	42.08	44.00	42.14	34.92	5.09
相对误差：$(P_{SRI}-P_{AADS})/P_{SRI}$	−44.64%	−10.84%	−15.01%	−14.21%	−5.73%	−6.58%	−36.76%
相对误差：$(P_{SRI}-P_{ANSYS})/P_{SRI}$	−33.93%	−0.29%	−6.48%	−9.34%	−5.40%	1.33%	3.05%

水平面 1—2 线上各测点压强值 **表 6.7.7**

参数名	参数值						
	节点编号						
	16261	16850	17433	18010	18581	19146	19705
X(m)	30.00	31.00	32.00	33.00	34.00	35.00	36.00
Y(m)	12.00	12.00	12.00	12.00	12.00	12.00	12.00
Z(m)	15.00	15.00	15.00	15.00	15.00	15.00	15.00
SRI 压强测试值 P_{SRI}(N/m^2)	5.25	−51.07	−45.72	−37.44	−25.18	−20.46	−21.83
AADS 压强计算值 P_{AADS}(N/m^2)	7.18	−41.40	−35.84	−25.61	−15.80	−21.91	−19.06
ANS 压强计算值 P_{ANSYS}(N/m^2)	5.09	−35.76	−30.81	−20.05	−20.46	−20.66	−20.47
相对误差：$(P_{SRI}-P_{AADS})/P_{SRI}$	−36.76%	15.93%	21.61%	31.60%	33.29%	−7.09%	12.69%
相对误差：$(P_{SRI}-P_{ANSYS})/P_{SRI}$	3.05%	24.10%	32.61%	46.45%	27.40%	−0.98%	6.23%

水平面 2—3 线上各测点压强值　　**表 6.7.8**

参数名	参数值						
	节点编号						
	19705	20251	20803	21361	21925	22495	23065
X(m)	30.00	31.00	32.00	33.00	34.00	35.00	36.00
Y(m)	15.00	15.00	15.00	15.00	15.00	15.00	15.00
Z(m)	15.00	15.00	15.00	15.00	15.00	15.00	15.00
SRI 压强测试值 P_{SRI}(N/m^2)	−21.83	−17.19	−17.31	−17.57	−17.82	−16.82	−17.78
AADS 压强计算值 P_{AADS}(N/m^2)	−19.06	−15.72	−17.49	−17.52	−17.31	−15.85	−15.23
ANS 压强计算值 P_{ANSYS}(N/m^2)	−20.47	−19.10	−15.74	−15.34	−15.06	−15.13	−19.47
相对误差：$(P_{SRI}-P_{AADS})/P_{SRI}$	12.69%	5.55%	−1.04%	0.28%	2.86%	5.77%	14.34%
相对误差：$(P_{SRI}-P_{ANSYS})/P_{SRI}$	6.23%	−5.11%	−5.26%	−4.38%	−1.35%	−7.79%	−9.51%

注：表 6.7.3～表 6.7.8 中的 X、Y、Z 为节点坐标。

根据实测值和计算值得测点的力学压强曲线，如图 6.7.5 所示。

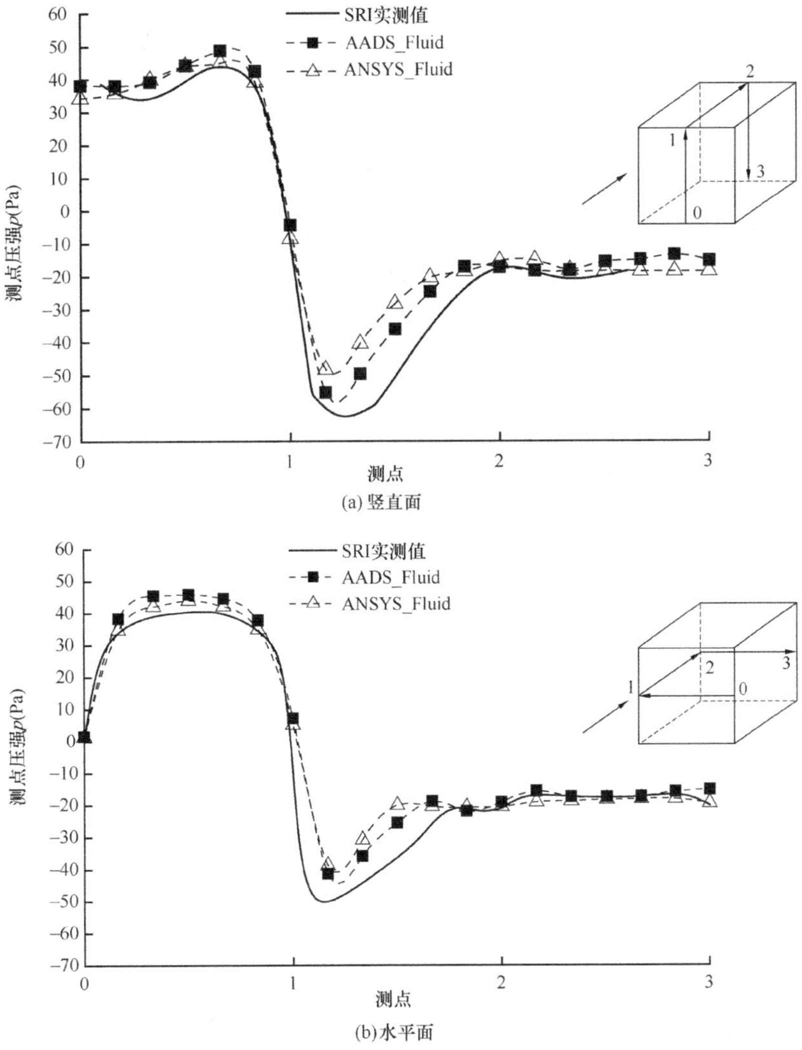

图 6.7.5　测点力学压强曲线

6.7.4 速度计算值的比较

ANSYS _ Fluid 的速度计算结果可用来进一步验证 AADS _ Fluid 所计算速度值的准确性。

由于 SRI 实测试验并没有提供流场的速度值，所以将 AADS _ Fluid 和 ANSYS _ Fluid 计算的速度值加以比较，如图 6.7.6 所示。

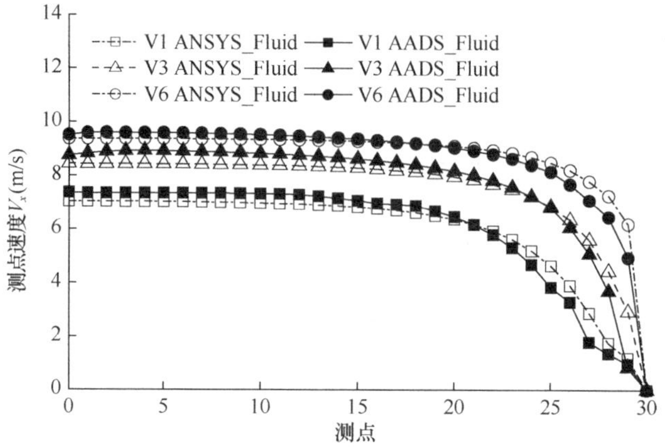

图 6.7.6 速度曲线图

设从计算风场入口到自然风场模型迎风面各点的速度为 V_x，用 V1、V3、V6 分别表示位于 Y=15m 处的 XOZ 平面内，且离地面高 1m、3m、6m 的从入口到模型迎风面中线的三条水平流线，如图 6.7.7 所示。

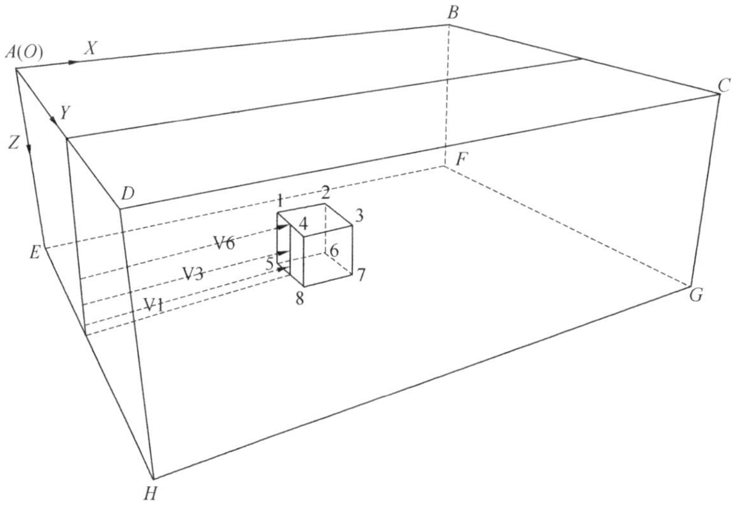

图 6.7.7 V1、V3、V6 示意图

图 6.7.6 显示了 ANSYS _ Fluid 和 AADS _ Fluid 计算所得的位于 V1、V3、V6 上沿 X 方向的速度值。

表 6.7.9～表 6.7.11 给出了 ANSYS _ Fluid 和 AADS _ Fluid 各点速度的计算结果及相对误差。

V1 线上各测点速度值　　**表 6.7.9**

参数名	参数值						
	节点编号						
	2298	4103	6383	9138	12083	15028	17967
X(m)	0.00	5.00	10.00	15.00	20.00	25.00	30.00
Y(m)	15.00	15.00	15.00	15.00	15.00	15.00	15.00
Z(m)	17.00	17.00	17.00	17.00	17.00	17.00	17.00
AADS 速度计算值(m/s)	7.37	7.35	7.32	7.07	6.46	3.84	0.00
ANSYS 速度计算值(m/s)	7.04	7.03	6.98	6.83	6.36	4.64	0.00
误差：(AADS-ANSYS)/ANSYS	4.69%	4.55%	4.87%	3.51%	1.57%	−17.24%	0.00%

V3 线上各测点速度值　　**表 6.7.10**

参数名	参数值						
	节点编号						
	2296	4101	6381	9136	12081	15026	17965
X(m)	0.00	5.00	10.00	15.00	20.00	25.00	30.00
Y(m)	15.00	15.00	15.00	15.00	15.00	15.00	15.00
Z(m)	15.00	15.00	15.00	15.00	15.00	15.00	15.00
AADS 速度计算值(m/s)	5.76	5.92	5.83	5.63	5.18	6.81	0.00
ANSYS 速度计算值(m/s)	5.44	5.43	5.39	5.29	7.96	6.85	0.00
误差：(AADS-ANSYS)/ANSYS	3.79%	5.81%	5.24%	4.10%	2.76%	−0.58%	0.00%

V6 线上各测点速度值　　**表 6.7.11**

参数名	参数值						
	节点编号						
	2293	4098	6378	9133	12078	15023	17962
X(m)	0.00	5.00	10.00	15.00	20.00	25.00	30.00
Y(m)	15.00	15.00	15.00	15.00	15.00	15.00	15.00
Z(m)	12.00	12.00	12.00	12.00	12.00	12.00	12.00
AADS 速度计算值(m/s)	9.52	9.59	9.52	9.37	9.04	5.15	0.00
ANSYS 速度计算值(m/s)	9.38	9.37	9.35	9.28	9.10	5.49	0.00
误差：(AADS-ANSYS)/ANSYS	1.49%	2.35%	1.82%	0.97%	−0.66%	−4.00%	0.00%

注：表 6.7.9～表 6.7.11 中的 X、Y、Z 为节点坐标。

由图 6.7.6 可知，AADS _ Fluid 和 ANSYS _ Fluid 的速度计算值是非常接近的，表明 AADS _ Fluid 计算是准确的，但在近地面和接近模型表面处相对误差增大，这是因为越靠近地面和模型，流场越复杂，因而相对误差也增大。

由表 6.7.9～表 6.7.11 可以看出，AADS _ Fluid 和 ANSYS _ Fluid 计算值相当接近，相对误差基本在±5%以内，从而可以印证 AADS _ Fluid 中所采用的 CSG 模型是准确可行的。在流场边界及内边界处，两者计算有一定差异，如果在 AADS _ Fluid 中引入墙函数等固壁边界条件则可进一步提高计算精度。

6.7.5 通量补偿和节点不连续补偿

前面讨论了 N-S 方程的补偿，通过补偿改善了有限元法带来的不连续性而导致的解的波动和精度的丢失；同时前面也讨论了随着精度的改善，意味着单元间通量渐趋守恒及节点的一阶导数渐趋光滑。所以，补偿项逐渐收敛于极小，数值计算的结果也的确如此。

图 6.7.8、图 6.7.9 分别为通量补偿项 C_{11} 收敛曲线、节点不连续补偿项 C_{12} 收敛曲线。由图中可以看出，通量补偿项 C_{11} 经过初始迭代后急剧下降，经过 1500 步的迭代后获得最小值，并基本稳定在 10^{-4} 量级；而节点补偿项 C_{12} 较大，经过 600 步迭代后获得极小值，但随着迭代次数的增加其值略有波动，并未达到稳定状态，当迭代次数达 3000 步时，C_{12} 取得最小值，并保持稳定。

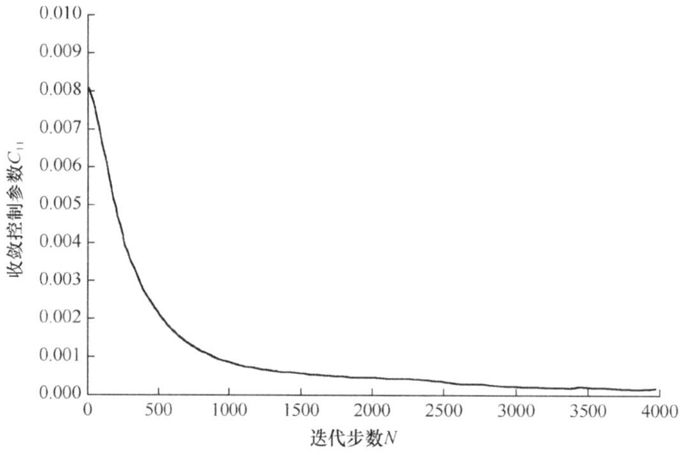

图 6.7.8 通量补偿项收敛曲线

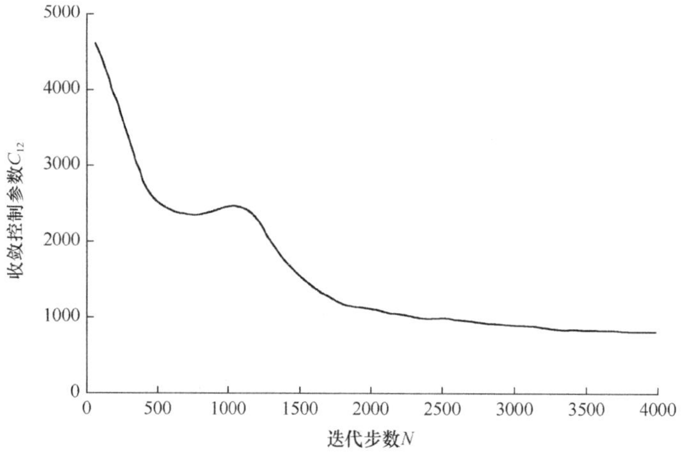

图 6.7.9 节点不连续项收敛曲线

由图 6.7.10 可知，不考虑补偿时误差最大，同时考虑节点与通量补偿时模拟值与实测值最为接近。通量补偿值对结果的修正效果略小于节点处一阶导数连续性补偿的效果，这是因为所计算的算例是低速流场，流体流入和流出时的密度改变量较小，因而通量补偿量也较小。

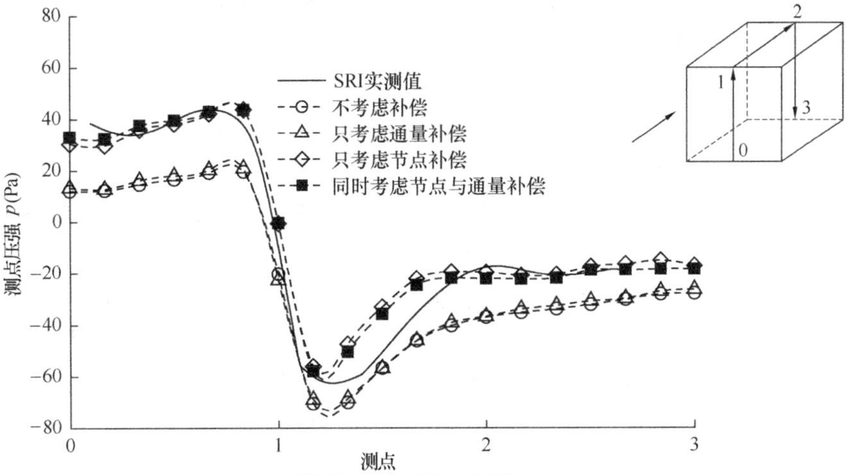

(a) 考虑补偿时的竖直测点压强值

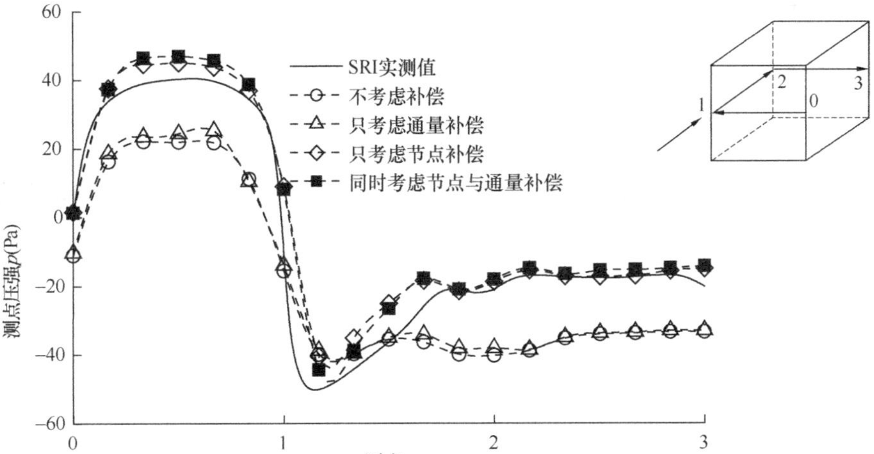

(b) 考虑补偿时的水平测点压强值

图 6.7.10　考虑补偿时的压强曲线图

6.7.6　结果分析

由图 6.7.5 可知，AADS _ Fluid 计算值与 SRI 实测压强基本一致，且具有相同的数据分布趋势，而在迎风面与顶面交界处以及迎风面与侧面交界处的测点计算误差相对较大，这是因为这些点由正风压急剧减小为负风压，流场较复杂。ANSYS _ Fluid 计算结果也呈现出基本相同的规律，计算结果验证了 AADS _ Fluid 的准确性。总体来看，AADS _ Fluid 计算值与 SRI 实测值比较接近，从而说明 AADS _ Fluid 所采用的 CSG 方法是准确可行的。

在竖直面测点上，由表 6.7.3～表 6.7.5 可知，0—1 迎风面上，AADS _ Fluid 模拟计算值与 SRI 实测值比较接近，相对误差在±15％左右；1—2 顶面上，正风压急剧减小到负风压，AADS _ Fluid 及 ANSYS _ Fluid 模拟计算值的相对误差有增大的趋势，都比实测值小，但 AADS _ Fluid 计算值相对接近 SRI 实测值，正负风压交接处，即迎风面与顶面交接处测点处于涡流区，流场复杂，此处 AADS _ Fluid 模拟计算值有较大偏差；2—3背风面处 AADS _ Fluid 计算值与实测值也比较接近，相对误差在±15％左右。

在水平面测点上，由表 6.7.6～表 6.7.8 可知，0—1 迎风面上，AADS _ Fluid 计算值与 SRI 实测值比较接近，相对误差在±10％左右，起始点由于风压值较小，相对误差偏大也在正常范围内；1—2 左侧面上，正风压急剧减小到负风压，AADS _ Fluid 及 ANSYS _ Fluid 计算值的相对误差有增大趋势，都比 SRI 实测值小，但 AADS _ Fluid 计算值相对接近 SRI 实测值，正负风压交接处，即迎风面与左侧面交接处测点处于涡流区，流场复杂，此处 AADS _ Fluid 计算值有较大偏差；2—3 背风面处 AADS _ Fluid 计算值与 SRI 实测值也比较接近，相对误差在±10％左右。总体来看，AADS _ Fluid 计算值与 SRI 实测值比较接近，水平面测点 AADS _ Fluid 计算结果要比垂直面测点相对更精确，从而验证了 AADS _ Fluid 所采用的 CSG 方法是准确可行的。

6.8 收敛性

解的收敛条件

$$r_v = \frac{\| \Delta \mathbf{V}^i \|}{\| \mathbf{V}^{i+1} \|} \leqslant r_{v\text{tol}},\ r_p = \frac{\| \Delta p^i \|}{\| p^{i+1} \|} \leqslant r_{p\text{tol}},\ r_\rho = \frac{\| \Delta \rho^i \|}{\| \rho^{i+1} \|} \leqslant r_{\rho\text{tol}} \tag{6.8.1}$$

为了考察 AADS _ Fluid 求解的收敛性，如图 6.8.1 给出了补偿指数型插值收敛控制参数 r_v的曲线。

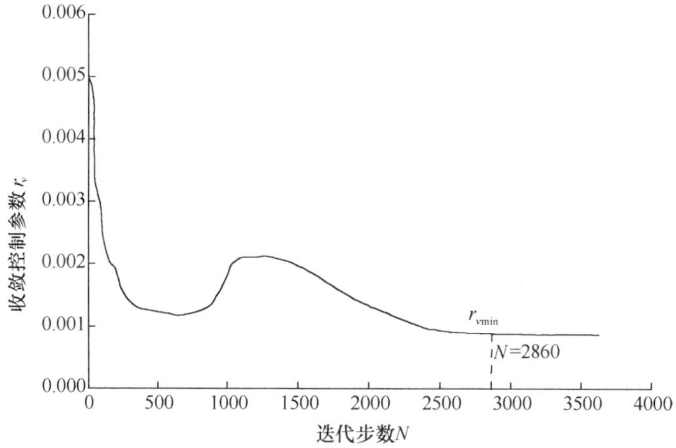

图 6.8.1　收敛性曲线图

如图 6.8.1 所示，速度收敛控制参数 r_v 在经过初始迭代后迅速减小，经过近 500 步的迭代求解后，获得极小值，但随着迭代次数的增加 r_v 还会增大，并未达到稳定状态；当迭代次数 $N=2860$ 时，r_v 取得最小值，$r_{v\min}=8.856\times10^{-4}$，并基本保持稳定，计算时间 $t=18200\text{s}$，此时所计算的结果是最准确的，与实测值之间的误差也最小。

第 7 章　流线迎风有限元法

7.1　流线迎风有限元法的基本概念

7.1.1　PG 有限元法

如前所述，对定常一维对流扩散方程的（SG）有限元解的研究发现，存在数值解的波动。为了改善解的精度，1975 年英国 Swansea 大学教授 Zienkiewicz 提出了 Petrov-Galerkin 法的基本概念，之后，各国学者展开了 Petrov-Galerkin 法和 Petrov-Galerkin 有限元法的研究，1982 年由 Brooks 和 Hughes 提出解流体对流-扩散问题的流线迎风 Petrov-Galerkin 法（Streamline Upwind Petrov-Galerkin，SUPG），简称流线迎风有限元法。

前面已经讨论了解偏微分方程的 Galerkin 变分法和 Petrov-Galerkin 变分法，以及解变分公式的加权余量法，在此基础上引入有限元法的概念，得到解偏微分方程的标准 Galerkin 有限元法（SG FEM）和 Petrov-Galerkin 有限元法（PG FEM）。

在 PG FEM 中，由于在权函数中引入了 Petrov 项，因此可以通过构造适当的权函数来调整来流的上游节点处和下游节点处的权重，以此描述流体的行为。具有这种功能的 PG FEM 法即是所谓的 SUPG。如果权函数中的 Petrov 项为零，则退化为 SG FEM。

如上所述，由偏微分方程的变分解可知，Galerkin 变分公式为

$$\int_{\Omega}\varphi_j[L(u)-f]\mathrm{d}\Omega=0 \tag{7.1.1}$$

Petrov-Galerkin 变分公式为

$$\int_{\Omega}wL(\tilde{u})\mathrm{d}\Omega+\sum_{e=1}^{N_e}\int_{\Omega_e}w^*(w)R(\tilde{u})\mathrm{d}\Omega_e=\int_{\Omega}wf\mathrm{d}\Omega \tag{7.1.2}$$

SG FEM 公式为

$$\int_V\boldsymbol{N}^{\mathrm{T}}[L(\boldsymbol{N}\tilde{u}_e)-f]\mathrm{d}V=0 \tag{7.1.3}$$

PG FEM 公式为

$$\int_V[\boldsymbol{N}+w^*(\boldsymbol{N})]L(\boldsymbol{N}\tilde{u}_e)\mathrm{d}V=\int_V\boldsymbol{N}f\mathrm{d}V \tag{7.1.4}$$

上式中，w 为权函数，在有限元法中，设形函数为权函数，则 $w=\boldsymbol{N}$；w^* 为权函数中的 Petrov 项，在 SG FEM 中 $w^*=0$。

7.1.2　SUPG 有限元法

前面讨论了改进有限元解精度的方法，其中一个有效方法是采用 PG FEM，在 SG FEM 的权函数中引入附加 Petrov 项 w^*，采用运动黏性系数构造 w^* 后产生了流线迎风有

限元方法。

在一维对流扩散问题的 PG FEM 研究中得到了人工黏性项的具体表达，然而在多维问题中，流线方向并不像一维问题中那样明确，如简单地引用一维问题的结论，将会导致“侧风耗散”问题。Heinrich 曾将流线迎风有限元方法用于二维问题的求解，遇到主要问题即存在“侧风耗散”而导致精度降低，且耗散受流动方向网格对称性的影响，因此无法建立多维问题流线迎风有限元格式。

Hughes 等通过添加各向异性的人工黏性系数 $\overline{v}_{ij}$ 实现了仅在流线方向增加人工耗散的目的，成功地解决了上述问题。

$$\overline{v}_{ij} = \gamma \hat{V}_i \hat{V}_j \tag{7.1.5}$$

式中，$\hat{V}_i = V_i / \|\boldsymbol{V}\|$，$\|\boldsymbol{V}\| = V_i V_i$；$\gamma$ 为参数。

此后，Brooks 和 Hughes，Navert 和 Johnson[72]各自独立地发现，只要用试函数的导数进行权函数的摄动修正，即在标准 Galerkin 权函数基础上增加修正项

$$\widetilde{w} = w + w^* \tag{7.1.6}$$

式中

$$w^* = \tau \frac{\partial w}{\partial x_i} \tag{7.1.7}$$

这里，w^* 为权函数的摄动修正项，为一不连续的函数；w 为标准 Galerkin 方法中的权函数；

τ 为摄动因子，一般取 $\tau = \gamma \hat{V}_i$。

对于多维问题，同样可以导出各向异性人工黏性系数。

流线迎风有限元方法是在加权余量法中采用考虑来流上游效应的不对称权函数。很久以来，关于 SUPG 法中权函数的构造已作了大量研究[94]。

7.2 定常对流扩散方程 SUPG 有限元公式及权函数

7.2.1 定常对流扩散方程 SUPG 有限元公式

为了建立流体力学 N-S 方程的 SUPG 法，首先对一维定常对流扩散方程的 SUPG 有限元法进行了深入研究，由此推广到二维和三维问题。不论一维或多维，定常对流扩散方程的 SUPG 有限元法的过程是相同的，在每个单元上构造形函数，并以此给出解的试函数。与此同时，采用如式（7.1.6）所示的权函数并计算权函数与方程的内积，于是得到如式（7.1.4）所示的 PG 有限元公式。

定常对流扩散方程

$$\boldsymbol{v} \nabla\phi - \nu \nabla^2\phi = 0 \tag{7.2.1}$$

式中，$\boldsymbol{v}$ 为对流速度；ϕ 为待求的速度变量；ν 为运动黏性系数。

现采用 SUPG 有限元法求解式（7.2.1）。将定义域 Ω 剖分为有限个子域或单元 Ω_e，在每个子域或单元上构造解向量的试函数 $\phi = \boldsymbol{N}\phi_e$，其中 $\boldsymbol{N}$ 为形函数，ϕ_e 为单元节点处

的ϕ 值。

当采用如式（7.1.6）所示的权函数时，按式（7.1.4）可得定常对流扩散方程 PG 有限元公式

$$\int_{\Omega_e} \tilde{w}(v\,\nabla\phi - \nu\,\nabla^2\phi)\mathrm{d}\Omega_e = 0 \tag{7.2.2}$$

将上式中的高阶项降阶后得方程的弱形式，引入边界条件得以单元节点 ϕ_e 为未知量的线性方程组，解方程后可进一步求得每个单元的解向量。

以下将分别讨论权函数的构造。

7.2.2　一维定常对流扩散方程 SUPG 有限元法的权函数

一维定常对流扩散方程 SUPG 有限元法的基本公式如式（7.2.2）所示。这里只需讨论权函数的构造。

一维定常对流扩散方程 SUPG 有限元公式中的权函数 $\tilde{w}$ 如式（7.1.6）所示。这里在第 i 个单元中，权

$$w_i = \boldsymbol{N}_i \tag{7.2.3}$$

$$w_i^* = \gamma_i \boldsymbol{N}_{i,x} \tag{7.2.4}$$

式中，γ 为摄动因子。

对于任意一个单元，摄动因子

$$\gamma = \alpha\,\frac{\Delta x}{2} \tag{7.2.5}$$

这里，Δx 为一维线单元的单元长度；α 为迎风因子，对于每个单元，

$$\alpha = \coth P_e - \frac{1}{P_e}, \quad 0 \leqslant |\alpha| \leqslant 1 \tag{7.2.6}$$

其中 P_e 为 Pe 数：

$$P_e = \frac{\|\phi_i\|\,\Delta x}{2\nu} \tag{7.2.7}$$

迎风因子 α 的选择是为了消除当 $Pe > 1$ 时的波动，并期望得到精确解。

在权函数式（7.2.3）中引入了迎风因子 α，即一维定常对流扩散方程 SUPG 有限元法的权函数为

$$\tilde{w} = \boldsymbol{N}_i + \alpha\,\frac{\Delta x}{2}\boldsymbol{N}_{i,x} \tag{7.2.8}$$

7.2.3　二维定常对流扩散方程 SUPG 有限元法的权函数

二维定常对流扩散方程 SUPG 有限元法的基本公式如式（7.2.2）所示。这里只需讨论权函数的构造。

二维定常对流扩散方程 SUPG 有限元公式中的权函数 $\tilde{w}$ 如式（7.1.6）所示。

在二维问题中，迎风格式需要确定方向，Zienkiewicz 在对比了平衡扩散项法与迎风格式后，提出了二维的 SUPG 法[92]。在二维问题中，对流项仅在合成后的单元速度方向上起作用，因此由迎风格式引入的平衡扩散项应是各向异性的，它的系数只在合成的速度方向上不为零。故对任一单元，定常二维对流扩散方程 SUPG 有限元法的权函数为

$$\widetilde{w} = w + w^* = \boldsymbol{N}^{\mathrm{T}} + \tau\phi_i \frac{\partial \boldsymbol{N}^{\mathrm{T}}}{\partial x_i} \tag{7.2.9}$$

式中，τ 为稳定参数

$$\tau = \frac{\alpha h}{2\,\|\phi_i\|} \tag{7.2.10}$$

这里

$$\|\phi_i\| = \sqrt{\phi_x^2 + \phi_y^2} \tag{7.2.11}$$

对于每个单元，迎风因子 α 如式（7.2.6）所示，Pe 数如式（7.2.7）所示；h 为二维单元的单元长度。

式（7.2.9）写成矩阵形式，有

$$\widetilde{w} = [\boldsymbol{N}_x^{\mathrm{T}} \quad \boldsymbol{N}_y^{\mathrm{T}}] + \left[\tau_x\left(\phi_x \frac{\partial \boldsymbol{N}_x^{\mathrm{T}}}{\partial x} + \phi_y \frac{\partial \boldsymbol{N}_x^{\mathrm{T}}}{\partial y}\right) \quad \tau_y\left(\phi_x \frac{\partial \boldsymbol{N}_y^{\mathrm{T}}}{\partial x} + \phi_y \frac{\partial \boldsymbol{N}_y^{\mathrm{T}}}{\partial y}\right)\right] \tag{7.2.12}$$

式中，ϕ_x、ϕ_y 分别为单元沿坐标 x、y 方向的速度；τ_x、τ_y 分别为单元沿坐标 x、y 方向的稳定参数

$$\tau_x = \frac{\alpha_x \Delta x}{2\,\|\phi_i\|}, \quad \tau_y = \frac{\alpha_y \Delta y}{2\,\|\phi_i\|} \tag{7.2.13}$$

这里，Δx、Δy 分别为单元沿坐标 x、y 方向的尺度

$$\begin{aligned} \alpha_x &= \coth P_{ex} - \frac{1}{P_{ex}}, \quad P_{ex} = \frac{\|\phi_x\|\Delta x}{2\nu} \\ \alpha_y &= \coth P_{ey} - \frac{1}{P_{ey}}, \quad P_{ey} = \frac{\|\phi_y\|\Delta y}{2\nu} \end{aligned} \tag{7.2.14a}$$

P_e 的计算也可按下式定义，即

$$\begin{aligned} P_{ex} &= \frac{\overline{\phi_x}\Delta x}{2\nu} \\ P_{ey} &= \frac{\overline{\phi_y}\Delta y}{2\nu} \end{aligned} \tag{7.2.14b}$$

这里，$\overline{\phi_x}$ 和 $\overline{\phi_y}$ 分别为单元沿坐标 x 和 y 方向的平均速度。

在式（7.2.9）或式（7.2.12）中引入迎风因子 α，且考虑到形函数的正交性，以 w^* 为权的积分项表明了一个高度各向异性的扩散，在垂直于对流速度向量方向上系数为零。式（7.2.9）或式（7.2.12）即为二维定常对流扩散方程 SUPG 有限元法的权函数。

7.2.4 三维定常对流扩散方程 SUPG 有限元法的权函数

三维定常对流扩散方程 SUPG 有限元法的基本公式如式（7.2.2）所示。这里只需讨论权函数的构造。

三维定常对流扩散方程 SUPG 有限元公式中的权函数 $\widetilde{w}$ 如式（7.1.6）所示。这里在第 i 个单元中，权函数

$$\widetilde{w} = w + w^* = \boldsymbol{N}^{\mathrm{T}} + \tau\phi_i \frac{\partial \boldsymbol{N}^{\mathrm{T}}}{\partial x_i} \tag{7.2.15}$$

式中，$\tau = \dfrac{\alpha h}{2\,\|\phi_i\|}$ 为稳定参数，

$$\| \phi_i \| = \sqrt{\phi_x^2 + \phi_y^2 + \phi_z^2} \tag{7.2.16}$$

迎风因子 α 如式（7.2.6）所示，Pe 数如式（7.2.7）所示；h 为三维单元的单元长度。

式（7.2.15）的权函数写成矩阵形式，有

$$\begin{aligned} \tilde{w} = & [\boldsymbol{N}_x^{\mathrm{T}} \quad \boldsymbol{N}_y^{\mathrm{T}} \quad \boldsymbol{N}_z^{\mathrm{T}}] + \left[\frac{\alpha_x \Delta x}{2 \| \phi_i \|} \left(\phi_x \frac{\partial \boldsymbol{N}_x^{\mathrm{T}}}{\partial x} + \phi_y \frac{\partial \boldsymbol{N}_x^{\mathrm{T}}}{\partial y} + \phi_z \frac{\partial \boldsymbol{N}_x^{\mathrm{T}}}{\partial z} \right) \right. \\ & \left. \frac{\alpha_y \Delta y}{2 \| \phi_i \|} \left(\phi_x \frac{\partial \boldsymbol{N}_y^{\mathrm{T}}}{\partial x} + \phi_y \frac{\partial \boldsymbol{N}_y^{\mathrm{T}}}{\partial y} + \phi_z \frac{\partial \boldsymbol{N}_y^{\mathrm{T}}}{\partial z} \right) \frac{\alpha_z \Delta z}{2 \| \phi_i \|} \left(\phi_x \frac{\partial \boldsymbol{N}_z^{\mathrm{T}}}{\partial x} + \phi_y \frac{\partial \boldsymbol{N}_z^{\mathrm{T}}}{\partial y} + \phi_z \frac{\partial \boldsymbol{N}_z^{\mathrm{T}}}{\partial z} \right) \right] \end{aligned} \tag{7.2.17}$$

式中，Δx、Δy、Δz 分别为单元沿坐标 x、y、z 方向的尺度；ϕ_x、ϕ_y、ϕ_z 分别为单元沿坐标 x、y、z 方向的速度；

$$\begin{aligned} \alpha_x &= \coth P_{ex} - \frac{1}{P_{ex}}, \quad P_{ex} = \frac{\| \phi_x \| \Delta x}{2\nu} \\ \alpha_y &= \coth P_{ey} - \frac{1}{P_{ey}}, \quad P_{ey} = \frac{\| \phi_y \| \Delta y}{2\nu} \\ \alpha_z &= \coth P_{ez} - \frac{1}{P_{ez}}, \quad P_{ez} = \frac{\| \phi_z \| \Delta z}{2\nu} \end{aligned} \tag{7.2.18a}$$

P_e 的计算也可按下式定义，即

$$\begin{aligned} P_{ex} &= \frac{\overline{\phi_x} \Delta x}{2\nu} \\ P_{ey} &= \frac{\overline{\phi_y} \Delta y}{2\nu} \\ P_{ez} &= \frac{\overline{\phi_z} \Delta z}{2\nu} \end{aligned} \tag{7.2.18b}$$

这里，$\overline{\phi_x}$、$\overline{\phi_y}$ 和 $\overline{\phi_z}$ 分别为单元沿坐标 x、y 和 z 方向的平均速度。

在式（7.2.15）或式（7.2.17）中引入迎风因子 α，出于和二维问题中相似的原因，式（7.2.15）或式（7.2.17）即为三维定常对流扩散方程 SUPG 有限元法的权函数。

上述权函数中第二项为迎风流线稳定项。可以看到，SUPG 项是将标准 Galerkin 项加上迎风流线稳定项之和，即“SUPG 项= Galerkin 项 ＋ 迎风流线稳定项”。

假设流线为 x 方向，其他项均消失。因此，黏性只是沿着流动方向，即流线方向。

7.3　N-S 方程的 SUPG 有限元法

考虑一般情况，现仅讨论三维 N-S 方程的 SUPG 法，且只考虑四面体单元。

7.3.1　三维 N-S 方程 SUPG 有限元解的形函数

如果将流体剖分为有限个四面体单元 e_{ijkl}，在如图 4.3.5 所示的单元局部坐标系中，单元任意一点的速度

$$\boldsymbol{v} = \boldsymbol{N}_v \boldsymbol{v}_e \tag{7.3.1}$$

式中，$\boldsymbol{v}_e$ 为单元节点速度；$\boldsymbol{N}_v$ 为单元速度形函数，如式（4.3.21）所示。

单元中任意一点的密度 ρ、温度 T、力学压强 P 及能量 E 均可表示为

$$\begin{aligned} \rho &= \boldsymbol{N}_\rho \rho_e \\ T &= \boldsymbol{N}_T T_e \\ P &= \boldsymbol{N}_P P_e \\ E &= \boldsymbol{N}_E E_e \end{aligned} \tag{7.3.2}$$

式中，ρ_e、T_e、P_e 和 E_e 分别为单元节点的密度、温度、力学压强及能量；$\boldsymbol{N}_\rho$、$\boldsymbol{N}_T$、$\boldsymbol{N}_P$ 和 $\boldsymbol{N}_E$ 分别为单元密度、温度、力学压强及能量形函数，一般取 $\boldsymbol{N}_\rho = \boldsymbol{N}_T = \boldsymbol{N}_P = \boldsymbol{N}_E = \boldsymbol{N}$，如式（4.3.17）所示。

7.3.2 三维 N-S 方程 SUPG 有限元解的权函数

三维 N-S 方程采用 SUPG 法求解时，仅对其中的动量方程和能量方程采用 SUPG 有限元公式，而对质量方程依然采用 SG 有限元公式。

三维定常动量方程 SUPG 有限元公式中引入摄动项后的权函数 $\tilde{w} = w + w^*$。其中，w 为权函数，现取形函数为权函数；w^* 为摄动项

$$w = [\boldsymbol{N}_{vx}^{\mathrm{T}} \quad \boldsymbol{N}_{vy}^{\mathrm{T}} \quad \boldsymbol{N}_{vz}^{\mathrm{T}}] \tag{7.3.3a}$$

$$\begin{aligned} w^* = \Big[& \frac{\alpha_x \Delta x}{2\|\boldsymbol{v}\|}\left(\boldsymbol{v}_x \frac{\partial \boldsymbol{N}_{vx}^{\mathrm{T}}}{\partial x} + \boldsymbol{v}_y \frac{\partial \boldsymbol{N}_{vx}^{\mathrm{T}}}{\partial y} + \boldsymbol{v}_z \frac{\partial \boldsymbol{N}_{vx}^{\mathrm{T}}}{\partial z}\right) \\ & \frac{\alpha_y \Delta y}{2\|\boldsymbol{v}\|}\left(\boldsymbol{v}_x \frac{\partial \boldsymbol{N}_{vy}^{\mathrm{T}}}{\partial x} + \boldsymbol{v}_y \frac{\partial \boldsymbol{N}_{vy}^{\mathrm{T}}}{\partial y} + \boldsymbol{v}_z \frac{\partial \boldsymbol{N}_{vy}^{\mathrm{T}}}{\partial z}\right) \\ & \frac{\alpha_z \Delta z}{2\|\boldsymbol{v}\|}\left(\boldsymbol{v}_x \frac{\partial \boldsymbol{N}_{vz}^{\mathrm{T}}}{\partial x} + \boldsymbol{v}_y \frac{\partial \boldsymbol{N}_{vz}^{\mathrm{T}}}{\partial y} + \boldsymbol{v}_z \frac{\partial \boldsymbol{N}_{vz}^{\mathrm{T}}}{\partial z}\right)\Big] \end{aligned} \tag{7.3.3b}$$

这里，α_x、α_y、α_z 为

$$\begin{aligned} \alpha_x &= \coth P_{ex} - \frac{1}{P_{ex}}, \quad P_{ex} = \frac{\|\boldsymbol{v}_x\| \Delta x}{2\nu} \\ \alpha_y &= \coth P_{ey} - \frac{1}{P_{ey}}, \quad P_{ey} = \frac{\|\boldsymbol{v}_y\| \Delta y}{2\nu} \\ \alpha_z &= \coth P_{ez} - \frac{1}{P_{ez}}, \quad P_{ez} = \frac{\|\boldsymbol{v}_z\| \Delta z}{2\nu} \end{aligned} \tag{7.3.4a}$$

P_e 的计算也可按下式定义，即

$$\begin{aligned} P_{ex} &= \frac{\overline{\boldsymbol{v}_x} \Delta x}{2\nu} \\ P_{ey} &= \frac{\overline{\boldsymbol{v}_y} \Delta y}{2\nu} \\ P_{ez} &= \frac{\overline{\boldsymbol{v}_z} \Delta z}{2\nu} \end{aligned} \tag{7.3.4b}$$

这里，$\overline{\boldsymbol{v}_x}$、$\overline{\boldsymbol{v}_y}$ 和 $\overline{\boldsymbol{v}_z}$ 分别为单元沿坐标 x、y 和 z 方向的平均速度。

对于能量方程及力学压强加权积分中的权函数

$$\tilde{w} = w + w^*$$

设 $w = \boldsymbol{N}^{\mathrm{T}}$，则

$$\tilde{w}=\boldsymbol{N}^{\mathrm{T}}+\tau\left(\frac{\partial \boldsymbol{N}^{\mathrm{T}}}{\partial x}+\frac{\partial \boldsymbol{N}^{\mathrm{T}}}{\partial y}+\frac{\partial \boldsymbol{N}^{\mathrm{T}}}{\partial z}\right) \tag{7.3.5}$$

式中，$\boldsymbol{N}$ 如式（5.3.23）所示；τ 为稳定参数，对于能量方程，$\tau=\frac{\alpha\Delta}{2\|E\|}E$；对于力学压强，$\tau=\frac{\alpha\Delta}{2\|P\|}P$。

7.3.3 三维非定常 N-S 方程的 SUPG 格式的时间离散

非定常 N-S 方程的 SG 有限元法的时间离散方法基本上都可以适用于 SUPG 格式，现在以下 N-S 方程的 SUPG 格式的讨论中采用一般的 θ 族方法。时间离散的一般格式如式（5.3.1a）所示。然后，将式（5.3.1a）再代入 SG 公式中，并引入形函数表示的基本变量，得时间离散后的流体力学基本微分方程的 SUPG 有限元格式的一般式

$$\int_V \tilde{w}\Delta^{t+\Delta t}m\,\mathrm{d}V={}^{t+\theta\Delta t}\boldsymbol{q} \tag{7.3.6}$$

式中

$${}^{t+\theta\Delta t}\boldsymbol{q}=\Delta t\int_V w[\theta^{t+\Delta t}g+(1-\theta)^{t}g]\mathrm{d}V=\Delta t[\theta^{t+\Delta t}\boldsymbol{f}+(1-\theta)^{t}\boldsymbol{f}] \tag{7.3.7}$$

7.3.4 SUPG 的分裂算法

N-S 方程的 SUPG 有限元法中的分裂算法可采用相同于 SG 有限元法中的算法。

7.4 三维非定常 N-S 方程的 SUPG 有限元格式

如采用 θ 法，非定常问题时间离散的一般表达式如式（5.3.1a）所示，而空间离散则可按 SG 有限元格式。

7.4.1 三维非定常动量方程 SUPG 有限元格式

将非定常动量方程按 θ 法和 SUPG 有限元格式离散后，可得时间和空间离散后动量方程 SUPG 有限元格式

$${}^{t+\Delta t}\boldsymbol{s}_M\Delta^{t+\Delta t}m={}^{t+\Delta t}\boldsymbol{Q}_v=\Delta t[\theta({}^{t+\Delta t}\boldsymbol{f}_v)+(1-\theta)({}^{t}\boldsymbol{f}_v)] \tag{7.4.1}$$

式中，对于非守恒型方程，质量矩阵

$${}^{t+\Delta t}\boldsymbol{s}_M=\int_V \tilde{w}^{t}\rho\boldsymbol{N}_v\mathrm{d}V=\int_V w^{t}\rho\boldsymbol{N}_v\mathrm{d}V+\int_V w^{*\,t}\rho\boldsymbol{N}_v\mathrm{d}V \tag{7.4.2}$$

这里，w 为权函数，w^* 为摄动项，如式（7.3.3）所示。

$$\Delta^{t+\Delta t}m=\Delta^{t+\Delta t}\boldsymbol{v}_e \tag{7.4.3}$$

略去时间标架，式（7.4.1）中的右端项 $\boldsymbol{f}_v$ 为

$$\boldsymbol{f}_v=\boldsymbol{f}_w+\boldsymbol{f}_p \tag{7.4.4}$$

式中

$$\boldsymbol{f}_w=-\boldsymbol{c}_v+\boldsymbol{k}_\tau+\boldsymbol{p}_v$$
$$\boldsymbol{f}_p=\boldsymbol{p} \tag{7.4.5a}$$

当引入自然边界条件后

$$\boldsymbol{f}_{w}=-\boldsymbol{c}_{v}+\boldsymbol{k}_{\tau}+\boldsymbol{p}_{v}+\overline{\boldsymbol{p}}_{j} \tag{7.4.5b}$$

式（7.4.4）及式（7.4.5）中的各项分别为动量方程中对流项、扩散项、体积力和面力的加权积分。其中，${}^{t+\Delta t}\boldsymbol{c}_{v}$ 为 $t+\Delta t$ 时刻的对流项公式（1.6.14b）在流体单元上的加权积分。对于非守恒型的动量方程

$$ {}^{t+\Delta t}\boldsymbol{c}_{v}=-\int_{V}[\boldsymbol{N}_{vx}^{\mathrm{T}}\quad \boldsymbol{N}_{vy}^{\mathrm{T}}\quad \boldsymbol{N}_{vz}^{\mathrm{T}}]{}^{t}\rho\begin{bmatrix} {}^{t+\Delta t}v_{x}\dfrac{\partial^{t+\Delta t}v_{x}}{\partial x}+{}^{t+\Delta t}v_{y}\dfrac{\partial^{t+\Delta t}v_{x}}{\partial y}+{}^{t+\Delta t}v_{z}\dfrac{\partial^{t+\Delta t}v_{x}}{\partial z} \\ {}^{t+\Delta t}v_{x}\dfrac{\partial^{t+\Delta t}v_{y}}{\partial x}+{}^{t+\Delta t}v_{y}\dfrac{\partial^{t+\Delta t}v_{y}}{\partial y}+{}^{t+\Delta t}v_{z}\dfrac{\partial^{t+\Delta t}v_{y}}{\partial z} \\ {}^{t+\Delta t}v_{x}\dfrac{\partial^{t+\Delta t}v_{z}}{\partial x}+{}^{t+\Delta t}v_{y}\dfrac{\partial^{t+\Delta t}v_{z}}{\partial y}+{}^{t+\Delta t}v_{z}\dfrac{\partial^{t+\Delta t}v_{z}}{\partial z} \end{bmatrix}\mathrm{d}V \tag{7.4.6}$$

式中，${}^{t+\Delta t}\boldsymbol{k}_{\tau}$ 为 $t+\Delta t$ 时刻的扩散项

$${}^{t+\Delta t}\boldsymbol{k}_{\tau}={}^{t+\Delta t}\boldsymbol{k}_{S\tau}+{}^{t+\Delta t}\boldsymbol{k}_{V\tau} \tag{7.4.7}$$

这里，${}^{t+\Delta t}\boldsymbol{k}_{S\tau}$ 为扩散项降阶后的面积分项，${}^{t+\Delta t}\boldsymbol{k}_{V\tau}$ 为扩散项降阶后的体积分项，如式（5.3.44）所示。

${}^{t+\Delta t}\boldsymbol{p}_{v}$ 为 $t+\Delta t$ 时刻的流体单元质量力

$${}^{t+\Delta t}\boldsymbol{p}_{v}=\int_{V}w{}^{t}\rho\begin{bmatrix} g_{x} \\ g_{y} \\ g_{z} \end{bmatrix}\mathrm{d}V \tag{7.4.8}$$

式中，g_{x}、g_{y}、g_{z} 为流体单元沿 x、y、z 方向的加速度，这里应包括重力加速度；${}^{t+\Delta t}\boldsymbol{p}$ 为 $t+\Delta t$ 时刻的力学压强在流体单元上的加权积分

$${}^{t+\Delta t}\boldsymbol{p}=\int_{V}w\begin{bmatrix} -p & 0 & 0 \\ 0 & -p & 0 \\ 0 & 0 & -p \end{bmatrix}\begin{bmatrix} \dfrac{\partial}{\partial x} \\ \dfrac{\partial}{\partial y} \\ \dfrac{\partial}{\partial z} \end{bmatrix}\mathrm{d}V \tag{7.4.9}$$

如采用 SG FEM 中的分裂算法，可得到不计压强 p 时的速度增量 $\Delta^{t+\Delta t}\boldsymbol{v}_{v}$ 和仅有压强 p 产生的速度增量 $\Delta^{t+\Delta t}\boldsymbol{v}_{p}$，那么

$$\Delta^{t+\Delta t}\boldsymbol{v}=\Delta^{t+\Delta t}\boldsymbol{v}_{v}+\Delta^{t+\Delta t}\boldsymbol{v}_{p} \tag{7.4.10}$$

这里

$${}^{t+\Delta t}\boldsymbol{v}={}^{t}\boldsymbol{v}+\Delta^{t+\Delta t}\boldsymbol{v} \tag{7.4.11}$$

式中，${}^{t}\boldsymbol{v}$ 为流体单元在 t 时刻的速度；$\Delta^{t+\Delta t}\boldsymbol{v}$ 为流体单元经过 Δt 时段运动的速度增量。

7.4.2 三维非定常质量方程 SUPG 有限元格式

将非定常质量方程按 θ 法和 SG 有限元格式离散后，可得时间和空间离散后质量方程 SUPG 有限元格式

$$ {}^{t+\Delta t}\boldsymbol{s}_D \Delta^{t+\Delta t} m = {}^{t+\Delta t}\boldsymbol{Q}_D = \Delta t[\theta({}^{t+\Delta t}\boldsymbol{f}_D) + (1-\theta)({}^t\boldsymbol{f}_D)] \tag{7.4.12} $$

式中，对于非守恒型质量方程，密度矩阵

$$ {}^{t+\Delta t}\boldsymbol{s}_D = \int_V \tilde{w}\boldsymbol{N}_\rho \mathrm{d}V = \int_V \boldsymbol{N}_\rho^{\mathrm{T}}\boldsymbol{N}_\rho \mathrm{d}V \tag{7.4.13} $$

$$ \Delta^{t+\Delta t} m = \Delta^t \rho_e \tag{7.4.14} $$

略去时间标架，有 $\boldsymbol{f}_D = \boldsymbol{c}_D$，这里

$$ \begin{aligned} {}^{t+\Delta t}\boldsymbol{c}_D &= \int_V \tilde{w}\left[{}^t\rho\left(\frac{\partial^{t+\Delta t}v_x}{\partial x} + \frac{\partial^{t+\Delta t}v_y}{\partial y} + \frac{\partial^{t+\Delta t}v_z}{\partial z}\right) + \left({}^{t+\Delta t}v_x \frac{\partial^t\rho}{\partial x} + {}^{t+\Delta t}v_y \frac{\partial^t\rho}{\partial y} + {}^{t+\Delta t}v_z \frac{\partial^t\rho}{\partial z}\right)\right]\mathrm{d}V \\ &= \int_V \boldsymbol{N}_\rho^{\mathrm{T}}\left[{}^t\rho\left(\frac{\partial^{t+\Delta t}v_x}{\partial x} + \frac{\partial^{t+\Delta t}v_y}{\partial y} + \frac{\partial^{t+\Delta t}v_z}{\partial z}\right) + \left({}^{t+\Delta t}v_x \frac{\partial^t\rho}{\partial x} + {}^{t+\Delta t}v_y \frac{\partial^t\rho}{\partial y} + {}^{t+\Delta t}v_z \frac{\partial^t\rho}{\partial z}\right)\right]\mathrm{d}V \end{aligned} \tag{7.4.15} $$

解式（7.4.12）的 $t+\Delta t$ 时刻流体单元节点密度 ${}^{t+\Delta t}\rho_e$，于是

$$ {}^{t+\Delta t}\rho_e = {}^t\rho_e + \Delta^{t+\Delta t}\rho_e \tag{7.4.16} $$

流体单元密度为

$$ {}^{t+\Delta t}\rho = {}^t\rho + \Delta^{t+\Delta t}\rho \tag{7.4.17} $$

解质量方程的 SUPG 有限元法中权函数 $\tilde{w}$ 采用了与 SG 法中相同的形式。即在各式中，$\tilde{w} = w = \boldsymbol{N}^{\mathrm{T}}$。

7.4.3 三维非定常能量方程 SUPG 有限元格式

将非定常能量方程按 θ 法和 SUPG 有限元格式离散后，可得时间和空间离散后能量方程 SUPG 有限元格式

$$ {}^{t+\Delta t}\boldsymbol{s}_E \Delta^{t+\Delta t} m = {}^{t+\Delta t}\boldsymbol{Q}_E = \Delta t[\theta({}^{t+\Delta t}\boldsymbol{f}_E) + (1-\theta)({}^t\boldsymbol{f}_E)] \tag{7.4.18} $$

式中，对于非守恒型能量方程，能量矩阵

$$ {}^{t+\Delta t}\boldsymbol{s}_E = \int_V \tilde{w}\,{}^t\rho\boldsymbol{N}_E \mathrm{d}V = \int_V \boldsymbol{N}_E^{\mathrm{T}}\,{}^t\rho\boldsymbol{N}_E \mathrm{d}V + \int_V \frac{\alpha\Delta}{2\|E\|} E\left(\frac{\partial \boldsymbol{N}_E^{\mathrm{T}}}{\partial x} + \frac{\partial \boldsymbol{N}_E^{\mathrm{T}}}{\partial y} + \frac{\partial \boldsymbol{N}_E^{\mathrm{T}}}{\partial z}\right){}^t\rho\,\boldsymbol{N}_E \mathrm{d}V \tag{7.4.19} $$

$$ \Delta^{t+\Delta t} m = \Delta^{t+\Delta t} e_e \tag{7.4.20} $$

略去时间标架，有

$$ \boldsymbol{f}_E = -\boldsymbol{c}_E + \boldsymbol{k}_E + \boldsymbol{c}_P + \boldsymbol{w}_{VE} + \boldsymbol{w}_{SE} \tag{7.4.21} $$

当引入自然边界条件后，

$$ \boldsymbol{f}_E = -\boldsymbol{c}_E + \boldsymbol{k}_E + \boldsymbol{c}_P + \boldsymbol{w}_{VE} + \boldsymbol{w}_{SE} + \bar{\boldsymbol{q}}_j \tag{7.4.22} $$

式中，${}^{t+\Delta t}\boldsymbol{c}_E$ 为 $t+\Delta t$ 时刻的流体单元能量对流项按 PG 有限元公式展开，对于非守恒型的能量方程

$$ {}^{t+\Delta t}\boldsymbol{c}_E = \int_V \boldsymbol{N}_E^{\mathrm{T}}\,{}^t\rho\left({}^{t+\Delta t}v_x \frac{\partial^{t+\Delta t}\boldsymbol{e}}{\partial x} + {}^{t+\Delta t}v_y \frac{\partial^{t+\Delta t}\boldsymbol{e}}{\partial y} + {}^{t+\Delta t}v_z \frac{\partial^{t+\Delta t}\boldsymbol{e}}{\partial z}\right)\mathrm{d}V \tag{7.4.23} $$

${}^{t+\Delta t}\boldsymbol{k}_E$ 为 $t+\Delta t$ 时刻流体单元剪应力所做的功

$$ {}^{t+\Delta t}\boldsymbol{k}_E = {}^{t+\Delta t}\boldsymbol{k}_{SE} + {}^{t+\Delta t}\boldsymbol{k}_{VE} \tag{7.4.24} $$

这里，${}^{t+\Delta t}\boldsymbol{k}_{VE}$ 按式（5.3.49b）计算；${}^{t+\Delta t}\boldsymbol{k}_{SE}$ 按式（5.3.49c）计算。${}^{t+\Delta t}\boldsymbol{k}_{SE}$ 即为表面力所做的功。

${}^{t+\Delta t}\boldsymbol{c}_P$ 为 $t+\Delta t$ 时刻流体单元力学压强所做的功

$$^{t+\Delta t}\boldsymbol{c}_P = -\int_V \boldsymbol{N}_E^{\mathrm{T}}\left[\frac{\partial(v_x p)}{\partial x} + \frac{\partial(v_y p)}{\partial y} + \frac{\partial(v_z p)}{\partial z}\right]\mathrm{d}V \tag{7.4.25}$$

$^{t+\Delta t}\boldsymbol{w}_{VE}$ 为 $t+\Delta t$ 时刻的流体单元质量力所做的功，有

$$^{t+\Delta t}\boldsymbol{w}_{VE} = \int_V \boldsymbol{N}_E^{\mathrm{T}\,t}\rho(g_x\,^{t+\Delta t}v_x + g_y\,^{t+\Delta t}v_y + g_z\,^{t+\Delta t}v_z)\mathrm{d}V \tag{7.4.26}$$

这里，g_x、g_y、g_z 为流体单元沿 x、y、z 方向的加速度，这里应包括重力加速度。

$^{t+\Delta t}\boldsymbol{w}_{SE}$ 为 $t+\Delta t$ 时刻的流体单元热辐射，有

$$^{t+\Delta t}\boldsymbol{w}_{SE} = \int_V \boldsymbol{N}_E^{\mathrm{T}\,t}\rho s\,\mathrm{d}V \tag{7.4.27}$$

按自然边界条件，引入热流量，降阶后有

$$^{t+\Delta t}\overline{\boldsymbol{q}}_j = {}^{t+\Delta t}\boldsymbol{k}_{VT} + {}^{t+\Delta t}\boldsymbol{k}_{ST} \tag{7.4.28}$$

这里，$^{t+\Delta t}\boldsymbol{k}_{VT}$ 按式（5.3.48c）计算；$^{t+\Delta t}\boldsymbol{k}_{ST}$ 按式（5.3.48b）计算。注意到这里仍采用 SG 公式中的权函数。

解式（7.4.18）得 $t+\Delta t$ 时刻的单元节点能量增量 $^{t+\Delta t}e_e$，于是

$$^{t+\Delta t}e_e = {}^t e_e + \Delta^{t+\Delta t}e_e \tag{7.4.29}$$

流体单元的能量为

$$^{t+\Delta t}e = {}^t e + \Delta^{t+\Delta t}e \tag{7.4.30}$$

温度 T 的计算同 SG 有限元法。

7.4.4 大涡模拟三维 N-S 方程 SUPG 有限元格式

如前所述，采用 SUPG 有限元法的时间、空间离散的原理和方法与 SG 法是相似的，它们之间的不同之处仅是权函数。显然，采用大涡模拟进行湍流分析时也只需修改权函数即可。

对于大涡模拟中的动量方程式（5.6.52），可将式中的质量矩阵 $\boldsymbol{s}_M$ 的计算公式（5.6.53b）中的权函数改为式（7.3.3）所示的形式。而右端项中的 $\boldsymbol{C}_{\mathrm{LESV}}$ 的计算公式（5.6.55）、$\boldsymbol{D}_{\mathrm{LESV}}$ 的计算公式（5.6.56）、$\boldsymbol{P}_{\mathrm{LESV}}$ 的计算公式（5.6.57）、$\boldsymbol{F}_{\mathrm{LESV}}$ 的计算公式（5.6.58）和 $\boldsymbol{\tau}_{\mathrm{SGS}}$ 的计算公式（5.6.59）中的权函数，仍与 SG 格式中的权函数相同。

对于大涡模拟中的质量方程式（5.6.49），可将式中的密度矩阵 $\boldsymbol{s}_D$ 计算公式（5.6.50）、右端项中的 $\overline{\boldsymbol{C}}_{\mathrm{LES}\rho}$ 的计算公式（5.6.51b）中的权函数同 SG 法。

对于大涡模拟中的能量方程式（5.6.60），式中的能量矩阵 $\boldsymbol{s}_E$ 为

$$\boldsymbol{s}_E = \int_V \left[\boldsymbol{N}_E^{\mathrm{T}} + \tau\left(\frac{\partial \boldsymbol{N}_E^{\mathrm{T}}}{\partial x} + \frac{\partial \boldsymbol{N}_E^{\mathrm{T}}}{\partial y} + \frac{\partial \boldsymbol{N}_E^{\mathrm{T}}}{\partial z}\right)\right]^t \rho \boldsymbol{N}_E \mathrm{d}V \tag{7.4.31}$$

式中，右端项中的 $\boldsymbol{C}_{\mathrm{LES}E}$ 的计算公式（5.6.63b）、$\boldsymbol{T}_{\mathrm{LES}E}$ 的计算公式（5.6.64）、$\boldsymbol{D}_{\mathrm{LES}E}$ 的计算公式（5.6.65）、$\boldsymbol{F}_{\mathrm{LES}E}$ 的计算公式（5.6.66）、$\boldsymbol{Q}_{\mathrm{LES}E}$ 的计算公式（5.6.67）和 $\boldsymbol{\tau}_{\mathrm{SGS}E}$ 的计算公式（5.6.68）中的权函数，仍与 SG 格式中的权函数相同。

求解动量方程和能量方程时，尚需按自然边界条件引入表面力和表面力做的功，对此有关各项中的权函数也应作相应的修正。

7.4.5 三维定常 N-S 方程的 SUPG 有限元格式

关于定常问题，可以将非定常动量、质量和能量方程按 θ 法和 SUPG 有限元格式离散

后，得时间和空间离散后动量、质量和能量方程 SUPG 有限元格式。注意到所谓定常问题，其基本变量是与时间无关的，所以可将非定常问题的 SUPG 有限元方程引入基本变量与时间无关的事实，从而得到定常问题的 SUPG 有限元方程。

定常问题也可以作为非定常问题的初始状态，这样就不需要进行时间迭代，所以定常问题可用非定常问题来求解，且往往比前一种方法更简单。

第 8 章　基于特征线理论展开的分裂算法（CBS）

8.1　特征线法

8.1.1　特征线法概念

特征线法是以偏微分方程的特征理论为基础，求解双曲线型偏微分方程的一种近似解法。按物理学概念，特征线为一个物理量发生微小扰动时，扰动所影响区域与未影响区域的界线，也就是这一微小扰动的传播轨迹。按数学概念，它是与微分方程组特征方向处处相切的一条曲线。特征线法之所以能够在求解偏微分方程中得到广泛应用，在于沿着此曲线可以把偏微分控制方程改变为全微分方程[78]。

考虑具有两个自变量的一阶线性偏微分方程组

$$\frac{\partial \boldsymbol{v}_i}{\partial t}+\sum_{j=1}^{m}a_{ij}\frac{\partial \boldsymbol{v}_j}{\partial x}+\sum_{j=1}^{m}b_{ij}\boldsymbol{v}_j+c_i=0\ (i=1,2,\cdots,m) \tag{8.1.1}$$

其中，a_{ij}、b_{ij}、c_i 都为域 Ω 中变量为（x，t）的充分光滑的函数，上式也可以写成矩阵形式

$$\frac{\partial \boldsymbol{V}}{\partial t}+\boldsymbol{A}\frac{\partial \boldsymbol{V}}{\partial x}+\boldsymbol{BV}+\boldsymbol{C}=0 \tag{8.1.2}$$

设有光滑曲线

$$\Gamma:x=x(\sigma),\ t=t(\sigma),\ \sigma_1\leqslant\sigma\leqslant\sigma_2\ 且\ x'^2(\sigma)+t'^2(\sigma)\neq 0 \tag{8.1.3}$$

它把域 Ω 分为域 Ω_1 和 Ω_2，若函数 $\boldsymbol{V}$ 在 Ω_1 和 Ω_2 内满足方程，在 Γ 附近连续，但 $\boldsymbol{V}$ 的一阶偏微商至少有一个在越过 Γ 时处处有第一类间断，则称 Γ 是 $\boldsymbol{V}$ 的弱间断线，$\boldsymbol{V}$ 叫做方程组（8.1.1）或（8.1.2）的弱间断解。

$$\left|a_{ij}-\delta_{ij}\frac{\mathrm{d}x}{\mathrm{d}t}\right|=0 \tag{8.1.4}$$

引理：若由式（8.1.3）表示的曲线 Γ 是方程组（8.1.2）或方程组（8.1.1）的解的弱间断线，则沿着曲线 Γ，式（8.1.4）成立。则方程（8.1.4）是方程组（8.1.2）的特征方程；满足式（8.1.4）的方向 $\frac{\mathrm{d}x}{\mathrm{d}t}=\lambda_i(x,t)$ 称为方程组的特征方向；处处与特征方向相切的曲线叫做方程组的特征曲线。

下面简单讨论特征线法的基本过程。现考察一个一阶偏微分方程

$$\frac{\partial \phi}{\partial t}+v_i\frac{\partial \phi}{\partial x_i}+C=0\quad(i=1,\ 2) \tag{8.1.5}$$

式中，v_i 为速度分量；C 为一常数；标量 ϕ 是位置坐标 x 和时间 t 的连续函数，即 $\phi(\boldsymbol{x}, t)$。设因变量 $\phi(\boldsymbol{x}, t)$ 为时间和空间上的连续函数，那么 $\phi(\boldsymbol{x}, t)$ 的全微分 $\mathrm{d}\phi$ 为

$$\mathrm{d}\phi = \frac{\partial \phi}{\partial t}\mathrm{d}t + \frac{\partial \phi}{\partial x}\mathrm{d}x + \frac{\partial \phi}{\partial y}\mathrm{d}y + \frac{\partial \phi}{\partial z}\mathrm{d}z \tag{8.1.6}$$

式（8.1.6）两端除以 $\mathrm{d}t$，可求得 $\phi(\boldsymbol{x}, t)$ 对于时间 t 的全导数

$$\frac{\mathrm{d}\phi}{\mathrm{d}t} = \frac{\partial \phi}{\partial t} + \frac{\mathrm{d}x}{\mathrm{d}t}\frac{\partial \phi}{\partial x} + \frac{\mathrm{d}y}{\mathrm{d}t}\frac{\partial \phi}{\partial y} + \frac{\mathrm{d}z}{\mathrm{d}t}\frac{\partial \phi}{\partial z} \tag{8.1.7}$$

考虑到

$$\frac{\mathrm{d}\boldsymbol{x}}{\mathrm{d}t} = \boldsymbol{v} \tag{8.1.8}$$

由上述对特征方向的定义可知，$\boldsymbol{v}$ 即为方程组的特征方向，则 $\phi(\boldsymbol{x}, t)$ 对于时间的全导数可表达为

$$\frac{\mathrm{d}\phi}{\mathrm{d}t} = \frac{\partial \phi}{\partial t} + \boldsymbol{v}\frac{\partial \phi}{\partial \boldsymbol{x}} \tag{8.1.9}$$

将式（8.1.5）代入方程（8.1.1），即可得

$$\mathrm{d}\phi + C\mathrm{d}t = 0 \tag{8.1.10}$$

则方程（8.1.6）为全微分方程，由特征线法的定义可知，在沿着且只有沿着方程（8.1.4）所给的曲线才是成立的。如果 C 为复杂的表达式，通常采用数值求解方法。

8.1.2　基于特征线理论的方法

标量的对流扩散方程为

$$\frac{\partial \phi}{\partial t} + V_i\frac{\partial \phi}{\partial x_i} + \phi\frac{\partial V_i}{\partial x_i} - \frac{\partial}{\partial x_i}\left(k\frac{\partial \phi}{\partial x_i}\right) + Q = 0 \tag{8.1.11}$$

如果该方程建立在“对流”坐标系上时，那么它是完全自伴随，且 Galerkin 近似是最优的。

通常有直接、间接和简单 Characteristic Galerkin 方法等。前两种方法虽然可行，但很难程序化且耗时。因此，在 1984 年提出了一个简单的替代方法。现分述如下。

1. 直接 Characteristic Galerkin 方法

考虑一维线性对流方程

$$\phi(y)^{n+1} = \phi(x)^{n} \tag{8.1.12}$$

式中无扩散项，且对流速度为常数。

这表明沿着特征线的传播变量（特征变量）为与时间无关的常数。

式（8.1.12）中 y 为质点以特征线速度运动的距离，其与标量问题对流速度相同。对于一个简单一维线性问题可以写作

$$y = x + v\Delta t \tag{8.1.13}$$

式中，Δt 为时间步；x 为特征线基点。

现按 Galerkin 加权余量法对式（8.1.12）加权积分，得

$$\int_{\Omega} N_i(y)\phi(y)_i^{n+1} N_j(y)\mathrm{d}\Omega = \int_{\Omega} N_i(x)\phi(x)_i^n N_j(y)\mathrm{d}\Omega \tag{8.1.14}$$

因为 $N_i(x)$ 和 $N_i(y)$ 在不同的空间点，精确积分不再可能，只能近似积分计算，该积分需要通过每个时间步反向追踪 x 位置。这在一维问题中尚可实行，但在多维问题计算中很难实行而不得不寻找替代方法。

2. 间接 Characteristic Galerkin 方法

如果存在满足

$$\begin{aligned}\int_{\Omega}\phi(x)^{n+1}w(x)\mathrm{d}\Omega-\int_{\Omega}\phi(x)^n w(x)\mathrm{d}\Omega &= \int_{\Omega}\phi(y)^{n+1}w(y)\mathrm{d}\Omega-\int_{\Omega}\phi(x)^n w(x)\mathrm{d}\Omega \\ &= \int_{\Omega}\phi(x)^n w(y)\mathrm{d}\Omega-\int_{\Omega}\phi(x)^n w(x)\mathrm{d}\Omega \\ &= \int_{\Omega}\phi(x)^n[w(y)-w(x)]\mathrm{d}\Omega\end{aligned} \tag{8.1.15}$$

的真实解，引入式（8.1.12），则上式可写为

$$\int_{\Omega}\phi(x)^n[w(y)-w(x)]\mathrm{d}\Omega = \int_{\Omega}\phi(x)^n \frac{\mathrm{d}}{\mathrm{d}x}\left[\int_x^y w(z)\mathrm{d}z\right]\mathrm{d}\Omega \tag{8.1.16}$$

式中，w 为权函数。

又可写为

$$\int_{\Omega}\phi(x)^n \frac{\mathrm{d}}{\mathrm{d}x}\left[\int_x^y w(z)\mathrm{d}z\right]\mathrm{d}\Omega = -\int_{\Omega}\frac{\mathrm{d}}{\mathrm{d}x}\phi^n(x)\left[\int_x^y w(z)\mathrm{d}z\right]\mathrm{d}\Omega \tag{8.1.17}$$

如果引入修正加权

$$W^n = \frac{1}{v\Delta t}\int_x^{x+v\Delta t} w(z)\mathrm{d}z \tag{8.1.18}$$

式（8.1.17）为

$$-\int_{\Omega}\frac{\mathrm{d}}{\mathrm{d}x}\phi^n(x)\left[\int_x^y w(z)\mathrm{d}z\right]\mathrm{d}\Omega = -\Delta t\int_{\Omega}u^n\frac{\mathrm{d}}{\mathrm{d}x}\phi^n W^n\mathrm{d}\Omega \tag{8.1.19}$$

由式（8.1.15）～式（8.1.19）可写为

$$\int_{\Omega}[\phi(x)^{n+1}-\phi(x)^n]w(x)\mathrm{d}\Omega = -\Delta t\int_{\Omega}u^n\frac{\mathrm{d}}{\mathrm{d}x}\phi^n W^n\mathrm{d}\Omega \tag{8.1.20a}$$

对于一维问题，上式为

$$\begin{aligned}\phi_i^{n+1}+\frac{1}{6}(\phi_{i-1}^{n+1}-2\phi_i^{n+1}+\phi_{i+1}^{n+1}) &= \phi_i^n+\frac{1}{6}(\phi_{i-1}^n-2\phi_i^n+\phi_{i+1}^n)-\frac{C}{2}(\phi_{i+1}-\phi_{i-1})^n \\ &\quad +\frac{C^2}{2}(\phi_{i-1}-2\phi_i+\phi_{i+1})^n-\frac{C^3}{6}(\phi_{i+1}-3\phi_i+3\phi_{i-1}-\phi_{i-2})^n\end{aligned} \tag{8.1.20b}$$

式中，C 为 Courent 数 $\Delta tv/h$，h 为单元尺寸。上述方程为到三阶时间精确方法。尽管上述方法在某种程度上避免了直接方法中的复杂性，但是修正加权函数 W 需要计算。下面介绍一种简单方法，本质上和式（8.1.20）相似。

3. 简单 Characteristic Galerkin 方法

此法源于局部 Taylor 级数展开。一维标量对流方程沿特征线方向

$$\frac{\mathrm{d}\phi}{\mathrm{d}t}(x', t) = 0 \tag{8.1.21}$$

沿着特征线方向对流扩散方程为

$$\frac{\partial \phi}{\partial t}(x'(t), t) - \frac{\partial}{\partial x'}\left(k \frac{\partial \phi}{\partial x'}\right) - Q(x') = 0 \tag{8.1.22}$$

当无扩散和源项时，变为式（8.1.21）。式中 x' 为特征线坐标。则式（8.1.21）的时间离散为

$$\frac{\phi(y)^{n+1} - \phi(x)^n}{\Delta t} = 0 \tag{8.1.23}$$

如果 $\phi(y)^{n+1}$ 可以在 x 处被表示，或者用 y 表示 $\phi(x)^n$，则可以避免投影问题。

无论哪一种方式，可避免直接方法的复杂积分。但是，如果使用 Taylor 级数展开，用 y 表示 $\phi(x)^n$，将更加方便。现将 $\phi(x)^n$ 展开，有

$$\phi(x)^n = \phi(y)^n - (y-x)\frac{\partial \phi(y)^n}{\partial x} + \frac{(y-x)^2}{2}\frac{\partial^2 \phi(y)^n}{\partial x^2} - \frac{(y-x)^3}{6}\frac{\partial^3 \phi(y)^n}{\partial x^3} + \cdots \tag{8.1.24}$$

式中，$(y-x)$ 可写为时间步和在特征线线段内的平均速度函数

$$y - x = \bar{v}\Delta t \tag{8.1.25}$$

则式（8.1.24）变为

$$\phi(x)^n = \phi(y)^n - \Delta t\bar{v}\frac{\partial \phi(y)^n}{\partial x} + \frac{\Delta t^2 \bar{v}^2}{2}\frac{\partial^2 \phi(y)^n}{\partial x^2} - \frac{\Delta t^3 \bar{v}^3}{6}\frac{\partial^3 \phi(y)^n}{\partial x^3} + \cdots \tag{8.1.26}$$

将式（8.1.26）代入式（8.1.23）有非守恒形式

$$\frac{\phi^{n+1}(y) - \phi^n(y)}{\Delta t} = -\bar{v}\frac{\partial \phi(y)^n}{\partial x} + \frac{\Delta t\bar{v}^2}{2}\frac{\partial^2 \phi(y)^n}{\partial x^2} - \frac{\Delta t^2 \bar{v}^3}{6}\frac{\partial^3 \phi(y)^n}{\partial x^3} + o(\Delta t^3) \tag{8.1.27}$$

对于线性对流方程，上式等同于式（8.1.20）。但在非线性对流方程中，平均特征线速度 $\bar{v}$ 有必要进一步近似。方程（8.1.27）为非守恒形式的对流方程，适应不可压或常速非扩散近似。

为了导出基于特征的对流方程的守恒形式，这里引进 $v\phi(x)$ 的近似

$$\begin{aligned} v\phi(x)^n = {} & v\phi(y)^n - (y-x)\frac{\partial}{\partial x}[v\phi(y)]^n + \frac{(y-x)^2}{2}\frac{\partial^2}{\partial x^2}[v\phi(y)]^n \\ & - \frac{(y-x)^3}{6}\frac{\partial^3}{\partial x^3}[v\phi(y)]^n \end{aligned} \tag{8.1.28}$$

设 $\Delta t = (y-x)/v$，将上式代入式（8.1.23）有

$$\frac{\phi(y)^{n+1} - \phi(y)^n}{\Delta t} = -\frac{\partial}{\partial x}[u\phi(y)]^n + \frac{\Delta t}{2}u\frac{\partial^2}{\partial x^2}[u\phi(y)]^n - \frac{\Delta t^2}{6}u^2\frac{\partial^3}{\partial x^3}[u\phi(y)]^n + o(\Delta t^3) \tag{8.1.29}$$

可得守恒方程

$$\begin{aligned} \frac{\phi(y)^{n+1} - \phi(y)^n}{\Delta t} = {} & -\frac{\partial}{\partial x}[u\phi(y)]^n + \frac{\Delta t}{2}u\frac{\partial}{\partial x}\left\{\frac{\partial}{\partial x}[u\phi(y)]\right\}^n \\ & - \frac{\Delta t^2}{6}u^2\frac{\partial^2}{\partial x^2}\left\{\frac{\partial}{\partial x}[u\phi(y)]\right\}^n + o(\Delta t^3) \end{aligned} \tag{8.1.30}$$

上式为标量对流方程的简单显式基于特征方法的守恒形式。上式将作为流体动量方程的离散基础。

8.2 按特征线理论变换的N-S方程

8.2.1 微分方程的特征线变换

考虑一阶拟线性双曲方程

$$a\frac{\partial\phi(x,t)}{\partial t}+b\frac{\partial\phi(x,t)}{\partial x}=c(x,t) \qquad \phi(x,0)=\phi_0 \tag{8.2.1}$$

$P(x,t)$ 是 t-x 面内任意一点，P 点的函数值为 $\phi(x_p,t)$。设曲线 X 沿某一方向穿越该点，如果沿曲线 X 不能唯一地确定 P 点邻域中任一点的 $\phi(x,t)$ 值，则曲线 X 称为穿越点 P 的特征线。

变量 ϕ 的全微分

$$\mathrm{d}\phi=\frac{\partial\phi}{\partial t}\mathrm{d}t+\frac{\partial\phi}{\partial x}\mathrm{d}x \tag{8.2.2}$$

联立式（8.2.1）和式（8.2.2），有

$$\begin{cases} a\dfrac{\partial\phi(x,t)}{\partial t}+b\dfrac{\partial\phi(x,t)}{\partial x}=c(x,t) \\ \mathrm{d}\phi=\dfrac{\partial\phi}{\partial t}\mathrm{d}t+\dfrac{\partial\phi}{\partial x}\mathrm{d}x \end{cases} \tag{8.2.3}$$

上式可写为

$$\begin{bmatrix} a & b \\ \mathrm{d}t & \mathrm{d}x \end{bmatrix}\begin{bmatrix} \dfrac{\partial\phi}{\partial t} \\ \dfrac{\partial\phi}{\partial x} \end{bmatrix}=\begin{bmatrix} c \\ \mathrm{d}\phi \end{bmatrix} \tag{8.2.4}$$

运用Cramer法则，求解 $\dfrac{\partial\phi}{\partial t}$ 可得

$$\frac{\partial\phi}{\partial t}=\frac{\begin{vmatrix} c & b \\ \mathrm{d}\phi & \mathrm{d}x \end{vmatrix}}{\begin{vmatrix} a & b \\ \mathrm{d}t & \mathrm{d}x \end{vmatrix}} \tag{8.2.5}$$

根据特征线的概念，要使得上式不能唯一求解，则必须使得

$$\begin{vmatrix} c & b \\ \mathrm{d}\phi & \mathrm{d}x \end{vmatrix}=0 \tag{8.2.6}$$

$$\begin{vmatrix} a & b \\ \mathrm{d}t & \mathrm{d}x \end{vmatrix}=0 \tag{8.2.7}$$

即

$$\frac{\mathrm{d}\phi}{\mathrm{d}x}=\frac{c}{b} \tag{8.2.8}$$

$$\frac{\mathrm{d}x}{\mathrm{d}t}=\frac{b}{a} \tag{8.2.9}$$

式（8.2.7）或式（8.2.9）就是对应于方程（8.2.1）的特征线方向，这表明特征线是一条曲线。考虑时刻 $t=\tau$ 的空间固定点 $P(x,\tau)$ 以速度 $V=\dfrac{b}{a}$ 运动，则解

$$\left.\frac{\mathrm{d}X}{\mathrm{d}t}\right|_{(x,\tau,t)}=\frac{b}{a}[X(x,\tau,t)] \tag{8.2.10}$$

且满足

$$X(x,\tau,\tau)=x \tag{8.2.11}$$

可得穿越该点的特征线 $X=X(x,\tau,t)$ [95]。

由上可知，时刻 τ 的空间固定点 $P(x,\tau)$ 以对流速度 V 运动，在时刻 t 时到达空间位置 $X(x,\tau,t)$。而式（8.2.8）则被称为方程（8.2.1）的相容性方程，在沿着式（8.2.10）所给定的特征线上成立。

将式（8.2.2）两边同除以 $\mathrm{d}t$，并将式（8.2.10）代入可得

$$\frac{\mathrm{d}\phi(X,t)}{\mathrm{d}t}=\frac{\partial\phi(X,t)}{\partial t}+\frac{\partial\phi(X,t)}{\partial x}\frac{b}{a} \tag{8.2.12}$$

将上式代入式（8.2.1），则最终可将式（8.2.1）化简为

$$\frac{\mathrm{d}\phi(X,t)}{\mathrm{d}t}=\frac{c(X,t)}{a} \tag{8.2.13}$$

由此看出，沿着特征线可以将原偏微分方程（8.2.1）变换为相应的一个常微分方程（8.2.13），利用该方程就可以沿着特征线按照给定的条件确定待求函数 $\phi(x,t)$，从而可以避免直接求解原偏微分方程。

对三维一阶拟线性双曲方程

$$\begin{aligned}&a\frac{\partial\phi(\boldsymbol{x},t)}{\partial t}+b\frac{\partial\phi(\boldsymbol{x},t)}{\partial x}+c\frac{\partial\phi(\boldsymbol{x},t)}{\partial y}+d\frac{\partial\phi(\boldsymbol{x},t)}{\partial z}=e(\boldsymbol{x},t)\\&\phi(x,0)=\phi_0\end{aligned} \tag{8.2.14}$$

式中，$\boldsymbol{x}$ 为直角坐标 $\boldsymbol{x}=(x,y,z)$。

变量 ϕ 的全导数

$$\mathrm{d}\phi=\frac{\partial\phi}{\partial t}\mathrm{d}t+\frac{\partial\phi}{\partial x}\mathrm{d}x+\frac{\partial\phi}{\partial y}\mathrm{d}y+\frac{\partial\phi}{\partial z}\mathrm{d}z \tag{8.2.15}$$

类似地，可得到其特征线方向为

$$\begin{cases}\dfrac{\mathrm{d}x}{\mathrm{d}t}=\dfrac{b}{a}\\[2ex]\dfrac{\mathrm{d}y}{\mathrm{d}t}=\dfrac{c}{a}\\[2ex]\dfrac{\mathrm{d}z}{\mathrm{d}t}=\dfrac{d}{a}\end{cases} \tag{8.2.16}$$

以及空间点 $P(\boldsymbol{x},\tau)$ 的特征线 $\boldsymbol{X}$ 的方程

$$\frac{\mathrm{d}\boldsymbol{X}(\boldsymbol{x},\tau,t)}{\mathrm{d}t}=\boldsymbol{V}[\boldsymbol{X}(\boldsymbol{x},\tau,t)] \tag{8.2.17}$$

式中，$\boldsymbol{V}=\begin{bmatrix}\frac{b}{a} & \frac{c}{a} & \frac{d}{a}\end{bmatrix}^{\mathrm{T}}$，且有条件

$$\boldsymbol{X}(\boldsymbol{x},\ \tau,\ \tau)=\boldsymbol{x} \tag{8.2.18}$$

沿特征线变换后的方程为

$$\frac{\mathrm{d}\phi(\boldsymbol{X},\ t)}{\mathrm{d}t}=\frac{e(\boldsymbol{X},\ t)}{a} \tag{8.2.19}$$

8.2.2 按特征线理论变换的 N-S 方程

1. 按特征线理论的变换

动量方程式（1.6.12a）可改写为

$$\frac{\partial(\rho\boldsymbol{v})}{\partial t}+\begin{bmatrix}\frac{\partial(\rho v_x v_x)}{\partial x}+\frac{\partial(\rho v_x v_y)}{\partial y}+\frac{\partial(\rho v_x v_z)}{\partial z}\\ \frac{\partial(\rho v_y v_x)}{\partial x}+\frac{\partial(\rho v_y v_y)}{\partial y}+\frac{\partial(\rho v_y v_z)}{\partial z}\\ \frac{\partial(\rho v_z v_x)}{\partial x}+\frac{\partial(\rho v_z v_y)}{\partial y}+\frac{\partial(\rho v_z v_z)}{\partial z}\end{bmatrix}=D+P+F \tag{8.2.20}$$

比较式（8.2.14）和式（8.2.20），可见式（8.2.14）中的 ϕ 依次分别相当于 $\rho\boldsymbol{v}$、ρv_x、ρv_y 和 ρv_z，系数 $a=1$，$b=v_x$，$c=v_y$，$d=v_z$，$e=D+P+F$，则根据三维一阶拟线性双曲方程特征线方向的表达式（8.2.16），可得动量方程的特征线方向为

$$\begin{cases}\frac{\mathrm{d}x}{\mathrm{d}t}=V_x\\ \frac{\mathrm{d}y}{\mathrm{d}t}=V_y\\ \frac{\mathrm{d}z}{\mathrm{d}t}=V_z\end{cases} \tag{8.2.21}$$

于是可得特征线表达式为

$$\frac{\mathrm{d}\boldsymbol{X}(\boldsymbol{x},\ \tau,\ t)}{\mathrm{d}t}=\boldsymbol{V}[\boldsymbol{X}(\boldsymbol{x},\ \tau,\ t)] \tag{8.2.22}$$

式中，$\boldsymbol{V}=[V_x \quad V_y \quad V_z]^{\mathrm{T}}$，且有条件

$$\boldsymbol{X}(\boldsymbol{x},\ \tau,\ t)=\boldsymbol{x} \tag{8.2.23}$$

动量方程沿着特征线方向满足全微分关系

$$\frac{\mathrm{d}[\rho\boldsymbol{V}(\boldsymbol{X},\ t)]}{\mathrm{d}t}=\frac{\partial[\rho\boldsymbol{V}(\boldsymbol{X},\ t)]}{\partial t}+\boldsymbol{V}\cdot\nabla[\rho\boldsymbol{V}(\boldsymbol{X},\ t)] \tag{8.2.24}$$

同理，能量方程式（1.6.19a）可改写为

$$\frac{\partial(\rho e_m)}{\partial t}+\left[\frac{\partial(\rho e_m v_x)}{\partial x}+\frac{\partial(\rho e_m v_y)}{\partial y}+\frac{\partial(\rho e_m v_z)}{\partial z}\right]=T_E+D_E+F_E+Q_E \tag{8.2.25}$$

比较式（8.2.14）和式（8.2.25），可见式（8.2.14）中的 ϕ 相当于 ρe_m，系数 $a=1$，

$b = v_x, c = v_y, d = v_z, e = T_E + D_E + F_E + Q_E$，可得相应的全微分方程为

$$\frac{\mathrm{d}[\rho e_m(\boldsymbol{X}, t)]}{\mathrm{d}t} = \frac{\partial[\rho e_m(\boldsymbol{X}, t)]}{\partial t} + \boldsymbol{V} \cdot \nabla[\rho e_m(\boldsymbol{X}, t)] \tag{8.2.26}$$

将式（8.2.25）和式（8.2.26）分别代入动量守恒方程和能量守恒方程，即可获得相应沿特征线变换后的方程。

2. 非定常可压流体 N-S 方程沿特征线变换

对于可压流体，由于连续方程不存在对流项，所以只需对动量方程和能量方程沿特征线变换。将如式（8.2.25）所示的沿特征线变换的速度对时间的导数关系，代入式（8.2.20）可得沿特征线变换后的动量守恒方程

$$\frac{\mathrm{d}[\rho \boldsymbol{V}'(\boldsymbol{X}, t)]}{\mathrm{d}t} = D'(\boldsymbol{X}, t) + P'(\boldsymbol{X}, t) + F'(\boldsymbol{X}, t) \tag{8.2.27}$$

由上式可见，沿特征线方向进行变换后的控制方程中对流项消失，动量方程变换为一常微分方程，因此只需沿着特征线方向求解此常微分方程即可获得问题的解。变换后的动量方程实际为拉格朗日描述的方程。

为方便起见，以后略去括弧内的变量标志 $(\boldsymbol{X}, t)$，则有

$$\frac{\mathrm{d}(\rho \boldsymbol{V}')}{\mathrm{d}t} = D' + P' + F' \tag{8.2.28}$$

同理，将如式（8.2.26）所示的沿特征线变换的能量对时间的导数关系，代入式（8.2.25）可得沿特征线变换后的能量守恒方程

$$\left.\frac{\mathrm{d}(\rho E'_m)}{\mathrm{d}t}\right|_{[\boldsymbol{X}(t), t]} = T'_E + D'_E + F'_E + Q'_E \tag{8.2.29}$$

3. 非定常不可压流体 N-S 方程沿特征线变换

对于不可压流体，在式（8.2.28）和式（8.2.29）中引入前述关于不可压的假定即可。即在上两式中，所涉及的速度的散度为零，即 $\nabla \cdot V$ 为零。

8.3　时间离散

8.3.1　时间离散方法

Zienkiewicz[89]详细论述和介绍了特征线法（CBS），以及按特征线理论变换后的 N-S 方程的时间和空间离散方法，他在给出的 CBS 法中采用了双时间步法。文献[11]中也对 CBS 法进行了梳理。关于时间和空间离散的一般方法已在前面分别作了介绍，所以在以下的推导中直接加以引用。

8.3.2　非定常 N-S 方程的时间离散

将如式（8.2.27）所示的沿特征线变换后的动量守恒方程，代入二阶精度的三点向后差分时间离散格式，并经整理可得

$$\frac{\mathrm{d}^{t_r+\Delta t_r}(\rho\boldsymbol{V}')}{\mathrm{d}t}={}^{t_r+\Delta t_r}D'+{}^{t_r+\Delta t_r}P'+{}^{t_r+\Delta t_r}F'-\frac{3^{t_r+\Delta t_r}(\rho\boldsymbol{V}')-4^{t_r}(\rho\boldsymbol{V}')+^{t_r-\Delta t_r}(\rho\boldsymbol{V}')}{2\Delta t_r} \tag{8.3.1}$$

或简写为

$$\frac{\mathrm{d}^{t_r+\Delta t_r}(\rho\boldsymbol{V}')}{\mathrm{d}t}\approx{}^{t_r+\Delta t_r}\boldsymbol{R}_{V1}+{}^{t_r+\Delta t_r}\boldsymbol{R}_{V2} \tag{8.3.2}$$

式中

$${}^{t_r+\Delta t_r}\boldsymbol{R}_{V1}={}^{t_r+\Delta t_r}D'+{}^{t_r+\Delta t_r}P'+{}^{t_r+\Delta t_r}F' \tag{8.3.3a}$$

$${}^{t_r+\Delta t_r}\boldsymbol{R}_{V2}=-\frac{3^{t_r+\Delta t_r}(\rho\boldsymbol{V}')-4^{t_r}(\rho\boldsymbol{V}')+^{t_r-\Delta t_r}(\rho\boldsymbol{V}')}{2\Delta t_r} \tag{8.3.3b}$$

而同样对于虚拟时间步中采用 θ 格式差分离散，可得

$$\frac{{}^{t_r+\Delta t_r}(\rho\boldsymbol{V}')\big|_{[\boldsymbol{X}(t+\Delta t),\,t+\Delta t]}-{}^{t_r+\Delta t_r}(\rho\boldsymbol{V}')\big|_{[\boldsymbol{X}(t),\,t]}}{\Delta t}\approx{}^{t_r+\Delta t_r,\,t+\theta\Delta t}\boldsymbol{R}_{V1}+{}^{t_r+\Delta t_r,\,t+\theta\Delta t}\boldsymbol{R}_{V2} \tag{8.3.4}$$

式中下标 $[\boldsymbol{X}(t+\Delta t),\ t+\Delta t]$ 和 $[\boldsymbol{X}(t),\ t]$ 表示虚拟时刻。

$$\begin{aligned}{}^{t_r+\Delta t_r,\,t+\theta\Delta t}\boldsymbol{R}_{V1}&=\theta\,({}^{t_r+\Delta t_r}D'+{}^{t_r+\Delta t_r}P'+{}^{t_r+\Delta t_r}F')\big|_{[\boldsymbol{X}(t+\Delta t),\,t+\Delta t]}\\&\quad+(1-\theta)\,({}^{t_r+\Delta t_r}D'+{}^{t_r+\Delta t_r}P'+{}^{t_r+\Delta t_r}F')\big|_{[\boldsymbol{X}(t),\,t]}\end{aligned} \tag{8.3.5a}$$

$${}^{t_r+\Delta t_r,\,t+\theta\Delta t}\boldsymbol{R}_{V2}=-\frac{3\{\theta\,{}^{t_r+\Delta t_r}(\rho\boldsymbol{V}')\big|_{[\boldsymbol{X}(t+\Delta t),\,t+\Delta t]}+(1-\theta)\,{}^{t_r+\Delta t_r}(\rho\boldsymbol{V}')\big|_{[\boldsymbol{X}(t),\,t]}\}-4^{t_r}(\rho\boldsymbol{V}')+^{t_r-\Delta t_r}(\rho\boldsymbol{V}')}{2\Delta t_r} \tag{8.3.5b}$$

为了达到二阶时间精度，此处取 $\theta=0.5$，并略去左上标 $t_r+\Delta t_r$，最后可得

$$\frac{(\rho\boldsymbol{V}')\big|_{[\boldsymbol{X}(t+\Delta t),\,t+\Delta t]}-(\rho\boldsymbol{V}')\big|_{[\boldsymbol{X}(t),\,t]}}{\Delta t}\approx{}^{t+0.5\Delta t}\boldsymbol{R}_{V1}+{}^{t+0.5\Delta t}\boldsymbol{R}_{V2} \tag{8.3.6}$$

式中

$${}^{t+0.5\Delta t}\boldsymbol{R}_{V1}=0.5\,(D'+P'+F')\big|_{[\boldsymbol{X}(t+\Delta t),t+\Delta t]}+0.5\,(D'+P'+F')\big|_{[\boldsymbol{X}(t),\,t]} \tag{8.3.7a}$$

$${}^{t+0.5\Delta t}\boldsymbol{R}_{V2}=-\frac{3\{0.5\,(\rho\boldsymbol{V}')\big|_{[\boldsymbol{X}(t+\Delta t),t+\Delta t]}+0.5\,(\rho\boldsymbol{V}')\big|_{[\boldsymbol{X}(t),t]}\}-4^{t_r}(\rho\boldsymbol{V}')+^{t_r-\Delta t_r}(\rho\boldsymbol{V}')}{2\Delta t_r} \tag{8.3.7b}$$

式（8.3.6）即为沿着特征线方向变换后的动量守恒方程。

同理，可得沿着特征线方向变换后的流体的能量守恒方程为

$$\frac{(\rho E_m)\big|_{[\boldsymbol{X}(t+\Delta t),t+\Delta t]}-(\rho E_m)\big|_{[\boldsymbol{X}(t),t]}}{\Delta t}\approx{}^{t+0.5\Delta t}\boldsymbol{R}_{E1}+{}^{t+0.5\Delta t}\boldsymbol{R}_{E2} \tag{8.3.8}$$

式中

$${}^{t+0.5\Delta t}\boldsymbol{R}_{E1}=0.5\,(T'_E+D'_E+F'_E+Q'_E)\big|_{[\boldsymbol{X}(t+\Delta t),t+\Delta t]}+0.5\,(T'_E+D'_E+F'_E+Q'_E)\big|_{[\boldsymbol{X}(t),t]} \tag{8.3.9a}$$

$${}^{t+0.5\Delta t}\boldsymbol{R}_{E2}=-\frac{3\{0.5\,(\rho E_m)\big|_{[\boldsymbol{X}(t+\Delta t),t+\Delta t]}+0.5\,(\rho E_m)\big|_{[\boldsymbol{X}(t),t]}\}-4^{t_r}(\rho E_m)+^{t_r-\Delta t_r}(\rho E_m)}{2\Delta t_r} \tag{8.3.9b}$$

N-S 方程的时间离散方法适用于可压和不可压流体。

8.4　沿特征线离散后 N-S 方程的 Taylor 级数展开

8.4.1　局部 Taylor 级数展开

虽然通过特征线法将 N-S 方程予以转换，成功地消除了对流项的影响，但同时也带来新的困难。由于特征线 $X(t)$ 随时间变化，就意味着需要不断地更新坐标，并且可能会引起网格纠缠导致计算失败。在 CBS 法中，Euler-Lagrange 法是通常所采用的一种方法。该方法结合了 Euler 描述和 Lagrange 描述的优点，计算时保持 Euler 网格不变，而将变化的流体质点沿着特征线假想地后推（或前推）以形成 Lagrange 网格，然后将流场变量信息由 Euler 网格投影到 Lagrange 网格即可[89]。该法需采用精确的节点搜寻算法，以实现变量信息的投影计算。而由 Löhner[96]等提出的基于局部 Taylor 级数展开的方法，不但可以避免网格之间的投影计算，而且可得到显式格式。

现以图 8.4.1 所示的以二维标量对流问题为例说明 N-S 方程局部 Taylor 级数展开中的过程和时空关系。图中，沿 $\boldsymbol{x}$ 方向的对流速度为 $\mathbf{V}$，其特征线为 $\boldsymbol{X}(t)$。设时刻 t_1 的任意点 $\boldsymbol{X}(t_1)$ 经过 $\Delta t = t_2 - t_1$ 时间后，沿 $\boldsymbol{x}$ 方向移动距离 $\boldsymbol{\delta} = \Delta t\bar{\boldsymbol{V}}$ 后在时刻 t_2 到达 $\boldsymbol{X}(t_2)$，其中 $\bar{\boldsymbol{V}}$ 表示沿特征线 $\boldsymbol{X}(t_1)$ 和 $\boldsymbol{X}(t_2)$ 间的平均速度。节点 $\boldsymbol{X}(t_2)$ 和任意点 $\boldsymbol{X}(t_1)$ 对应的未知变量 ϕ 分别为 $\phi(\boldsymbol{X}(t_2), t_2)$ 和 $\phi(\boldsymbol{X}(t_1), t_1)$。由特征线理论可知

$$\frac{\mathrm{d}\phi(\boldsymbol{X}, t)}{\mathrm{d}t} = 0 \tag{8.4.1}$$

对式（8.4.1）进行时间离散可得

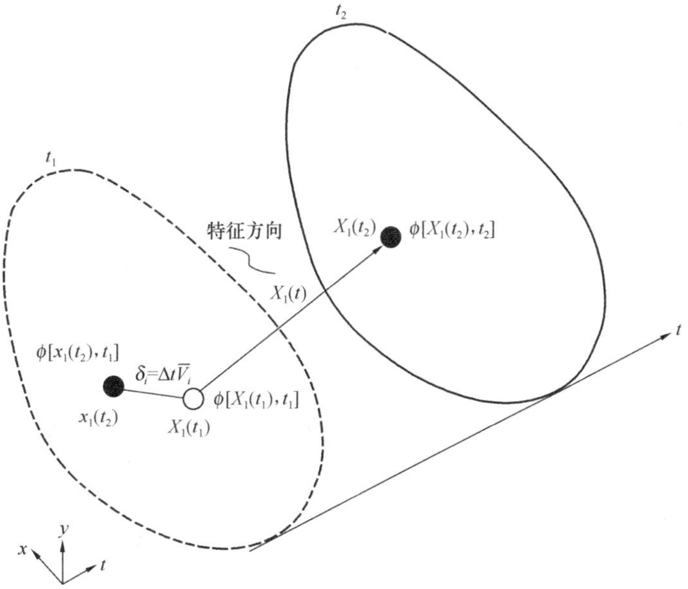

图 8.4.1　二维标量对流问题特征线

$$\frac{1}{\Delta t}\{\phi(\boldsymbol{X}(t_2),\ t_2)-\phi(\boldsymbol{X}(t_1),\ t_1)\}=0 \tag{8.4.2}$$

8.4.2 基于局部 Taylor 级数展开的特征线变换后的 N-S 方程

首先，将如式（8.3.6）所示的沿特征线变换且时间离散后的动量方程中左端项的 $(\rho\boldsymbol{V}')|_{[\boldsymbol{X}(t),t]}$ 进行 Taylor 级数展开得到

$$\begin{aligned}(\rho\boldsymbol{V}')|_{[\boldsymbol{X}(t),t]}&=(\rho\boldsymbol{V}')|_{[\boldsymbol{X}(t_1),\ t_1]}=(\rho\boldsymbol{V})|_{[\boldsymbol{x}(t_2)-\delta,t_1]}\\&\approx(\rho\boldsymbol{V})|_{[\boldsymbol{x}(t_2),t_1]}-\delta\nabla(\rho\boldsymbol{V})|_{[\boldsymbol{x}(t_2),t_1]}+\frac{1}{2}\delta^2\nabla^2(\rho\boldsymbol{V})|_{[\boldsymbol{x}(t_2),t_1]}+O(\delta^3)\end{aligned} \tag{8.4.3a}$$

然后，将动量方程式（8.3.6）中右端项中的 D' 进行展开

$$D'|_{[\boldsymbol{X}(t),t]}=D'|_{[\boldsymbol{X}(t_1),\ t_1]}=D|_{[\boldsymbol{x}(t_2)-\delta,t_1]}\approx D|_{[\boldsymbol{x}(t_2),t_1]}-\delta\nabla D|_{[\boldsymbol{x}(t_2),t_1]}+O(\delta^2) \tag{8.4.3b}$$

将动量方程式（8.3.6）右端项中的 P' 进行展开

$$P'_{[\boldsymbol{X}(t),t]}=P'|_{[\boldsymbol{X}(t_1),\ t_1]}=P|_{[\boldsymbol{x}(t_2)-\delta,t_1]}\approx P|_{[\boldsymbol{x}(t_2),t_1]}-\delta\nabla P|_{[\boldsymbol{x}(t_2),t_1]}+O(\delta^2) \tag{8.4.3c}$$

将动量方程式（8.3.6）右端项中的 F' 进行展开

$$F'_{[\boldsymbol{X}(t),t]}=F'|_{[\boldsymbol{X}(t_1),\ t_1]}=F|_{[\boldsymbol{x}(t_2)-\delta,t_1]}\approx F|_{[\boldsymbol{x}(t_2),t_1]}-\delta\nabla F|_{[\boldsymbol{x}(t_2),t_1]}+O(\delta^2) \tag{8.4.3d}$$

将式（8.4.3a）～式（8.4.3d）代入式（8.3.6）中，并略去三阶以上高阶量，最终整理可得基于局部 Taylor 级数展开的沿特征线变换后的动量方程为

$$\Delta^{t+\Delta t}(\rho\boldsymbol{V})=\Delta t({}^tC+{}^tD+{}^tP+{}^tF)-\frac{\Delta t^2}{2}({}^t\boldsymbol{V}\cdot\nabla)({}^tC+{}^tP+{}^tF)+{}^{t+0.5\Delta t}\boldsymbol{R}_{V2} \tag{8.4.4}$$

式中，$\Delta^{t+\Delta t}(\rho\boldsymbol{V})={}^{t+\Delta t}(\rho\boldsymbol{V})-{}^t(\rho\boldsymbol{V})$；${}^tC$ 如式（1.6.14a）所示；${}^tD$ 如式（1.6.15）及式（1.6.16）所示；${}^tP$ 如式（1.6.17）所示；${}^tF$ 如式（1.6.18）所示。

$${}^{t+0.5\Delta t}\boldsymbol{R}_{V2}=-\frac{1}{2\Delta t_r}\left[3\left(\begin{bmatrix}{}^{t+\Delta t}(\rho V_x)\\{}^{t+\Delta t}(\rho V_y)\\{}^{t+\Delta t}(\rho V_z)\end{bmatrix}+0.5\begin{bmatrix}{}^t(\rho V_x)\\{}^t(\rho V_y)\\{}^t(\rho V_z)\end{bmatrix}\right)-4\begin{bmatrix}{}^{t_r}(\rho V_x)\\{}^{t_r}(\rho V_y)\\{}^{t_r}(\rho V_z)\end{bmatrix}+\begin{bmatrix}{}^{t_r-\Delta t_r}(\rho V_x)\\{}^{t_r-\Delta t_r}(\rho V_y)\\{}^{t_r-\Delta t_r}(\rho V_z)\end{bmatrix}\right] \tag{8.4.5}$$

这里，t_r、Δt_r 为双时间步中的虚拟时刻和虚拟时段。

运用相同的步骤，可获得如式（8.3.8）所示能量方程的基于局部 Taylor 级数展开的沿特征线变换后的形式为

$${}^{t+\Delta t}\Delta(\rho E)=\Delta t({}^tC_E+{}^tT_E+{}^tD_E+{}^tF_E+{}^tQ_E)-\frac{\Delta t^2}{2}({}^t\boldsymbol{V}\cdot\nabla)({}^tC_E+{}^tF_E+{}^tQ_E)+{}^{t+0.5\Delta t}R_{E2} \tag{8.4.6}$$

式中，${}^{t+\Delta t}\Delta(\rho E)={}^{t+\Delta t}(\rho E)-{}^{t}(\rho E)$；${}^{t}C_E$ 如式（1.6.21a）所示；${}^{t}T_E$ 如式（1.6.22）所示；${}^{t}D_E$ 如式（1.6.23）所示；${}^{t}F_E$ 和 ${}^{t}Q_E$ 如式（1.6.24）和式（1.6.25）所示。

$$ {}^{t+0.5\Delta t}R_{E2}=-\frac{1}{2\Delta t_r}\{3[{}^{t+\Delta t}(\rho E)+0.5{}^{t}(\rho E)]-4{}^{t_r}(\rho E)+{}^{t_r-\Delta t_r}(\rho E)\} \tag{8.4.7}$$

对于不可压流体，按如前不可压流体的基本假定，消去式（8.4.4）和式（8.4.6）中的速度的散度项即可。

8.5 空间离散

8.5.1 CBS 的分裂方法

N-S 方程组按特征线展开的分裂算法（Characteristic-Based Split，CBS）是由 Zienkiewicz 于 1995 年提出的一种用于求解流体力学问题的有效算法。该方法以特征线理论为基础，通过对 N-S 方程作空间变换，推导了沿特征线离散而得出平衡耗散项，同时运用分裂算法求解控制方程，具有明确的数学依据，同时允许对速度和压强采用相同阶次的插值函数，并满足 LBB 条件，可以运用标准的 Galerkin 有限元法获得稳定的数值解。经过多年的研究，CBS 算法已被成功地应用于各种流动问题，包括湍流、高速流动、对流换热、渗流、浅水问题、无黏可压缩流、黏弹性流动、自由水面以及三维流动等。在成功应用于各种流体的同时，Zienkiewicz（1999）及 Rojek（2004）还成功地将 CBS 算法应用于求解固体动力学问题[89]。

8.5.2 非定常可压流体 N-S 方程的分裂

沿特征线离散后的动量方程和能量方程的分裂的计算过程如下。

第一步，令沿特征线离散后的动量方程式（8.4.4）中所有的压力项为零，并略去 ${}^{t+0.5\Delta t}\boldsymbol{R}_{V2}$，有

$$\Delta^{t+\Delta t}(\rho\mathbf{V})^{\text{int}}=\Delta t({}^{t}C+{}^{t}D+{}^{t}F)-\frac{\Delta t^2}{2}({}^{t}\mathbf{V}\cdot\nabla)({}^{t}C+{}^{t}F) \tag{8.5.1}$$

式中，上标 int 表示辅助变量。

第二步，由于辅助动量方程式（8.5.1）中未考虑压强 p 的影响，因而需要计算压强增量修正速度场，通过质量守恒方程计算修正的压强场

$$\frac{\partial^{t+\Delta t}\rho}{\partial t}=\frac{1}{c^2}\frac{\partial^{t+\Delta t}p}{\partial t}=-\left[\frac{\partial^{t+\theta_1\Delta t}(\rho V_x)}{\partial x}+\frac{\partial^{t+\theta_1\Delta t}(\rho V_y)}{\partial y}+\frac{\partial^{t+\theta_1\Delta t}(\rho V_z)}{\partial z}\right] \tag{8.5.2a}$$

式中，θ_1 为 $[0,1]$ 之间的系数。对上式进行时间离散

$$\begin{aligned}{}^{t+\Delta t}\Delta\rho&=\frac{1}{{}^{t+\Delta t}c^2}{}^{t+\Delta t}\Delta p\\&=-\Delta t\left[\frac{\partial^{t}(\rho V_x)}{\partial x}+\frac{\partial^{t}(\rho V_y)}{\partial y}+\frac{\partial^{t}(\rho V_z)}{\partial z}\right]+\theta_1\left[\frac{\partial\Delta(\rho V_x)}{\partial x}+\frac{\partial\Delta(\rho V_y)}{\partial y}+\frac{\partial\Delta(\rho V_z)}{\partial z}\right]\\&=-\Delta t\left\{\left[\frac{\partial^{t}(\rho V_x)}{\partial x}+\frac{\partial^{t}(\rho V_y)}{\partial y}+\frac{\partial^{t}(\rho V_z)}{\partial z}\right]+\theta_1\left(\frac{\partial\Delta\rho V_x^{\text{int}}}{\partial x}+\frac{\partial\Delta\rho V_y^{\text{int}}}{\partial y}+\frac{\partial\Delta\rho V_z^{\text{int}}}{\partial z}\right)\right.\end{aligned}$$

$$-\Delta t\theta_1\left[\left(\frac{\partial^t p}{\partial x\,\partial x}+\frac{\partial^t p}{\partial y\,\partial y}+\frac{\partial^t p}{\partial z\,\partial z}\right)+\theta_2\left(\frac{\partial\Delta p}{\partial x\,\partial x}+\frac{\partial\Delta p}{\partial y\,\partial y}+\frac{\partial\Delta p}{\partial z\,\partial z}\right)\right]\Bigg\} \quad (8.5.2b)$$

即

$$\begin{aligned}{}^{t+\Delta t}\Delta\rho=\frac{1}{{}^{t+\Delta t}c^2}\,{}^{t+\Delta t}\Delta p=-\Delta t\Bigg[&\left(\frac{\partial^t(\rho V_x)}{\partial x}+\theta_1\frac{\partial\Delta\rho V_x^{\mathrm{int}}}{\partial x}+\theta_1\Delta t\frac{\partial^{t+\Delta t\theta_2}p}{\partial x\,\partial x}\right)\\&+\left(\frac{\partial^t(\rho V_y)}{\partial y}+\theta_1\frac{\partial\Delta\rho V_y^{\mathrm{int}}}{\partial y}+\theta_1\Delta t\frac{\partial^{t+\Delta t\theta_2}p}{\partial y\,\partial y}\right)\\&+\left(\frac{\partial^t(\rho V_z)}{\partial z}+\theta_1\frac{\partial\Delta\rho V_z^{\mathrm{int}}}{\partial z}+\theta_1\Delta t\frac{\partial^{t+\Delta t\theta_2}p}{\partial z\,\partial z}\right)\Bigg]\end{aligned} \quad (8.5.3)$$

上述质量方程的推导过程中引入了微压假定，其中 c 为声速。

第三步，通过辅助动量方程式（8.5.1）计算出的 $\Delta\rho\mathbf{V}_i^{\mathrm{int}}$，以及通过质量守恒方程式计算出的 Δp，修正速度增量，即

$$\begin{aligned}\begin{bmatrix}{}^{t+\Delta t}\Delta\rho V_x\\{}^{t+\Delta t}\Delta\rho V_y\\{}^{t+\Delta t}\Delta\rho V_z\end{bmatrix}=&\begin{bmatrix}{}^{t+\Delta t}\Delta\rho V_x^{\mathrm{int}}\\{}^{t+\Delta t}\Delta\rho V_y^{\mathrm{int}}\\{}^{t+\Delta t}\Delta\rho V_z^{\mathrm{int}}\end{bmatrix}-\Delta t\begin{bmatrix}\dfrac{\partial^{t+\theta_2\Delta t}p}{\partial x}\\\dfrac{\partial^{t+\theta_2\Delta t}p}{\partial y}\\\dfrac{\partial^{t+\theta_2\Delta t}p}{\partial z}\end{bmatrix}-\frac{\Delta t^2}{2}\begin{bmatrix}{}^tV_x\dfrac{\partial^t p}{\partial x\,\partial x}+{}^tV_y\dfrac{\partial^t p}{\partial y\,\partial x}+{}^tV_z\dfrac{\partial^t p}{\partial z\,\partial x}\\{}^tV_x\dfrac{\partial^t p}{\partial x\,\partial y}+{}^tV_y\dfrac{\partial^t p}{\partial y\,\partial y}+{}^tV_z\dfrac{\partial^t p}{\partial z\,\partial y}\\{}^tV_x\dfrac{\partial^t p}{\partial x\,\partial z}+{}^tV_y\dfrac{\partial^t p}{\partial y\,\partial z}+{}^tV_z\dfrac{\partial^t p}{\partial z\,\partial z}\end{bmatrix}\\&-\frac{\Delta t}{2\Delta t_r}\left[3\left(\begin{bmatrix}{}^{t+\Delta t}(\rho V_x)\\{}^{t+\Delta t}(\rho V_y)\\{}^{t+\Delta t}(\rho V_z)\end{bmatrix}+0.5\begin{bmatrix}{}^t(\rho V_x)\\{}^t(\rho V_y)\\{}^t(\rho V_z)\end{bmatrix}\right)-4\begin{bmatrix}{}^{t_r}(\rho V_x)\\{}^{t_r}(\rho V_y)\\{}^{t_r}(\rho V_z)\end{bmatrix}+\begin{bmatrix}{}^{t_r-\Delta t_r}(\rho V_x)\\{}^{t_r-\Delta t_r}(\rho V_y)\\{}^{t_r-\Delta t_r}(\rho V_z)\end{bmatrix}\right]\end{aligned} \quad (8.5.4)$$

式中，θ_2 为 [0，1] 之间的系数。

第四步，计算如式（8.4.6）所示的能量方程

$${}^{t+\Delta t}\Delta(\rho E)=\Delta t({}^tC_E+{}^tT_E+{}^tD_E+{}^tF_E+{}^tQ_E)-\frac{\Delta t^2}{2}({}^t\mathbf{V}\cdot\nabla)({}^tC_E+{}^tF_E+{}^tQ_E)+{}^{t+0.5\Delta t}R_{E2} \quad (8.5.5)$$

最后，计算状态方程获得密度，对于完全气体有如下方程

$${}^{t+\Delta t}\rho=\frac{{}^tp}{R\,{}^tT} \quad (8.5.6)$$

上述辅助动量方程式（8.5.1）、质量守恒方程式（8.5.3）、速度修正方程式（8.5.4）、能量方程（8.5.5）以及状态方程（8.5.6）即组成了基于分裂方法的基本方程组。

以上的分裂过程是先将微分方程分裂，然后将分裂后的微分方程进行空间离散。

8.5.3 流体 CBS 有限元方程中的形函数

流体 CBS 有限元方程中的形函数与如前所述的流体 SG 有限元方程中的形函数相同，

兹不赘述。

8.5.4 非定常可压 N-S 方程组的空间离散

将式（8.5.1）代入 Galerkin 加权余量公式（3.2.2）中，并引入形函数表示的基本变量，得空间离散后的动量方程 CBS 有限元方程的一般式

$$\boldsymbol{s}_m \Delta^{t+\Delta t}(\rho \boldsymbol{v}_e)^{\text{int}} = \Delta t({}^t\boldsymbol{c}_V + {}^t\boldsymbol{d}_V + {}^t\boldsymbol{f}) - \frac{\Delta t^2}{2}\, {}^t\boldsymbol{o}_{V2} \tag{8.5.7}$$

上式中，将 ${}^t\boldsymbol{d}_V$ 降阶，得

$$\boldsymbol{s}_m \Delta^{t+\Delta t}(\rho \boldsymbol{v}_e)^{\text{int}} = \Delta t({}^t\boldsymbol{c}_V + {}^t\boldsymbol{k}_{S\tau} + {}^t\boldsymbol{k}_{V\tau} + {}^t\boldsymbol{f}) - \frac{\Delta t^2}{2}\, {}^t\boldsymbol{o}_{V2} \tag{8.5.8}$$

对于守恒型方程，式中，$\boldsymbol{s}_m$ 质量矩阵如式（5.3.5a）所示；${}^t\boldsymbol{c}_V$ 如式（5.3.9a）所示；${}^t\boldsymbol{k}_{S\tau}$ 如式（5.3.46）所示；${}^t\boldsymbol{k}_{V\tau}$ 如式（5.3.45）所示；质量力 ${}^t\boldsymbol{f}$ 如式（5.3.12）所示；${}^t\boldsymbol{o}_{V2} = \int_V \boldsymbol{N}_V^{\mathrm{T}}({}^tC + {}^tF)\mathrm{d}V$。

对于非守恒型方程，上述各积分项可按 SG 有限元法计算。

将式（8.5.3）代入 Galerkin 加权余量公式（3.2.2）中，并引入形函数表示的基本变量，得空间离散后的质量方程 CBS 有限元方程的一般式。Zienkiewicz 给出了质量方程空间离散的详细过程[89]。事实上，在 CBS 有限元法中，质量方程的空间离散可采用与 SG 法中相同的过程，且更具有一般性。

将式（8.5.5）代入 Galerkin 加权余量公式（3.2.2）中，并引入形函数表示的基本变量，得空间离散后的能量方程 CBS 有限元方程的一般式

$$\boldsymbol{s}_E \Delta^{t+\Delta t}(\rho e_e)^{\text{int}} = \Delta t({}^t\boldsymbol{c}_E + {}^t\boldsymbol{t}_E + {}^t\boldsymbol{d}_E + {}^t\boldsymbol{f}_E + {}^t\boldsymbol{q}_E) - \frac{\Delta t^2}{2}\, {}^t\boldsymbol{o}_{E2} \tag{8.5.9}$$

上式中，将 ${}^t\boldsymbol{t}_E$、${}^t\boldsymbol{d}_E$ 降阶，得

$$\boldsymbol{s}_E \Delta^{t+\Delta t}(\rho e_e)^{\text{int}} = \Delta t({}^t\boldsymbol{c}_E + {}^t\boldsymbol{k}_{ST} + {}^t\boldsymbol{k}_{VT} + {}^t\boldsymbol{k}_{SE} + {}^t\boldsymbol{k}_{VE} + {}^t\boldsymbol{f}_E + {}^t\boldsymbol{q}_E) - \frac{\Delta t^2}{2}\, {}^t\boldsymbol{o}_{E2} \tag{8.5.10}$$

对于守恒型方程，式中，$\boldsymbol{s}_E$ 如式（5.3.23）所示；${}^t\boldsymbol{c}_E$ 如式（5.3.29a）所示；${}^t\boldsymbol{k}_{ST}$ 如式（5.3.48b）所示；${}^t\boldsymbol{k}_{VT}$ 如式（5.3.48c）所示；${}^t\boldsymbol{k}_{SE}$ 如式（5.3.49c）所示；${}^t\boldsymbol{k}_{VE}$ 如式（5.3.49b）所示；${}^t\boldsymbol{f}_E$ 如式（5.3.28）所示；${}^t\boldsymbol{q}_E$ 如式（5.3.38）所示；${}^t\boldsymbol{o}_{E2} = \int_V \boldsymbol{N}_E^{\mathrm{T}}({}^tC_E + {}^tF_E + {}^tQ_E)\mathrm{d}V$。

对于非守恒型方程，上述各积分项可按 SG 有限元法计算。

8.5.5 CBS 方法的计算流程

Zienkiewicz 不仅研究了 CBS 理论和有限元法，并且通过实施 CBS 有限元法对流体计算加以全面的总结[89]。

图 8.5.1 显示了 CBS 流体计算的主要流程。对非定常问题需要进行时间循环，求解最终结果。如果所求问题涉及能量耦合，则需要能量方程，然后再进行计算，否则可在最后单独进行能量方程的计算。对定常问题可直接得出结果。

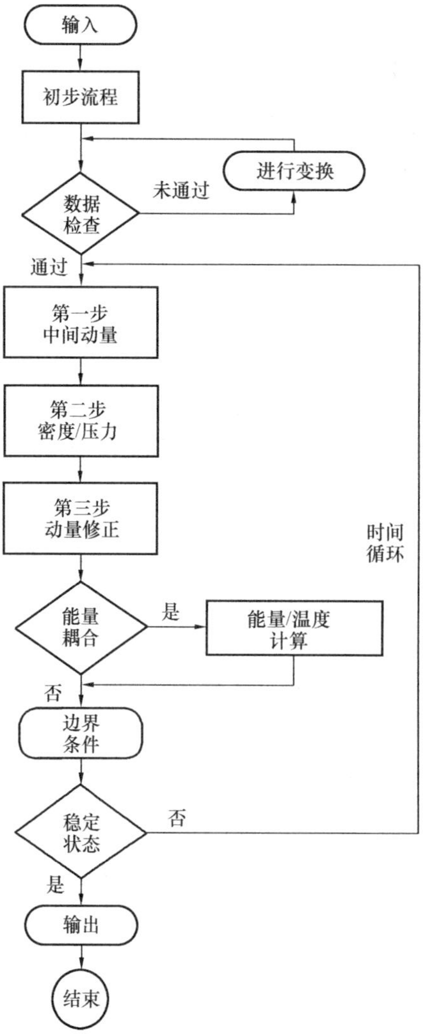

图 8.5.1 CBS 流体计算流程

第 9 章　附　　图

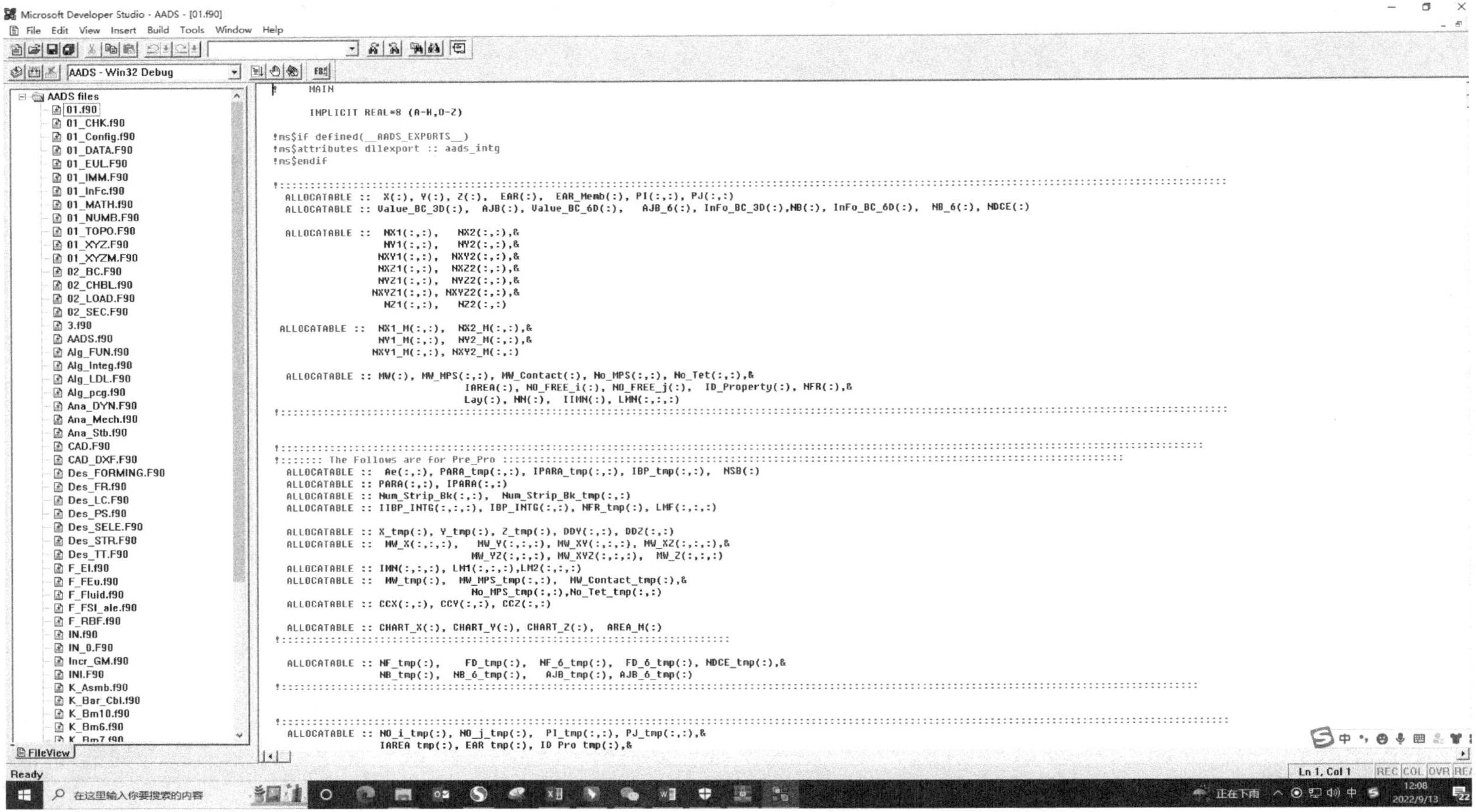

附图 1　AADS 主页

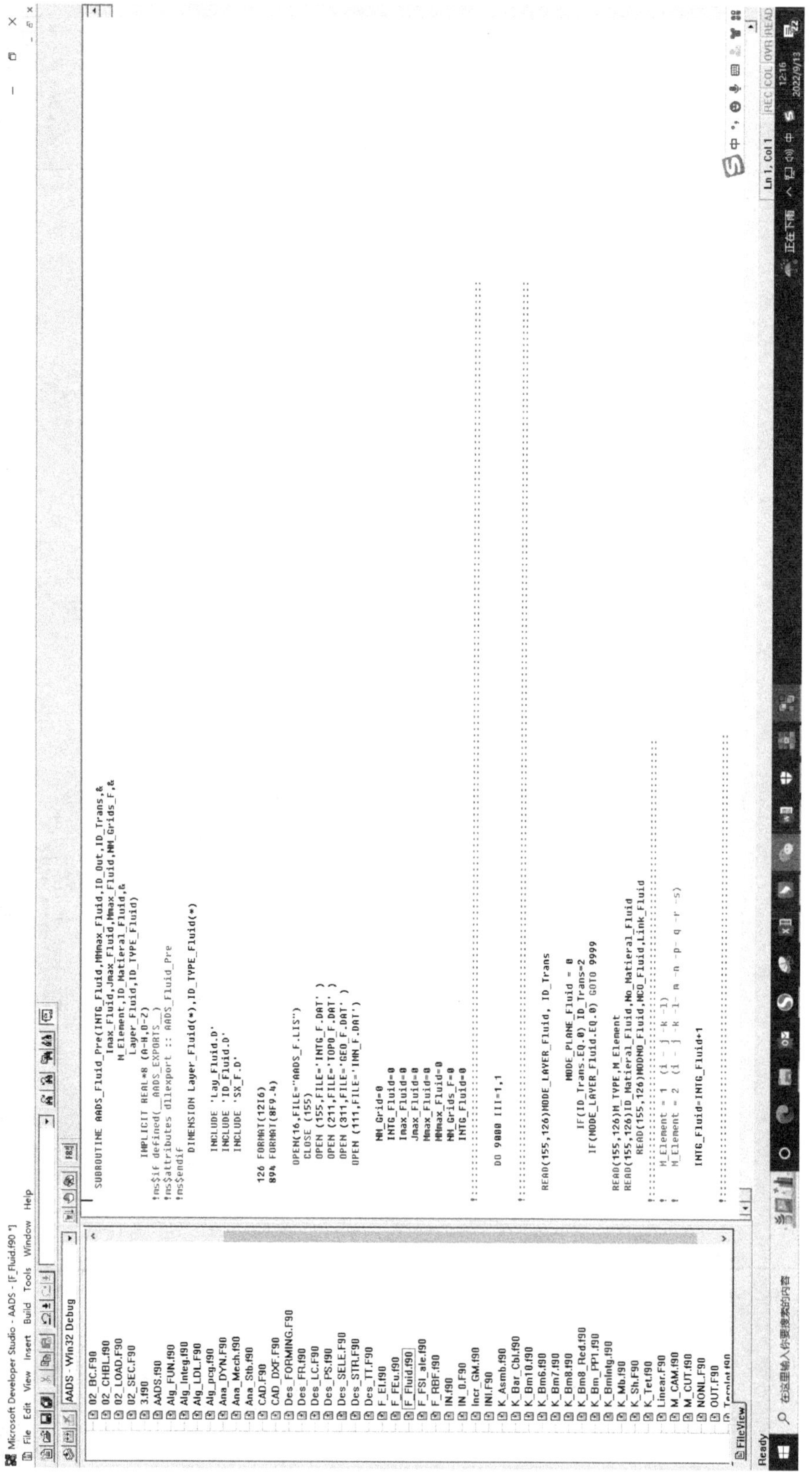

附图 2　AADS _ Fluid 主页

参 考 文 献

[1] 埃米尔·希缪，罗伯特·H·斯坎伦．风对结构的作用—风工程导论[M]．刘尚培等，译．上海：同济大学出版社，1992.

[2] 安新．风与结构耦合作用的理论及数值模拟研究[D]．上海：同济大学，2009.

[3] 白志刚．三维波浪大涡模拟及其对结构的动态效应研究[D]．天津：天津大学，2004.

[4] Chung T J. 流体动力学的有限元分析[M]．张二骏等，译．北京：电力工业出版社，1980.

[5] 丁祖荣．流体力学[M]．北京：高等教育出版社，2003.

[6] 方少文，袁行飞，钱若军，等．采用不同插值函数的流体力学有限元数值波动研究[J]．工程力学，2013，30(11)：266-272.

[7] 袁行飞，方少文，钱若军．引入补偿刚度的流体力学标准 Galerkin 有限元研究[J]．同济大学学报(自然科学版)．2015，43(8)：1174-1179.

[8] 方少文．流体力学补偿标准 Galerkin 有限元及其在建筑风场中的应用[D]．杭州：浙江大学，2017.

[9] 郭永怀．边界层理论讲义．合肥：中国科学技术大学出版社，2008.

[10] 韩向科，钱若军，袁行飞，等．改进的基于特征线理论的流体力学有限元法[J]．西安交通大学学报，2011，45(7)：112-117.

[11] 韩向科．基于流体力学基本理论风场描述和风荷载的分析和研究[D]．上海：同济大学，2013.

[12] 胡海昌．弹性力学的变分原理及其应用[M]．北京：科学出版社，1981.

[13] 黄筑平．连续介质力学基础[M]．北京：高等教育出版社，2003.

[14] 康立山，全惠云，等．数值解高维偏微分方程的分裂法[M]．上海：上海科学技术出版社，1990.

[15] Л. В. 康脱洛维奇，克雷洛夫．高等分析近似方法[M]．北京：科学出版社，1966.

[16] 刘希云，赵润祥．流体力学中的有限元与边界元方法[M]．上海：上海交通大学出版社，1993.

[17] 刘嘉．流体边界层的分子动力学模拟[D]．郑州大学硕士论文，2010.

[18] 林建忠，阮晓东，陈邦国，等．流体力学[M]．北京：清华大学出版社，2005.

[19] 老大中．变分法基础[M]．北京：国防工业出版社，2007.

[20] 卢敦清．粘性不可压湍流标准 k-ε 模型有限元格式研究[D]．上海：同济大学，2009.

[21] 潘锦珊．气体动力学基础[M]．西安：西北工业大学出版社，1995.

[22] 彭涛．有粘不可压湍流大涡模拟理论与方法的研究[D]．上海：同济大学，2009.

[23] 钱伟长．变分法及有限元[M]．北京：科学出版社，1980.

[24] 钱若军，袁行飞，林智斌．固体和结构分析理论及有限元法[M]．南京：东南大学出版社，2013.

[25] 苏波，钱若军，韩向科．一种用于流固耦合分析的有限元网格简捷更新方法[J]．西安交通大学学报，2011，45(3)：16-24.

[26] 吴望一．流体力学[M]．北京：北京大学出版社，2004.

[27] 王勖成．有限单元法[M]．北京：清华大学出版社，2006.

[28] 王旭．用于流动与传热问题的控制体有限元方法研究[D]．西安：西北工业大学，1996.

[29] 王献孚，熊鳌魁．高等流体力学[M]．武汉：华中科技大学出版社，2003.

[30] 王福军．计算流体动力学分析——CFD 软件原理与应用[M]．北京：清华大学出版社，2004.

[31] 谢多夫．连续介质力学[M]. 李植，译．北京：高等教育出版社，2007.

[32] 徐长发，李红．实用偏微分方程数值解法[M]. 武汉：华中科技大学出版社，2003.

[33] 徐次达．固体力学加权残值法[M]. 上海：同济大学出版社，1987.

[34] 徐芝纶．弹性力学[M]. 北京：高等教育出版社，2009.

[35] 徐次达，华伯浩．固体力学有限元理论、方法及程序[M]. 北京：水利电力出版社 1983.

[36] 杨曜根．流体力学有限元[M]. 哈尔滨：哈尔滨工程大学出版社，1995.

[37] 阎超．计算流体力学方法及应用[M]. 北京：北京航空航天大学出版社，2007.

[38] 于猛．大涡模拟的粘性不可压湍流 SUPG 有限元法研究[D]. 上海：同济大学，2010.

[39] 周光垌，严宗毅，许世雄，等．流体力学[M]. 北京：高等教育出版社，2000.

[40] 章本照．流体力学中的有限元方法[M]. 北京：机械工业出版社，1986.

[41] 章本照．流体力学数值方法[M]. 北京：机械工业出版社，2003.

[42] 张涵信，沈孟育．计算流体力学：差分方法的原理和应用[M]. 北京：国防工业出版社，2003.

[43] 张廷芳．计算流体力学[M]. 大连：大连理工大学出版社，2007.

[44] 张兆顺，崔桂香，许春晓．湍流理论与模拟[M]. 北京：清华大学出版社，2005.

[45] 张兆顺，崔桂香，许春晓．湍流大涡数值模拟的理论和应用[M]. 北京：清华大学出版社，2008.

[46] 张兆顺．流体力学[M]. 北京：清华大学出版社，2006.

[47] Archer Graham C, Whalen Timothy M. Development of rotationally consistent diagonal mass matrices for plate and beam elements[J]. Computer Methods in Applied Mechanics and Engineering, 2005, 194: 675-689.

[48] Bathe K J. Finite Element Procedures, Prentice hall, 1996.

[49] 巴特．有限元法[M]. 轩建平，译．北京：高等教育出版社，2016.

[50] Bathe K J, Hou Zhang. A flow-condition-based interpolation finite element procedure for incompressible fluid flows[J]. Computers and Structures, 2002, 80: 1267-1277.

[51] Bathe K J, Pontaza J P. A flow-condition-based interpolation mixed finite element procedure for higher Reynolds number fluid flows[J]. Mathematical Models and Methods in Applied Sciences, 2002, 12 (4): 525-539.

[52] Baliga B R, Patankar S V. A new finite element formulation for convection-diffusion problems[J]. Numer, Heat Transfer, 1980, 3: 393-409.

[53] Bassi F, Rebay S. A high-order accurate discontinuous finite element method for the numerical solution of the compressible Navier-Stokes equations[J]. Comput Phys, 1997, 131: 267-279.

[54] Baker A J, Kim J W. A Taylor wake statement algorithm for hyperbolic conservation laws[J]. Numer. Methods Fluids, 1987, 17: 489-520.

[55] Babuska I. The finite element method with Lagrangian multipliers[J]. Numer. Math, 1973, 20: 179-192.

[56] Burman E, Smith G. Analysis of the space semi-discretized SUPG method for transient convection-diffusion equations[J]. Mathematical Models and Methods in Applied Sciences, 2011, 21(10): 2049-2068.

[57] Codina R, Vāzquez M, Zienkiewicz O C. A general algorithm for compressible and incompressible flow—Part Ⅲ: The semi-implicit form[J]. Numer. Meth. Fluids, 1998, 27: 13.

[58] Chorin A J. A numerical method for solving incompressible viscous problems[J]. Journal of Computational Physics, 1967, 2: 12.

[59] Chorin A J, Marsden G A. Mathematical introduction to fluid mechanics[M]. New York: SpringerVerlag, 1993.

[60] Castro I P, Robins A G. The flow around a surface-mounted cube in uniform and turbulent streams [J]. Journal of Fluid Mechanics. 1977, 79(2): 307-335.

[61] Clark R A, et al. Evaluation of subgrid-scale models using an accurately simulated turbulent fiow[J]. JFM, 1979, 91: 1-16.

[62] Donea J, Giuliani S, Laval H, Quartapelle L. Finite element solution of the unsteady Navier-Stokes equations by a fractional step method[J]. Computer Methods in Applied Mechanics and Engineering, 1982, 30: 53-73.

[63] Donea J , Antonio Huerta. Finite element methods for flow problems[M]. New York: John Wiley & Sons, Ltd , 2003.

[64] Gresho P M, Sani R L. Incompressible flow and the finite element method[M]. New York: Wiley, 2000.

[65] Griffiths D F, Lorenz J. An analysis of the Petrov-Galerkin finite element methods[J]. Computer Methods in Applied Mechanics and Engineering, 1978, 14: 39-64.

[66] Hinton E, Rock T, Zienkiewica O C. A note on m ass lum ping and related processes in the finite element method [J]. Earthquake Engrg Struct Dynamics, 1976, 4: 245-249.

[67] Hughes T J, Feijóo G R, Mazzei L, et al. The variational multiscale method-a paradigm for computational mechanics[J]. Computer Methods in Applied Mechanics and Engineering. 1998, 166(1): 3-24.

[68] Hughes T J R, Liu W K, Brooks A N. Finite element analysis of incompressible viscous flows by the penalty function formulation[J]. Comput. Phys. 1979, 30A: 1-60.

[69] Hughes T J R, Brooks A N. A theoretical framinework for Petrov-Galerkin methods with discontinuous weighting function[C]//Finite Elements in Fluids. ed. by Gallagher R H, et al. Wiley, Chichester, 1982, 4: 47-65.

[70] Hood P, Taylor C. Navier-Stokes equations using mixed interpolation[C]//Finite Element Methods in Flow Problems. ed. by Oden J T, et al. UAM Press, 1974: 121-132.

[71] Hughes T J R, Tezduyar T E. Finte element methods for first-order hyperbolic systems with particular emphasis on the compressible Euler equations[J]. Computer Methods in Applied Mechanics and Engineering, 1984, 45: 217-284.

[72] Johnson C, et al. Finite element methods for linear hyperbolic problems[J]. Computer. Methods in Applied Mechanics and Engineering, 1984, 45: 285-312.

[73] Hughes T J R, Engel G, Mazzei L, et al. The continuous galerkin method is locally conservative[J]. Journal of Computational Physics, 2000.

[74] Lee M J, Oh B D, Kim Y B. Canonical fractional-step methods and consistent boundary conditions for the incompressible Navier-Stokes equations[J]. Journal of Computational Physics, 2001, 168: 73-100.

[75] Ladyzhenskaya O A. The mathematical theory of viscous incompressible flow[M]. Second English edition, revised and enlarged, translated from the Russian by Richard A. Silverman and John Chu. Mathematics and its Applications, Vol. 2. New York: Gordon and Breach Science Publishers, 1969.

[76] Liu W K, Zhang Y, Ramirez M R. Multiple scale finite element methods[J]. International Journal for Numerical Methods in Engineering. 1991, 32(5): 969-990.

[77] Mortan K W, Generalised Galerkin methods for hyperbolic problems[J]. Computer Methods in Applied Mechanics and Engineering, 1985, 52: 847-871.

[78] Nithiarasu P, Codina R, Zienkiewicz O C. The Characteristic-Based Split (CBS) scheme-a unified approach to fluid dynamics[J]. Numerical Methods in Engineering, 2006, 66: 1514-1546.

[79] Reed N H, & Hill T R. Triangle mesh methods for the Neutron transport equation[R], Los Alamos Scientific Laboratory, 1973, Report LA-UR-73-479.

[80] Rannacher R. On Chorin's projection method for the incompressible Navier-Stokes equations[C]// Lecture Notes in Mathematics, 1991, Vol. 1530.

[81] Richards P J, Hoxey R P, Connell B D, et al. Wind-tunnel modelling of the Silsoe Cube[J]. Journal of Wind Engineering and Industrial Aerodynamics. 2007, 95(9-11): 1384-1399.

[82] Takase S, Kashiyama K, Tanaka S, et al. Space-time SUPG finite element computation of shallow-water flows with moving shorelines[J]. Computational Mechanics, 2011, 48(3): 293-306.

[83] Schlichting H. Boundary-Layer theory[M]. 7th ed. New York: McGraw-Hill, 1979.

[84] Ted Belytschko, Wing Kam Liu, Brian Moran. Nonlinear finite elements for continua and structures [M]. 北京：清华大学出版社，2016.

[85] Tezduyar T E, et al. Incompressible flow computations with stabilized bilinear and linear equal-order-in-terpolation velocity-pressure elements[J]. Computer Methods in Applied Mechanics and Engineering, 1992, 95: 221-242.

[86] Temam R. Sur l'approximation de la solution des'equations de Navier-Stokes par la m'ethode des pas fractionnaires (Ⅱ)[J]. Archive for Rational Mechanics and Analysis, 1969, 33: 377-385.

[87] Zienkiewicz O C, Heinrich J C, Huyakorn P S, et al. An upwind finite element scheme for two dimensional convective transport equations[J]. International Journal for Numerical Methods in Engineering, 1977, 11: 131-44.

[88] Zienkiewicz O C. Achievement and some unsolved problems of the finite element method[J]. International Journal for Numerical Methods in Engineering, 2000, 47: 9-28.

[89] Zienkiewicz O C, Taylor R L, Nithiarasu P. The finite element method for fluid dynamics[M]. 6th edition. Elsevier: Amsterdam, 2005: 56-58.

[90] Zienkiewicz O C, Taylor R L, Sherwin S J, et al. On discontinuous galerkin methods. International Journal for Numerical Methods in Engineering, 2003, (58): 1119-1148.

[91] Zienkiewicz O C, Codina R. A general algorithm for compressible and incompressible flow—Part I. The split, characteristic-based scheme[J]. Int. J. Numer. Methods Fluids, 1995, 20: 869-885.

[92] Zienkiewicz O C, Taylor R L. The finite element method: The basis[M]. 5th edition. Elsevier: Amsterdam, 2000.

[93] Bredberg J. On the wall boundary condition for turbulence models[J]. Chalmers University of Technology, Department of Thermo and Fluid Dynamics. Internal Report 00/4. Goteborg, 2000.

[94] Hughes T J R, Brooks A. A multi-dimensional upwind scheme with no cross wind diffusion[C]// Finite Element Methods for Convection Dominated Flows. ed. by Hughes T J R. AMD 34, ASME, 1979.

[95] Jameson A. Time dependent calculations using multigrid with application to unsteady flows past airfoils and wings[J]. 1991, AIAA-91-1596.

[96] Löhner R, Morgan K, Zienkiewicz O C. The solution of non-linear hyperbolic equation systems by the finite element method[J]. International Journal for Numerical Methods in Fluids, 1984, 4: 1043-1063.